U0135789

face book

後臉書時代

The Inside Story

史蒂芬・李維 —— 著　　許恬寧 —— 譯
Steven Levy

謹以本書紀念

萊斯特・李維（Lester Levy，1920-2017）

爸，真可惜你沒能看到那場超級盃。

目錄

改名Meta、
布局元宇宙背後的戰略思考

「我很驕傲地宣布，從今天開始，我們的公司名叫 Meta。」

說這句話的講者是祖克柏，37 歲的創辦人、執行長，以及臉書的最高統治者。臉書是全世界最大的社群網絡，無論好壞，這家公司徹底改變了世界。這天是 2021 年 10 月 28 日，地點在 Connect 大會，這是臉書一年一度為 Oculus 虛擬實境平台開發者舉辦的聚會。大會在線上舉辦，Covid 疫情迫使這家公司捨棄了實體的聚會。

但在另一層意義上，無實體場地也反映了祖克柏的信念，也就是在未來，我們將以酷炫的虛擬分身在元宇宙裡進行娛樂、交流、商業交易。「元宇宙」（metaverse），這個詞來自史蒂文森（Neal Stephenson）的反烏托邦小說《潰雪》（*Snow Crash*）。這技術尚不存在，還差很遠——祖克柏發表那段談話的影片仍是預錄、類似紀錄片的資訊型廣告，而不是他想像中的未來，能無時差地用全像投影進行會議。但他對這個未來的信念強烈到足以把全世界最有價值的公司名字改掉，來呼應這個尚未成型的技術與商業模式。這是驚人之舉。祖克柏一夕之間，把這個從大學宿舍發跡、占據全球數十億人無數時間的

臉書 app，降級到只是 Meta 世界的一個面向而已。

「我們仍是以人為中心打造科技產品的公司，」祖克柏在自家客廳說道，或至少看起來像客廳的空間（我去過，是很一般的客廳）。「但現在我們有了新的北極星——協助實現元宇宙的世界。我們有了新的名字，能夠涵蓋所有我們在做的事，以及我們想打造的未來。」

這個改變完全源自於祖克柏的願景嗎？對臉書（或 Meta）的評論另有看法。那些評論相信，這項改變毫無疑問與臉書品牌形象跌入谷底有關。的確，就在大會的前幾週，臉書內部數千頁流出、一連串雪崩式的恐怖爆料，占據了全部的媒體版面，媒體自 2016 美國總統大選之後，對臉書的批判日漸嚴厲，那次事件證明，祖克柏原本為了連結大學生社群的創作，居然可以動搖民主政治。

最近一次的爆料來自前臉書誠信團隊的產品經理。弗朗西絲·豪根（Frances Haugen）曾待過 Google、Yelp、Pinterest 等公司，而且跟祖克柏同齡，1984 年生。豪根 2019 年加入臉書，專門負責處理假新聞。她的一位朋友受社群媒體上的資訊影響，變得很激進，這種現象在臉書上太常發生了，身為有經驗的工程師與產品經理，她希望可以做點什麼改善這個問題。然而，她看見的卻是恐怖的事實。臉書對於內容審查的放任疏忽，海外的情形比美國國內更糟。太多惡意貼文、甚至是鼓吹暴力的內容，完全沒被偵測到，甚至在某些情況下，這些問題內容因為發文者的權勢而能繼續留在平台上。「我到職不到兩週就發現，天啊，這比我想像的恐怖太多了。」豪根告訴我。「直到 2020 年的某個時候，我意識到這牽涉到太多人的生命了。」

就像許多不認同公司行為的前員工，豪根辭職了。不同的

是，她有系統地爬梳公司內部的溝通紀錄，找到能證明臉書對自己的負面行為確實知情的文件。那些檔案顯示，公司高層（包括祖克柏本人）幾乎總是消極應對問題，從 Instagram 貼文增加青少女憂鬱症比例，到印度散播的宗教仇恨問題皆然。那些內容在 2021 年 10 月首度由《華爾街日報》報導，接著許多讀到文件的媒體也相繼報導，造成轟動。豪根受邀至國會與海外分享她的故事。麻州參議員馬基（Edward Markey）甚至代表發言，稱豪根是「二十一世紀的美國英雄」。

這跟祖克柏最近一次到國會的情景截然不同，（他已經到國會報到七次，沒有一次場面是愉快的。）立法者對著他在 Zoom 上的頭像質問，卻得不到他明確的答覆。在那樣的敵意背後，更有一群人主張要監管臉書，或是以反托拉斯法為由開罰。2020 年 12 月，FTC 聯邦貿易委員會與 46 州總檢察長對臉書提告（此案被駁回，但 FTC 於 2021 年 8 月提出更尖銳的論述）。該案主張臉書分別在 2012 與 2014 年收購 Instagram 與 WhatsApp 兩家公司，屬於不公平競爭。

這還只是一小部分。全球的立法與監管單位都指控臉書在內容審查、隱私政策上有過失，以及在社會正義與包容多元上失敗。社會上開始有一個共識，那就是大型科技公司，特別是在各自產業稱霸的四巨頭，不只規模太龐大，更是獨占市場、不公平競爭、對勞工不友善，甚至危害民主制度。而在四巨頭之中，臉書和其領導者更是眾矢之的。回到美國國內，新的政府成立了，即使這家公司的平台上助長了反方勢力（臉書又太晚採取行動制止這股浪潮）。拜登總統提名的 FTC 委員與司法部反壟斷部門的主管，都曾公開批評科技巨頭與臉書。

諷刺的是，這一切都影響不了臉書的財務表現。Covid 疫情期間有更多人使用臉書提供的服務，臉書賺進更多錢。2020

年，公司營收高達 860 億美元，獲利更逼近 330 億美元。2021年夏天，臉書市值破兆。祖克柏個人身價上看 700 億美元，名列全球首富之一。

在批評者攻擊他的公司沒有保護使用者與社會時，或許這些豐收讓祖克柏有信心轉移焦點。就在豪根上知名電視節目《六十分鐘》（60 Minutes）那天，祖克柏上傳了全家到舊金山灣出海旅行的影片。不久後，他又現身 Connect 大會，在線上向世界宣布臉書改名為 Meta。

從我這一角的元宇宙觀察祖克柏那場元宇宙活動，感覺很複雜。畢竟，我寫了一本書就是以臉書為書名，也就是你手上的這本書。我為了忠實描繪這家連結起世界的公司及它對世界的影響，訪談了數百個人。我親自訪問祖克柏九次，以前所未有的方式近距離了解他的思考。祖克柏在想什麼？他想轉移故事的焦點、平息圍繞著臉書、沸沸揚揚的爭議嗎？

正好相反。就在祖克柏與 Meta 重新想像「現實」的當下，理解這家本來叫做臉書的公司，變得更加重要。

臉書現在面臨的所有問題，原因都藏在本書記錄的歷史中。祖克柏的大膽；他在公司起飛時寫在小筆記本裡的夢想藍圖；一心一意追求成長；擴張平台時犧牲了用戶隱私；在有能力監控內容品質之前，就把版圖拓展到全球；當公司影響選舉、成為假新聞溫床時，他們做了哪些政治選擇；當然還有不擇手段收購 Instagram 與 WhatsApp 等競爭者。（我後來得知，調查臉書公司的立法與監管單位，許多人都在研讀這本書。）

你即將讀到的許多臉書員工，很多都已經離開公司，並在離職後與我分享他們的經驗。在那之後，又有更多人離開。技術長施洛普夫（Mike Schroepfer）在 2021 年 10 月宣布即將離

職，負責加密貨幣計畫（失敗了）的馬可斯（David Marcus）也在 2021 年 12 月宣布將離開。這家公司目前仍由祖克柏的一群忠臣掌舵，包括考克斯（Christopher Cox）與博斯沃斯（Andrew Bosworth）等高階主管，兩人分別執掌 Meta 的兩個面向：社群媒體與「現實」部門。

我寫作的當下，桑德伯格也還在臉書，但在公司被猛烈批評的時期，她卻避開大眾目光，沒有如預期的出面捍衛公司。或許當祖克柏踩穩過渡到其他「現實」的腳步後，桑德伯格也會開啟新的冒險。

至於祖克柏，他哪裡也不會去（除了元宇宙）。你將在書中看到，祖克柏是熱愛競爭、非常固執與堅持的領導者，反壟斷訴訟也不會讓他慢下腳步。即使已經被禁止大型收購，當有任何會威脅到臉書生意的新概念出現時，他還是會執行備案計畫：抄對手的東西。

當 Clubhouse 這個讓人們以聲音聚會交流的 app 出現時，祖克柏馬上複製出臉書的版本。然而，臉書最大的競爭者是 TikTok 這個來自中國的社群影音 app，以極快速度吸引超過十億用戶，比祖克柏手上握有的任何服務都受年輕人青睞。臉書當然不會放過複製的機會，Instagram 旗下的產品 Reels 很明顯就在抄 TikTok。

祖克柏為什麼要將公司改名為 Meta、重新把公司定義為元宇宙公司？這個行為其實源自於臉書的瀕死經驗，當年以網站思維起家的臉書，差一點被行動科技的浪潮淹沒，你會在書中讀到臉書甚至還想打造自家智慧手機，跟蘋果與 Google 競爭。雖然臉書最終成功轉型至行動世界，祖克柏仍發誓，下一波典範轉移時，臉書絕對要當領頭羊，而不是在後面追趕。這也是他買下虛擬實境公司 Oculus 的理由，即使這在 2014 年是

看似奇怪的收購選擇。即使這家子公司並沒有為臉書貢獻多少營收（祖克柏還逼走了 Oculus 的創辦人），祖克柏自始至終都沒有對這個願景失去信心。我在研究這本書的期間，時常在臉書的門洛帕克園區碰見祖克柏，每一次他最有興趣分享的都是 Oculus 的虛擬實境實驗室又有什麼新進展。

　　祖克柏樂觀地想像公司從今以後的北極星，就是擴增與虛擬實境。但關於臉書的全貌，卻隱藏了更多細節，更充滿了祖克柏不願承認的諸多問題。我盡我所能在這本書中呈現這些細節，企圖為這家世界上數一數二重要的公司提供完整的故事——臉書，或任何祖克柏想叫的公司名稱。

史蒂芬・李維
寫於 2021 年 12 月

性格，決定命運

「嗨，我是馬克！」

這個人不需要介紹。馬克·祖克柏（Mark Zuckerberg）是全球數一數二的名人，他是全球最大社群網絡臉書（Facebook）的執行長，這個全球最大的人際網絡用戶數達 20 億，其中超過一半的用戶天天登入。臉書讓馬克名列全球富豪榜第六名，也由於他很年輕就成立臉書（19 歲在哈佛宿舍創業），馬克成為了代表性人物，象徵著先進科技為年輕無名小卒帶來的無限機會。

馬克·祖克柏今日就在現場。

在奈及利亞最大城拉哥斯（Lagos）。

如果你還不確定這個棕髮、臉上帶著傻氣微笑、好像不愛眨眼的年輕人是誰，他身上穿的衣服就是標準的……祖克柏裝。這件象徵著無產階級宅男的招牌 T 恤，實際上出自名牌 Brunello Cucinelli（一件要價 325 美元，祖克柏有一整個衣櫃的同款 T 恤，讓他不必每天煩惱要穿什麼），配上藍色牛仔褲與 Nike 球鞋，沒錯，這就是我們想像中，臉書創辦人兼執行長進場時會有的樣子。這個畫面不尋常之處在於，沒有人料到祖克柏會出現在這個大陸、這個國家、這座城市、這個場合。

在「共同創造中心」（Co-Creation Hub, CcHUB）六層樓的工業風工作室，年輕創業家聚集在此，都想爭取千萬分之一的機會，在奈及利亞拉哥斯打造成功的科技公司。今天是 2016 年 8 月 30 日，大家只聽說臉書會有高層來為臉書接下來主辦的科技新創新訓營活動暖身，都猜想神祕嘉賓大概是祖克柏的大將亞奇邦（Ime Archibong）。亞奇邦在北卡羅萊納州長大，父親是奈及利亞移民，先前就造訪過故鄉。祖克柏不太可能來這裡。

臉書籌備這趟旅程時，保密程度的確到達美國 CIA 中情局的級別。做到這麼密不透風，主要是為了安全考量，但也預期祖克柏現身將會引發驚喜。祖克柏還沒造訪過非洲，其實早就該來了。祖克柏從義大利出發，先在歐洲和妻子參加朋友埃克（Daniel Ek，Spotify 執行長）的婚禮。在科莫湖（Lake Como）的典禮結束後，祖克柏和隨行人員在羅馬待了幾天，見到義大利總理和教宗，接著從機場飛往奈及利亞，直接到仍是砂石路面的亞巴區（Yaba）、造訪共同創造中心。

拉哥斯的新創文化不可思議地樂觀，同時也有一種黑色幽默的精神。創業者都知道想成功，或僅僅是想存活必須面對的龐大阻礙。但他們就是祖克柏想見的人：一群有夢想的科技宅。臉書在加州門洛帕克（Menlo Park）的巨型總部裡，祖克柏的牆上貼滿了像慶祝紙花一樣的宣傳海報，其中數十張就寫著「勇於當科技宅」（BE THE NERD）。因此，當其他科技龍頭是以慈善活動為切入點進軍非洲，祖克柏的行程完全沒納入在偏遠村落擁抱營養不良的嬰兒，他想見的是在軟體界努力的地方人士。

有幾秒鐘的時間，現場的年輕科技創業者愣住了，懷疑自己見到幻影，或是遇上整人節目。等到大家確定不是在做夢，

歡呼四起，所有人衝向前用力和這位大名鼎鼎的訪客握手，擺好姿勢與祖克柏自拍，急著分享他們的創業電梯簡報。

祖克柏耐心與眾人互動，臉上笑容沒斷過，直視每個人的眼睛，時間長到或許有點過頭。祖克柏顯然心情愉快。我們走下台階，和更多創業者說話，他告訴我：這些是我的同類。

我跟著祖克柏進行這次的參訪，我正在寫關於臉書崛起的書，這是我的首篇報導。

樓下正在舉辦「夏日程式活動」（Summer of Code），幾個5歲至13歲的小朋友正在學電腦。祖克柏走到兩個男孩身旁，他們看起來年約7、8歲，共用一台個人電腦。「可以告訴我，你們在做什麼嗎？」祖克柏問。他彎下腰和孩子的視線齊平。兩個孩子從螢幕轉開視線，螢幕上閃爍的小點成群移動。

「我們在設計遊戲。」一名男孩回答。

祖克柏原本大大的眼睛又睜得更大，有如大型動物玩偶的塑膠眼睛。他在小男孩那個年紀時，也在做同樣的事！

「可以告訴我，你是怎麼做的嗎？」祖克柏問孩子。

祖克柏和孩子又切磋了一下技術後（「可以給我看程式嗎？」），前往行程下一站：祖克柏透過基金會贊助的一家新創公司，訓練中非的工程師在大企業從事技術工作。祖克柏打算在未來把名下臉書股份的99%都移轉至基金會。造訪拉哥斯的商務訪客很少徒步走在亞巴這樣的街區，但祖克柏想在街上走走。當地的人行道只勉強稱得上鋪過，泥土路與混凝土路混雜，路面凹凸不平、有很多大大小小的坑洞，形成一個個水坑。我們穿梭在呼嘯而過的汽機車之間快步前進，趁一旁小屋與店內人群尚未發現，迅速走過。一個孩子蛇行於人群中，衝到我們前方，快速地自拍。祖克柏不以為意，一路上和隨行的

亞奇邦談話，繼續帶領大家前進。

祖克柏的御用攝影師拍下這個場景。那位攝影師之前是《新聞週刊》（Newsweek）的攝影記者，曾跟隨好幾位總統出訪。稍晚他把祖克柏造訪當地的照片放上網路，街區散步的照片將讓奈及利亞愛上祖克柏（一名地方工程師說，他第一次看到那張照片時「還以為一定是合成的！」）。隔天，祖克柏跑過一座橋的照片同樣登上社群媒體，進一步加深這位科技億萬富翁的親民形象。

祖克柏非洲行第一天的最後一站，來到繁忙十字街口的一個小店，那是「Express Wi-Fi」計畫中的一個網路熱點。臉書贊助的「Express Wi-Fi」計畫，當地人只需付小額費用，就能在各地的小型商家使用網路。祖克柏造訪的那間小店是運動賭博下注站，老闆名叫努佐庫（Rosemary Njoku），她穿著黑點洋裝，包著頭巾，一旁的朋友身穿黃色印花長洋裝。

祖克柏在過去幾年大力推動提供網路給「下一個數十億人」（the next few billion），也就是生活在網路服務不足的地區，或是負擔不起網路的人們。祖克柏利用各種方法拓展能收到網路訊號的地區，包括運用自駕無人機等新技術，還推出一項引發爭議的計畫：提供免費的數據方案，但只能連上臉書等幾種熱門應用程式。祖克柏推廣網路的夢想名為「Internet.org」，「Express Wi-Fi」則是其中一個小型但具成功潛力的子計畫。

老闆與友人向祖克柏打招呼，店內狹窄的後方空間又擠又熱，幾乎沒地方讓他們三個人談話。祖克柏身上的 T 恤開始出現一圈圈汗漬，他詢問老闆幾個問題。

「我希望妳們能協助我。」這個全球財富排名第六的人，在世界上最窮的國家，詢問在街角經營小生意的兩個女子：

「能否給我建議，可以讓這個地方變得更好？」

老闆努佐庫愣了一下，接著回過神，答道：「更多公尺。」祖克柏疑惑地看著她。「Wi-Fi 的範圍，讓更多地方的更多人都能用。」她解釋。

祖克柏沉默了一下。還有呢？祖克柏想聽見別的答案。「主題標籤。」努佐庫說：「主題標籤，#itsup，讓大家知道 Wi-Fi 可以用。」

祖克柏的臉亮了起來。「這個我們做得到。」祖克柏說：「妳提到的第一件事非常困難。」祖克柏開始解釋如果要拓展網路的服務範圍，技術上目前有哪些難題。談起技術面的內容，大家很快就沒在聽了。

隔天，祖克柏為當地的軟體開發人員舉辦了一場市民大會。祖克柏喜歡用市民大會的形式，比較不愛講座，也不愛在爐火邊，被煩人的記者天南地北追問個不停。祖克柏自豪地告訴聽眾，臉書打造了一顆人造衛星，將可以增加網路覆蓋率，讓非洲許多缺乏服務的地區也能上網，奈及利亞也將受惠。而且改變很快就會發生，人造衛星已經在發射台上就定位，將由馬斯克（Elon Musk）的 SpaceX 火箭發射上天。

主持人手上拿著預先蒐集好的問題，其中一題問到，祖克柏從原本可以全權掌控的軟體開發者，進入管理公司這個相對複雜不可控的領域，這個轉變有多簡單，或多困難？他會想念只需要寫程式的時光嗎？

「我是工程師，和你們很多人一樣。」祖克柏回答：「我認為工程有兩條實實在在的原則：第一，把每個問題都想成一個系統。而且，不論這個系統目前有多好或多糟，每一個系統都可以再被改善優化，無論你是在寫程式、打造硬體，或是經營一家公司，都是一樣的。」

祖克柏表示，臉書用程式設計解決問題的方法，來解決商業與文化上的問題。「管理〔一家公司〕和寫程式，其實沒那麼不同。在寫不同函數、副程式時……我認為大部分的問題都可以用這樣的工程師心態來看待。」

　　那天稍晚，祖克柏造訪位於「奈萊塢」（Nollywood）的娛樂工作室。演員、DJ、歌手、喜劇演員等多位奈及利亞名人在這裡跟他見面。祖克柏參觀工作室、和大家問好，接著問大家一個最近他在思考的問題：祖克柏在 2012 年收購分享照片的 Instagram（IG），目前仍繼續讓創辦人負責經營。他想知道現場的創作者和名人比較愛用臉書還是 IG。結果，所有人都偏好 IG 勝過臉書。「可是臉書比較大耶。」祖克柏說，對眾人的回答完全開心不起來。

　　之後，大家聚在一起，進行非正式的提問。一位 IG 網紅提到 2010 年的電影《社群網戰》（*The Social Network*），這部電影號稱重現了臉書的創始故事。祖克柏在片中被描寫成高智商、低情商的阿宅，創業的動機只是因為進不了哈佛大學的飲食俱樂部（eating club），女孩們都對他沒興趣。你可能也會猜想，祖克柏大概不會想討論這部電影，提問者甚至問他，是不是真的因為被女生甩了，才成立臉書？

　　「我太太很討厭那段電影情節。」祖克柏露出尷尬笑容：「事實上，那段期間我們已經在交往了，所以我太太對於我成立臉書是為了追女生這種說法很不滿。」他停了一下，「還有，那不是真的。」

　　祖克柏在奈及利亞待了四天。最後一天晚上，他邀我到他的飯店房間聚會，房內還有幾位此次同行的人員。我們離開拉哥斯，來到首都阿布加（Abuja）加強安檢措施的大飯店，祖克柏將在離開奈及利亞前和總統見面（這位年輕執行長經常和

全球領袖見面，就好像跟好友碰面一樣。臉書在全球有廣大用戶，祖克柏因此在許多地方有大量支持者，人們常說這是臉書的「外交政策」）。

那一天很漫長，我們凌晨四點就起床，搭私人飛機前往肯亞，祖克柏參加兩小時的野生動物之旅，與一群創業者見面，接著和官員共進午餐。快傍晚時，祖克柏和隨行人員回到飛機上，就接到了壞消息。祖克柏原本一路上都在開心宣傳臉書的衛星將拯救非洲落後的網路，衛星原本預定明天就要升空，卻發生意外，跟著 SpaceX 火箭一起在發射台上爆炸。為了節省時間，衛星在測試火箭時就已經就位，結果跟著火箭一起燒毀。

祖克柏對馬斯克非常生氣（看來臉書的座右銘「快速行動，打破成規」〔Move fast and break things〕不適用於太空發射），自然要上網抱怨。祖克柏發洩情緒的地方，就是他一手送給世界上多數人類的平台：臉書。他不顧公關的建議，寫下將會出現在 1.18 億追蹤者動態消息上的抱怨文：

> 我人在非洲，對於 SpaceX 發射失敗、我們的衛星也跟著毀了，感到非常失望遺憾。這原本是可以連結這片大陸上許多創業者和其他人的機會。

然而那天晚上在飯店房間，祖克柏很高興。身旁都是熟人，他很放鬆，興致也很高昂。桌上擺著許多當地美食，祖克柏灌下一大口奈及利亞啤酒，調皮地調侃亞奇邦和攝影師，不過一提到馬斯克的名字，祖克柏沉默了一秒。好吧，實際上是安靜了快一分鐘。

「我想我正在經歷悲傷的五階段。」祖克柏說完這句話又

安靜下來，「大概還沒走到『接受』那個階段。」他有和馬斯克聯絡嗎？祖克柏又是一陣沉默，這次安靜更久，氣氛更僵。「沒有。」他說。

　　話題接著回到這次的出遊，祖克柏的臉再度亮了起來。我問他先前談到臉書與工程師心態，他對這個話題很感興趣，向我解釋他從工程師的角度看事情的習慣，也是臉書的做事方法。「那是從小的本能，你看著某樣東西，心想：這可以更好。我可以拆解這個系統，讓系統變得更好。我記得我從小就有這種想法。長大後我才知道不是每個人都這樣想事情。我認為這就是工程師心態，甚至更像一種價值體系。」

　　祖克柏三句不離「分享」。他常說，人們與彼此分享經驗，世界就會變成更美好的地方。目前為止，大眾都買單這套哲學，津津樂道臉書用戶數達史上新高，把人們連結在一起，甚至有潛力協助大家發起草根運動，解決重大問題。阿拉伯之春（Arab Spring）風起雲湧時，臉書被視為背後推手。臉書在隱私權上的做法雖然不斷受到行動主義者與監管單位批評，但那些紛擾並未推翻臉書的形象。此外，儘管電影《社群網戰》的負面描寫，祖克柏在一般人心中仍是大膽、提倡平等主義的創辦人，還喜歡路跑，不管是在拉哥斯，或甚至是霧霾籠罩的北京天安門廣場。

　　「這趟旅程讓我很開心的是能跟真實的人對話。」祖克柏表示。「我去了羅馬，見到了教宗與總理，他們當然也是真實存在的人、人也很好，但我很開心在這裡有機會和許多開發者與工程師聊天。」

　　祖克柏愛奈及利亞，奈及利亞也愛祖克柏。奈及利亞的總統表示：

我們的文化不習慣見到像你這樣的成功人士。我們不習慣見到成功人士到街上跑步，在街上流汗。我們比較習慣見到成功人士待在有冷氣的地方。我們很開心見到你成功卻又簡樸，永遠樂於分享。

　　有人會說，那次的奈及利亞行是祖克柏的巔峰。人生還能更美好嗎？他即將以前所未有的程度連結全世界，就連他仰慕的羅馬帝王都望塵莫及。祖克柏在宿舍成立的公司是賺進大把鈔票的印鈔機，他一輩子不曾在別的地方工作過，今日卻全權掌握全球最有價值的企業。此外，他的臉出現在無數雜誌封面上，當選《時代》（*Time*）年度風雲人物，還在同年稍早的調查榮登「科技業最受歡迎執行長」[1]。他也擁有幸福的婚姻，妻子也在多次經歷令人心碎的流產後（祖克柏會在臉書上分享此類消息）生下可愛女兒。就連他的寵物也有粉絲團，一隻全身白毛糾結如拖把的匈牙利牧羊犬。相較之下，在馬斯克手裡爆炸的衛星，人們對於 Internet.org 的關切，只不過一路上碰上的小問題。簡而言之，臉書是最精彩的美國成功故事，祖克柏的世界看來完美極了。

　　會有什麼問題？

在爭議與罵聲中稱霸全球

　　祖克柏自奈及利亞返家後不到兩個月，川普當選美國總統，對許多支持川普對手希拉蕊的民眾來說完全跌破眼鏡。

　　川普當選更帶給臉書意料之外的震撼：大眾把矛頭指向臉書，認為是這家總部占地遼闊、位於門洛帕克的公司在背後推波助瀾。《紐約時報》（*New York Times*）的選情指標顯示兩邊陣營支持度出現關鍵交叉的同時，政治觀察家便指出這

個看似不可能的豬羊變色，或許能用「臉書效應」（Facebook Effect）來解釋。

投票前幾週，開始有報導在談論「假新聞」，也就是透過臉書演算法散播的錯誤資訊。臉書的動態消息強力放送那些訊息，而臉書動態提供的文章又是數百萬使用者的主要新聞來源。那些假報導，或是把小問題誇大渲染成邪惡陰謀的論述，讓選民開始對把票投給希拉蕊感到疑慮。

儘管如此，臉書內部幾乎沒有人認為川普有機會獲勝，就連臉書請來負責媒體公關與政策的前共和黨操盤手也訝異萬分。臉書的巨星營運長雪柔・桑德伯格（Sheryl Sandberg）是希拉蕊的忠實支持者，那天晚上她送女兒上床睡覺時還向孩子保證隔天醒來就能見證歷史，觀看美國史上首位女總統發表當選感言。

那天晚上，小女孩安心進入夢鄉。一直到今天，桑德伯格提起這段小故事依舊會難過到哽咽。

隔天在臉書總部，大家都嚇傻了。[2] 公司全員大會上有人哭了。內部討論小組一一上台，思考著臉書是否影響了選舉結果，或是帶來多大程度的影響。儘管如此，選舉結果剛出爐時，認為臉書要為美國大選負責的這種想法感覺十分可笑。

選後兩天，祖克柏出席在舊金山半月灣舉辦的一場大會，地點約在臉書園區北方 30 英里。祖克柏接受柯克派崔克（David Kirkpatrick）的爐邊訪談。柯克派崔克曾是作家，後來轉行做會議主持人，六年前出版過關於臉書的著作。柯克派崔克自然沒放過這個機會，提出人們指控川普能當選，是受益於臉書上那些針對用戶投放個人化動態而傳播的假新聞。

祖克柏否認。「我看到一些談這次選舉的報導，」[3] 他表示，「我個人認為，所謂臉書上的假新聞，那些占整體內容百

分比非常小的東西，以某種方式影響了這次的選舉，我認為這是相當瘋狂的看法。」

那場大會我也在現場，祖克柏的評論聽起來不像嚴重失言。「相當瘋狂」幾個字也只是他較長、有思考過的回答的一小部分。柯克派崔克當下也沒進一步挑戰。沒人能確定臉書是否真的在 2016 年的美國總統大選起了很大的翻盤作用。

然而，接下來兩年，隨著人們更理解臉書的運作，大眾開始高度關切臉書扮演的角色：不只是 2016 年的選舉，而是整個美國政局，甚至是全世界受到的影響。外界將一再指出，祖克柏那次的「瘋狂」評論，顯示出他對於自己的公司造成的傷害一無所知，另一種可能則是，他在說謊。被砲轟好幾個月後，祖克柏終於為自己的發言道歉。

此外，他還為了其他太多太多的事致歉。

2016 年的美國總統大選是臉書的轉捩點，但許多人認為臉書早就該被檢討。臉書的評論者認為，臉書最引以為傲的成就，在今天明顯成為負債。臉書龐大的用戶一度被視為改變世界的力量，如今卻成為臉書握有過多力量的明證，令人擔憂。過去讓無法發聲的人能被聽見的機制，這下子成為仇恨團體高分貝宣揚思想的利器。原本讓人民能組織政治運動的能力，今日成為壓迫者的致命武器。原本會讓我們看見搞笑迷因、帶給我們娛樂和鼓勵的演算法，如今卻被指控是強力散布錯誤資訊的兇手。

接下來一年，臉書的名聲一落千丈。

臉書有種族歧視……臉書助長種族滅絕……臉書是霸凌工具……臉書讓我們再也無法專注……臉書害死新聞業……

情況在 2018 年一發不可收拾。新聞指出，臉書竟然讓劍橋分析公司（Cambridge Analytica）取得多達 8,700 萬的用戶個資。據傳劍橋分析利用這些資料，以假新聞左右搖擺選民。臉書從最受景仰的公司瞬間成為人人喊打的過街老鼠。

全球三大洲的政府開始調查臉書，而且態度愈漸敵對，認為臉書的態度拖拖拉拉或根本不配合。全球調查記者的目光聚焦臉書，幾乎每天都會冒出臉書新的負面消息。聯邦貿易委員會（FTC）有鑑於隱私權的疑慮，以臉書違反 2011 年達成的合意判決為由，開出巨額罰款，臉書因為違規遭罰令人咋舌的 50 億美元。國會與電視脫口秀節目也開始指控臉書破壞大眾的專注力。更糟的是，有報導開始指出臉書（及其子公司 WhatsApp）被用於散布假訊息，助長了緬甸及其他地區的種族大屠殺。

到了 2019 年，全球各地政府機構談到臉書時紛紛用上通常用於形容恐怖組織與販毒集團的詞彙。英國發布的國會研究報告說臉書是「數位流氓」。紐西蘭隱私權委員長愛德華（John Edwards）在 Twitter 上指出，臉書的領導者是「道德破產的病態說謊者」。Salesforce 執行長貝尼奧夫（Marc Benioff）用香菸產業比喻臉書帶來的有害結果。

在此同時，臉書的營收與獲利仍持續攀升，又進一步刺激政府採取制裁與管制措施。隨著 2020 總統選戰開打，數名候選人加入監管單位的行列，呼籲分拆臉書。他們認為臉書已經不單是涉及有爭議的選舉結果，而是指控臉書正在摧毀民主制度！

2016 年的選舉過後的三年，臉書的聲譽跌落神壇。一度也曾是媒體寵兒、投資人的最愛，卻毀於一旦的企業，有些人可能還會想到安隆（Enron）與血液檢測公司 Theranos。

然而，臉書的危機非常獨特，一切都始於一個十分美好的理想目標：連結全世界。然而這樣的想法不僅過度樂觀，臉書在追逐天真的烏托邦（同時當然也是為了自己獲得好處）的過程中，完全沒有考慮到會造成的悲劇後果。在批評者眼中，臉書是 21 世紀企業版的大亨蓋茨比（Gatsby），為求一己之私與享樂，傲慢地揮霍特權。

然而值得留意的是，臉書雖然承認造成不好的後果，卻仍堅持自己帶來的善遠多於惡。數十億人照常使用臉書，也繼續使用臉書的姊妹公司 Instagram 與 WhatsApp。臉書依舊是我們生活的一部分，深入的程度甚至可能更勝以往。

我在奈及利亞親眼見證臉書這家無論在企業史與科技史上都非常特別的公司，然而在接下來三年的報導過程中，我記錄下我所報導過最複雜、最高潮迭起，也最兩極化的故事。

我很幸運，臉書持續與我對話。

透視臉書

2006 年 3 月，我第一次見到祖克柏。當時我是《新聞週刊》的科技新聞主筆，正在撰寫關於 Web 2.0 現象的封面故事。Web 2.0 是網路事業的新階段，想要連結人群的新公司紛紛崛起。我們報導的公司包括 Flickr、當時還是獨立新創公司的 YouTube，以及社群網站這個新興領域的領頭羊 MySpace。此外，我還聽說有一間炙手可熱的新公司，在大學校園很成功，我想多了解一點，或許可以在報導中順便提及、附上幾句創辦人的話。創辦人預計將參加當月的個人電腦論壇（PC Forum），我定期會去參加，因此聯絡臉書，詢問當天是否能見祖克柏一面。

我們約好在午餐時間見祖克柏，他一抵達會場，我們就先

聊一聊。我對祖克柏所知不多，因此對接下來發生的事沒有心理準備。

打招呼後，我心想祖克柏看起來比實際年齡 21 歲還要小。我負責報導駭客和科技公司幾年了，見過不少稚氣未脫的重要人士，不過真正令我訝異的是，我先問了幾個算是暖場的簡單題目，詢問他的公司打算做什麼，祖克柏的反應卻嚇我一跳。

祖克柏沒說話，直直瞪著我，時間好像靜止了，鴉雀無聲。

我困惑不已。這傢伙是執行長，不是嗎？他是身體不舒服還是怎樣？該不會他和日後有人猜想的一樣，有某種程度上的自閉症？還是我寫過什麼東西冒犯到他？

我當時不知道，這是祖克柏很常有的行為。當下不知情的我和許多人一樣，被祖克柏的當機沉默嚇到。

接下來幾年，祖克柏似乎想辦法矯正了這個問題，訪談時顯得風度翩翩（不過偶爾還是會盯著對方不說話。臉書某個高階主管曾稱之為《魔戒》裡的「索倫之眼」。其他熟悉祖克柏的人士指出，那種狀態是他在思考，只是顯然進入非常深層的思考，世界都停下來了。）我當下既困惑又焦躁，看了看桌子對面和祖克柏一起來的柯勒（Matt Cohler）。柯勒原本是創投人士，現在到臉書工作了。他臉上帶著和善的笑容，沒打算救我。

我孤立無援，結結巴巴打破沉默，改變話題，問祖克柏對個人電腦論壇有什麼了解。他說沒有，我解釋活動的起源，是個人電腦時代的重要產業聚會，蓋茲與賈伯斯（Steve Jobs）曾在此較勁，表面上面帶笑容，檯面下揮拳相向。祖克柏聽完那段歷史，似乎比較放鬆，在接下來的午餐時間，開始可以聊他

在宿舍建立的公司。

　　事實上，在我首度採訪他的那段期間，團隊正在帕羅奧圖的二樓辦公室開發改變世界的新功能，不過祖克柏當時並未告訴我他們正在做什麼。「開放註冊」與「動態消息」即將讓臉書一飛沖天，祖克柏的名字將因此和早期的個人電腦論壇傳奇人物擺在一起。

　　臉書從新創公司成長為耀眼明星的期間，我持續報導祖克柏與他的公司。2007 年 8 月，我在《新聞週刊》的封面報導談臉書，主要談臉書從大學生的網站躍升為連結全世界的服務。2008 年，我到《連線》（*Wired*）雜誌工作，當時臉書是我主要的報導重點。我促成祖克柏與他的偶像比爾・蓋茲一起拍封面照，我們還做了《連線》的二十週年訪談。

　　臉書發表新產品時，我通常可以搶先目睹，與執行長坐談。我和祖克柏聊搜尋，聊虛擬實境，談臉書出師不利的手機，聊美國 NSA 國家安全局攔截科技公司的資料，也聊祖克柏提供低成本網路給開發中世界的夢想。我在 Medium 成立「Backchannel」週刊後也密切追蹤臉書，寫文章談動態消息的演算法與臉書的 AI 團隊。

　　然而，臉書媒體公關團隊發表的一則簡單聲明，讓我發覺臉書的野心，需要一整本書的研究才有辦法容納。那則讓我頓悟的新聞是：現在每天有十億人登入臉書。

　　我倒抽一口氣。在 24 小時內，全球有那麼多的人在祖克柏的網絡上活動。

　　那是前所未有的現象。全球那麼大規模的人群，偶爾會齊聚一堂，例如收看世界盃決賽，或是參與其他大型活動。然而在那些例子中，人群是觀眾。臉書用戶則是登入單一的互動網路，而且一次十億人還不是高峰，只是基準線，臉書正在吸引

全球愈來愈多的人口。

連結全世界的概念，祖克柏已經談了很久，但從這個十億里程碑來看，這個理念不容小覷。臉書每天都在破紀錄，集結史上最多的群眾，大家在臉書上與好友、親戚，以及你在警局也指認不出來的不熟網友互動。所有人在臉書上留言、發表新文章、交易、發起政治運動，有時還會霸凌同儕，散布搞笑迷因與招募恐怖份子。

我心想：這一切是怎麼發生的？代表著什麼意義？臉書年紀尚輕的領導者有能力管理這種前所未有的現象嗎？他在達成連結世界的目標時，有能力處理所有伴隨而來的問題嗎？世界上有任何人有辦法做到嗎？更別提是這個話講一半會停下的怪人？

我決定深入研究臉書，最理想的情形是臉書也願意合作。討論數個月後，包括祖克柏和桑德伯格在內，臉書同意開先例，讓我採訪他們的員工，也鼓勵前臉書人與我對談。當然，我還採訪了很多不曾在臉書工作的人，但以支持者、對手、批評者、客戶、開發者、監管人員、用戶、出資者等身分與臉書有過互動。

儘管臉書在 2016 美國總統選舉過後碰上公關災難，他們依舊遵守與我的約定，我也持續經常造訪臉書園區，幾棟大樓負責檢查身分、發放訪客通行證的接待人員後來已經認得我。奈及利亞行過後，我訪問過祖克柏六次，地點包括他的玻璃牆辦公室、一起在臉書總部的屋頂上散步，還去過堪薩斯州羅倫斯市，或是到祖克柏帕羅奧圖的私宅。

2016 年大選過後，臉書碰上大大小小的危機，包括假新聞、有國家在背後操弄、人們在臉書上直播自殺與大屠殺、仇恨言論猖獗、劍橋分析、資料外洩、侵犯隱私權、公司大將

突然離職，甚至傳出祖克柏端出沒熟的羊肉⁴招待 Twitter 執行長多西（Jack Dorsey）。有關臉書的討論，風向顯然整個轉變。

但我發現一件事：即使大選過後醜聞纏身，臉書其實和先前沒什麼不同，祖克柏十五年前在學校宿舍建立的那間公司仍在延續。公司同時受益也受困於從公司的起源故事，臉書仍在追求成長，擁抱著美好又恐怖的初衷。臉書和它的領導者天不怕地不怕，大膽造就了他們的巨大成功，但他們同時也必須為膽大妄為付出代價。

臉書在美國大選災難過後碰上的所有問題，幾乎都是兩件事帶來的結果：臉書「連結全世界」的使命本來就史無前例，以及公司的躁進所產生的後果。過去三年間，臉書碰上的麻煩幾乎全數源自公司早期做的決定。在 2006 至 2012 年間做出重大選擇，偏向以閃電速度連結世界，先做了再說，有問題事後再補救。臉書今日承認，問題遠超出公司的預期，而且不易彌補。但同時，祖克柏及團隊仍堅稱，儘管爆發醜聞，臉書在全球各地依舊是一股善的力量。

從某個角度來看，臉書的故事也象徵著過去數十年間數位科技如何改變我們的生活。不只是臉書，所有改變人類日常生活的科技巨頭，如今都被懷疑的眼光仔細審視。科技巨頭都始於創辦人的理想，今日卻被視為浮士德的交易：換取科技公司創造的奇蹟是有代價的，我們失去專注、失去隱私、失去尊重與禮儀，現在的我們害怕科技巨頭的力量。

臉書是其中之最。這家公司服從著「快速行動，打破成規」的指令……真的打破了許多東西。我最後幾次訪問祖克柏，他都在談如何補救。

既然是談臉書的故事，我們自然要從馬克・祖克柏說起。

第一部

新創起步

第 1 章

少年祖克柏：
程式天才×喜歡策略×愛征服

1997 年 1 月的一個寒冷夜晚，剛創業的 28 歲律師溫瑞奇（Andrew Weinreich）[1] 在紐約蘇活區的帕克大廈（Puck Building），試著向一群投資人、記者與朋友，解釋什麼是「網路社群」（online social networking），以及為什麼他的產品是史上第一，這個概念又將如何改變世界。溫瑞奇講到口乾舌燥，但大家聽得一頭霧水。

溫瑞奇是在一場每週的聚會活動上醞釀出這個概念。雅虎（Yahoo!）、亞馬遜（Amazon）、eBay 等第一波網路公司興起沒多久，想創業的人士齊聚一堂，思考網路出現之後可能成真的商業點子。溫瑞奇想出一個點子，基本概念是由人們自己提供資訊，包括他們的興趣、職業與認識的人。他想：如果大家能把自己的人際關係呈現在同一個地方，會發生什麼事？

溫瑞奇把公司命名為「六度網站」（sixdegrees），概念是全球每個人和另一個人只隔著六層關係。[2] 溫瑞奇以為第一個提出六度概念的人是義大利工程師馬可尼（Guglielmo Marconi），但其實是匈牙利作家卡林西（Frigyes Karinthy）。卡林西在短篇小說〈鏈結〉（*Chain-Links*）[3] 評論這個巨大轉變：

地球不曾這麼小過。由於物理通訊與口頭傳播的速度變快，地球縮水了──當然，這是相對而言。這個主題以前就出現過，但我們不曾以這樣的方式看待。我們不曾談論過，現在地球上的任何人，在我或任何人有意願的情況下，都有辦法在幾分鐘內得知我在想什麼或做什麼、我目前與接下來的目標。

很難想像卡林西是在 1929 年寫下這段話！他筆下短篇小說的主人翁進行了一場實驗，想看看關係鏈能否將他們連結至任何隨機的人，從一個人的朋友開始，接著靠下一個人的介紹，只經過五次轉介，就能連結至 15 億人（當時的世界人口）中的任何人。在小說中，主角（和作者一樣是匈牙利知識份子）挑戰要與福特車廠裡的鉚工連上關係。卡林西的概念在社會科學界閒置數十年，一直到 1960 與 1970 年代才有研究人員利用當時有限的電腦運算能力，試圖證明此理論。

1967 年，社會學家米爾格蘭（Stanley Milgram）在《今日心理學》（Psychology Today）發表了一篇論文，探討當時稱之為「小世界問題」（small world problem）的主題。米爾格蘭與論文合著者兩年後發表的研究[4]試圖連結內布拉斯加州與波士頓的隨機人士，他們最後發現「起點人與目標人之間平均相隔 5.2 人」。這個概念在 1990 年因為劇作家格爾（John Guare）的劇作《六度分隔》（Six Degrees of Separation）而成為廣為人知的文化概念，該戲劇在 1993 年又改編成電影。

溫瑞奇的公司雖然受六度理論啟發，實際上則集中在二度或三度分隔。他告訴聚集在帕克大廈的聽眾：「我通常可以透過認識的人，找到不認識的人。」幾世紀以來，人們都是靠朋友與熟人建立新的人際連結，但有時成功，有時失敗。「今天

我們不必再苦惱找不到人，」溫瑞奇保證，「只要透過免費的網路人際連結服務。」溫瑞奇把這項服務比喻為把自己的名片盒放上網，接著連結其他人的名片盒。「如果每個人都上傳自己的名片盒，你就能遨遊世界。」溫瑞奇滔滔不絕說著。

那個一月的寒冷晚上，溫瑞奇提出了這個驚人的使命：運用單一網絡來連結世界。他請聽眾「想像一下，我們的資料庫裡不只有你，還有全球每一位網際網路使用者。」（當然，他猜想當時的網路使用者只有 4,000 萬至 6,000 萬人。）

溫瑞奇認為，連結世界自然是推進人類文明的一大進步。怎麼可能會有其他問題？

六度網站率先提出的幾個概念，幾乎是日後所有社群網站都會包含的元素，包括利用電子郵件邀請，以「病毒式」傳播建立人際網絡。溫瑞奇在發表會上甚至仍提供與會人士裝在信封裡的實體邀請函，內容和送至他們電子信箱裡的郵件一模一樣。接下來，溫瑞奇請大家開啟隔壁房間的電腦瀏覽器，開始寄發電子郵件給六度網站上的親朋好友。人們收到邀請時，網站就會請他們認證，確認自己的確認識邀請人。那是史上第一次有線上服務使用這類的認證機制。

六度網站是新東西，要是成功了，將是無窮的研究與評估追著跑的東西，但最後功虧一簣。溫瑞奇的大點子領先時代太多，當時多數人連電子郵件都沒有，更別提 24 小時連網。此外，你上了六度網站之後沒有太多事可做，只能把認識的人輸入龐大的資料庫。你無聊時不會想在六度網站上閒晃，無法偷窺前任，也看不到搞笑貓咪影片。你只會在想尋人或找人推薦時，查一下自己的延伸社群網路資料庫，然後就下線了。

加入六度網站的人們很快就發現如果可以看到人的照片，服務會方便許多。1997 年當時，把照片放上網仍是大難題，

因為很少人擁有數位相機。溫瑞奇甚至考慮過雇用數百名實習生或低薪員工，坐在一個大房間，專門負責掃描照片，但最後放棄，因為他已經在考慮賣掉公司。

六度網站證實了社群網路的概念可行，網站全盛時期的用戶數約有 350 萬人，對當時的網際網路來說是相當可觀的數字。還要再過幾年，技術才會發展到社群網站能真正流行起來所需的連結力。溫瑞奇無法等那麼久，募資對他來說太痛苦了。1999 年 12 月，溫瑞奇以 1.25 億美元把六度網站賣給「年輕流媒體網」（YouthStream Media Networks）。時機抓得剛剛好，正好就在即將重創產業的網路泡沫化前夕。六度網站的收購價中包含一項申請中的專利[5]：「建立關係網絡資料庫與系統的方法與裝置」，日後被稱為「社群網路專利」。

溫瑞奇日後表示，他因為早早賣掉公司，未能執行他一開始就替六度網站規劃好的兩個功能。第一項功能是讓用戶能在網站上張貼留言與媒體，悄悄進入早期網路的前哨領域，也就是日後的「用戶原創內容」（user-generated content, UGC）。另一項功能是讓六度網站成為作業系統或平台，第三方可以開發應用程式，接著在溫瑞奇夢想中的社群網路上運行，範圍涵蓋全球。

1997 年的溫瑞奇無從得知，有一天會讓他的願景成真、甚至是超越這個願景的人，就在距離帕克大廈僅 25 英里（40 公里）的地方，現年 12 歲。

起源故事

馬克・艾略特・祖克柏（Mark Elliot Zuckerberg）生於 1984 年[6]，媽媽叫凱倫，爸爸叫艾德。馬克的生日是 5 月 14 日，也就是蘋果麥金塔電腦（Apple Macintosh）問世近四個月

後。麥金塔希望把當時被認為專屬於專家及古怪業餘愛好者的電腦推廣給一般大眾。當時擁有個人電腦的人不多，有數據機的人更少。數據機就是那台會發出恐怖噪音的電腦周邊設備，把個人電腦連結至電話線。網際網路的前身「高等研究計畫署網路」（ARPAnet）已經問世，使用者只有政府和某些電腦科學領域的學生。

艾德·祖克柏有電腦，也有數據機。他一生都對科技非常感興趣，尤其是各種裝置，小時候最喜歡的科目是數學。

祖克柏爸爸的興趣，令人好奇祖克柏日後成為全球科技偶像，是否也算是兒子替父親圓了未竟之夢。艾德從來不曾這樣說過，但他也沒有反駁《紐約》雜誌記者在 2012 年的報導介紹祖克柏一家時，提出這樣的理論。[7]「對於在紐約長大的猶太人來說，」艾德表示，「只要你頭腦不是太差，你爸媽會希望你當醫師或牙醫……當時沒有太多程式設計方面的工作機會……我爸媽總是說，玩電腦是『沒有好好利用時間』。那不是頭腦好的男生該做的事。」

要不是因為父母的壓力，艾德原本會走上不同的道路。「如果讓我自己選，我會做和數學有關的事。」艾德表示：「那是肯定的，我熱愛數學。」

祖克柏夫婦住在紐約州的杜布斯渡口（Dobbs Ferry），在紐約那座大城市的北方二十五英里處。夫妻都在紐約市外圍的藍領階級社區長大，父母都是家族中第一代的美國移民。1977年，艾德在紐約大學念牙醫，和來自皇后區布魯克林學院的女大學生凱倫·坎普納（Karen Kempner）相親，男方 24 歲，女方 19 歲。兩人的祖父母都是來自東歐的移民，兩人都是努力讀書的乖學生，朝著家裡期待的理想職涯邁進：從事醫生或律師等專業工作，最好是當醫生（艾德的父親是郵差，凱倫的父

親是「79 區」選區區長，也就是布魯克林治安不太好的貝德福德─斯泰伊區〔Bed-Stuy〕，母親則在高中教書）。艾德與凱倫在 1979 年結婚，在紐約白原市（White Plains）公寓住了兩年後，搬到西徹斯特郡（Westchester County）杜布斯渡口的獨棟房子。相較於其他鄰近的衛星城鎮，杜布斯渡口屬於較不富裕（也比較不勢利眼）的西徹斯特郡郊區，艾德表示，新家最符合他們的需求。占地遼闊的多層房子，位於高聳的小山丘，就在繁忙的鋸木廠河大道（Saw Mill River Parkway）旁，空間設計成剛好可以當住家兼牙醫診所。凱倫說：「那是我們唯一買得起的房子。」在 1980 年代早期，艾德改在家中一樓看牙醫病人，一家人住在診所樓上。

艾德精力充沛的性格展現在工作上。凱倫是精神科醫師，但為了照顧馬克和三個女兒而暫時放下臨床工作，一邊照顧小孩一邊協助丈夫打理牙醫事業（馬克排行老二，比蘭蒂小兩歲；還有兩個妹妹唐娜和艾莉兒）。「我太太是女超人。」[8] 艾德在 2010 年的地方電台節目訪問中表示，「她可以兼顧工作和家庭。」艾德與凱倫和許多猶太父母一樣，靠努力過上更好的生活，對下一代有更高的期望，無比重視孩子的教育（祖克柏有一次開玩笑：「猶太人的好媽媽……你知道的，你考 99 分，回家後媽媽卻說：為什麼不是 100 分？」）。[9]

凱倫曾在附近的醫院執業（祖克柏家一直有請外國保母幫忙，所以她能外出工作），但因為醫療保險不給付病患的醫療費，讓她萌生退意。艾德曾說，因為有凱倫在家，孩子日後才不必躺在精神科醫師的沙發上。某次到百慕達度假時，夫妻共同討論之後，凱倫決定放棄執業。她的臨床專業改用於安撫緊張的牙科病患，或許是因為被迫從事非本行的工作，凱倫很堅持孩子要能自由追求熱情。「人生的許多年歲月都在工作，所

以你得喜歡你做的事。」凱倫說，「我們一直認為要讓孩子自己找要走的路。」

艾德科技宅的一面展現在不斷追求新的牙醫技術。2012年，雜誌記者造訪艾德的診所 [10]，艾德詳細介紹他新添購、要價 12.5 萬美元的根管治療機器。祖克柏醫師對訪客說，有了最新的儀器，加上對患者的同理心，去牙醫診所也能變成更愉快的事，比……去看牙醫更愉快。艾德表示：「我是西徹斯特郡第一個擁有數位 X 光、口內攝影機，還有……的牙醫，那些科技產品讓我興奮不已。」艾德自稱「無痛 Z 醫師」，他的網站（他當然早早就有網站）也號稱「怕痛者的救星」。

寫程式是最快樂時光

艾德在 1980 年代初買下第一台個人電腦 Atari 800。那是「面向消費者」的機種，適合玩遊戲，但如果想做點實用的事，你得具備足夠的耐性與技術，還要有點過度樂觀。不過，艾德還是靠自學基本程式（Atari BASIC）建立病患資料庫。馬克出生前，艾德的診所已經升級到 IBM 個人電腦。

馬克也喜歡上電腦時，艾德一點也不意外。馬克從小就很重視邏輯，尤其是他要求的事被拒絕時。艾德某次告訴記者：「如果你要對這孩子說『不』，你最好想好理由，不管是靠事實、經驗、邏輯、道理來支持你的論點。」[11] 根據父親的說法，馬克「很有想法，而且會堅持到底」。[12] 日後許多和馬克一起工作的人及他的對手，也同意這個說法。

馬克小時候會玩爸爸的舊 Atari 電腦，那是一台很棒的遊戲機。六年級時，馬克得到自己的電腦。2009 年我訪問他時，他回想：「那是一台 Quantex 486DX。」馬克很訝異我居然不知道那是 IBM 的個人電腦相容機。「我想大概停產了吧，」

他替我找台階，「不過我家當時不是很富裕，光是能有電腦就已經很幸運了。」

從一開始，祖克柏就對人類如何集結、組織，以及某些人如何在這個過程中獲得力量，感到非常好奇。他似乎從學走路的年紀就對這件事深感著迷：「我小時候有忍者龜玩具，他們會打仗。」祖克柏說：「我以前會用我的忍者龜建立社會，模擬他們如何互動等等。我對於這樣的系統運作，十分感興趣。」

祖克柏玩電腦遊戲時，就得以沉浸在打造想像的世界。他最喜歡的遊戲是《文明帝國》（*Civilization*）。《文明帝國》是一系列廣受歡迎的回合制策略遊戲，遊戲的目標就是建立社會。祖克柏成年後還在玩那個遊戲。

接觸電腦幾個月後，祖克柏心想：好，這東西很有趣——我全都學會了，現在我想要控制它。「所以我學寫程式。」祖克柏表示。一天晚上，他要爸媽帶他去巴諾書店（Barnes & Noble）買學寫 C++ 的指南，這是創造網路應用程式的關鍵電腦語言。艾德回憶：「他才 10 歲！」這位程式新手發現，寫給一般人看的入門書還缺少了關鍵資訊。Z 醫師於是請來家教，兩年之間每週到府上課。祖克柏的媽媽說：「那是馬克一星期中最喜歡的時光。」

祖克柏夫婦開始研究讓兒子到高中上進階電腦課，但老師說班上教的東西馬克已經全會了。地方大學也有課程，但馬克認為唯一值得修的是研究所的課程。一天晚上，艾德帶馬克去大學，老師告訴艾德不能帶孩子來上課，小孩應該留在家裡。「可是馬克才是學生！」數十年後艾德自豪地講起這個故事。

馬克日後受訪時說：「我去學校上課，然後回家。我會想：『接下來我就有五小時可以玩電腦和寫軟體。』接著星期

五下午來臨，我又會想：OK，現在我有整整兩天可以寫程式了，太棒了。」[13]

祖克柏說，寫程式的練習「最後已經變成直覺，不需要刻意思考。」[14]

祖克柏的生活也不是整天待在臥室裡，唯一的亮光只有電腦螢幕。老師形容他適應良好[15]，雖然不太愛講話，但發言時能具體表達看法，數學和科學很強。他的身材比同齡孩子瘦小一點，有參加社區少棒，但不是很喜歡這項運動。祖克柏日後用不愛棒球作為例子說明，他創立的公司有一天可以解決這個問題：「我對棒球沒興趣，電腦才是我的最愛。」每個人各有興趣，而社群網絡可以協助他們找到同類，不必被強迫接受主流的嗜好。

祖克柏比較喜歡擊劍，他們家的孩子都玩這項個人運動。此外，祖克柏一家都是狂熱的《星際大戰》迷，擊劍可以代替一下電影裡的光劍。馬克的猶太成人禮就是以《星際大戰》為主題（那個年代還沒有 Instagram，所以沒有公開的照片可以佐證）。他和姐妹還拍了一部《星際大戰》家庭電影。

母親會叫他「王子」（princely）。[16]

祖克柏玩很多遊戲，但他不想要受限於電玩創作者替玩家設定的規則，當創作者有趣多了。他告訴我：「我不是沉迷於玩遊戲，只是喜歡製作遊戲。」省略了他明明超級愛打遊戲，而且無敵好勝。他製作的第一款遊戲原型來自他最喜歡的桌遊《戰國風雲》（*Risk*），玩家可以不斷累積實力，讓自己戰無不勝，打下一個又一個國家，最後征服世界。祖克柏製作的數位版本[17]設定在羅馬帝國的時代，玩家可以試著打敗凱薩，而且祖克柏永遠會贏。

祖克柏後來承認，他做的遊戲以任何公平的標準來看都很

糟糕 [18]，但那些遊戲是屬於他的。

「所有東西都是科技產品，」[19] 姊姊蘭蒂有一次在描述祖克柏家時，這樣告訴記者：「我們的玩具有變聲器。馬克永遠都在想：如果我能改造這個玩具，就可以讓星際大戰黑武士的聲音聽起來更像黑武士。」

比較實際的科技應用，就是祖克柏家在杜布斯渡口的房子裡的網路對講機系統，牙醫診所的員工會用系統溝通，樓上樓下的家人也可以彼此通訊。那套通訊系統被稱為「祖克網」（ZuckNet）。艾德先前已經雇用專業人士在房子裡裝設 T1 網路線，馬克自告奮勇寫軟體把機器串連在一起。「祖克網」架好後的確派上用場，除了可以通知 Z 醫生膽小病人來了，還被馬克用來惡作劇，蘭蒂有時也會加入，例如在妹妹唐娜的電腦裡植入假病毒，或是捉弄母親，害她以為 Y2K 千禧蟲危機真的帶來科技浩劫。

1997 年，有一項網路產品為全球年輕人做到「祖克網」一年前為祖克柏家做的事。美國線上（AOL）推出即時通訊產品 AIM，AIM 也成為馬克早年科技人生中最投入的軟體。

祖克柏出生的年份讓他成為千禧世代的先鋒，他的世代無法像早期喜劇《歡樂今宵》（*Bye Bye Birdie*）的年輕人用粉色系公主風造型電話聊八卦，但又還沒進入手機傳簡訊的年代。他們擁有的是連著數據機的電腦，網路頻寬也愈來愈廣。他們還有 AIM，這個獨立應用程式幾乎壟斷電腦聊天市場。年輕人的電腦螢幕上通常會同時開著好幾個聊天視窗，每一個視窗都在與朋友進行非同步的聊天。祖克柏很愛用 AIM，他在高中大部分的朋友都住在繁忙的鋸木廠河大道另一頭，地理的阻隔使朋友很難突然跑到他家玩，因此祖克柏比同儕更仰賴 AIM。[20]

祖克柏自然要胡搞一下 AIM 系統。「如果你和與我同齡的人聊過，就會知道很多人在成長過程中都是靠破解 AOL 學寫程式。」他說。祖克柏提到「最酷的事」就是利用網路程式語言 HTML，把同一時間占據螢幕的好幾個對話框自動加上設計元素，例如不同的配色。另一件很酷的事，就是以會讓 AOL 執行長凱斯（Steve Case）坐立難安的方式駭進程式，要是凱斯有真的發現的話。

「AOL 漏洞百出，你可以對這個服務動各種手腳，」祖克柏表示，「例如我可以把朋友踢下線，因為系統有 bug。」

祖克柏日後打造公司時雇用的人大多和他一樣是 1980 年代的孩子，在 20 世紀的倒數幾年，沉迷於電腦螢幕上的對話框。日後成為臉書重要高階主管的莫林（Dave Morin）表示：「我們全在 AIM 上長大。」「我有一整套這方面的理論：我們全都不擅長親密溝通，對婚姻尤其束手無策，原因是我們在 AIM 上長大，沒學到面對面親密溝通無法言傳的部分。」

進入頂尖預備中學

馬克的老師發現他很聰明，也極度專注，甚至從幼稚園時期就很明顯。當時班上每星期會學各式各樣的主題。有一次，祖克柏的爸媽發現關於太空的單元教了超過一星期。艾德和凱倫問老師怎麼回事，老師說，因為馬克太專注於這個主題，讓其他孩子也跟著投入，他們決定把太空單元延長至一個月。那個月過後，馬克依舊對太空感到著迷，班上塗色的巨大紙板太空船，之後會掛在他的臥室天花板上。

馬克的父母拒絕了無數讓兒子在學校跳級的提議，他只是個孩子。中學時，馬克和老師約好，他學完本週的課程後（通常是星期一上課時間過後），老師帶其他同學練習的時間，他

可以做其他科目的事。艾德說：「我從來沒看過他做家庭作業。」

馬克的學校在離他家幾英里處的鋸木廠對面，他在亞德斯里（Ardsley）的公立高中念了兩年後，明顯感覺到需要換個環境。他已經算過，所有他想修的課、大大小小的獎項，以及亞德斯里提供的大學先修課程，加總的點數還不足以讓他進入頂尖學校。還有另一個原因。他說：「我們的公立學校沒有電腦科學課程。」馬克的父母認為通勤方便的霍勒斯曼高中（Horace Mann）是最佳選擇，但馬克參加潛力青年暑期營隊時聽朋友提起埃克塞特這間學校。凱倫已經因為大女兒離家念大學很難過，不希望兒子也離家，希望馬克面試另一間私立學校。馬克說：「我會去妳說的學校面試，但我要去念埃克塞特。」一如往常，這個擁有超凡意志力的青少年如願以償。

菲利普斯・埃克塞特學院（Phillips Exeter Academy）位於新罕布夏州的埃克塞特，是美國頂尖的預備學校，屬於「十校聯盟」（Ten Schools Admission Organization）的成員。十校模仿它們的常春藤聯盟大哥，如同名字所暗示的，讀這幾所學校的人幾乎都會錄取美國的頂尖大學。祖克柏轉學到 2002 年班的高年級（upper，埃克塞特的三年級）。

在學年開始前，學校在紐約市舉辦迎新。祖克柏和另一位也要插班念高年級的人聊天。對方又瘦又高，和祖克柏一樣舉止低調，名叫亞當・迪安捷羅（Adam D'Angelo）。迪安捷羅和祖克柏一樣來自郊區（康乃狄克州的衛星城），在原本念的公立高中名列前茅，現在轉學到高級寄宿學校。兩個人還有另一個共通點。祖克柏問迪安捷羅有什麼興趣，答案對他來說宛如天籟：寫程式。祖克柏興奮極了，他在公立高中的朋友沒有人和他一樣喜歡在電腦上弄東弄西，而他在埃克塞特認識的第

一個人居然跟他有好多共通點。「開學時，〔我還以為〕會碰到很多志同道合的人，」祖克柏說，「結果搞了半天只有我和迪安捷羅。」

埃克塞特這所私立學校的學生非富即貴，班上可能同時有姓洛克斐勒（Rockefeller）、富比世（Forbes）、泛世通（Firestone）*的學生，但如果祖克柏在貴族學校裡會感到膽怯，外表一點都看不出來。他參加擊劍隊，好勝心十足，當上隊長，還當選 MVP。此外，他加入數學奧林匹克隊伍，雖然沒拿到一等獎，還是取得二等獎。

祖克柏出了自己的小圈子後沉默寡言。他在埃克塞特最好的朋友米勒（Ross Miller）表示：「我認為他信任的人大概不多。」課程採取「哈克尼斯教學法」（Harkness method）[21]的討論式參與。學校形容這種方法「是一種生活方式⋯⋯具備合作與尊重的精神，即使你不同意，每個聲音都同等重要。」同學回憶，祖克柏很少在討論時發言。同學狄瑪斯（Alex Demas）日後告訴美國的希臘新聞網站[22]：「他很害羞，沉默寡言，通常躲在房間裡做功課和寫程式。」狄瑪斯指出，在同儕心中，祖克柏是個電腦宅。（即使如此，祖克柏日後讚賞哈克尼斯教學法：「大概形塑了我的哲學觀，人們應該是參與者，而不是消費者。」）

多虧亞德斯里高中一位魅力十足的老師，祖克柏很早就愛上古典學，修很多埃克塞特的拉丁課程。他尤其仰慕羅馬皇帝奧古斯都（Caesar Augustus）。奧古斯都毀譽參半：他是傑出的征服者，也是理解民意的統治者，但對權力的欲望也極重。祖克柏在高中第四年前的暑假參加給「聰穎年輕人」的約翰霍

---

* 譯注：泛世通輪胎和橡膠公司創辦人姓氏。

普金斯（Johns Hopkins）課程，選修一堂古希臘文。學生努力學習文法，結業時要研讀雅典演說家呂西亞斯（Lysias）的演講。當時的講師沛倫（David Petrain）回憶，祖克柏「和善、很勇於嘗試」[23]，很擅長背字詞的形態。祖克柏有一次向沛倫提到，自己架設了一個網站，介紹他熱愛的古羅馬詩人卡圖盧斯（Catullus），但沛倫不曾上去看過那個網站（沛倫日後替祖克柏寫了一封很普通的大學推薦信）。[24]

祖克柏在高中四年級當上宿舍長，分到比較大的房間。他把父親診所淘汰的大螢幕搬到房間，用來玩任天堂遊戲。不過他最喜歡的遊戲是《文明帝國》的最新一代版本，創作人依舊是梅爾（Sid Meier）。遊戲場景設定是太空中的「阿爾發新文明」（Alpha Centauri），有七種不同的「人類派系」，玩家可以選擇領導其中一支，運用複雜策略控制銀河系。祖克柏總是選類似聯合國的維和部隊。遊戲提供了複雜的背景設定，維和部隊的精神領袖賴爾（Pravin Lal）主張：「資訊自由流通是抵抗專制的唯一保護措施。」祖克柏日後會把賴爾的話當成他的臉書自介簽名檔：

> 小心那些封鎖你獲取資訊管道的人，他們心中幻想自己是你的主人。

埃克塞特的四年級學生必修古詩人維吉爾（Vigil）的羅馬建城史詩《艾尼亞斯記》（*Aeneid*）。祖克柏日後將引用其中的詩句來鼓勵臉書員工。祖克柏在 2010 年向記者重述《艾尼亞斯記》的情節，對主角艾尼亞斯（Aeneas）努力建立「無遠弗屆、超越時代的偉大城市」有所共鳴。[25]

在那個年輕人腦中，一切悄悄匯集在一起：征服者、俠

盜、危險、寫程式、建立帝國,這些元素後來創造出來的,就是馬克‧祖克柏。

祖克柏和迪安捷羅並不是祖克柏開玩笑說的那樣,是埃克塞特唯二的電腦迷:祖克柏屬於一小群熱中電腦的小團體,他們整天待在埃克塞特的電腦中心。中心剛蓋好,有最新的設備。團體中有數學奧林匹克賽金牌的數學神童劉天凱(Tiankai Liu),還有天不怕地不怕的伽菲爾(Marty Gottesfeld)[26],他多年後因為駭進波士頓兒童醫院被關進聯邦監獄(伽菲爾表示是為了被誤診的 15 歲病患才那麼做)。祖克柏在電腦同伴之中,地位有如小皇帝。

主修電腦科學、剛從史丹佛畢業的佩里(Todd Perry)那一年在埃克塞特授課,他接下額外的職務,因為另一位電腦科學教師在那年的秋季學期提早離職。佩里回憶某天晚上,祖克柏從電腦中心閒晃出來,好像那是他的地盤一樣,接著宣布他要用微軟的 Visual Basic 來寫某份作業的程式。佩里覺得以祖克柏的程度 Visual Basic 太複雜了,其中的部分技術佩里到史丹佛研究所才接觸到。他賭一塊美金,祖克柏辦不到,兩人說好祖克柏有一小時可以完成。祖克柏寫程式時,所有的阿宅好像在看羅馬角鬥士比賽一樣圍觀,祖克柏贏了一美金。[27]

另外一次,數學老師規定學生不可以用計算機或其他數位捷徑做功課,否則要罰做伏地挺身。祖克柏在電腦中心告訴朋友,他不可能不用電腦做功課。他對老師的威脅非常不以為然,故意寫出做功課的程式,被罰伏地挺身時,好像是運動選手在繞場慶祝勝利。[28]

埃克塞特的學生要在畢業前完成畢業作品,祖克柏一邊用電腦聽音樂,一邊在想要做什麼主題。他自建的播放清單播完最後一首歌後,耳邊的音樂就停了。祖克柏心想:**我的電腦應**

該要知道我接下來想聽什麼。[29] 他找迪安捷羅組隊,一起做畢業製作:兩人命名為「Synapse」的個人化虛擬 DJ。

　　祖克柏和迪安捷羅都是線上音樂播放器 WinAmp 的重度愛好者,兩人決定 Synapse(有時又叫 Synapse-ai)要模仿 WinAmp 功能,但提供個人化的播放清單。雖然祖克柏和迪安捷羅完全是人工智慧(AI)的新手,兩人自豪地談論 Synapse-ai 中的 AI,甚至決定將播放清單的程式命名為「大腦」。你可以使用兩人組打造的分離音樂播放器,或是利用他們提供給 AOL WinAmp 播放器的外掛程式。Synapse 會依據你以前聽過的歌推薦歌曲給你。迪安捷羅寫程式的功力比較高超,專注於打造「大腦」,祖克柏負責前端。「它會根據它知道你喜歡的歌,以有意義的順序播放,接著我們可以比較不同使用者的日誌檔(log),交叉推薦歌曲。」祖克柏表示,「酷斃了。」這對搭檔介紹他們的畢業製作 Synapse,獲得指導老師的稱讚。老師對迪安捷羅負責的 AI 部分格外印象深刻。

　　然而,祖克柏在埃克塞特高中期間做的各種電腦計畫中,與他的未來成就最相關的一個專案,其實是別人的作品,幾乎與祖克柏無關。

　　那個作品叫 Facebook。

校園臉書首次成型

　　Facebook 的製作者是畢業班的提勒禮(Kris Tillery)。提勒禮在美國中西部出生,住過西非與奈及利亞。父母希望他念美國的學校,所以他到埃克塞特念書。提勒禮自認不是電腦高手,絕對比不上祖克柏和迪安捷羅,全校都知道他們兩個人很厲害。提勒禮回想自己修電腦科學的大學先修課程,修得很辛苦,他很讚嘆兩人組居然能寫出有 AI 的音樂播放器程式!

儘管如此，提勒禮具有精準準確預測當時的科技能做什麼的眼光，在 20、21 世紀之交，就想出這個點子：線上的買菜網。那種網站要能自動抓取地方商店的價格。「以我的能力沒辦法。」提勒禮說。他承認自己的程式功力做不到，但他知道誰有辦法。提勒禮回想：「祖克柏建了一個腳本（script），可以從超市抓價格，接著我們就能弄雜貨遞送設定。」不過，那個買菜服務不曾起飛。

　　提勒禮在埃克塞特真正留下的貢獻，是把蒐集了學生大頭照與照片說明、被稱為「照片通訊簿」（Photo Address Book）[30] 的同學名錄，輸出至可擴充與無限存取的數位領域。這個計畫出現在提勒禮還是高二低年級生時，當時他正試著自學資料庫，探索的過程中用上了學生的照片名冊。住在對門的學生會會長建議他完成這個計畫，散布出去。提勒禮聽了建議，但首先得和埃克塞特的 IT 部門打交道。校方嚴格禁止利用學校伺服器散布資訊，但後來學校也覺得提勒禮的點子很實用，最終允許他繼續。

　　就這樣，埃克塞特臉書（Exeter Facebook）被核可，提勒禮把自己的點子開放給全校，其中包括祖克柏。臉書太實用了，除了可以查姓名，使用者也能搜尋其他資訊，包括電話號碼，每個學生都有宿舍寢室的電話號碼。埃克塞特的學生因此想出一個遊戲，在臉書上隨機選一個人打惡作劇電話。

　　提勒禮自埃克塞特畢業後，就沒再碰臉書。他人生的下一步是念哈佛大學，也因此 2004 年 2 月，線上臉書突然出現，快速風靡全校時，提勒禮一點都不訝異背後的人是馬克・祖克柏。提勒禮在埃克塞特念書時很少接觸到祖克柏，但他注意到這個年輕人有著「很大、很大的野心」。提勒禮並不在意臉書其實可以說是挪用了他的點子。在他看來，線上臉書是他在預

備學校的一項習作，如今和他沒關係了，就交給馬克吧。

提勒禮今日在南非擁有葡萄園，做為第一個讓祖克柏接觸到臉書概念的人，他心情很複雜。他很開心能在這個全球現象中扮演一個小角色，但最近他也開始質疑這個現象到底是不是好事。

「人們一天花好多小時在臉書上，把那些時數全部加總起來，將是一個很大的數字，原本可以用來做對社會有正面貢獻的事，或是有益於我們自己的個人健康。」提勒禮表示，「這個平台帶來的道德矛盾，也就是現在的營收都靠廣告和瞄準行銷這件事，衍生出很重要的問題：我們該如何為了自己的幸福來運用時間。」

提勒禮本人在 2016 年左右刪掉臉書了。這個靈感來自於他的產品，提勒禮表示，祖克柏版的臉書令他心情沉重。

第 2 章

反覆測試，讓用戶顯露人性

    2017 年 5 月，祖克柏邀請我到臉書總部。每次他在準備發表重要演講，或是在草擬公司的重大聲明時，都會找很多人討論，有時也會問記者的意見。這次，他要擬的講稿是他心目中的一個人生里程碑：受邀為哈佛 2018 年畢業班致詞。我們坐在建築大師法蘭克・蓋瑞（Frank Gehry）設計的遼闊 21 號大樓（Building 21）總部中間、玻璃牆圍繞的「水族館」裡，臉書人不斷從我們身旁經過，他們已經習慣自動避開視線，不要在老闆開會時盯著他。祖克柏說出演講大綱，他參考了很多企業領袖的畢業致詞。祖克柏和那些令人尊敬的講者一樣，也將探討重要主題，不過這次的致詞也讓他想起大學時光，走進不熟悉的懷舊長廊。

    「我想我大概是史上最年輕的哈佛畢業典禮致詞人。」祖克柏說，語氣聽起來只是在陳述事實。加上他平日令人坐立難安的凝視後，這句話不像在自誇，而只是一筆資料。「這很罕見，這個傳統已經很久了，好像有差不多三百五十年了。」

    「你有什麼感覺？」我問他。

    祖克柏需要時間想答案時，有時會先回到原本打算要講的事，之後再繞回頭回答問題。這次也一樣。他先說了一些他打

算在演講中提起的議題後，接著說：「我在想你剛才問到的心情。」祖克柏解釋，他會在演講中提到不平等、社會和諧等重要的主題，也會提到對他來說具有意義的個人故事。「我人生的體會，」他說，「就像從……我想不到形容詞……這樣的哈佛學生……」

「那個形容詞是什麼？」我追問，希望他填空。我想知道他如何看待哈佛的年輕歲月，那段後來被傳成神話、卻也備受嘲諷的短暫經歷。

「我不知道，」他說。「有一個字可以形容，但我說不出來。」他停頓一下，「或許可說是『玩世不恭』吧。」

我告訴祖克柏，他對自己的評價可真客氣。

祖克柏嘆了一口氣，承認我說的對。「無賴？」（punk）他終於說出來。

我們大笑。

然後他的笑容消失。「你覺得那個無賴的成分還在嗎？」他問。

哈佛 2006 年畢業班新生

「無賴」實在不足以說明祖克柏的哈佛大冒險，但那是一個起點。祖克柏的大姊蘭蒂曾告訴 CNN：「我甚至不確定上哈佛是不是馬克的夢想。」[1] 哈佛確實是非常有名望的學校，但對於極有野心的年輕電腦迷，即使可以錄取，哈佛也並非首選。大家都認為祖克柏這種類型的人理想的學校應該是史丹佛或麻省理工學院（MIT），或許卡內基美隆大學（Carnegie Mellon）也不錯。

不過，祖克柏多年來的目標一直都是哈佛。他在埃克塞特的寢室牆上唯一的裝飾就是寫著「哈佛」的大旗幟。

祖克柏也沒有打算主修電腦科學。他想學和科技無關的學科，例如心理學或古典學，或許物理等理科學系也可以。此外，姊姊蘭蒂已經在哈佛大學部。祖克柏的爸媽說，那是兒子一貫的風格，他不會考慮其他許多可能的選項，只想早早申請哈佛。萬一沒有錄取哈佛，他就必須以超快速度申請其他學校。

　　祖克柏收到哈佛錄取通知的情景[2]被拍了下來，日後也會放在臉書上與全世界分享。那真是彆扭又尷尬的一刻。祖克柏收到哈佛電子郵件通知的那天是假日，他人在家，坐在臥室電腦前，當然是在玩《文明帝國》。他呼叫爸爸，艾德立刻衝進他的房間，手上拿著錄影機。影片的開頭是馬克坐在下鋪，穿著 T 恤和法蘭絨睡褲，視線盯著收件匣。「要打開了嗎？」他沒有真的等爸爸回答，默默讀信。「天啊。」他小聲說著，接著發出死板單調：「耶。」

　　「所以呢？」艾德在鏡頭後面焦急地問。

　　「我錄取了。」祖克柏低聲說，聽不出興奮感，但語氣帶有一絲滿足。

　　「真的嗎？」

　　「真的。」

　　「太好了！」艾德大叫，立刻像運動播報員一樣開始描述起這一刻，好像眼前穿睡褲的男孩剛剛刷新體壇紀錄。「今天我們在現場邀請到哈佛 2006 年畢業班最新的新生！」馬克微笑了一下，跟爸爸擊掌，馬上又回到電腦的世界，回到《文明帝國》。「你不把信唸給大家聽嗎？」艾德問。

　　「沒辦法，我刪了。」哈佛 2006 年畢業班新生回答。

　　艾德日後表示：「我想他開心主要不是因為進了哈佛，而是這樣就不用浪費時間申請其他學校。」

AI 音樂程式上線

祖克柏進哈佛後對電腦的熱情不減。2002 年 9 月，到校的第一個月，他就把他和迪安捷羅做的 DJ 程式上架試水溫，網站名稱為「Synapse-ai」，小寫的「ai」強調有配備初步的人工智慧，可以幫使用者選擇播放清單的下一首歌。祖克柏大一時花很多時間在改善 Synapse。

從埃克塞特到哈佛，祖克柏似乎沒有任何適應上的問題。他的社交生活圍繞著「AEPi 猶太兄弟會」（Alpha Epsilon Pi）（他大一就能加入，部分原因是大姊蘭蒂當時的男友是兄弟會成員）。人們覺得祖克柏友善但有點孤僻，會跟大家一起活動，但顯然心思都放在電腦上。

祖克柏的哈佛同學梅根‧馬克斯（Meagan Marks）日後在臉書工作，她回憶和祖克柏一起修一門只有 12 人的專題研討課，主題是組合數學中的圖論（graph theory）。馬克斯回想，祖克柏特別沉默寡言，但偶爾開口說話時令人印象深刻，有時甚至很厲害。他會用非正統但有用的方法解數學題。「如果他很在意某件事，他會明確表達不認同，」馬克斯指出。「他不怕反抗權威。」儘管如此，馬克斯邀班上同學參加只有八席座位的晚餐聚會時，因為祖克柏看起來似乎不愛社交、感覺也不會是聚會上的風趣人物，所以馬克斯沒邀他。

祖克柏靠接跟電腦有關的案子賺零用錢，也以自由工作者身分接寫程式的案子，例如他曾在 Craigslist 接到一千美元的零工，替水牛城的商人切格利亞（Paul Ceglia）[3] 寫網站程式。切格利亞日後宣稱自己擁有臉書一半的權利，還握有所謂的證明文件，可以證明祖克柏架設網站之前就同意了這件事。後來法院拒絕受理此案，切格利亞還因偽造文書被起訴。

從這件事可以看出祖克柏的哈佛生活奇妙之處。從法律觀

點來看，這間宿舍日後將讓多間律師公會的成員生意興隆。

　　祖克柏似乎對 Synapse 寄予厚望，覺得這個畢業作品真的有可能在外面的世界流行起來。他的夥伴迪安捷羅則覺得可以放下畢業作，把心思放在大學學業。迪安捷羅自己選擇去讀加州理工學院。「加州理工學院的學業真的很難，得很拚才行。」迪安捷羅說，「老實說，哈佛的功課沒那麼多，所以我想祖克柏時間多很多。」

　　祖克柏花很多力氣推廣 Synapse，但進展緩慢。他甚至做了 Synapse-ai 的 T 恤，上面寫著：[[我的大腦比你優秀]]（括弧是故意想讓人想到程式通訊協定）。一直要到春天，Synapse 才開始有起色。

　　2003 年 4 月 21 日，阿宅世界的主要新聞來源 Slashdot 提到「加州理工與哈佛學生聯手打造出有趣的數位音樂工具」[4]，邀請 Slashdot 社群的數百萬使用者試用。如同 Slashdot 網站平日的威力，這個消息引發熱烈的網路討論。

　　其中一個討論串提到，這個程式會留存使用者的音樂偏好，有的網友警告這會侵犯隱私。「我可能太疑神疑鬼，」其中一人寫道，「但我還是覺得最好不要被任何東西探勘資料，就算是我自己的電腦也一樣。這個東西其實就是個人化的資料探勘。」

　　祖克柏在 4 月 23 日加入討論串，釐清程式的運作方式，順便宣傳接下來的更新，還加上這段話：

> 至於隱私權的部分，你聽音樂的資料，除了你，不會有人取得。我們希望利用這個龐大的資料來協助分析，但你的個人資料永遠不會被其他任何人看到。

那是祖克柏第一次公開承認，他提供的東西涉及重要的隱私權。當然也絕對不是最後一次提及。

Slashdot 的網友還留意到 Synapse 另一個詭異之處：祖克柏寫的程式介紹幼稚又令人毛骨悚然，其中一段描述哪些人會愛用 Synapse（「程式設計師、流氓、混蛋、阿宅、超級阿宅、甚至是葉門人，沒錯，那種人超多的……會一邊聽電影《洛基》（Rocky）音樂一邊運動的人、革命者，甚至是加拿大人。優秀的人、腸胃科醫師、懶惰鬼、超多懶鬼、邪惡天才、古典學教授……」）；他還用令人尷尬的花花公子寫作風格說明這個程式可以如何幫你追到「中國女孩」；順便還吹噓自己的電腦能力（「光是馬克移動滑鼠的距離，就足以環繞世界……兩次」）。

迪安捷羅看到時嚇壞了，要祖克柏撤下那段說明，但網路當然是凡走過必留下痕跡。

不過整體而言，在 Slashdot 上面引起討論是好事，有好幾家公司和祖克柏聯絡，表示對這個學生作品感興趣，其中包括微軟與 AOL。其中一家公司甚至出價百萬美元，但條件是他們兩人必須在公司服務 3 年，他們拒絕了。

祖克柏和迪安捷羅都不願意離開學校，至少不願意為了那樣的條件輟學。兩人都決定放下 Synapse 往前走。[5]「我們知道自己有能力做出更好的東西。」祖克柏說。

以真實身分參與社群

2003 年夏天，祖克柏念完大一，仍待在哈佛所在地劍橋市，在大衛洛克斐勒中心拉丁美洲研究所（David Rockefeller Center for Latin American Studies）實習，擔任程式分析師。他和迪安捷羅等一群朋友住在鎮上類似宿舍的地方。

迪安捷羅在麻省理工媒體實驗室（MIT Media Lab）跟著研究社群網絡的多納斯（Judith Donath）教授實習。這個研究主題時機正好，那年夏天當紅的 Friendster[6]，這項網路服務被視為是社群媒體現象中的領頭羊。

　　「我會對 Friendster 這麼有興趣，馬克覺得很有趣，」迪安捷羅表示。「馬克本身對這個服務不是很迷，但他感覺到這個東西顯然做對了什麼。」

　　Friendster 的創辦人是加拿大人亞伯拉罕（Jonathan Abrams）。他在 1990 年代晚期移居加州，在當時的網路革命新創龍頭網景（Netscape）工作。亞伯拉罕在 1990 年代首波 dot-com 榮景中創立公司，後來因為網路泡沫化而倒閉。他在產業尚未復甦前就已經準備好再試一次。亞伯拉罕是加州的新移民，他知道自己不論是職場或是約會生活都得從零開始，於是決定繪製新人脈、尋找生意往來對象、潛在的朋友與可能的約會對象的人脈圖。如果這些事可以在網路上做到呢？

　　2002 年的夏天，亞伯拉罕在公寓裡寫程式建網站，讓大家可以和網站上的人變成「朋友」，建立與拓展人脈。網站起初只開放給亞伯拉罕認識的人以及他們的朋友們，主要的功能是約會。大家很喜歡，網站開始竄紅，就連亞伯拉罕自己也嚇一跳。他看到突然暴增的網站活動紀錄前，原本還對這個點子半信半疑。「人們上傳照片，發送訊息。」他在事後回顧的播客節目上表示[7]，「我希望大家會在網站上做的事，他們全做了。我不可置信地看著一切成真。」

　　在網路上使用真實身分，而不是假的暱稱，這是很大的轉變。其他的線上服務充滿了各種古怪甚至噁心的暱稱，就像是一場亂七八糟的化裝舞會，大家都不用為自己的行為負責。相較之下，知道自己實際上是在和誰互動、和誰交談、和誰調

情、和誰推銷點子，甚至是偷偷觀察誰的動態，是很不一樣的改變。把大家和真實姓名與社交圈綁在一起，讓使用者不得不更誠實地展現自我。

網站有一項特別能強化信任的社群功能：一旦你和某人「成為好友」，你的個人檔案上就能看見你們的連結。由於你可以在網站上瀏覽大家的興趣，就可以尋找跟你有同樣興趣的潛在約會對象，或單純想認識的朋友。舉例來說，某位用戶篩選約會對象的方法是看誰把《午夜牛郎》（*Midnight Cowboy*）列為喜歡的電影。如果有女性通過這個莫名其妙的測試，就是適合的對象，這個用戶就會主動傳訊息過去。

亞伯拉罕在 2003 年 3 月開放 Friendster，描述那是「一個線上社群，藉由朋友圈連結人們，你可以約會或交新朋友。」亞伯拉罕當時已經從天使投資人取得近 50 萬美元資金，接著又有矽谷頗負盛名的創投公司凱鵬華盈（Kleiner Perkins）的大型募資。Google 提出 3,000 萬收購價，亞伯拉罕拒絕了。（2003 年的 3,000 萬 Google 股票日後價值超過 10 億美元。）

祖克柏在哈佛大學二年級時，Friendster 的註冊用戶數超過 300 萬，祖克柏和迪安捷羅也是一員。

朋友動物園

迪安捷羅準備要到劍橋市過夏天之前，也決定要用 AOL 的即時通訊 AIM 嘗試類似的事。他和朋友每天都在用 AIM，等於是他的主場。迪安捷羅基本上就是把聊天軟體改造成某種社群網站，AIM 有一個「好友清單」（Buddy List）功能，就是你可以聊天的通訊錄。迪安捷羅命名為「朋友動物園」（Buddy Zoo）的程式[8]，或許可以說是讓 AIM 一直存在的隱藏社群網絡現形。

你到「朋友動物園」網站，提供你的「好友清單」，程式會加以分析，找出下面的洞見：

- 找出你和朋友共同的朋友。
- 計算你人緣多好。
- 找出你所屬的小圈子。
- 視覺化你的朋友清單。
- 檢視你的聲望（Prestige），運算方式如同 Google 用來排序網頁的 PageRank。
- 看見你和各用戶之間存在幾度的分離。

程式要有效，部分得靠大量的人提供「好友清單」，讓「朋友動物園」有夠大的資料集。迪安捷羅很驚訝，這點居然不是問題。迪安捷羅以前寫的遊戲下載次數都只有 100 左右。Synapse 表現比較好，但那是忙了好幾個月的成果。迪安捷羅只花了大約一星期就寫好「朋友動物園」，卻立刻爆紅，一推出就冒出數十萬使用者。

接下來整個夏天，迪安捷羅都在增加「朋友動物園」的新功能以及應付需求。他正在打造的巨大資料圖譜即將累積超過 1,000 萬人，他把這些資料都用在媒體實驗室的實習研究。

做自己喜歡的事，加上龐大使用者帶來的立即回饋，改變了迪安捷羅對程式設計的看法。在那之後，他告訴自己，他只做真正能影響世界的計畫。「我認為這也對馬克有類似的影響。」迪安捷羅說。

傳奇的柯克蘭宿舍 H33 室

哈佛學生一定會被分組。大二開始，學校會分配學生住進十二棟「宿舍」（house），哈佛學生除了上課以外的生活都在那十二棟建築。住同一棟的學生會一起用餐、一起活動，各

宿舍都有獨特的傳統與規則。大一結束時，每個人都有機會加入由八名學生組成的「團體」（block），一起被分配到同一間宿舍。要是有人後來出名了，那個人的室友會一輩子津津樂道，當年某某某可是他們這團的。

不過，哈佛宿舍歷史上沒有任何例子堪比柯克蘭宿舍（Kirkland House）H33 寢室命運般的交會。對很多人而言，被分到哪棟宿舍的運氣，很可能關係到自己未來的財富。住在H33 寢室裡面或附近的學生，永遠都會自豪地宣告（很多年後則變成「承認」），他們當初親眼見證了歷史。

祖克柏的宿舍團成員包括他大一的室友，室友和同學高汀（Sarah Goodin）是好友，而高汀又和休斯（Chris Hughes）[9] 走得很近。幾人就透過這種鬆散的連結組成一團。休斯和祖克柏不是很熟，只有去找高汀時會在宿舍碰到。休斯大致同意高汀的看法，認為祖克柏是電腦迷，但也有迷人風趣的一面。「他總是在寫程式。」休斯說。

祖克柏的大一室友轉學離開哈佛後，他變成和休斯同一間房。兩人似乎沒有太多共通點。休斯主修歷史與文學，不是科技迷，也沒參加兄弟會。休斯是同性戀，祖克柏是異性戀。不過，休斯感覺到兩人在某種層面上也是同一種人。兩人都出生中產階級家庭，因為讀菁英私立學校而能進入哈佛。休斯也離開北卡羅萊納州的家鄉希科里（Hickory），到麻州就讀於亦屬於十校聯盟的安多佛中學（Andover）。兩人就像鼻子貼在玻璃窗上一般看著其他出生在富裕家族的同學，在哈佛過著華麗的生活。在休斯眼裡，兩個人都是格格不入的局外人。

兩人的宿舍團被分到柯克蘭宿舍，最後住進可以容納四人的 H33 室，另一間房間住著祖克柏還不認識的莫斯科維茨（Dustin Moskovitz）與奧森（Billy Olson）。他們把所有的桌

子搬進有點擁擠的公共休息室，那裡有一個他們不曾用過的壁爐。祖克柏還帶來一個大白板，用來構思他的計畫，白板就放在連接休息室與臥室的狹長走道上。

房間之間有一道防火門，門上的警告標誌寫著一旦打開就會警鈴大作，但警鈴不曾真的響起，那道門也時常被打開，因為葛林（Joe Green）沒事就跑來串門子。來自加州的葛林是祖克柏在兄弟會認識的朋友。

祖克柏對上課採取自由放任態度。他心中最重要的事似乎是他的各種專案計畫。祖克柏喜歡打造新東西，即使進了世界一流學府，他還是大部分時間都黏在 H33 宿舍的廉價木桌前。祖克柏喜歡用即時通訊聯絡，就連離他只有幾步的人，他也照樣在網路上交流。他從沒想過，自己會在電腦上留下有一天會回來糾纏他的紀錄。

祖克柏的年輕歲月都在做各種專案，從一個案子到下一個新案子。不過，他大二暑假回到柯克蘭宿舍之後，似乎又比以前更投入。一坐到桌前就開始執行更具野心的新點子。不過，他的各種點子最後都有一個共同的主題：他做的事幾乎都是以某種方式把人連在一起。

課程配對網

那一年，祖克柏的第一個計畫是「課程配對」（Course Match）。他的第一步就是去抓學校網站提供的學期課程清單（祖克柏回憶：「校方不太開心。」）。使用「課程配對」的學生可以輸入名字與電子郵件，以及自己選了哪些課。只要點選課程就可以看見還有誰也修同一門課。「課程配對」和祖克柏未來執行的計畫一樣，看似簡單，實則不然。一方面，「課程配對」能讓人預先知道還有哪些同學修同一門課，這個程式

的吸引力有如百老匯的熱門大秀。祖克柏很驚訝大家花在使用這個軟體的時間，「人們會花好幾個小時在上面，」[10] 他事後驚嘆，「看別人都在修什麼樣的課。哇，原來這個人對這些主題的課感興趣啊？我是說，這只有文字而已。」祖克柏從中看出人際關係的網絡也可以用這種方式來呈現。

另一方面，「課程配對」也衍生出祖克柏不曾想過的問題。公開揭露個人隱私，哪怕只是看似無害的個人課表，也可能衍生出複雜的議題。如果人們選課的依據開始變成哪些同學也有選，而不是為了學習那堂課教的東西，會帶來什麼結果？女生是否該開始擔心跟蹤狂會跟進教室講堂，坐在她們後面一排、對著她們的脖子呼氣？

「課程配對」的壽命沒有長到大家會開始討論相關議題。網站是用祖克柏的筆電當伺服器，流量超出那台筆電負荷，幾星期就燒壞了（祖克柏認為電腦壞掉是因為寢室浴室的蒸氣[11]，因為他的桌子就在浴室旁）。幸好，祖克柏有留程式備份，日後他會再度使用部分程式碼。「課程配對」教會他極度實用的一課：「人們有深層的渴望，想知道身邊的人在幹麼。」

奇怪的是，那年 10 月 23 日，哈佛的學生報《哈佛緋紅報》（*Harvard Crimson*）首度提到祖克柏[12]，卻沒提到「課程配對」。那篇報導是迷你的人物介紹，提到一名有創業精神的大二生對軟體的興趣，顯然多於在班上拿到好成績。報導內容主要在談 Synapse，雖然 Synapse 近日並沒有新聞。這篇報導奠定了祖克柏與學生報的互惠關係，接下來幾個月，《哈佛緋紅報》不時會提及祖克柏這位校園電腦天才。隨著學年不斷進展，報導的內容也愈來愈有趣。

外表評論網站引發眾怒

祖克柏的下一個產品演變成失控的惡作劇，嚴重到差點讓他被哈佛開除。

祖克柏喜歡即時記錄個人活動的嗜好，使得整個負面事件在日後被痛苦地公開揭露，即使後來祖克柏已經更成熟、也對自己的紀錄更謹慎了。祖克柏的「哈佛 Face Mash」製作日誌，也難得地讓世人有機會看見他令人不安的創作過程。

某個星期二的晚上 8 點，祖克柏坐在柯克蘭宿舍的狹小公共休息室裡，因為追求女生不成，惱羞成怒，顯然還有點醉了，手邊擺著一瓶貝克啤酒（Beck's）。他說當事人是「賤女人」[13]，並寫下此時的他需要可以分心的事。「我需要想別的事，別再去想她。」對祖克柏而言，這種時刻的安全空間就是他的電腦。

葛林和室友奧森那天晚上也在，幾個人討論祖克柏要靠什麼分心，結論是弄一個惡搞網站，靈感是柯克蘭宿舍學生附照片的紙本通訊錄。

> 我的電腦桌上擺開的柯克蘭名冊，有的人照片有夠醜，很想把其中幾張和農場動物的照片擺在一起，讓人投票哪一個比較好看。那不是什麼好點子，可能也不好笑，但奧森想出一個點子，我們可以比較名冊上的兩個人，只偶爾穿插農場動物的照片。幹得好，奧森先生！太妙了。

祖克柏最後模仿熱門網站「辣不辣」（Hot or Not），做出一個網站。2000 年上線的「辣不辣」網站設計者是兩名程式設計師，他們把在路上對女人吹口哨品頭論足的行為數位化，

邀請網友自願提供照片，給陌生人評分。祖克柏的版本沒有事先徵求照片主人同意，就公開讓同社群的人評論照片的外表。祖克柏還有另一個不同的做法，讓網站更具瘋傳的潛力，也更過分。「辣不辣」讓用戶以 1 到 10 分評論別人的外表，祖克柏的網站則是每次都會拿兩個人的大頭照互比，是貨真價實的擂台賽。

「我認為那個版本比『辣不辣』聰明，1 到 10 的評分太武斷了，」葛林回想那個爆笑惡作劇的情景，那件事後來成為極客傳奇，還成為賣座電影的關鍵情節。「但你永遠可以比出，你覺得哪一個人比較有吸引力。」

祖克柏日後宣稱，他沒想過這樣的長相競賽會冒犯到人，他當然也絲毫沒料到自己未來做的產品，有一天會被視為數不清的網路霸凌源頭。後果之嚴重，在某些極端的例子，被霸凌的對象甚至自殺。對祖克柏來說，這只是另一個計畫，另一件有趣的事。

回到祖克柏當年在啤酒的刺激下做的好事。他記錄自己進行的步驟：他如何從每一棟哈佛宿舍的線上通訊錄挖照片，那個過程不簡單，每棟宿舍保護資訊的程度不同。祖克柏像試圖打開保險箱的賊，往左轉一轉、往右轉一轉，直到保險箱的門一下子打開。

下載照片只是任務的一部分，祖克柏的軟體不只提供一對一比賽，還提供各式各樣的活動，在哈佛全校找贏家與輸家。有人會說，這就是未來像交友網站 Tinder 這類服務的前身。祖克柏花了三天，在休息室不眠不休完成網站程式。他在過程中也拓展了寫程式的技能，因為這次需要用到他以前不熟悉的開放原始碼軟體元件，例如：Linux、Apache、SQL。執行計畫本身也是一種訓練，就像角色扮演遊戲中，虛擬身分不斷升

級、累積實力，為後面的最後關卡大對決做準備。

　　祖克柏把成果命名為「Facemash」，他還為作品取得網址，並在首頁向用戶疾呼，模仿他崇拜的古希臘羅馬英雄在戰場上的英姿。「我們是憑長相被錄取的嗎？」Facemash問造訪者，「不是。我們會因為長相被品頭論足嗎？會。」

　　祖克柏其實沒有正式推出Facemash，而是散布網站連結，讓幾個朋友知道，他在網路上註冊了網域 facemash.com（此外還不明智地在網站上公開線上日誌，記錄了資料蒐集的方法與農場動物的靈感），接著就去參加研討會。那個星期天晚上他回到宿舍，登入電腦時嚇了一跳，有一大堆關於Facemash的回應。有人把連結寄給了柯克蘭宿舍的所有學生，接著傳到全哈佛，開始瘋傳。

　　網站讓有些人感到不舒服，哈佛的女性尤其不滿自己被依長相評分，好像她們就像農場動物一樣。「拉丁女力」（Fuerza Latina）與「哈佛黑人女性協會」（Association of Black Harvard Women）社群都有許多憤怒留言。

　　怨言四起以及流量過載，讓祖克柏決定放棄Facemash，開始關閉網站。不久後，哈佛的IT部門為了找出先前不尋常的流量需求問題出在哪裡，切斷了柯克蘭宿舍全部的網路連線。祖克柏的室友莫斯科維茨正在解電腦課習題，休斯正在寫報告，兩個人都對網路斷線感到憤怒。祖克柏更生氣，因為葛林趁天下大亂時拿走了H33寢室最後一塊微波食品「Hot Pocket」（他們最愛吃的東西）。

人人都愛偷窺

　　惡作劇結束了，但餘波未平。學校開始調查這起事件，指控祖克柏駭進校方通訊系統，違反著作權，還侵犯學生隱

私。葛林與奧森也被列為共犯，但罪名較輕。祖克柏被哈佛諮詢委員會（advisory board）召喚，委員會就像專制的星室法庭（Star Chamber），由院長和學校行政人員組成，負責調查違規與提出處分。以哈佛校園的專用語來說，就是祖克柏「被叫到校務諮詢委員會」（ad-boarded）了。

祖克柏和朋友認為哈佛的抗議是來自校方對創業有偏見，這裡不鼓勵創造新事物，而這是祖克柏最愛的事。來自加州、同樣主修電腦科學的麥克倫（Andrew McCollum）曾和祖克柏一起修過幾堂課，他認為哈佛只想待在象牙塔裡。「你無法主修醫學院預科，因為那不屬於學術型科目，你只能修生物學或化學。」麥克倫表示，「你也不能修會計課，因為會計太接近日常實務。如果你想學會計，你得去 MIT。哈佛的一切都非常學術導向。」

MIT 對高科技惡作劇的容忍度也遠高於哈佛，他們熱愛校內的駭客。哈佛就不同了，祖克柏的惡作劇被視為嚴重違規，真的有可能被退學。

事態嚴重，但祖克柏一副無關緊要的樣子。他的父母基本上沒有介入，不過顯然不高興有可能損失一學期的學費。祖克柏夫婦認為只要兒子解釋清楚，校方就會諒解。「馬克絕對不會做他知道是不對的事。」祖克柏的爸爸表示。「他很有道德感，也很重視公平。」媽媽凱倫用篤定的語氣補充說明（凱倫是在 2019 年說這句話，讓人聯想她不只是在說祖克柏學生時代的行為）：「他在家、在學校，永遠都是那樣待人。」

校方判決結果出爐的前夕，祖克柏參加兄弟會為他舉辦的臨時歡送會「再見了，馬克」派對。為了應景，他還戴上啤酒造型的護目鏡。葛林向祖克柏介紹了一個女生，是他女友的朋友。「我們事先都不知道，他們會在一起。」那個女生的名字

是普莉希拉・陳（Priscilla Chan），兩人在排啤酒隊伍時開始聊天。祖克柏隨口提到，他可能很快就會被踢出校園，普莉希拉聽了並沒有大驚小怪。這點很特別，因為普莉希拉到哈佛讀書，是很勵志的移民故事。她想成為小兒科醫師的決心非常堅定，被退學完全是無法想像的事。

兩人說好要約會，地點是以蛋糕出名的博迪克（Burdick's）巧克力店。祖克柏和葛林商量好，約會到一半時，葛林會打電話過去邀祖克柏參加派對。葛林說：「那樣會讓馬克看起來比較酷。」等葛林打電話過去，祖克柏用誇張的語氣大聲拒絕，理由是他正在和一個非常、非常美好的女性約會。

普莉希拉開始和祖克柏交往，最後成為他的妻子。兩人還在婚禮上重現那段裝模作樣的對話。

11 月 3 日，校務諮詢委員會宣判讓祖克柏緩刑，「留校察看」到 2004 年 5 月 28 日。[14] 這個判決沒有太多的附帶限制，除了祖克柏必須去看諮商師。他正式的罪名是「不恰當的社會行為」。

祖克柏日後說明，他把這個判決視為警告，提醒他別做出更違規的事，要不然真的會被踢出校園。祖克柏也向女性團體致歉，自願幫忙做電腦雜務。葛林與奧森的罪名更輕，所以他們安全過關，沒有處罰，兩人甚至連聽證會都沒去。

柯克蘭宿舍 H33 室辦了一場慶祝會，大開香檳。葛林的父親是加州大學洛杉磯分校（UCLA）的數學教授，當時他正好在劍橋市，要到 MIT 演講。他注意到祖克柏有點太年輕氣盛，還差點被踢出哈佛，所以他告誡兒子：「不准再參與祖克柏的計畫。」父親的警告大概讓葛林損失了數億美元。

Facemash 讓祖克柏學到的最大教訓，和違規沒什麼關

係，而是與網站吸引到的關注、以及一夕爆紅的程度有關。幾年之後，祖克柏在法庭上作證時指出，Facemash 讓他明白人們有多愛看親朋好友的照片。

還有呢？律師問。

「人們愛偷窺的程度超乎我的想像。」祖克柏回答。

奧古斯都的羅馬

祖克柏不受 Facemash 事件影響，整件事就這樣過去了，他也沒打算從此約束自己的行為。

「他散發著一股渾然天成的自信。」葛林說。有一次，葛林和祖克柏、普莉希拉走路去吃晚餐，祖克柏一時心血來潮，衝進車流繁忙的路上。「小心！」普莉希拉大叫。

「不用擔心，」葛林告訴普莉希拉：「他的自信力場會保護他。」

祖克柏有留意到《哈佛緋紅報》11 月 6 日刊出[15]、由「本報記者」撰寫的社論。文章檢討 Facemash 帶來的大混亂，同時也不情願地承認，建立全校性的線上臉書，愈來愈有必要。作者指出，關鍵是找到能保護學生隱私的辦法。

祖克柏把那篇社論記在心上，他發誓在打造目前為止野心最大的計畫時，隱私會是最核心的元素。這個大計畫就是給哈佛全校大學生的臉書。

把學生臉書放上網路並不是新鮮點子，而是很合理、勢在必行的行動。祖克柏早在幾年前就在高中學校見過線上臉書，很多大學也已經把通訊錄放上網，有些甚至還提供許多社群功能。

四年前，已經有幾個史丹佛大學生經營自稱是地下網站的「Steamtunnels」[16]，上面就有校內用的線上臉書。1999 年 9

月，《史丹佛日報》（*Stanford Daily*）報導 Steamtunnels，網路暱稱 Drunken Master（醉拳）、DJ Monkey（猴 DJ）、The Sultan（蘇丹）的幾位學生掃描過去四年的紙本通訊錄照片。醉拳表示：「我們覺得可以提供令人耳目一新、不受審查的聲音，以及各式各樣的服務，帶給每一個人新鮮刺激的生活。」然而，校方認為沒有事先徵求同意就把照片放上網路，侵犯了學生的隱私，因此關掉了臉書的部分。「醉拳」的真名是艾倫・貝爾（Aaron Bell），幾年後，他成為新創公司執行長，專長是再行銷廣告（ad retargeting），這也是讓祖克柏的公司引發爭議的做法之一。

哈佛則宣布校方正在開發官方版的線上臉書，希望能在幾個月內上線。12 月 9 日，《哈佛緋紅報》刊出宿舍電腦長戴維斯（Kevin S. Davis）的話：「這件事一直是我們的優先要務。」[17] 但戴維斯沒有提供明確的推出日期。至於遲遲無法推出的理由？祖克柏在學期稍早製造的 Facemash 惡作劇，不只引發眾怒，更提高了大家對隱私權的關注。

戴維斯表示，學校目前尚未指派人專責建立官方通訊錄，這個消息讓祖克柏鬆了一口氣。在哈佛推出官方版前，他還有很多時間製作他的版本。

在此同時，祖克柏依舊在忙其他比較小型的計畫。那一年他忙著寫程式，很少去上課，尤其是「奧古斯都的羅馬」（The Rome of Augustus）這門古典學課程，他幾乎每一堂都蹺掉。祖克柏對於羅馬偉人的熱愛，不包含與他的英雄有關的藝術寶藏，而那堂課的期末考就是要大家分析奧古斯都統治時期的雕像與工藝品。特別是大家都在努力為考試讀書的 1 月，馬克都在寫程式，「我死定了。」[18] 他後來承認。「我不可能讀完這麼多東西。」祖克柏決定靠程式脫身。他從課程網站下

載了所有圖片，傳送到自己的網站，接著把網站連結寄給所有修課的同學，邀請他們一起複習。「基本上，網站會隨機秀出圖片，你可以貢獻你的筆記，提出你認為那張照片的重要之處，也可以看見其他人的說法。」祖克柏解釋。

祖克柏的朋友麥克倫也修了那堂課，他認為祖克柏是以創新方法顛覆一般的讀書會，並沒有惡意。「馬克認為，組讀書會、一起去圖書館還不夠。為什麼不製作工具，讓人們能以更簡單的方式，一起做一樣的事？那是他平日的做事方法：如何利用科技讓人們合作、移除時空障礙？」

憤世嫉俗的人可能會說，祖克柏做的程式是假讀書會之名，讓大家免費當他的家教。這個網站表面上是在幫所有同學複習，但真正的目的顯然只有協助一個人：馬克·祖克柏。不過祖克柏日後主張，那次的「奧古斯都的羅馬」線上讀書會完全是出自好意。「我只是需要這堂課的知識，其他人也都需要這些資訊，所以我就幫大家作出這個可以產生資訊的資源。」祖克柏在 2009 年的訪問告訴我，「我認為這一切的共通點，就是世界上應該要有一個很有效率的地方，大家可以在那裡共享更多資訊，而現在我們還走不到那個地方。我們需要下功夫、打造出某種產品，幫助人們做到這件事，那真的是很美好的一件事。」

對祖克柏來說的確是很美好的事，那堂課他拿到了 A。

第 3 章

爆紅關鍵，
先占領超高含金族群

　　祖克柏雖然還算不上校園風雲人物，不過《哈佛緋紅報》對 Facemash 事件的報導引起三名大四生的關注，他們正在籌備自己的線上計畫。2002 年底，狄維亞‧納倫德拉（Divya Narendra）找上雙胞胎兄弟卡麥隆與泰勒‧溫克沃斯（Cameron and Tyler Winklevoss），他們想建一個網站，可以提供同學各種服務，尤其是約會功能，或許還有其他服務。他們取名「哈佛連結」（The Harvard Connection，後來更名為「ConnectU」）。[1]

　　2003 年，三人花很多時間腦力激盪這個網站，不過步調很慢，他們還有其他事要顧，溫克沃斯兄弟要參加划船隊訓練（他們立志參加奧運）、參加時髦的最後俱樂部（Finals Club）活動，當然還要照顧學業。2003 年初，他們雇用一位軟體設計師幫忙把這個點子做出來，但那個人還沒完成就跑去做別的事了，臨走前還建議他們去找 Facemash 惡作劇事件背後的大二生幫他們寫程式，那個大二生可以把他們的點子做出來。

　　納倫德拉在 11 月 3 日寫電子郵件給祖克柏，和 ConnectU 的三人組見面後，祖克柏同意幫他們工作。祖克柏一開始感覺

上充滿幹勁，但接下來幾週，溫克沃斯雙胞胎和合夥人很受挫，因為祖克柏都沒有在約好的期限內交出東西，而且每次都有不同藉口，例如他在 11 月 30 日告訴卡麥隆‧溫克沃斯：「我回家過感恩節，忘了帶充電器，所以沒辦法用電腦。我的電腦從星期三晚上就沒電了。」祖克柏承諾回學校後就會馬上開工。

1 月 14 日，他們在柯克蘭宿舍 H33 室開會時，祖克柏終於告訴 ConnectU 團隊他不幹了。

「他很清楚我們想做的東西。」[2] 卡麥隆‧溫克沃斯在那年稍晚告訴《史丹佛日報》，「他拖住我們好幾個月，趁機完成自己的點子，2 月時當成自己的原創點子推出。」

溫克沃斯有充分理由感到不滿。祖克柏當時在 AIM 上和朋友聊天就寫下：

> 已經有人想要架設約會網站了，但他們犯了一個錯，哈哈，那就是找我幫他們做網站，所以我故意一直拖，讓他們的東西在 facebook 出爐之前都做不出來。

這則即時訊息是《商業內幕》（*Business Insider*）在 2010 年挖出的即時訊息中，最罪證確鑿的訊息之一[3]。這些只是祖克柏在那一年或其他年發送訊息之中非常少數的幾則訊息，但其中明顯涉及的欺騙與隱私等問題，讓當初寫下這些訊息的當事人陷入無止境的麻煩。日後的祖克柏把這則訊息及其他哈佛時期寫下的訊息，歸咎於不成熟。他主張那些訊息被斷章取義，不是他真正的想法。他曾傳簡訊告訴我，他因為青少年時期隨口講的一些話被批評，他認為那些評論扭曲了他實際的性格：「我很沮喪，我那時只是個孩子，那些過去的即時訊息與電子

郵件，都會隨時被挖出來，然後被斷章取義。過去開的玩笑、隨口講的話，被當成能反映我的核心人格或價值觀的東西，所以我乾脆不再保存過去的東西了。」祖克柏日後受訪時再度提到這件事：「如果是你會想要這樣嗎？你對某個人講過的每一個玩笑，日後全被印成白紙黑字、隨時被拿來斷章取義？」

　　祖克柏和溫克沃斯雙胞胎之間的糾紛，日後會被記錄在法院證詞與電影裡，但當時其實還有一位名氣較小的競爭者，已經在哈佛推出過作品，而且其中的部分社群功能已經搶先其他還在籌備階段的人。

競爭者

　　那一年，艾倫・葛林斯潘（Aaron Greenspan）[4] 大三。他和祖克柏一樣，喜歡打造東西，也是充滿想法的創業家，努力打造與推出小型數位產品。葛林斯潘進哈佛後，因為不滿校方對新創的固有成見而成立了「學生創業處」（Student Entrepreneurship Council）。葛林斯潘一直在打造各種工具，協助同學的課業、社交生活，幫忙解決校園生活的各種事務，像是交換課本、通知同學有包裹待領等等。葛林斯潘把各種工具集合在他稱為「houseSYSTEM」的程式，2003 年 8 月推出，其中一項功能是名為「大學臉書」（Universal Facebook）的學生通訊錄。

　　不過，令葛林斯潘懊惱的是，他的程式沒什麼人氣，特別是他無法說服《哈佛緋紅報》的任何人報導他做的事。他寄了好幾封電子郵件都沒有回音，所以他直接衝進《哈佛緋紅報》辦公室，希望有人可以看一眼他的網站，最後仍然徒勞無功。接下來幾個月，葛林斯潘讀到學校報紙報導祖克柏的 Synapse 和 Facemash，他非常嫉妒。為什麼他們這麼關注他？

葛林斯潘的怒火不是針對祖克柏個人，至少當時不是。他試圖邀祖克柏加入他的學生創業團體，祖克柏雖然嘴上說有興趣，但不曾參加過任何一場會議。

　　到了 1 月，葛林斯潘與祖克柏的交流開始變頻繁。祖克柏提到自己正在做另一個計畫，但「試著讓這個計畫 DL（DL是「down-low」的縮寫，意思是保密行動）」。葛林斯潘想知道祖克柏有沒有意願讓這個祕密計畫加入 houseSYSTEM，但祖克柏猶豫了，聲稱葛林斯潘的系統太複雜，對他來說挑戰太大。祖克柏面對葛林斯潘的手法跟面對溫克沃斯雙胞胎時一樣，把牌緊緊掐在胸前，梅花和黑桃都留下指印了。「整體來說，問題出在我的專注時間通常不夠長，沒辦法寫那麼多程式，」祖克柏傳訊息給葛林斯潘，營造出他的室友絕對會說「才怪」的形象。「我喜歡想出點子就快速執行。」

　　1 月 8 日，兩人在柯克蘭宿舍碰面，準備一起吃晚餐。和祖克柏同寢室的莫斯科維茨也在，還有一位剛好也在場的年輕女生。葛林斯潘對祖克柏的印象是極度有自信，一派輕鬆。在新英格蘭的寒冬裡，祖克柏竟然穿著短褲走來走去，一副剛洗完澡的樣子。祖克柏在傳訊息時不肯透露自己到底在打造什麼，因此葛林斯潘趁這次能直接溝通的機會問他。祖克柏說自己在弄和圖論有關的事。

　　*祖克柏是在打造哈佛版的 Friendster 嗎？*葛林斯潘心裡好奇。他對祖克柏的含糊其詞感到不安，但心裡已經對這個傲慢的大二生做出結論。今日的葛林斯潘表示：「我從見到祖克柏的那一刻起，就不信任這個人。」

　　葛林斯潘發現自己的懷疑沒錯。他檢視 houseSYSTEM 在1 月初的日誌發現，祖克柏上葛林斯潘的網站時有留下足跡，就像留下麵包屑，他顯然是在找有沒有能用的點子。日誌讓葛

林斯潘得以循麵包屑追蹤祖克柏的活動，就像祖克柏的臉書日後對用戶做的事一樣：在用戶、甚至非用戶瀏覽網路時追蹤他們。

然而，祖克柏並未隱瞞他正在打造的東西，有可能在某些方面與葛林斯潘是競爭關係。過程中，他也會透過訊息問葛林斯潘 houseSYSTEM 的某些做法。葛林斯潘默許了這樣的互動，並沒有公開質疑祖克柏。葛林斯潘的立場後來會大幅改變，他在《紐約時報》的報導中指出祖克柏打造臉書時偷了他和溫克沃斯雙胞胎的東西。

事實上，那些點子都不是祕密。社群媒體爆炸性成長，Friendster 當時很紅，還有數百萬人湧進 MySpace。把學校的照片通訊錄「臉書」放上網路的概念，根本無法跟「提出相對論」相提並論。就連提勒禮在埃克塞特高中做出來的作業，提勒禮本人也視為是數位化時代的必然。

祖克柏花很多時間寫程式，沒時間上課。他經常沒去上作業系統課，而那門課是出名的困難。2004 年 1 月，作業系統課的老師威爾許（Matt Welsh）不得不約談這位學生。威爾許知道祖克柏就算沒上課也有辦法應付課程，但他告訴這位大二生，課堂參與也是 CS 161 這門課的評分依據。祖克柏難道不想拿 A 嗎？有哈佛學生不想要全科拿 A 的嗎？

祖克柏告訴威爾許自己的情況，也提到他因為 Facemash 被校方處罰。此外，祖克柏解釋自己大部分時間都用在寫具有社群網絡形式的線上臉書。威爾許不為所動，他問這名 19 歲的學生：你認為你能和 Friendster、Orkut 競爭嗎？（Orkut 是搜尋龍頭 Google 推出的全新社群網絡）。威爾許日後在部落格文章上提到當時的情景，描述祖克柏看起來「一點也不擔心」。[5]

「馬克不是壞學生，」祖克柏的朋友麥克倫表示：「只是對當時的他來說，哈佛能給他的東西已經不多了，他已經知道未來要走的路。課堂上的事愈來愈不重要，其他事則愈來愈重要。」

馬克‧祖克柏出品

1月11日，祖克柏一邊應付愈來愈不滿的 ConnectU 團隊、以模糊答案敷衍葛林斯潘、一邊註冊「thefacebook.com」這個網址。「Facebook.com」已經有人用了。

祖克柏當時究竟已經完成計畫的幾成，沒有人能確定。2004年1月初，他在寒假期間去拜訪舊金山灣區的朋友，參觀了幾間大型科技公司的總部，大開眼界。1月後來的時間，祖克柏花了一、兩個星期（實際時間他本人的說法也不一）寫出 thefacebook.com 的程式，這個計畫顯然是祖克柏當月的優先要務。

祖克柏認為這個新網站是他過去所有作品的集大成。他後來會解釋，他做的所有東西都有一個共通點，他認為網路的出現讓我們能以更有效的方式分享資訊，但我們還沒打造出那樣的工具。做出這樣的工具，將能讓世界變成更有效率的地方。「那是多好的事，」他表示，「所以我打造出『課程配對』和『奧古斯都的羅馬』這些小工具。臉書有點像是最大的一個，因為臉書上其實就包含了你在乎的人的一切。」

祖克柏從過去的每一個計畫都學到東西。「課程配對」：讓人們可以知道朋友修什麼課；Facemash：人們對朋友的事真的很有興趣。「奧古斯都的羅馬」：大家很樂意免費提供內容。（為了避免 Facemash 與校務委員會的麻煩重演，祖克柏這次只用人們自願提供的內容。）此外，祖克柏大概也記得迪

安捷羅的「朋友動物園」，他了解互相交叉介紹、不斷延伸的朋友名單，將能形成完整的人際連結網。

祖克柏依循相同的脈絡，在推出 Thefacebook 前多做了一個小計畫。他設計了一個功能，讓使用者能在自我介紹上，填寫自己曾經被《哈佛緋紅報》報導過的紀錄。如此一來，其他人就能把地方新聞報導和當事人連結在一起。祖克柏為了準備這個功能而開始整理《哈佛緋紅報》的檔案，發現其中也可以畫出類似「朋友動物園」的網絡圖，其中人們經過幾層關係後，就可以在他的龐大人脈網裡連上線。

祖克柏發現，哈利・劉易斯（Harry Lewis）[6] 這個名字經常出現在《哈佛緋紅報》，他是哈佛的學院長兼電腦科學教授。為了好玩，祖克柏決定釋出一個叫「劉易斯的六度分隔」（Six Degrees to Harry Lewis）應用程式，使用者可以透過提到好幾個人的報導，找出自己和劉易斯教授之間有幾層分隔。祖克柏罕見地事先寄信徵求劉易斯院長的同意。

劉易斯教授欣然同意，但如同他日後告訴《大西洋》（*Atlantic*）雜誌的記者馬德高（Alex Madrigal），他也提醒這位年輕的程式設計師：「那都是公開資訊，」劉易斯提到祖克柏蒐集的資料，「然而到了某種程度，公開的資訊也會開始感覺像在侵犯隱私。」

祖克柏過去的計畫很少運用到介面元素，基本上只是把文字放上螢幕，大家可以點選連結，連至其他網頁或執行功能。不過這一次，祖克柏覺得作品的重要性應該要搭配真正的平面設計。麥克倫製作過一些漂亮的網頁，祖克柏因此傳訊息給他，說他已經做好 Thefacebook 的原型，基本上是命令麥克倫幫他做頁面設計和 logo。麥克倫一開始回絕了，他說自己不是真正的設計師，只是會用盜版 Photoshop 和 Adobe Illustrator

的電腦科學家。然而，祖克柏堅持要麥克倫負責做出網站的標頭區塊（page header），設計一個慢慢變成 1 和 0 的人物剪影（即使是那個年代，用 1 和 0 的意象來表達與電腦有關的事物，也已經是老套了）。

麥克倫最後用網路上找到某個年輕男性的大頭照做成向量圖，照片邊緣模糊成格狀，看起來有點像是名演員艾爾・帕西諾（Al Pacino）的頭像，直到多年後才有人告訴麥克倫，那張日後被大家稱為「臉書的那個人」（Thefacebook Guy）的原始圖片，其實是 J・吉爾斯樂團的前主唱彼得・沃夫（Peter Wolf）的照片。

儘管如此，祖克柏的網站在視覺上還是不太吸引人。相較於日後的版本，Thefacebook 相當原始。訪客第一眼看到的畫面是網站名稱，以及頁面上方的沃夫頭像，下面有文字框解釋網站用途：

〔歡迎來到 Thefacebook〕

Thefacebook 是可以把人們連結到大學社群網絡的線上通訊錄。

我們開放 Thefacebook 給哈佛大學的大家使用。

你可以用 Thefacebook 做幾件事：

- **搜尋校內的人**
- **找出誰和你同班**
- **查詢朋友的朋友**
- **看見你的社群網絡視覺圖**

請點選下方註冊開始使用。如果已經註冊，可以登入。

在首頁底部，以及網站上的每一個頁面，Thefacebook 的創作者要確保所有人都知道這是誰的作品，上面寫著：

馬克・祖克柏出品
Thefacebook©2004

申請加入時，你可以和已經註冊的同學連結（或稱為「加為朋友」，「friend」一詞很快會從名詞變成動詞），也可以邀請尚未加入的人。

隱私權或許是這個新網站的關鍵特色，只有 Harvard.edu 網域的電子郵件帳號可以加入，學生可以在這個安全空間分享自願提供的資訊。祖克柏也透過電子郵件認證確保大家是使用真實身分在網站上互動，等於是預防不良行為的內建安全機制。

此外，你還可以指定只分享給特定幾個人。Thefacebook 提供的保護措施，使網站的隱私勝過當時其他社群網站。

溫克沃斯兄弟日後會宣稱，用網域確保社群隱私是他們原創的點子，是他們與祖克柏分享的最高機密。然而那並不能算是原創的概念，事實上，葛林斯潘做的 houseSYSTEM 就是用哈佛網域（harvard.edu）來認證使用者，而 ConnectU 團隊很熟那個系統。

祖克柏表面上不在乎 Facemash 引發的校方調查，但顯然從那次麻煩中學到教訓。「對祖克柏與臉書的未來而言，Facemash 大概是他發生過最好的事，讓他深刻了解到讓使用者自己掌控資料的重要性。」祖克柏的同學馬克斯表示，「他建立 Thefacebook.com 時完全採自願制，而不是去抓取任何系統的資料。你必須自己主動申請加入。不到一個月，學校有超

過一半的人都在用，所以也根本沒有抓取資料的必要了。」

使用者會提供所有資訊。Thefacebook 一開始完全沒有內容：只有鷹架，大家自行把內容放進去，從建立個人檔案開始，而且不用侷限於實體通訊錄的兩行文字介紹。Thefacebook 鼓勵學生上傳照片，由他們自己挑選的照片，而不是畢業照攝影師拍的那些笑容僵硬的大頭照。

此外，Thefacebook 也鼓勵學生放上大量的其他資訊，目的通常是為了社交，（或許還能）找到另一半。你可以填寫你的關係狀態，以及你在尋找什麼樣的人。你也可以填寫其他個人資訊，例如電話號碼或 AIM 暱稱，以及你的興趣、政治傾向、喜歡的書、在修哪些課，還可以放你「最愛的名言」。

使用者雖然無法在這個系統上聊天，祖克柏想出辦法，讓使用者能直接發送訊號給某個人，你可以指定另一個使用者，用數位方式「戳」（poke）他們一下。至於戳一下是什麼意思，完全看戳人者和被戳者如何詮釋，不過其中似乎有點性暗示。多年後我問祖克柏是否知道，美國小說家麥可莫特瑞（Larry McMurtry）的名作《寂寞之鴿》（*Lonesome Dove*）書中人物提到偷情時，都以「戳」這個字來代替。祖克柏說他從來沒聽說過這件事。

不只是使用者的個人檔案提供了 Thefacebook 寶貴的資料，Thefacebook 和 Friendster 一樣，使用者可以加其他人為好友，把他們放在你的人際網絡裡。但 Thefacebook 和 Friendster 不同之處在於它還允許其他人瀏覽每一個人的人際網落。「很多人只是想看看其他人認識誰，」[7]祖克柏日後說道，「當時還沒有那樣的東西。」

thefacebook 正式上線

2004 年 2 月 4 日，祖克柏正式公開 Thefacebook，他寄電子郵件給朋友，要大家快點試用。當時正是學生們在研究新學期要修什麼課的時間，Thefacebook 提供的相關功能馬上滿足了需求。這個功能也讓最早註冊的早期用戶在等其他朋友加入時有事可做，不過這段空檔期並沒有維持多久。祖克柏一公布消息，幾分鐘內就有很多人立刻申請使用。

推出網站的那天晚上，祖克柏和朋友去皮諾丘餐廳（Pinocchio's）吃披薩，他們都簡稱那家店為「諾丘」（Noch's）。祖克柏經常和朋友金康新（Kang-Xing Jin，大家叫他 KX）去那裡吃飯，兩人在電腦課上經常同組解題。通常他們吃到最後，聊天的主題都會來到科技將帶來什麼樣驚天動地的改變。2 月 4 日那天晚上，看到那麼多人踴躍註冊 Thefacebook，祖克柏和 KX 的結論是，有一天、有一個人將連結全世界。他們沒有想到，未來有一天會連結全人類的東西，剛剛就在祖克柏的筆電上問世了。兩人還以為那個發明大概會來自微軟或其他大企業。[8]

哈佛學生勒辛（Sam Lessin）和祖克柏算是點頭之交。勒辛也住柯克蘭宿舍，也在嘗試打造數位服務。前一個夏天，他推出名為「緋紅交換」（Crimson Exchange）的「哈佛專屬 eBay」，但成效並不理想。

勒辛認為 Thefacebook 是了不起的東西，祖克柏在社群網絡上做出了成績，勒辛向來對這個主題十分感興趣。他父親是美國東岸的科技投資人，投資過六度網站，勒辛也視六度網站的創辦人溫瑞奇為偶像。六度網站失敗時，他也非常難過，他也一直在追蹤崛起中的 Friendster，認為 Friendster 是好產品，但仍有缺陷。問題就出在 Friendster 缺乏信任，因為無法靠真

實姓名確認用戶身分。如今就在他自己的宿舍裡，有個年輕人創造出一個網站，提供安全機制，讓使用者知道自己在和誰交流。你的隱私也受到保障，因為大家都屬於同一個群體。

勒辛立刻找祖克柏吃午餐。勒辛告訴面無表情的祖克柏：一定會大紅！這可能價值……一億美元！一億是勒辛當時能想到最大的數字。

祖克柏怎麼回答？「他很冷淡。」勒辛日後回想。祖克柏似乎對 Thefacebook 還能做哪些有趣的事更加興奮，倒沒那麼在乎錢。

儘管如此，祖克柏知道相較於他做過的其他計畫，Thefacebook 的確有商業潛力。他甚至在推出 Thefacebook 前就已經說過要以 Thefacebook 作為創立公司的基礎，請朋友投資。祖克柏從 Facemash 學到，你不可能用一台筆電來支援給全校使用的系統，他需要租伺服器空間的預算。祖克柏最先找上葛林，但葛林對政治的興趣多於電腦，所以他乖乖聽父親的話，沒有再碰祖克柏的計畫。

祖克柏後來找到兄弟會的朋友愛德華多・薩維林（Eduardo Saverin）加入。[9] 薩維林是巴西裔，來自富有的猶太家族，中學時全家搬到邁阿密，後來參加哈佛投資社（Harvard Investment Club）。「我們沒人真的懂做生意，薩維林感覺懂商業運作。」葛林表示。

薩維林跟祖克柏都各自投資 1,000 美元，薩維林日後還會在共同帳戶存進 15,000 美元。兩人約好共同持有 Thefacebook，祖克柏取得新公司三分之二的股份。薩維林是似乎懂商業的那個人，他拿到剩下的三分之一。「我們當時要開公司，」後來上法院時，祖克柏在證詞中解釋：「感覺上我們應該先談好那件事。」

那筆錢讓祖克柏得以租用伺服器空間，一個月 85 美元。

接下來幾天，Thefacebook 不斷攻占哈佛學生。隨著加入的學生愈來愈多，人們找到朋友個人檔案的機率也隨之增加。電腦科學家梅特卡夫（Bob Metcalfe）在 1980 年代初期提出「網絡效應」（network effect），他預測網絡的價值會隨加入的人數呈指數增加，這就是所謂的「梅特卡夫定律」（Metcalfe's law）。隨著時間過去，學生加入 Thefacebook 的動機從原本用來打發時間的消遣，變成不加入不行。沒加入，你連在實體校園裡都等於被放逐了。

社會學家與研究新創的專家們日後將永無止境地分析，2004 年 2 月的哈佛到底發生了什麼事。他們費盡心思試圖了解祖克柏究竟做對了什麼。社會學家博伊德（danah boyd）說：「常春藤盟校的新生，通常只認識一、兩個人。〔實體的〕臉書真的是基本必要的配備。」博伊德當時 20 歲出頭，她也是少數見證者之一，看見了電腦螢幕上正在誕生社會科學的新時代。「祖克柏把臉書設計成互動式，還加上一點社群跟蹤的元素，令人成癮。此外，你只能看見自己網絡裡的人，這點很關鍵。你會被別人看見，但只限於你願意公開的對象。」

Thefacebook 上線幾天後，《哈佛緋紅報》也探討了這個現象（學生報的成員也開始把柯克蘭宿舍 H33 室視為哈佛的矽谷），標題是「數百人註冊新的臉書網站」（Hundreds Register for New Facebook Website，當時的單位是百人！）[10]，副標題則提到，因為 Facemash 而經歷慘痛教訓的創作者正在以驚人的方式挽回名聲。報導中的祖克柏顯得自信滿滿，表示 Thefacebook 是因應校方建立官方線上臉書的龜速而誕生的。「學校居然要花幾年時間來做這件事，實在有點可笑。」這是祖克柏第一次說出他接下來幾年會不斷重複提到的主題：這個

科技的新時代是屬於年輕人的。「我有辦法做得比他們好，而且一星期內就搞定。」祖克柏自誇。

祖克柏也刻意點出，新計畫也反映出他很認真聽取《哈佛緋紅報》的告誡：學生關心隱私權。他列舉出幾種讓使用者能限制對誰公開資訊的方法，也保證網站會尊重所有用戶未來的隱私權，他告訴《哈佛緋紅報》：「我不會出售任何人的電子郵件地址。」

初創團隊成形，攻占其他校園

奧古斯都、亞歷山大大帝等祖克柏仰慕的古典時代英雄，或是玩《文明帝國》時選擇的虛擬分身，都是以武力攻城掠地。相較之下，祖克柏征服虛擬哈佛的方式相對和善。祖克柏有如具備雄心壯志的戰士，已經放眼於未來的征服，他沒有把 Thefacebook 限制在哈佛實驗室裡，而是打算推廣到其他學校。祖克柏馬上開始計畫讓 Thefacebook 進入全美的大學。有些學校已經有自己的線上通訊錄，所以要成功打進去，還必須先推翻原本的系統。祖克柏需要一支團隊來幫忙，才能為每所學校架設資料庫，把網站推出去。扛起這些任務的人，日後也成為臉書的共同創辦人。當然，他們的地位都次於「我們唯一的創辦人」，那個名字出現在每一個頁面上的人：馬克・祖克柏出品。

莫斯科維茨將是祖克柏的關鍵技術大將。他來自佛羅里達州的蓋恩斯維爾（Gainesville），比祖克柏晚八天出生，主修經濟學。學年之間，祖克柏在策畫各種計畫時，莫斯科維茨都會加入討論，他認為 Facemash 是愚蠢的惡作劇。他後來也變投入，在深夜一起閒聊網路會如何改變世界。臉書推出時，祖克柏請莫斯科維茨協助管理網站。「我不算毛遂自薦，」[11] 莫

斯科維茨後來告訴記者，「比較像是他正在工作時，我就坐在旁邊，他問我：『嘿，你可以幫忙一下這個嗎？』」

　　然而，看到 Thefacebook 快速在校園竄紅，莫斯科維茨想擔任更重要的角色，也就是說他必須真的會寫程式。莫斯科維茨開始上程式速成班，買了《PERL 程式入門》（*PERL for Dummies*）這本書，每天熬夜自學。結果祖克柏告訴他，網站不是用 PERL[12]，而是現代語言 PHP 和 C++。沒關係，小事一樁，那他就把 PHP 和 C++ 也學起來。莫斯科維茨是超級工作狂，人們後來幫他取了「鐵牛」（Ox）這個綽號，但這個綽號沒有充分顯現出他的聰明才智與組織長才。莫斯科維茨很快就掌握到如何模仿祖克柏做的事，將推廣 Thefacebook 到新校園的任務執行地有聲有色。

　　祖克柏的室友休斯立刻看出這次的計畫不是在玩，也不是 Facemash 那種惡作劇。休斯一直是 Friendster 的愛用者，但他也發現把數位邊界限制在哈佛網域的私人網絡，可以解決 Friendster 引發的隱私疑慮。在祖克柏的眾多計畫之中，Thefacebook 是休斯第一個想參與的案子。休斯對技術沒興趣，所以祖克柏請他負責對外的公關事務，處理那些祖克柏自己不想面對的事。

　　幫 Thefacebook 處理圖片的麥克倫在愛達荷州長大，從小熱愛電腦，他是哈佛少數幾個真的主修電腦科學的人。麥克倫很快就對祖克柏的投入以及無論如何都要實踐夢想計畫的毅力，感到很佩服。

　　在祖克柏之下、排名第二的共同創辦人薩維林是出錢的金主。在團隊策畫進軍其他校園時，薩維林負責處理商業方面的事務。

　　雖然這樣看起來有五名共同創辦人，但誰是老大毫無疑

問。祖克柏在網站上自稱是「創辦人、艦長兼指揮官、全民公敵」。他開始認為 Thefacebook 跟過去的所有計畫都不同，這是有史以來首次，他的實驗有可能茁壯成某個更偉大的計畫，真正值得投入所有的時間與注意力。

祖克柏進攻其他校園採取的策略，是把美國各大學當成《戰國風雲》遊戲中的各個國家。眼前有重重阻礙，有的學校已經有等同於臉書的東西。而就跟玩《戰國風雲》一樣，祖克柏必須智取。

第一場戰役是哥倫比亞大學。表面上，哥大似乎不是最合適的攻占目標，該校在 2003 年中就已經有類似的平台，不過遊戲高手祖克柏下了反直覺的一步棋，他沒有選擇先進入 Thefacebook 最有可能打勝仗的學校，反而攻擊他認為成功率最低的地方（那些學校的學生有其他選擇）。[13]

「馬克的個性很不一樣，」麥克倫表示，「其他已經做出類似東西的人，如果在母校很成功，就會非常滿足了，他們會努力維持與改善功能，繼續提供優質的社群網站。但馬克想知道臉書是否可以跟已經有基礎的社群網站較量。」

祖克柏把 Thefacebook 拓展到哈佛以外的地方時，必須做出重要決定：要把新加入的用戶當成既有網絡的新成員，或是該視為分開的群組？更明確一點，除了和你同校的人，你能不能看到其他學校的學生個人檔案？祖克柏日後解釋當中的利弊權衡：「哪一種比較好？人們可以看見每一個人，在這裡分享興趣、想法與關心的事，但可能不覺得這是安全的環境？或是你可以獲得更多資訊、有更多表達空間，但受眾比較小，大概只有和自己相關的人？」[14]祖克柏想來想去，最後決定限制只有同校的人能互相瀏覽個人檔案。如果知道只有同社群的人才看得到，人們會更願意分享手機號碼等資訊。

隱私權是關鍵，或是如同祖克柏日後所言：「如果大家覺得自己的資訊沒有被保護，那我們的路就走不遠。」[15]

祖克柏的團隊開發出滲透與掌控新校園的模式。首先，他們成立分開的資料庫，申請網路網域，取得伺服器空間，掃描課程表，聯絡大學報，最後上線。上線之後就寄電子郵件給關鍵人物：自己社群網絡中的朋友或兄弟姊妹，或是詢問過 Thefacebook 何時才會進入自己學校的人。2 月 26 日，Thefacebook 在哥倫比亞大學上線。

相較於哥大原本的臉書，Thefacebook 的優勢是提供隱私：雖然 CC Community 能讓學生發布比較多照片，還能寫部落格文章，但那些內容一般大眾都能看到。[16]

你可能以為， Thefacebook 第一次踏出劍橋市的那一天，祖克柏會整晚緊盯網站的狀況，但那天有一個特殊的機會：微軟共同創辦人比爾・蓋茲（Bill Gates）那天到哈佛的羅威爾講堂（Lowell Lecture House）演講。眾所皆知，蓋茲創業後就從哈佛輟學，但他在演講時不鼓勵大家走上這條路，反而呼籲在場主修電腦科學的聽眾要拿到畢業證書，再去應徵微軟的工作。[17]

蓋茲分享了一件事，祖克柏日後稱之為寶貴資訊，那就是哈佛允許學生無限期休學，暫時去做別的事。這位億萬富翁開玩笑地說：「萬一微軟失敗了，我就回哈佛！」祖克柏後來表示，要不是因為在那次演講聽到還有回學校這一條退路，否則他大概不會離開哈佛衝刺臉書事業。（祖克柏的家人似乎比他更了解自己：他展開大學的冒險之前，媽媽就已經打賭兒子會休學，祖克柏則堅持自己會拿到學位。祖克柏後來開玩笑說，他答應到哈佛畢業典禮演講，就是為了拿到榮譽學位，贏下和家人的賭注。）

接下來幾天，Thefacebook 在史丹佛與耶魯上線，模式已經成形。接下來幾個月，團隊將 Thefacebook 擴張至超過一百個校園。

Thefacebook 推出不到六星期，《哈佛緋紅報》又回來了，這次的報導切入點更有先見之明[18]，主要談社會科學家會如何看待 Thefacebook。祖克柏描述自己「只是笨拙的程式設計師」，讓休斯負責說明。休斯告訴《哈佛緋紅報》：「Thefacebook 透過連結原本不熟的點頭之交，是能夠協助人們改善社交生活的工具。」祖克柏雖然自貶只是工程師，當記者問到 Thefacebook 和 Friendster 的相似處時，他忍不住表達看法，認為 Friendster 是約會網站，兩者完全不同。「網站的資訊類型，基本上是不同的，」祖克柏表示，「大家不會刻意用某種方法呈現自己。」報導以讚美結尾：「祖克柏與休斯等業餘的人類學家，正在改變日常生活。」文中寫道：「逐一擊破，一次『戳』一個。」

與 ConnectU 三人組的爭議

祖克柏在 2 月 4 日推出 Thefacebook，ConnectU 團隊措手不及。祖克柏用各種藉口拖延他們的哈佛社群媒體產品的同時，自己卻先發制人！ConnectU 團隊慌張地想另找程式設計師，內心卻恐怕已經錯過時機。Thefacebook 推出幾星期後，他們目瞪口呆地看著哈佛被 Thefacebook 攻占，接著是其他常春藤盟校以及全國的頂尖大學。ConnectU 三人組甚至跑去找哈佛校長桑默斯（Larry Summers）抗議。校長顯然對這件事一點都不感興趣，又有剛起步的創業者懷抱著連結哈佛學生的夢想跑來辦公室了。桑默斯告訴他們，大學沒有義務仲裁學生之間的商業糾紛。（桑默斯事後說溫克沃斯雙胞胎是「混

蛋」，嘲笑他們還穿著西裝去見他。）[19]

如果 ConnectU 團隊知道祖克柏是如何對朋友吹噓這件事，他們可能會心臟病發。在又一次令人尷尬的 AIM 聊天訊息中，祖克柏證實了這個明顯的結論：他故意拖延溫克沃斯團隊的進度，同時進行自己的計畫。

「對，我會惡搞他們，」[20]祖克柏寫道，「大概在今年（year）吧。」

接著又修正剛才的話。「是惡搞他們的耳朵（ear）才對。」

15 年後我告訴祖克柏，他很明顯在拖延，不肯完成和 ConnectU 約好的工作。

「我不確定能不能那樣說，」祖克柏回答，「我或許是害怕起衝突，但……我不知道，我認為我已經表現得很明白了。」

當院長要求祖克柏寫出爭議事件的時間線時，祖克柏在信中[21]的說法更有政治手腕（也比較不坦白）。祖克柏的說法是，他一開始是有同意協助 ConnectU 團隊，但他們卻一直增加新的工作。祖克柏解釋道，他後來很受不了納倫德拉與溫克沃斯雙胞胎，認為他們的計畫「無聊」又「搞不清楚狀況」。不只如此，他們還要他、應該說是命令他工作，好像他是打工的技術人員，被要求「努力工作」改善程式，搞定網站。祖克柏直言，那不是他這種等級的人該做的事。

祖克柏聲稱在對話過程中，他對於 ConnectU 團隊無知與缺乏想像力的程度感到驚訝。「（他們）顯然不像他們表現的那樣了解狀況或有商業頭腦，我在學校裡最不會社交的朋友，感覺都比這些人更懂網站如何吸引到人群。」祖克柏抱怨道，為了回應 ConnectU 團隊的指控，他還必須花時間為自己辯

護，妨礙到他的課業。「校方應該對他們表示不滿，他們影響了我的學業，逼迫我處理這種荒謬的威脅。」

儘管祖克柏大肆抱怨，他的確提到一個重點。ConnectU團隊擬定計畫的方法，是認為要在網路世界成功，只需要想出一個好點子，再讓點子上線，善用數位世界的強大力量就行了。然而那是第一波網路新創公司的理論，最後遭遇慘敗，Pets.com等估值過度膨脹的公司，像刺破的氣球一樣消失無蹤。下一波的成功者是創辦人本身就具備科技頭腦的新創公司，創辦人通常自稱駭客，他們的點子只是起點，快速推出產品，再不斷更新改善。2000年代中期，通往榮耀的方法已不是雇用祖克柏這樣的人，把他們當成負責寫程式的廉價勞工，來實現你在最後俱樂部與朋友腦力激盪出來的點子，成功模式已變成由祖克柏這樣的人在推進。

5月，卡麥隆・溫克沃斯忍無可忍，認為哈佛沒有制裁祖克柏的行為缺乏榮譽感，決定自己公開祖克柏的背叛。他們選擇了《哈佛緋紅報》，溫克沃斯寄匿名爆料信給學生報[22]，《哈佛緋紅報》當然不想錯過任何與祖克柏的大冒險有關的新聞，於是派記者麥克金（Tim McGinn）報導此事。麥克金訪問了ConnectU的當事人，接著請祖克柏到《哈佛緋紅報》辦公室表達看法。

祖克柏到場時帶著電腦，準備好向麥克金與他的編輯席爾多（Elisabeth Theodore）證明Thefacebook是原創產品，沒有偷用ConnectU的點子。但祖克柏首先出了奇招，對一個依舊號稱目標不是開公司的大學生確實有點不尋常。他要求兩位學生記者簽保密協議。（有點預告了未來成千上萬的人造訪臉書時，也必須先簽保密協議，才能踏進臉書辦公室。）兩位記者都拒絕簽保密協議，不過祖克柏依舊說明立場，說明他的網站

絕對不是在剽竊溫克沃斯打算建的網站。祖克柏甚至承認：「真要說起來，Thefacebook 也不是新的點子[23]，而是參考了其他所有的〔社群網站〕。」

祖克柏對於《哈佛緋紅報》究竟會刊出什麼樣的報導，感到十分焦慮，幾乎到了恐慌的程度。他在和葛林斯潘聊天的即時訊息中抱怨溫克沃斯雙胞胎：「就因為我幫了他們大概一個月，他們現在就指控我偷東西。」[24]祖克柏急著想知道《哈佛緋紅報》的立場。諷刺的是，葛林斯潘在整個過程中也心想：他也偷了我的東西！但葛林斯潘沒有抱怨。「我覺得沒必要小題大做，那只是學生做出來的東西，」葛林斯潘說，「我當時認為熱潮過一個星期就會消失。」而且葛林斯潘當時還把祖克柏當朋友看。

祖克柏問葛林斯潘知不知道如何進入 News Talk，這是《哈佛緋紅報》成員不對外開放的郵件系統，用來討論接下來的報導與其他編務。葛林斯潘說自己幫不上忙。

「好吧，」祖克柏寫道。他幻想著離開哈佛後的生活，離開後就沒有這些麻煩事了：

> 畢業後，就再也不會碰上學生報，也沒有校務諮詢委員會，只會有紐約時報和聯邦法庭，哈哈。

事後看來，祖克柏說完那句話之後應該比出勝利手勢，他真是神準的預言家。但他沒有，他還是想偷看《哈佛緋紅報》記者與編輯的電子郵件。

《商業內幕》後來會根據祖克柏的即時訊息[4]曝光他是如何利用 Thefacebook 用戶的個人帳號駭進 News Talk 群組。首先，他搜尋那些有寫出自己是《哈佛緋紅報》成員的用戶，再

潛入那些帳號，利用網站日誌，找出有人不小心輸錯密碼的紀錄。接下來，祖克柏特別去找有沒有人是直接用電子郵件的密碼登入 Thefacebook。不論《商業內幕》報導的是否為真，祖克柏的確想辦法潛入至少一名學生報記者的電子郵件。他讀到的其中一封郵件裡面，編輯席爾多討論到祖克柏到辦公室接受訪問，形容祖克柏舉止「油滑」，但她看了祖克柏提出兩個網站的不同點之後，認為祖克柏對待 ConnectU 的方式，並不等於偷了他們的作品。

祖克柏花了那麼多力氣搶先知道報導內容，但最後的內容其實只是列出指控與反駁，報導的結論是，兩個網站都像是 Friendster 的複製品。祖克柏寫信給《哈佛緋紅報》抱怨，指出報導應該更強調他的清白，但他很快就忘了這件事，他有更重要的事要做。

那年 9 月，ConnectU 團隊展開冗長的法律程序，最終得到 6,500 萬美元的和解金，感覺是不錯的報酬，畢竟他們不曾和祖克柏有過正式協議，某位法官形容他們之間的約定只是「宿舍裡的閒聊」。總之，祖克柏只拖延他們兩個月，而他們自己的進度早已拖過一年。儘管如此，納倫德拉與溫克沃斯雙胞胎後來依舊忿忿不平，認為才拿到那麼一點錢是被算計了。他們三人不孤單，其實有一大群人日後也因祖克柏而致富，卻開心不起來。（houseSYSTEM 的葛林斯潘也一樣，後來就關於「facebook」這個字的著作權權利狀態爭議[25] 拿到數百萬和解金，但他仍對祖克柏懷恨在心，就像《白鯨記》裡執著的亞哈船長一樣。）

然而，2004 年 6 月當時，這一切都還是很遙遠的未來。在馬上到來的暑假，祖克柏有一個大計畫。

Thefacebook 要前進西岸。

前進西岸

去西岸的想法是他們閒聊時冒出來的。麥克倫的家人跟藝電公司（Electronic Arts）的高階主管高登（Bing Gordon）有多年交情，所以他一直在這家遊戲公司實習，暑假會去矽谷。迪安捷羅放假也預計到 Google 實習，所以也要去灣區。Thefacebook 在暑假也無法在 H33 宿舍運作，朋友們也都要去矽谷，祖克柏於是想在加州幫團隊租房子，繼續經營 Thefacebook，這個點子似乎比找暑期工作好。「在那裡過暑假很酷，我的朋友也都在那裡，而且這可是矽谷。」祖克柏後來談到。[26]

祖克柏上 Craigslist 找到帕羅奧圖的貝倫公園（Barron Park）一帶，有一間附家具的房子在出租。那一區綠意盎然，距離市中心只有幾英里。房子還有泳池，租約上的名字是祖克柏、莫斯科維茨、麥克倫。出發前，祖克柏又招募了兩位有才華的大一工程師來當「實習生」，雖然他們寫程式的工作其實和其他人差不多。

招募實習生的點子，象徵著祖克柏的事業開始像真正的公司了。「我們沒有真的把臉書想成新創公司，」麥克倫表示，「網路泡沫之後，2004 年是新創公司衰退的谷底，創業在當時並不是主流精神，哈佛更是沒有那種風氣。臉書能成功當然很酷，但它依然只是小小的大學社群網站。」

祖克柏出發之前又接受《哈佛緋紅報》的採訪，這一次是人物側寫：「thefacebook.com 背後的奇才」。[27] 記者造訪柯克蘭宿舍的公共休息室，地上堆著衣服和打包到一半的箱子。祖克柏似乎感到無聊或不耐煩，他的所有回答聽起來都像是某種版本的「隨便啦」。行文之間可以感受到記者的沮喪，以及必須忍受令人痛苦的沉默還有幾乎不成句子的簡短回答。

《哈佛緋紅報》的特派員暗指祖克柏坐在金礦上，但祖克柏並不那麼想。「我猜，〔Thefacebook〕超成功是很酷，」他說，「但我也不知道怎麼說，〔金錢〕不是我的目標。」

　　他有一天會賣掉公司嗎？

　　「也許吧……如果我無聊了，但近期不可能，至少未來的七、八天不會。」

　　那篇報導沒提到祖克柏的事業夥伴薩維林。

　　「我的目標是不必找工作，」祖克柏說，「我只是熱愛做出很酷的東西。我不想要有人指揮我做事，或是規定必須完成工作的時限。那就是我想要的奢侈人生。」

　　記者問他要如何支撐那種奢侈的人生，祖克柏聳肩回答：「我猜我會做出可以賺錢的東西。」他說：「我是說，就像任何哈佛人都能找到工作、賺很多錢，但不是每個哈佛人都擁有一個社群網站。」

第 4 章

超高黏著，讓創投買單

西恩・帕克（Sean Parker）[1] 是碰巧遇到 Thefacebook 的。他不是大學生，甚至沒念過大學，26 歲的他和一群大學生一起住在波托拉谷（Portola Valley）的房子，離史丹佛校園不遠，那裡的學生最近都在迷祖克柏的新產品。

帕克的遭遇令人不解又有點尷尬，他充滿爭議，卻是科技界的重要成員。對 Y 世代的科技宅（祖克柏的同類）而言，帕克是傳奇人物。帕克在華盛頓特區附近的維吉尼亞郊區長大，對學校課業不怎麼有興趣，對於不在意的課被當掉也無所謂，有興趣的課卻能拿 A。他原本是游泳校隊，後來因為慢性氣喘而無法再游泳。帕克的父親是海洋學家，他送給帕克一台 Atari 電腦，帕克就靠自學搞懂電腦的運作。

帕克高調的個性加上敏銳的商業頭腦，掩蓋了他還不錯但不到卓越的寫程式能力。他 15 歲就靠著口才成為新創公司 Freeloader 的實習生。他過人的企圖心與膽量讓執行長平卡斯（Mark Pincus）印象深刻。平卡斯後來才得知帕克「的房間裡放了很多新聞剪報，都是關於他感興趣的人。」

帕克花很多時間泡在 IRC 上（Internet Relay Chat，「網際網路中繼聊天」，駭客聚集的電子布告欄），他在那裡認識

另一個有遠大點子的青少年。1998 年,有遠見的尚恩・范寧(Shawn Fanning)已經知道,現在的人在宿舍房間就能顛覆整個產業。他在東北大學(Northeastern University)一年級時就發現,網路的開放本質可以讓像他這樣的 19 歲學生也能建立協作資料庫(collaborative database),人們不需要中央伺服器就能分享音樂檔案。范寧把這個服務命名為 Napster。帕克主動為 Napster 寫企劃書,還協助取得天使資金。數百萬人下載了 Napster,隨之引發的無上限免費音樂分享幾乎摧毀了唱片業。

帕克經常陷入那樣的尷尬處境。他的 Napster 電子郵件簽名檔上寫著:「專業分工是昆蟲在做的事。」*他本人也的確勤於挑戰新物種演化的概念,之後也在網站上吹牛:

> 某個叫妮娜的女孩這麼形容我:「我分不出你到底是動物還是機器。」如果我是人類的話,就會被這句話傷到。幸好我是中國倉鼠,我的大腦被發明家庫茲威爾(Ray Kurzweil)插進實驗性質的數學協同處理器,此外我還有配備同理心晶片。

「他的大腦真的跟別人不一樣,」帕克當時的未婚妻、現在的太太有一次告訴我:「他每句話裡都有五種想法。」

帕克就算想法再多,也沒能拯救 Napster。雖然 Napster 最後和媒體巨擘博德曼(Bertelsmann)達成協議,但投資人永遠不會忘記 Napster 和盜版的關聯惹出多少著作權訴訟,最終只能倒閉。帕克沒有賺到一毛錢,但是他和音樂界建立了深厚的

---

* 譯注:科幻小說名言,指人類理應是通才。

連結。

帕克的下一個嘗試是線上通訊錄 Plaxo，這間新創試圖以眾包（crowdsource）蒐集人們的聯絡人清單。（他們做到了溫瑞奇 1997 年成立六度網站時的願景，是一個巨大的全球網路名片簿。）Napster 靠著口耳相傳引發病毒式瘋傳，Plaxo 則是內建病毒。只要按一個鍵，新用戶就會轟炸自己的聯絡人清單，請他們也跟著上傳地址與電話號碼到 Plaxo。被瞄準的對象收件匣會被一封又一封的 Plaxo 邀請信塞爆，通常會很生氣。應對這樣的怒火也是使用 Plaxo 的一種成本，他們的邏輯是人們遲早會放棄抵抗，投降加入，Plaxo 的確有段時間前景看好。

然而，帕克又再度成為輸家。他怪異的行事作風令投資人感到不安，最終被趕出自己創立的公司。帕克很不甘心自己居然還必須要跟合夥人爭取他原本應得的錢。就跟 Napster 一樣，帕克最後失去他協助創立的事業。他怪罪紅杉創投（Sequoia）和他切斷關係，對此忿忿不平。

2004 年，帕克已經變成被矽谷放逐的黑暗王子，住在擠滿學生的房子裡。

朋友告訴帕克，他應該好好整頓自己的財務狀況，找一份工作，但帕克在等更大的魚。「大家都說：你的債務黑洞愈來愈大，你應該先想辦法付帳單。」帕克表示，「我的銀行帳戶被凍結，失去信用，但我認為應該放長線釣大魚。我只需要繼續做目前在做的事，只要找出極有價值的東西，自然會有錢。」

帕克有一個超能力，他總是能看見下一個會爆紅的趨勢。2004 年，他判斷下一波浪潮將與網絡的力量有關，就像 Napster 與 Plaxo。帕克和 Friendster 的領導人亞伯拉罕走得很

近，也與一小群舊金山人關係很好，他們都相信社群媒體將統治世界。

2004 年的一個春日，帕克室友的女朋友在電腦上打開 Thefacebook，帕克探頭探腦[2]，發現 Thefacebook 很像 Friendster 或 MySpace，但採取實名制。「我第一次看到臉書時，想到的是『身分』這個特點。」帕克日後表示。

學生告訴帕克 Thefacebook 如何在所有校園病毒式瘋傳。帕克一聽見瘋傳就立刻行動，寫了一封電子郵件給 Thefacebook 自我介紹，說自己正在和 Friendster 合作，提議雙方聊一聊，他或許能為 Thefacebook 這個他顯然很仰慕的網站做點什麼。薩維林回信，兩方安排碰面。對祖克柏來說，和 Napster 創辦人見面可是大事。

雙方在一家時髦的紐約市餐廳碰面，成員有帕克、祖克柏、薩維林，以及這群哈佛年輕人的女友。如果當時的場景真的和電影《社群網戰》中一樣，演員賈斯汀（Justin Timberlake）模仿口若懸河的帕克，告訴年輕的祖克柏：「你知道什麼叫酷嗎？10 億美元。」只可惜那句台詞是編劇想出來的。那天晚餐大部分都是帕克和祖克柏兩個人在交流。帕克立刻看出，Thefacebook 團隊中唯一值得深入了解的只有祖克柏一個人。「我想我跟薩維林說的話不超過五個字。」[3]帕克日後回想。

或許那次會面最值得記住的一句話，是祖克柏說 Thefacebook 雖然很棒，他還藏著更大的法寶，還稱之為「祕密功能」。

那天晚上很熱鬧，帕克請客，透支原本就沒剩幾塊錢的銀行帳戶，但後來整件事就沒下文。帕克和一個在新創公司工作的朋友，試著想像祖克柏說的「祕密功能」會是什麼，但他們

都猜不出來。「我還以為就那樣了。」帕克的朋友表示。「那似乎是帕克有可能感興趣的事。」

夏天來臨時,狀況似乎愈來愈不妙。帕克搬出洛思阿圖斯(Los Altos)的房子,睡在女友爸媽家(那永遠不會有好事)。在一個六月的晚上,帕克人在屋外,看到一群邋遢的青少年大搖大擺走在街上。就在他擔心會不會被搶劫時,其中一人突然大喊:「帕克!」

是祖克柏。

珍妮佛路巷底的臉書之家

祖克柏在 Craigslist 租的是一棟一層樓的平房,在貝倫公園區,剛好就在帕克借居的那一帶,地址是珍妮佛路(La Jennifer Way)的巷底,有五間臥室,後院還有泳池,是完美的住家兼辦公室兼派對場地,很適合祖克柏、莫斯科維茨、麥克倫、迪安捷羅、兩名實習生,以及一堆來訪的朋友。不過他們大部分的時間都在工作,幾人把客廳改造成郊區版的柯克蘭宿舍公用區,把桌子併在一起,擺上電腦螢幕。

大家稱那棟房子是「臉書之家」(Casa Facebook)。後來會有律師詢問祖克柏那年夏天發生的事[4]:

「很好玩。」祖克柏回答。

好吧,那你每天都在做什麼。

「我起床,從床上走到客廳,開始寫程式。」

OK,你早上幾點起床?

「大概不是在早上。」

OK,你寫程式寫到多晚?

「我不知道,晚上比較安靜。」

OK。

「有辦法做完事情。」

你偶爾會整晚熬夜嗎？

「對，我是說，雖然那樣比較像在輪班，相對而言。」

這群哈佛的年輕人也對加州生活做出一些讓步。祖克柏買下人生第一輛車，一台破舊的福特 Explorer，沒有車鑰匙，「反正你就想辦法打開開關，就能開了。」祖克柏日後告訴記者。[5]

麥克倫想出在泳池上方拉一條飛索，在家得寶（Home Depot）花 20 美元買材料。麥克倫坦承：「那條線不是很可靠。」大家都不知道如何把橡皮套固定在螺紋金屬線上，空手抓著那條金屬線還會割傷手掌。後來，固定在煙囪上的點鬆脫，飛索不但不能玩了，還造成房子些微受損。「我猜我早該想到煙囪可能不太牢靠，」麥克倫說，「但那可是磚頭做的！」

有的室友會抽大麻，但祖克柏堅持只喝啤酒。祖克柏害怕針頭，而大麻不知為何會讓他聯想到打針。「連看到我們在吸大麻，他也會頭暈，他看到大麻會想到毒品，毒品又讓他想到針頭。」一位早期的臉書人表示，「他會離開房間，因為他會開始不舒服，一切都發生在他的腦子裡。」

不過，他們大部分的時間都在吃速食、打電動和工作，準備讓 Thefacebook 前進到下一個校園。他們平日外出時，就像那個 6 月晚上，祖克柏、莫斯科維茨和其他兩人徒步走了半英里，一路走到馬塔戴洛巷（Matadero Lane），朝國王大道（El Camino Real）前進，那裡有一間「歡樂甜甜圈」（Happy Donuts）。祖克柏看見帕克熟悉的臉時，一行人才剛出發沒多久。

雙方聊起來後，帕克立刻抓住機會擺脫眼前的困境，搬進

祖克柏團隊的家、睡在沙發上，正好進入了臉書的颱風眼中心。帕克家當不多，唯一值錢的東西只有他的 BMW 5 系列和幾台厲害的音響。

那天晚上，帕克的新室友們目瞪口呆地聽著他在電話上敲定 Plaxo 的和解細節。這群哈佛小夥子一邊聽一邊心生崇拜：這才是大聯盟等級的！

帕克的矽谷人脈網

帕克開始參與 Thefacebook 的事務，照顧祖克柏。帕克認為這個 19 歲的創辦人是個怪咖，但兩人的不同剛好可以互補：祖克柏很沉默，帕克話講不停。不過當祖克柏開口時，很顯然他先前的沉默只是在醞釀一針見血的評論。

帕克有一次告訴我，他對祖克柏的印象是，很著迷「權力」與「統治」這類概念，經常引用關於古希臘羅馬征服者的書籍。祖克柏有時候會突然英雄上身，拿著擊劍裝備到處跳來跳去，惹惱部屬，劍鋒離大家的臉只有幾公分。

然而，祖克柏有時又顯得害羞不安。那年夏天以及接下來幾個月大部分的時間，祖克柏都在掙扎是否要全心投入 Thefacebook，他永遠都在想下一個點子。祖克柏經常問帕克，他認為一、兩年後 Thefacebook 還會存在嗎。帕克總是向他保證會，Thefacebook 每攻下一座新的校園，就再次證明祖克柏確實掀起了一陣旋風。

帕克是人脈廣的連續創業家，懂創立新公司的各種細節，祖克柏對這方面一無所知，他甚至尚未把自己的計畫當成公司看待。「我還記得我開在 101 號國道上，看見所有的大企業，心想：哇，好多了不起的公司。或許有一天我也會開公司。」[6]祖克柏日後回想那個夏天，「我當時已經推出臉書了！」

薩維林最初犯了新手錯誤，把 Thefacebook 註冊成佛羅里達的公司（他的父母住在邁阿密）。帕克協助祖克柏重新在德拉瓦州註冊，德拉瓦州採取對企業友善的政策，允許大公司以罰則最少、最不透明的方式營運。這可是創業的第一課。

　　即使如此，帕克還是無法取代企業律師。他在填寫表格時問祖克柏，員工可以享有幾天特休假。祖克柏回答：「三週。」祖克柏的意思是 15 個工作日，但帕克這輩子沒打過上下班卡，他以為一週就是 7 天，所以填了 21 天。一直到今天，臉書所有新進員工特休假都是 21 天，而不是 15 天。

　　臉書也需要資金。薩維林的投資與祖克柏自己的錢，已經被不斷升高的伺服器成本及其他支出吃掉。帕克開始負責募資，他最早聯絡的一個人就是雷德・霍夫曼（Reid Hoffman）。

　　霍夫曼是全矽谷最懂社群網絡的人。2001 年網路泡沫化之後，許多投資人認為消費者網路已死，但霍夫曼認為新一波浪潮正開始，基礎就是強化人際連結的軟體。霍夫曼因為加盟 PayPal 致富，願意押寶這個概念，他也有投資 Friendster。霍夫曼自己也在創立社群網絡公司 LinkedIn，促進專業人士之間的連結。「我認為將有一場革命，你真正的身分和真正的人際關係，將會轉到有各種應用的平台上，以後你會在平台上經營生活。」霍夫曼說道。

　　剛開始募資時，帕克也聯絡以前的老闆平卡斯，兩人自從帕克十幾歲當實習生開始就一直保持聯絡。平卡斯甚至曾拿出 10 萬美元投資 Napster，那筆錢雖然最後一去不回，但平卡斯也受到啟發，看見 Napster 成功聚集一個自我組織的龐大社群，每一個人都把自己的內容帶過來。

　　社群網絡運動中最具影響力的兩名信徒，帕克當然兩個都

認識。2002 年、Friendster 尚未問世前，平卡斯已經和霍夫曼一樣，認為新浪潮正在開始，人們將利用網路建立人際連結。經常在平卡斯舊金山住處聚會的腦力激盪小團體，也相信這個概念。平卡斯把家裡的幾面牆拆掉，讓空間更寬敞，帕克也是討論會的固定成員。在討論中，平卡斯想像未來會有一個他稱為「雞尾酒派對」（Cocktail Party）的大型虛擬交流，全球網際網路有可能讓整個世界變成一場聚會，你可以看看在場的人，發現有趣的人，然後請人介紹你們認識。霍夫曼把這個「人聯網」（Internet-of-people）的概念定名為「Web 2.0」。

平卡斯很早就加入霍夫曼，成為 Friendster 的早期投資人。但他的態度仍有保留，「沒人認為這會是好點子。」他表示。平卡斯決定分散風險，和另一個朋友一起投資 15,000 美元。

如今，社群媒體的概念開始起飛。平卡斯推出社群網站「tribe.net」，目標是打造地方社群。平卡斯把平台想像成有照片的 Craigslist，「tribe.net」最有名的就是成為「火人」（burner）彼此串連的線上平台，火人指的就是內華達沙漠「火人祭」（Burning Man）的參加者。然而，「tribe.net」沒有爆紅，成功的前景也很不確定。

恰巧在此時，帕克告訴平卡斯，有一個年輕人做出來的東西，可能是眼前最有勝算的賭注。

幾個月前，在矽谷還沒有人注意到有一個在宿舍裡運轉、連結大學生的網站的那時候，霍夫曼聽到一個值得留意的消息：六度網站的專利要拍賣（創辦人溫瑞奇後來承認，是他告訴霍夫曼的）。「年輕流媒體網」在 2000 年關閉旗下的六度網站，公司如今發現當初收購的網站，真正的價值或許在智慧財產權上，包括社群網絡如何建立連結，以及類似網站的其他

關鍵面向。擁有那項專利的人，等於是一腳踩在任何競爭者的脖子上。

霍夫曼與平卡斯可能不是想踩任何人的脖子，而是想保住自己的命。他們擔心雅虎或 Friendster 會奪標，而雅虎這個對手在智財權上的運用從不手軟。Friendster 的情況又更棘手，霍夫曼和平卡斯都跟 Friendster 執行長亞伯拉罕關係友好，畢竟他們也都投資了 Friendster。但霍夫曼與平卡斯都認為把專利交給亞伯拉罕並不妥，霍夫曼尤其擔心亞伯拉罕會讓 Friendster 內建企業功能，可能會和 LinkedIn 競爭。

即使上述情況沒發生，Friendster 本身也開始出現問題，有徵象開始顯示這家公司或許不是最佳的合夥人。Friendster 不太能應付成長，伺服器過載，緩慢的網頁下載速度讓用戶火冒三丈。用戶的口耳相傳推薦轉變成低聲抱怨，Friendster 似乎注定要走下坡。霍夫曼與平卡斯擔心，亞伯拉罕有可能會一時心急，把專利當成武器壓制對手。「亞伯拉罕認為社群網絡是他的點子，」平卡斯說，「他覺得別人都沒資格碰。」（Friendster 董事會中的創投董事剛好在六度網站專利舉行拍賣的同一個月開除了亞伯拉罕。）

平卡斯和霍夫曼做了很多沙盤推演，商討出價策略，但徒勞無功，他們的出價比較低。然而，雅虎堅持在結標前要再等 30 天做盡職調查。平卡斯和霍夫曼則表示願意隔天就匯錢，賣方需要現金，所以接受兩人的 70 萬出價，沒有等出價比較高的雅虎。平卡斯和霍夫曼共同認為這個專利不該被用做牟利，而是應該用來保護當時還很脆弱的社群網絡生態系統。

結果，最大的贏家是祖克柏，他一毛錢也沒出，就不必操心專利有可能殺死他剛出生的公司。

彼得・提爾率先投資

那年 8 月，帕克帶祖克柏到平卡斯位於波特雷羅山（Potrero Hill）的辦公室。平卡斯覺得這個年輕人膽子很大，外表看起來像 14 歲，穿著夾腳拖和籃球七分褲，但很淡定。名片上寫著：「我是執行長……怎樣。」（I'm CEO ... bitch.）不過真正讓平卡斯驚艷的是 Thefacebook 的故事，或至少是帕克描述的版本。Thefacebook 約有八成用戶天天登入，那是前所未聞的驚人數字，平卡斯的社群軟體 tribe.net 每天登入用戶只有個位數，根本不能比。平卡斯心想：這個人創造出我想像中的雞尾酒派對了！即使派對上的賓客年紀都還不到喝酒的法定年齡。

霍夫曼也等不及要見祖克柏，但他因為有投資 Friendster 而引發一些批評，有人說他贊助潛在對手不是很恰當。霍夫曼決定這一輪投資或許讓別人出面比較好，他建議所有人到他在 PayPal 的前同事彼得・提爾（Peter Thiel）的辦公室見面。霍夫曼認為提爾也會有興趣帶領這一輪的投資。萬一沒成，他再自己來。不管會不會被批評，他可不想錯過這次的機會。

提爾是「創辦人基金」（Founders Fund）的負責人，那是他在離開讓他致富的 PayPal 後開的投資公司。除了霍夫曼之外，PayPal 的其他元老還有特斯拉（Tesla）創辦人馬斯克、創業家列夫欽（Max Levchin）。他們被稱為「PayPal 幫」，這幾人日後會在投資與哲學理念上深深影響矽谷文化。提爾的基金不是隨便取名的：他認為成功公司的主要指標就是充滿幹勁、打破傳統的創辦人，就算別人都認為他們瘋了，也會堅持下去。此外，提爾也偏好以稱霸領域為目標的公司，他心目中的夢幻投資對象會追求市場上的壟斷地位。

因此，前衛的帕克加上一位異常執著的青少年，一起推銷

一個可以選課和公布戀情狀態的大學生網站，別人可能會說這種投資還是別碰，但提爾在簡短的簡報中看見了真正的重點：那些證明臉書讓用戶非常沉迷的數字。那種資料代表公司可以掌控市場。

那次見面前，提爾事先請公司裡的年輕人柯勒（Matt Cohler）旁聽。柯勒曾在 LinkedIn 工作，年僅 28 歲就對新創公司的遊戲很嫻熟，他也很擅長分辨誰在胡扯、誰真的有料。

柯勒、提爾、霍夫曼坐在會議桌的一邊，帕克和祖克柏坐在另一邊。祖克柏令人不解地沉默，帕克一個人在報告 Thefacebook 如何神奇起飛，接著和在場的人分享那些看起來很瘋狂的指標數據。提爾看了很高興，Thefacebook 不只用戶成長率很神奇，這個網站如何瞬間變成用戶日常生活的一部分，也令人驚嘆。大部分用戶每天都會造訪 Thefacebook 網站，相較之下，多數網站一天能有 15％ 的用戶造訪就要大肆慶祝了。

另一個 Thefacebook 有潛力的指標是它「為什麼」會問世。柯勒聽過很多的簡報，提案者都是研究市場地圖、找出理論上的需求，接著再依據需求打造出某種新產品來填補市場空缺。祖克柏的 Thefacebook 不是。他只是把他自己想要的東西做出來，然後大家很自然地蜂擁而至。幾家科技龍頭的故事都是這樣：蘋果、eBay、雅虎、Google。柯勒當時並不覺得這個話不多的年輕人會加入其他企業領袖，成為矽谷下一個超級明星執行長，不過祖克柏看起來的確夠認真、夠有企圖心，他不至於會搞砸。

柯勒也想加入，不過他在行動前先去找祖克柏。柯勒覺得 Thefacebook 的數字實在太驚人，擔心是哪裡算錯了。「別誤會，我不是說你在說謊。」柯勒說，「我只是擔心你的資料庫

可能出錯，想要確認你提出的數字。」

結果，不只數字正確，柯勒和用戶聊天時還發現
Thefacebook 的質性資料甚至比量性資料更為驚人。柯勒問：
你有用這個叫臉書的東西嗎？被問到的人都覺得怎麼會有人問
這種的問題。就好像在問，你平常會用自來水嗎？我用不用臉
書？我就活在臉書上。

提爾投資 50 萬美元，占公司 7％的股份，他認為公司估
值是 500 萬美元。霍夫曼與平卡斯也各自投資 37,500 美元。
「他們讓我和霍夫曼加入投資，那一刻我感覺像中了樂透。」
平卡斯說。

會議結束時，提爾告訴他的新門徒祖克柏：「別搞砸。」[7]

所有東西都在對的位置

帕克開始把他的朋友帶進來，多次向 Thefacebook 團隊
提起一個叫史提克（Aaron Sittig）的好友。話不多的史提克
寫出了 Napster 最初的麥金塔版本，他是南加州人，小時候
在西班牙長大。他也協助帕克設計 Plaxo，帕克知道史提克對
Thefacebook 會有幫助。史提克終於在 8 月出現，當時他正要
辭去某間新創公司的工作，已經對新創感到疲憊。他預計 9 月
就要到加州大學柏克萊分校讀哲學。史提克認為哲學就像是設
計系，還認為哲學家維根斯坦（Wittgenstein）是第一位網絡
理論家。

史提克漸漸開始會在那棟珍妮佛路底的房子閒晃，主要是
為了好玩。電視上通常會播放電影，Thefacebook 團隊對電影
很著迷[8]，常會脫口而出《捍衛戰士》（*Top Gun*）的台詞，那
是大家都很愛的一部電影。他們有時也會看奧運。史提克自認
很懂這種人：年輕駭客浪費時間做瘋狂的白日夢。有一天，史

提克撞見迪安捷羅在一個很小的網路攝影機前不停揮舞雙手。迪安捷羅解釋：「我有很嚴重的勞肌損傷（RSI）問題，所以我在試著做在空中也能打字的隱形鍵盤。」典型的電腦怪咖會做的事。

然而，史提克跟團隊相處愈長時間，就愈佩服他們。這些大學生或許毫無經驗，但他們超級聰明、超有幹勁，也超有動力，尤其是祖克柏，他顯然是團隊的領袖。大家開始偷懶，提議要出門看電影時，祖克柏會說：先等等，我們先坐下來完成工作，再去看電影。

史提克決定仔細研究一下 Thefacebook。他一開始覺得網站又醜又老派，但他細看之後，詢問祖克柏配置每一項元素的理由，發現自己低估了 Thefacebook 與他的創辦人。祖克柏似乎做對了一些事。所有東西都在最正確的位置，讓使用者可以流暢地在網站上活動。

舉例來說，你到個人檔案頁面時，會看到大大的字：「這是你」。對採取極簡禪風的 Mac 設計師來說，那個說明乍看又笨又多餘。這當然是你啊，你的照片就在那裡啊！但史提克又想了想，他發現那個設計其實很神奇。「這是一個全新的東西，」他說，「祖克柏基本上是在設計個人專屬的東西——這是你的頁面，這代表你，這是其他人會看到你的樣子。你需要一個直接明確的架構設計，讓人們學會如何使用。」

史提克認為，社群網絡是人人都可以競逐的未來。大家一開始很喜歡的 Friendster 因為服務不佳，正在失去領先地位。如今大家搶當盟主，由南加州的 MySpace 帶頭。然而，就在矽谷的心臟地帶，這群哈佛青少年也殺出重圍、加入了賽局，只不過當時還沒有人知道這件事。

大家都叫史提克快點加入團隊，他最後終於同意一週幫忙

幾天，不過他主要不是忙 Thefacebook，而是負責祖克柏在紐約向帕克提到的「祕密功能」。

放掉令人分心的第二計畫

今日回頭看有點荒謬，不過就在 Thefacebook 起飛的同時，祖克柏對第二個計畫仍充滿熱情，他在提爾辦公室開會也告訴眼前的潛在投資人，萬一他們對 Thefacebook 不感興趣，他正在打造另一樣東西：協助人們彼此分享檔案的程式 Wirehog。

「千萬不要，」霍夫曼說，「臉書是好點子，不要花力氣做 Wirehog 了。」祖克柏沒聽進那個建議，依舊堅持了一陣子。

Wirehog 源自祖克柏一直以來的興趣，改良 AOL 的即時訊息功能 AIM，再放上網路。祖克柏經常和朋友分享檔案，而 AIM 這部分的功能不太理想。

「Wirehog 部分源自我們覺得 AIM 不好用，你可以透過 AIM 寄檔案給另一個人，但永遠都不成功。」祖克柏說，「Wirehog 有點像那個功能的解決方案。」

Wirehog 基本上可以讓你在自己的電腦上，看得到並能存取別人電腦中的檔案。如果你用的是遠端電腦，你也可以用 Wirehog 存取在家中電腦硬碟裡的檔案。你可以與朋友分享文件與媒體，允許他們瀏覽你的虛擬檔案櫃與相簿。「馬克的意思大概是：大學生似乎很喜歡臉書，但他們會更喜歡可以存取彼此的媒體內容。」史提克表示。

祖克柏把 Wirehog 想像成 Thefacebook 的雙胞胎，也是另一個他所有計畫的集大成。「馬克喜歡快速做出東西，打造出原型，快速釋出。」麥克倫表示。那年夏天以及之後的

幾個月，麥克倫大部分的時間都和迪安捷羅一起執行那個計畫。「Wirehog是他做出來的另一個很酷的東西，它們有點並存。」Thefacebook連結人們，Wirehog讓那些人彼此分享感興趣的事物。

帕克憑直覺就知道某個產品有沒有機會，他仔細研究麥克倫和迪安捷羅打造的Wirehog，發現概念很先進，你不但可以在多台裝置間傳送檔案，有完整的存取能力，還能與朋友分享特定檔案，用內容區分幾個不同的媒體庫：照片、文件、音樂。音樂庫內建播放器，你可以在自己的電腦上播放別人音樂庫裡的音樂。一天晚上，帕克和兩位程式設計師討論這個產品，給了他們一個建議，基本上預言了日後的雲端運算：「你們必須讓人可以超級輕易地使用，」帕克說，「放檔案的地方應該集中在一處，每個人都能把自己的東西放進去供大家存取。」帕克甚至替這個計畫建議了新名字：Dropbox。

儘管如此，帕克知道Wirehog計畫不僅會讓團隊分心，還很危險。由於產品的基本功能是檔案分享，若是沒區分內容是否有版權，感覺很不妙，實在太像當初害他聲名狼藉、陷入窘境的Napster。Wirehog絕不像Napster是很方便的盜版音樂分享工具，但這樣的區別並不會讓唱片公司安心多少。

帕克告訴祖克柏，Wirehog會害死Thefacebook。音樂界的人會把你告到破產，永遠行不通的，我們得放棄Wirehog！

祖克柏敬重帕克，但不會事事聽他的。「祖克柏是很有趣的綜合體，他意志堅定，又有彈性。」麥克倫表示，「他知道帕克有很多寶貴經驗，可以教他很多在新世界生存的技能，但他不會完全順著帕克。他們的關係不是那樣。」

祖克柏建議或許應該和音樂界的人談一談，看看他們怎麼說。帕克早就知道音樂界會怎麼說，但他知道祖克柏聽不進

去，還是安排了一次會面。儘管發生過 Napster 的事，也或者就是因為 Napster，帕克和幾位音樂界高層很熟。他們飛到洛杉磯，拜訪當時華納兄弟音樂的執行長瓦利（Tom Whalley）的家。在雙方見面的尾聲，一位意想不到的客人走進來：酒商西格集團（Seagram）的繼承人、也自稱是音樂人的布朗夫曼（Edgar Bronfman）。布朗夫曼當時正打算買下華納唱片公司。這位音樂大老闆對祖克柏的 Wirehog 下了指令，是祖克柏已經聽過的話：關掉那該死的東西。

散會前，帕克與祖克柏還提供了和解的禮物：華納兄弟或布朗夫曼個人可以投資 Thefacebook 的機會。他們拒絕了。依據帕克的說法，他們覺得價格過高。

祖克柏非常固執，依舊為 Wirehog 註冊公司，甚至還給帕克股份，可能是希望他不要再批評 Wirehog。1 月時，帕克還安排與紅杉創投見面。沒有受邀投資 Thefacebook 的創投公司當然願意考慮相同團隊提出的其他計畫。

會議時間安排在一大早。和往常一樣，Thefacebook 團隊多數人都熬夜到凌晨 4 點，所以祖克柏穿著睡衣去開會或許情有可原。但事實上，他們都在演出一場帕克策劃的復仇大戲。帕克記恨紅杉當年把他踢出 Plaxo，因此要新的工作夥伴羞辱他的敵人。「他們要不要投資，我們真的不在乎，」麥克倫說，「我們在簡報中甚至有一張投影片叫『你不該投資 Wirehog 的 10 個理由。』其中一項理由是『我們和帕克一起工作，你們應該很討厭他。』」

Wirehog 不曾募到資金。祖克柏在幾所學校釋出 beta 版本後也沒有引發熱潮。Wirehog 的兩位關鍵開發者迪安捷羅和麥克倫各自回學校念書了。同一時間，Thefacebook 則瘋狂成長：用戶數在 2004 年 12 月突破百萬大關。提爾在舊金山為

這家炙手可熱的新創公司舉行盛大慶功宴。臉書大獲成功，Wirehog 胎死腹中，帕克日後得意地表示：「我們讓那東西死透了。」[9]

Wirehog 如今變成人們在提及它知名的兄弟時，一行無人關心的注腳。Wirehog 過後幾個月，有一家真的叫 Dropbox 的公司成立，今日市值約 100 億美元，首輪募資就是由紅杉主持。

落腳矽谷

2004 年夏天的尾聲，祖克柏和朋友必須做出幾個決定。首先，他們得搬家。鄰居向房東抱怨他們太吵，行為很荒唐，房東曾經三度必須從泳池底部吸起碎玻璃。房東派人在前門偷看屋內情況時，那個人回報：「整間屋子亂七八糟，髒得不像話。」還有別忘了算上之前弄壞煙囪的空中飛索鬧劇。

最初的打算是大家都回哈佛，在哈佛繼續經營公司，或許留一個人在加州負責營運。然而，Thefacebook 隨時需要有人照顧，光一個保母應付不來。有一天，莫斯科維茨把祖克柏拉到一旁，說道：我們用戶愈來愈多，莫斯科維茨指出：而且我們需要更多的服務。沒有營運人員可以顧，我們自己就是營運人員。我不認為我們有辦法繼續做這個，又應付全部的學業。

此時，蓋茲的建議派上用場。蓋茲在演講中提到，他到阿布奎基成立微軟時，和共同創辦人利用了哈佛自由的休學政策。祖克柏盤算是否要休學一學期，搞定所有的基礎設施？一旦步上軌道，他們就能回哈佛，或許在春季學期回去。到時候 Thefacebook 還會繼續成長，但就能以更自主的方式營運。祖克柏心想，回學校念書時不能太老[10]，要是等四年才回去，那會很怪。

他們決定暫時先待在加州。「我們從來沒有就要不要回學校有過正式決定，」祖克柏日後向《哈佛緋紅報》描述，「有一天，大家坐在一起，有人問：『我們沒有要回學校，對吧？沒有。』」

一群人在洛思阿圖斯找到新的租屋處，離「臉書之家」不遠。房東看了祖克柏一眼，問他幾歲。他回答：20歲。「你覺得我會把價值百萬的房子租給你嗎？」房東問。[11]

「會。」祖克柏回答。這一次他們沒有再裝高空飛索了。

提爾指導祖克柏，他需要規劃共同創辦人的股份，還要替如何分發選擇權制定方案。祖克柏根本不知道什麼是股份行權計畫（vesting schedule），但他開始制訂時，就知道該給莫斯科維茨很多股份，但薩維林的比重就太重了。綽號「鐵牛」的莫斯科維茨是讓不斷成長的 Thefacebook 能夠正常營運的功臣。麥克倫表示：「如果他離開，臉書就慘了。」給莫斯科維茨5%的股份看起來並不為過，但還是引發一些怨言。「其他人都大叫：『你在幹什麼？』」祖克柏日後告訴記者，「我回答：什麼意思？這是正確的決定。他的確做了很多工作。」[12]

沒有人真的知道這些初始股份日後的價值。「臉書後來成功到，只要你有拿到〔當時的〕任何一股，都不會覺得被虧待。」麥克倫說。

愛德華多・薩維林是例外。

薩維林出局

卡拉漢（Ezra Callahan）在半夜抵達那棟位於洛思阿圖斯、房東租給祖克柏等人的房子，那天他剛從歐洲回美國。帕克和卡拉漢是朋友，該年稍早曾一起住在洛思阿圖斯。帕克說服卡拉漢加入他的新創公司，他說這是打發時間的好方法。因

為卡拉漢剛好休息一年，隔年才會進法學院讀書。帕克告訴卡拉漢，加入公司年薪 3 萬，附帶股票選擇權——卡拉漢很明白那些股份會值多少錢還很難說。卡拉漢甚至可以睡在公司租的洛思阿圖斯山丘的公寓。莫斯科維茨來應門。「我是卡拉漢，」卡拉漢說，「我替你們工作，帕克說我可以睡這裡。」莫斯科維茨聳聳肩，就讓他進去了。

Thefacebook 團隊把在珍妮佛路建立的工作方式，原封不動搬到洛思阿圖斯的新租屋處，成員基本上也一樣。卡拉漢加入祖克柏、麥克倫、莫斯科維茨與帕克，24 小時住在公司。Thefacebook 的成員繼續成長，幾個人睡在臥室裡，更多時候睡地上。新的租屋處沒有附家具，團隊到 IKEA 買下最基本的設備，祖克柏連衣櫥都沒買，衣服堆成一堆就好了。唯一看得出 Thefacebook 有拿到新募資的跡象是祖克柏的新車。祖克柏有次開會遲到一小時，提爾出錢叫他去買新車，但有交代：「不要超過 5 萬元。」祖克柏挑了 Infiniti，還是用租的。

那年秋天，Thefacebook 的領導隊伍在沒有特別定義之下，明顯成形。古怪天才祖克柏對產品擁有第一與最終的發言權。帕克富有遠見，他了解 Thefacebook 產品的重要性，協助祖克柏看見自身產品的潛力，還教他如何玩矽谷的遊戲。莫斯科維茨是執行者，把祖克柏的產品願景轉換成工程師實際能執行的程式。莫斯科維茨本人也寫出大量程式。

休斯回哈佛前也跟團隊一起待了幾星期，負責公關。柯勒則是穩定 Thefacebook 的功臣，平衡了祖克柏的極客才華與帕克天馬行空的點子。「柯勒就像這裡的大人，」比柯勒小 4 歲、當時 23 歲的卡拉漢表示，「我當時覺得柯勒像 40 歲，成熟穩重，後來才知道他其實也不知道自己在幹麼。」

Thefacebook 在提爾投資前捉襟見肘，祖克柏還挪用爸媽

幫他存的大學教育費。Thefacebook 的成長受限於他們租得起的伺服器空間，以及他們為每所大學建立個別資料庫的速度。夏天結束時，他們只搞定不到 50 間學校，還有幾百所學校喊著要 Thefacebook 快點提供服務。有資金之後，祖克柏有辦法雇用更多人應付擴張需求（還有把錢還給爸媽）。

9 月初，他們的伺服器從美國東岸的公司，移到加州更大的主機代管服務 Equinix。「我們真的不知道自己在幹什麼，我們只是大學生。」麥克倫說。他們買下數十台新伺服器，連夜拆箱、放進伺服器櫃、裝好 Linux、連上網路，服務對象增加數百所大學。

耶誕假期快到時（離祖克柏推出 Thefacebook 還不到一年），他們都知道這個計畫會很可觀。卡拉漢說：「從第一天起，我們就知道這會是一家億級的公司。」（第一天是指卡拉漢那年秋天加入的第一天，不是 Thefacebook 在哈佛的第一天。）然而沒有人知道會價值多少億。不管怎麼說，Thefacebook 當時還沒有商業模式可言，卡拉漢就是被找來負責這件事。

六個月前，原本的計畫是把那項任務移交給薩維林，也就是負責公司商業面的共同創辦人，然而那年夏天，薩維林待在東岸替 Thefacebook 賣廣告，還打算回哈佛完成學業。Thefacebook 從美東的大學產品變成野心勃勃的矽谷新創的這段轉變，薩維林完全錯過了。帕克在珍妮佛路的期間，扮演聲名狼藉版的尤達大師，他認為薩維林對公司而言是累贅，他也經常那樣告訴其他人。如同某位旁觀者說的：「薩維林談的是幾千的事，帕克談的則是幾百萬。」

帕克一度問卡拉漢能不能接下薩維林的職責，祖克柏最後也同意薩維林必須離開。祖克柏請他的律師和銀行宣布這個消

息，說法是合夥關係的重組，導致祖克柏這位朋友的公司持股縮小。薩維林發現自己簽的文件，基本上是把他踢出公司後，暴跳如雷。祖克柏在即時訊息上告訴朋友這麼做是正確的（這段話又是被《商業內幕》挖出來的）：

> 我認為是他害死自己的。他應該負責的三樣任務沒有一樣做到。理論上，他應該成立公司、募到資金、建立商業模式。他三項都沒做到，還對我無的放矢。那只說明他很蠢。現在我不回哈佛了，也不用擔心被巴西流氓揍*。[13]

然而，薩維林不需要巴西流氓就有辦法出手教訓祖克柏。2007 年，薩維林透過訴訟拿到公司 5％的股份[14]（價值數十億），此外，臉書必須永久在官方紀錄中承認薩維林是共同創辦人。不只如此，他還找作家從他的觀點寫下他被背叛的故事，甚至在書出版前電影就開始製作了——就是「那部電影」。薩維林後來跑到新加坡[15]，有人說是為了避稅。今日人們聽到他的名字，可能不會想到他為臉書做過或沒做過的事，而是電影《社群網戰》裡那個由明星飾演的真實人物。

臉書一度是靠薩維林投資的一千美元起家，而薩維林也是所有創辦人中，唯一不必替日後的驚濤駭浪負責的人。

---

* 譯注：薩維林是巴西裔。

第 5 章

光速迭代，塗鴉牆、社團、 照片成用戶最愛

2005 年 3 月，Thefacebook 終於搬進辦公室。帕克在帕羅奧圖市中心的艾默生街（Emerson Street）找到一個二樓空間，樓下是中式餐館。

祖克柏當時已經搬出洛思阿圖斯的租屋處。公司愈長愈大，執行長不太適合再和部屬睡在一起。連續幾個月換了幾個住處後，祖克柏搬進帕羅奧圖市中心一間小公寓，離辦公室只有幾個街區。他沒有電視，只在地上鋪了床墊，添購一些廉價家具。他是公司執行長與最大的股東，用戶超過百萬，但他還是把衣服堆在地上。

Thefacebook 搬進辦公室的一開始幾週就面臨財務危機。雖然提爾的天使資金還沒花光，伺服器帳單與其他成本卻不斷累積。公司需要新一輪的現金，投資人最好還要能順便擔任執行長的導師。Thefacebook 的執行長沒在大公司工作過，更別說要管理。募資不是問題，但要接受誰的錢，情勢陷入僵局。

祖克柏心中有強力屬意的人選：《華盛頓郵報》（*Washington Post*）董事長兼執行長葛蘭姆（Don Graham）。葛蘭姆不是創投家。祖克柏在柯克蘭宿舍同學的父親克里斯·馬（Chris Ma）是《華盛頓郵報》的事業發展負責人，他聽到

女兒奧莉薇亞描述 Thefacebook 征服了大學市場，開始感到好奇。2005 年 1 月，帕克和祖克柏到華盛頓特區，想探索事業合作的可能。馬先生邀請葛蘭姆一起見面，這位《華盛頓郵報》的執行長興致勃勃地聽祖克柏談論 Thefacebook，不過他也好奇隱私權會不會造成問題。人們真的都相信自己的貼文只有他們允許的人看得到嗎？他問。

大家的確覺得可以安心分享，祖克柏告訴葛蘭姆。有三分之一的用戶願意在個人檔案網頁上放手機號碼。「證明他們相信我們。」

眼前這個面無表情、回答問題很慢的孩子，讓葛蘭姆很意外。祖克柏在回答問題前（即使是他一定被問過好幾千遍的問題，例如哈佛有幾成的學生上臉書），都會陷入沉默、凝視著虛空長達三十秒左右。他是沒聽懂問題嗎？葛蘭姆心中充滿疑惑，還是我冒犯到他了？

儘管如此，葛蘭姆在會議結束前就已經認為 Thefacebook 是他幾年來聽過最好的商業點子。他告訴祖克柏和帕克，如果他們希望有非創投的投資人，《華盛頓郵報》有興趣。

雙方原本談得相當順利，但柯勒不同意祖克柏的選擇。他的確很高興兩位執行長莫名合得來，葛蘭姆也絕對會是祖克柏很棒的導師。但柯勒告訴祖克柏，你只有一次「A 輪」募資（提爾的錢屬於「種子輪」，新創公司生命的下一步將是來自創投公司的 A 輪投資），你賭的是公司 10％的股份！找到條件比《華盛頓郵報》更好的投資對象，將會深深影響著公司日後的財務狀況。

各家創投早已聽說有一家前途不可限量的新創公司在尋求投資。柯勒並未否認是他放出風聲的，而帕克也很想在矽谷創投圈談到更好的條件（即使他給葛蘭姆的印象是他百分之百贊

成由《華盛頓郵報》投資）。

當時第一名的指標性創投是凱鵬華盈。凱鵬華盈雖然喜歡 Thefacebook，但他們已經投資 Friendster，這會造成利益衝突。最追著 Thefacebook 不放的創投是 Accel，他們的合夥人甚至守在 Thefacebook 的辦公室前一直等到有機會表示興趣。Accel 的領銜投資人布雷爾（Jim Breyer）最後開出《華盛頓郵報》的近兩倍數字。為了這家由 20 歲小朋友帶領的一歲公司，布雷爾願意出 1,270 萬[1]，公司估值來到令人咋舌的 9,800 萬。此外，布雷爾也願意讓祖克柏長期掌控公司，布雷爾和提爾都會擔任董事，但祖克柏本人控制兩席董事，帕克也占一席。如此一來，祖克柏永遠不會和帕克之前一樣，被自己一手創辦的公司掃地出門。

然而祖克柏當時已經答應接受《華盛頓郵報》投資，雖然尚未正式簽約，雙方已經有握手約定。

祖克柏陷入兩難，他在管理上可以說對葛蘭姆情有獨鍾，甚至還到《華盛頓郵報》跟著葛蘭姆一整天，了解執行長的工作。但柯勒和帕克也有道理，臉書的資金愈多，成長速度就能愈快，更有充足的銀彈對抗用戶數更多的對手 MySpace。儘管如此，祖克柏還是不想出爾反爾，尤其對象是他十分尊敬的人。

祖克柏打電話給葛蘭姆，告訴他：「我碰上了道德的兩難。」接著解釋布雷爾願意出兩倍的價錢。

葛蘭姆首先確認祖克柏真的了解，接受創投投資，代表創投公司將是公司的部分擁有者，而他們的目標是回收最高報酬。有朝一日，他們可以強迫祖克柏出售公司，或是在公司準備好之前就急著首次公開募股。

「我明白。」祖克柏說。

「好，那對你來說，多拿到那些錢很重要嗎？」葛蘭姆問。

「真的很重要，」祖克柏回答，「我們必須成長，快速地成長。」

葛蘭姆評估他可以出到和 Accel 一樣的價格，但接著預想到 Accel 會再加價，他又會再接到要他加碼的電話。所以他直接告訴祖克柏，他無法跟進，祖克柏必須做出決定。

那通電話之後沒多久，布雷爾帶帕克、柯勒、祖克柏到加州伍德賽德（Woodside）的村莊俱樂部（Village Pub）。那是矽谷碩果僅存的傳統高級餐廳，有著舊世界的拘謹禮儀。布雷爾慶祝近在眼前的勝利，酒單呈上時，點了華盛頓州奎希達酒莊的卡本內。布雷爾大談這款酒有多傳奇，價格有多貴，帕克和柯勒等不及要體驗，祖克柏說他還不到飲酒的法定年齡，最後點了雪碧。

同一年，祖克柏和布雷爾上台接受訪問時解釋：「我愛喝雪碧。」[2]

大家繼續享用高級晚餐，但祖克柏顯得愈來愈坐立難安。柯勒以為祖克柏可能不習慣豪華餐廳。祖克柏最後跑去廁所，一直沒回座位，柯勒跑到男廁了解情況。

只見祖克柏坐在村莊俱樂部的男廁地板上，他在哭。[3]

怎麼了？柯勒問。

祖克柏告訴他，他無法完成與 Accel 的交易，因為這是不對的。「我答應葛蘭姆了，信用是最重要的，」祖克柏說，「我不玩了。」

柯勒沒見過祖克柏良心受折磨的一面（溫克沃斯雙胞胎一定更想不到），柯勒對那件事印象很深刻。祖克柏這次的反應，和他未來在陷入困境時冷靜自持的樣子也形成反差對比。

未來的祖克柏還會碰上許許多多的道德兩難，而多數時候他都以不動聲色的務實態度處理。

這次他也回歸務實，在眼淚乾了之後。柯勒日後解釋，他希望祖克柏做出不會後悔的決定，不要有所保留。晚餐過後，柯勒建議祖克柏打電話給葛蘭姆，請教葛蘭姆該怎麼做。

「我那樣做實在有點不公平。」柯勒表示。認識葛蘭姆的人都能猜到這位《華盛頓郵報》執行長會如何回答那個問題。祖克柏當然也知道。葛蘭姆不是會為了生意上的好處而違背自己價值觀的人。

「馬克，如果你的感受是如此，那就由我來替你解決這個道德兩難吧。」葛蘭姆叫祖克柏收下 Accel 的錢。你能拿多少，就拿多少，他說。他也希望兩人依然會是朋友（祖克柏日後會請葛蘭姆加入董事會，兩人也一直走得很近。）

祖克柏在 20 歲那年學到商業是怎麼一回事，也更認識自己。他做出了一個重大決定，一邊是道德上看起來正確的事，一邊是對他和 Thefacebook 而言正確的事。那個月，祖克柏在書桌附近的牆上寫上「FORSAN」這個字。[4] 出處是史詩《艾尼亞斯記》的著名段落：「*Forsan et haec olim meminisse iuvabit*」，主角艾尼亞斯對著他麾下徬徨又疲憊的軍隊說道：「或許有一天，就連回想現在都會是美好回憶。」[5]

招募矽谷頂尖人才

錢進銀行戶頭後，首先要做的就是買下 Facebook.com 網域。這樣就能去掉公司名字裡那個礙眼的「the」。那個網域原本屬於 AboutFace 公司，那家公司和大學生毫無關聯，業務是幫法律事務所建立員工通訊錄。帕克花 20 萬搶到那個網域，替 Thefacebook 更名為更簡潔的 Facebook 做好準備。

更關鍵的是，有了創投的錢，Thefacebook 就能雇用更多人。哈佛的學生程式設計師成功讓網站步上軌道，但他們現在需要實際受過電腦科學訓練的人才，才能讓龐大人口使用臉書。（祖克柏作業系統課的老師威爾許在部落格上提到：「技術上，臉書的原始版本實在是一團亂。」）[6] 但雇用那樣的工程師對新創公司來說是一大挑戰，尤其是服務只有大學生看得見的新公司。臉書採取的辦法是直接站在史丹佛的電腦科學系外面，攔下看起來很像電腦宅的人。柯勒的得意招數是「誘導轉向法」（bait and switch），他先招募頂尖學生當暑期實習生，再說服他們休學。

臉書用那個方法網羅到馬雷特（Scott Marlette）這位大將，他是受不了教授的碩士生。還沒見到祖克柏之前，柯勒已經遊說馬雷特，告訴他待在小公司才有更大的發揮空間。馬雷特上班第一天，走了兩個街區，到蘋果商店買了一台筆電，在辦公室找位子坐下，馬上就開始處理複雜的基礎架構問題，也就是那些聰明但經驗不足的大學輟學工程師無法解決的問題。

過程中，經驗老到的世界級工程師羅斯柴爾德（Jeff Rothschild）也幫上大忙。羅斯柴爾德當時 50 歲，在臉書簡直像傳說中穿越回來的古人。他待過 HP，或許能算是臉書搶到的最頂級人才。隨著臉書成長一飛沖天，多虧有馬雷特和羅斯柴爾德坐鎮，讓臉書的系統持續運轉。即使擁有高超的專業，他們的任務依舊挑戰性十足：有一次，臉書的伺服器室溫度飆太高[7]，羅斯柴爾德還跑到附近的沃爾格林超市（Walgreens）買下所有的電風扇庫存，才有辦法散熱。[8]

到臉書工作的工程師，如果不是直接從校園報到（通常還沒畢業就來了），就是在微軟、甲骨文（Oracle）等大公司待過一年左右而已。待過別家公司的工程師進臉書通常會嚇到，

這個位於艾默生街中式餐館樓上的辦公室，永遠一團混亂。中午前，辦公室通常只有小貓兩三隻，但下午一、兩點過後，人們開始閒晃進來，就定位後就會一連寫 14 小時左右的程式。祖克柏會在旁邊晃來晃去，通常穿著睡衣。「那裡感覺就像是我在卡內基美隆的大學宿舍寢室。」工程師阿加瓦爾（Aditya Agarwal）說。阿加瓦爾和祖克柏聊了一下，然後接受羅斯柴爾德較深入的面試，當天就拿到工作，但一直到就讀柏克萊的女友桑維（Ruchi Sanghvi）告訴他臉書有多麼熱門，他才答應去上班，薪水是 75,000 美元和「一些股票選擇權」。幾個月後，桑維也加入臉書。

那樣的模式經常出現：工程師先是懷疑地看著眼前的烏合之眾，接著打電話給還在念大學的弟弟妹妹，他們會瘋狂推薦臉書，讓這些工程師打消對公司前景的一切疑慮。奎爾沃（Soleio Cuervo）表示：「我記得我打給我弟，他在約翰霍普金斯讀大二，臉書剛在那裡推出。」奎爾沃搞不懂，臉書聚集了全世界 IQ 最高的人，卻好像在做不太有意義的事。臉書在這裡是比神還屬害的存在！弟弟告訴他：所有人為之瘋狂！奎爾沃加入史提克，成為臉書第二位設計師。

祖克柏積極參與招募，重點放在遊說在產業龍頭工作的佼佼者。巴佐斯（Greg Badros）是他想鎖定的典型，巴佐斯剛加入 Google 的 Gmail 團隊，或許不是巧合，他也負責主導 Google 的社群網路服務 Orkut（巴佐斯在 Google 內部身兼二職這點讓祖克柏了解到 Google 並不重視社群）。在臉書辦公室面試巴佐斯太容易走漏風聲，所以他們在祖克柏位於帕羅奧圖市中心拉莫納街（Ramona Street）的公寓見面。

祖克柏住的地方過於簡陋，巴佐斯嚇了一跳。只有一房的公寓裡，有一張小桌子，角落有一張床墊，床上有一條毛毯，

連床單都沒有。普莉希拉・陳坐在公寓外面的樓梯上寫功課，以免打擾男友祖克柏招募人才。（小兩口在祖克柏第一次到加州時分手，但普莉希拉到柏克萊念醫學院後，兩人又復合。）祖克柏和巴佐斯談了一個多小時，巴佐斯原本還在想，不知道這個年少得志的人，究竟是想改變世界，還是只想趁著新創熱潮撈一筆。巴佐斯有答案了：是前者，而且強度是十倍。巴佐斯當時沒有馬上答應到臉書工作，但祖克柏的幹勁與好奇心讓他留下深刻印象。過了不到兩年，他也加入臉書。

　　隨著公司不斷成長，祖克柏快速的工作流程，經常導致他用到不合適的人，尤其是管理職，當他們快速解雇不適任者，又導致整個聘雇流程中出現很多的斷點。2005 年春天，帕羅奧圖的一家新創公司也在招募人才，舉辦開放日，史提克和帕克在那裡認識了一個很有前途的史丹佛大二生。兩人希望他盡快加入臉書，當實習生也好。那個大二生在帕羅奧圖一間麵店和祖克柏見面，聊起創業是什麼感覺。就連祖克柏都說，那是世上最困難的事，那位學生心想：*有一天我也想要創業。*

　　那位學生的同儕、甚至是他在史丹佛的導師都建議他不要加入臉書，他們認為臉書是不正經的大學生新創公司。此外，他也很享受在史丹佛的生活，交到女友，還進入兄弟會。儘管如此，他還是很想嘗試。他和招募他的臉書工程師主管保持聯絡，開始想答應過去上班，但突然間就不再有回信，他以為那大概表示臉書對他沒興趣了。他並不知道，真正的原因其實是負責與他聯絡的工程師被開除了，要是他多堅持一點，再往下追問，那份工作就是他的了。

　　不過，臉書和凱文・斯特羅姆（Kevin Systrom）的緣分尚未結束。

光速推進，稱霸天下

　　臉書的特色是以超快速度推出新程式。舉例來說，阿加瓦爾在甲骨文工作時，成果要好幾個月後才會被允許第一次「提交」到程式庫。然後，他的程式還得接受四個人審查，四度確認新程式造成的變動，不會影響到任何其他環節。通過審查後，顧客還要再等幾年才會看見真正的變化，因為產品的發布週期是兩年。

　　臉書則是一天推出新程式四到五次。基本上，祖克柏和莫斯科維茨的做事原則和他們還在宿舍寢室時一樣。他們不曾在其他公司工作過，根本不知道自己的流程有多顛覆，基本上違反了公認的軟體開發最佳實務。連 Google 也是約兩週才會重建一次索引，改東西得等固定更新。「我們沒有教條法則，也沒有固有的慣例可以打破，」阿加瓦爾說，「所以一切順理成章，為什麼要等？」如果經歷過慣例的老手覺得這種方式是一種褻瀆，那他們顯然不是臉書人。臉書的態度是：你以前的工作寫程式要花多少時間，和我們一點關係都沒有。臉書的做法是光速前進。

　　臉書從工程師到職的第一天就灌輸這樣的概念。你下載好程式庫，設好開發環境，就開始解決漏洞（bug）。如果你以前沒有用過 PHP 寫程式，或是不知道「物件－關係模型」（object-relationship model）是什麼，就去學——今天之內搞清楚，沒有藉口。

　　如果臉書的業務會影響到民眾的安全或福祉，或許事情就沒這麼簡單。但這只是臉書而已。就算出錯，後果會嚴重到哪裡去？

　　幾乎像是要強調這樣的態度，你寫的程式裡如果有某種糟糕的錯誤，造成整個軟體紙牌崩塌，使成千上萬的臉書用戶暫

時不能用他們最熱愛的東西，你會尷尬地收到一封副本全體工程師團隊的電子郵件：恭喜！你讓網站掛了——這代表你有快速行動！（但再犯同樣的錯誤是不被容許的。）

這個流程日後成為正規做法：每位新進員工，只要工作和工程相關，即使是副總裁級別的人也要參加新訓營。參加者會在第一天的 24 小時內立刻摸到系統，執行一次程式庫提交（改變讓臉書運轉的真實電腦程式），隔天就推出程式。這就像你第一天進駕駛艙，就把操控火箭的任務交給你一樣。

臉書工程師的主要工作是「救火」。每個人工作的很大一部分是解決問題，確保網站不會掛掉，莫斯科維茨是主要分配工作的人。莫斯科維茨日後會定期與 2005 年加入的工程經理潔明德（Katie Geminder）開會，兩人會追蹤哪些人正在負責哪些事。不過有好幾個月時間，有特別的需要才這麼做。

由於臉書多數員工才 20 幾歲（包括老闆本人），所以走進臉書，就像是一邊玩電玩版投杯球喝酒遊戲（beer pong），一邊參加美國 SAT 大學入學測驗。公司基本上鼓勵員工把辦公室當自己家，祖克柏甚至祭出 600 美元津貼給願意住在辦公室一英里以內的員工。[9]

公司的精神就顯現在辦公室的牆上。臉書搬進第一間辦公室僅幾個月後，又在市中心要道「大學大道 156 號」設立第二間辦公室。PayPal 就是在那裡起家，因此那個空間是好兆頭。帕克在談租約時提出誘人條件：為了租下大樓更多的空間，他願意讓房東投資臉書 5 萬美元，那可是難得的機會。房東本人願意，但合夥人不肯，白白讓他們損失了日後的數億美元。

帕克提議請塗鴉藝術家崔大衛（David Choe）[10] 為辦公室設計壁畫。崔大衛認為包括臉書在內的所有社群網站都是個笑話，他開出離譜的 6 萬美元報價，他和房東不一樣，接受了帕

克用臉書股票選擇權來付帳的提議。崔大衛的怪誕作品在辦公室無限延伸，就好像《花花公子》（*Playboy*）雜誌找藝術家波希（Hieronymus Bosch）*裝飾地鐵車廂。日後，帕克的女性友人也會以類似的政治不正確圖案幫忙妝點女廁。臉書的男性員工幾乎都很愛辦公室的藝術作品，但（勢單力薄的）女性員工就沒那麼開心。

帕克和幾個臉書人在起司蛋糕工廠（Cheesecake Factory）吃晚餐，慶祝崔大衛完工。他們問崔大衛知不知道自己拿到的股票選擇權價值多少，或是他知不知道什麼是股票選擇權。崔大衛坦承不知道，但是他上一個委託人是用爵士鼓來付帳，所以他覺得是差不多的意思。崔大衛拿到的股票選擇權，最後價值超過 2 億美元。

祖克柏不擅長公開演說，一開始就連在 10 到 15 人的初期全員大會上講話都會怯場。「我不得不坐下，實在太怕了。」[11]祖克柏日後表示。有一次在全員大會上，他因為實在太尷尬，甚至臨陣脫逃，說到一半就交給柯勒。[12]不過，祖克柏最終可以相當輕鬆地對著自己麾下的軍隊講話，還每週舉辦星期五會議，任何人都能問他任何事。會議結束時，祖克柏會像他從小崇拜的古代英雄一樣大喊：「稱霸天下！」（Domination!）[13]把臉書當成一段英雄之旅，要員工誓死效忠。這名生性內向的領袖，因此得以說出藏在撲克臉下的雄心壯志，但又帶著某種戲謔，可以號稱只是好玩。「那是祖克柏的幽默，但也是真心的。」潔明德說，「而且振奮人心。」

後來帕克叫祖克柏別再那樣喊，因為有一天可能會變成反托拉斯訴訟中被提出來的證據。

---

* 譯注：15-16 世紀的荷蘭畫家，畫作以奇異的半人半機械形象出名。

新功能大爆炸

2005 年 6 月，祖克柏召集員工，宣布他對臉書第二個夏天的規劃。

重新設計網站。

照片的應用。

根據用戶社群活動提供個人新聞。

活動功能。

地區性的商業產品。

此外，還有一項祖克柏稱為「我無聊了」（I'm Bored）的功能，讓人們在臉書上找到事情做。

那張清單上的事，將讓祖克柏的網站從大學通訊錄，化身為全球首屈一指的社群服務。

祖克柏對產品的願景從他搬到加州之後就不斷在演進。在哈佛時，他單純只是一時興起，有一個點子就開始寫程式，沒有多想就推出了。Thefacebook 雖然算是他所有點子的集大成，同樣也是很快寫好就上路。

如今，祖克柏的工程師團隊愈來愈龐大，用戶也來到數百萬人。雖然很多力氣是用在提升網站能容納的人數、拓展至新校園，祖克柏知道關鍵將是他們能否推出新功能、增強臉書的吸引力與讓人更容易上癮。祖克柏希望更有野心地開發功能，但公司仍然展現他的「快速行動，先做再說」精神。也就是說，祖克柏不但要主導他腦中想出的計畫，也必須授權給員工自己發想新點子，唯一的前提是那些點子要能為臉書加值。這樣的工作流程有一種「什麼都試試看」的精神。

莫斯科維茨負責分配任務，確認關鍵的工作有人執行，例如讓網站維持運轉，以及在下一個校園推出服務的跑腿工作，但團隊永遠在談新點子。「我們好多時間都聚在一起，坐在客

廳裡，一起吃飯，在泳池邊閒晃，永遠在聊我們可以做的新東西。」麥克倫說，「然後接下來，就會有某個人把東西做出來。」不過，執行計畫的速度必須很快。那種感覺就像是你永遠在為某堂課的期末考臨時抱佛腳，而且你那學期幾乎都沒去上課，而打分數的人是祖克柏。「什麼樣的產品，要怎麼弄，祖克柏永遠是最後的仲裁者。」麥克倫說明。

塗鴉牆、社團、照片

團隊在珍妮佛路時期完成的其中一項功能就是「塗鴉牆」（Wall）。臉書在即時通訊方面還拚不過 AIM，但祖克柏希望臉書成為眾人能表達看法的地方。祖克柏雖然沒有公開推銷自己的政治信念（如果他真的有的話），言論自由一直是他重視的價值。他開始了解到自己創造的產品可以用前所未有的方式，成為賦予人們聲音的強大工具。祖克柏日後告訴我，言論自由是「臉書公司的基本理念」。臉書用戶當時只能在個人檔案頁面放上自己少量的資訊。經過內部不停辯論後，他們想出讓用戶能實際互動的方法，在個人檔案頁面的中央推出一種動態白板。就像維基百科（*Wikipedia*）那樣，人們可以增加或編輯某人的部分個人檔案。

「當時維基百科是最創新、最不可思議、最了不起的東西。」休斯表示，「我們在個人檔案開了一塊園地，你想寫什麼都可以，自由發揮，其他人也可以寫。」那個點子最後演變成可以在某個人的檔案頁面上加上純文字評論。那些留言和部落格一樣以倒敘時間排列，出現在頁面中間。人們可以在別人的個人檔案留言，討論昨天晚上派對發生什麼事，或純粹瞎聊。

那一步悄悄改變了臉書的性質，從通訊錄變成更為互動的

東西。臉書已經靠著個人檔案資訊提供業界所說的「用戶原創內容」，但打開言論的大門，引發了臉書沒有答案的議題。誰可以控制塗鴉牆？擁有者是誰，是人們，還是臉書？哪些東西可以放上去，哪些該嚴格禁止？臉書一如往常，在相關的複雜問題還沒有解答之前，就快速釋出功能。

沒人想過該如何處理不恰當的言論。

繼塗鴉牆之後是「社團」（Groups）功能，那是另一種版本的個人檔案頁面，塗鴉牆變成布告欄，人們可以聚在一起討論主題。所有的臉書成員都可以發起社團，用法和個人檔案一樣。對於社團，祖克柏有很崇高的想法：現有的學生團體可以把社團治理搬上網；競選大學幹部的人可以成立虛擬競選總部；社會運動者可以發動改變校園的請願。祖克柏設想的許多用法的確成真，就好像原本貼在宿舍交誼廳的公告，現在都可以放到臉書上。

不過，最熱門的社團似乎都很異想天開或接近胡鬧，例如：「反襯衫立領社團」、「贊成哈佛大學遷校至凱瑞（Kerry）＊會贏的平行世界學生社團」，甚至還有熱愛臉書社團的社團。《哈佛緋紅報》報導了「臉書社團蕩婦」（facebook group whores）現象 [14]，指的是那些不管什麼社團，只要有新社團發出邀請就會加入的人。

祖克柏野心勃勃的計畫也標示了臉書的新思維。所有點子的共同點就是，他們都在協助臉書擴張，此外，那些點子大多複雜到無法像過去一樣速戰速決。

祖克柏清單上提出的五個點子中，的確也只有一個在勞動節前完成：重新設計。史提克終於全職加入臉書，這個專案由

＊　譯注：敗給小布希的總統候選人。

他負責。他做的第一件事就是挑戰頁面上方「那個看起來很詭異的怪人」到底是誰。他們擔心智慧財產權的問題,立刻追蹤那個向量影像是從哪裡來的。答案是微軟 Office 美工圖案庫,只要擁有 Office 授權就能免費使用。也就是說臉書無法註冊自己的頁面商標,「臉書上的那個人」必須被拿掉。

　　史提克的美學標準是簡潔與現代,和當時稱霸的社群網站 MySpace 完全是兩個世界。MySpace 的用戶當時大約是臉書的十倍,但視覺上讓人眼睛很痛。他們允許用戶個人化自己的頁面,所以看 MySpace 頁面時就像是宿醉時去澀谷玩。

　　史提克避開眼花撩亂的顏色,限制只用藍色色調。選這個色調對祖克柏的好處最大,因為祖克柏是色盲,看不見紅色或綠色。史提克做了大量研究後終於選出自己喜歡的藍。那個藍就是政商關係良好的凱雷集團(Carlyle Group)網站背景的藍色。作家路易士(Michael Lewis)一度稱凱雷集團是「權力叫賣者的落選者沙龍。」[15]* 史提克挪用了那個藍色,在未來的數十億人眼中,那個藍就代表臉書。在臉書內部,臉書應用程式後來也被稱為「藍色 app」(the Blue app),有時直接簡稱「藍色」(Blue)。

　　接下來是照片功能(Photos)。臉書用戶總共可以放一張個人檔案照片,就這樣。由於用戶太想分享照片,有的人會頻繁更新檔案照片,甚至一天換好幾張。有人還發現,臉書只限制照片的寬度,垂直長度則沒有限制,所以他們乾脆把好幾張照片編輯在一起,就像證件快照機會吐出的那種多張相連的照片串,然後把這種特製照片集放上自己的個人檔案。

　　MySpace 允許用戶放比較多張照片,最近數目還從 15 張

---

*　譯注:凱雷的 logo 亦為藍色,公司聘用過許多下野的政治人物。

放寬到 50 張。此外，當時最紅的照片分享網站是 Flickr，人們可以在那裡公開分享照片，通常還會加上方便搜尋的標籤。相關服務對景物照來說很方便，但臉書是屬於人的地方，尤其你認識的人。

祖克柏要求大家想出新服務，他把這個任務交給史提克、馬雷特，以及臉書的新產品經理赫希（Doug Hirsch）。他們開始在白板上畫出這個 app 該長什麼樣子。祖克柏會一如往常地提供他的想法。和祖克柏談一談，做做看，再和他談一談，反覆進行這個步驟。

馬雷特本身是攝影師，但他明白臉書用戶並不那麼在乎照片的藝術效果。臉書使用者的照片，就如同他們放上個人檔案的興趣或關係狀態等其他資訊，是一種自我表達。因此，照片是不是高解析度並不重要，比較合理的做法是讓影像品質低一點，但方便快速載入。這樣也不會因為儲存問題壓垮臉書的伺服器。

一天晚上，赫希和史提克正在腦力激盪。赫希建議，照片功能應該要包含社群元素。史提克想到一個絕佳的點子：為什麼不在照片上標記有誰？這是我們的大腦看照片時本來就會做的事，也因此很容易執行，不必動用人工智慧：只需要讓人們點選照片上的人臉，在空格裡填上名字就可以了。

臉書當時還沒有臉部辨識的人工智慧。史提克架設出系統，用戶可以快速標註照片上是誰，如果那個人在你的社群網絡裡面，只要打出前幾個字，系統就會自動帶入完整姓名。這個流程鼓勵用戶標註照片裡的人，接著一傳十，十傳百。你被標記時就會收到通知，此時你當然就會造訪那個人的檔案頁面，看看是哪張照片。如果照片擁有者還不是你的臉友，你還可以加好友。此外，你也更可能多放一點自己的照片。

至少理論上如此：沒有人能確定會發生什麼事。「我們知道人們想要更多照片，」史提克表示，「但不確定大家會有什麼反應。」

2005 年 10 月，推出的時間到了，他們弄了一台很大的顯示器，上面有很大的方格，顯示大家正在上傳什麼、是否加上標籤。晚上 8、9 點時，第一張出爐的照片是某個人的 Windows 桌面圖片，不是什麼好兆頭，但接下來幾張是一群女孩的派對照片，照片拍得很差，甚至看不見背景，只看得見閃光燈過曝的身體和頭，但上傳者標記了其他人！

「那一刻我們就知道成功了，」史提克說，「那樣的照片完全是在公告你和這些人是朋友，表達你公開支持和你一起拍照的人，強化你們之間的關係。」

幾個月內，臉書成為全球最受歡迎的照片分享網站。臉書則是日以繼夜努力讓伺服器不當掉，努力儲存所有的照片。

帕克退場

帕克沒能在現場見到照片功能推出。8 月 27 日午夜剛過，帕克正在北卡羅萊納州度假，身邊是他當時正在交往、還是大學生年紀的臉書員工。警方破門而入，在他的租屋處搜出疑似古柯鹼的物品，帕克因涉嫌持有毒品被捕。帕克很擔心後果，他也猜對了，即使最後不起訴（後來的確沒有被起訴），也可能再次被趕出自己協助創立的公司。

帕克有充分理由擔心。他在星期五深夜被捕，臉書董事會在那個週末就召開緊急會議。祖克柏重組公司，基本上是讓帕克降職。不久後，祖克柏就在 ConnectU 一案的證詞中表示：「我不要他再擔任總經理。」不只是因為帕克被捕的事件讓臉書陷入司法風險，當時祖克柏也認為帕克是夢想家，不太能勝

任負責營運事務的總經理，沒有把銷售團隊管理好。此外，「他會讓其他人感到害怕。」祖克柏表示。[16]

「帕克的作息十分不固定，你會一連好幾天都見不到他的人影。」帕克的朋友卡拉漢說，「他這個人很瘋癲，完全不可靠。你很難找到他。你需要他時，他會在最後一秒鐘出現，拯救世界，但你真的無法把任何事交給這個人。」

帕克雖然丟了工作，但沒有被禁止出入臉書辦公室，也沒失去祖克柏的歡心。接下來幾年，他還是有時冒出來，有時消失，通常會在開產品會議時出現，大家通常也很歡迎他（其實這個模式跟他還是總經理、理論上所有會議都該參加時，沒有太大的差別。）祖克柏依然重視帕克的意見，帕克也依然暢所欲言。帕克說祖克柏欠他人情。他就像那種在越戰時救過你一命，然後一輩子都會一直提醒你這件事的人。

帕克離開一個月後，臉書從亞馬遜挖走范納塔（Owen Van Natta），36歲的范納塔以談判技巧出名，負責臉書的商業開發。幾週後祖克柏就升他為營運長。

幾年後，帕克的形象因為賈斯汀在《社群網戰》電影中把他詮釋成一個狂妄躁動、不討喜的角色，被定位成世人眼中的騙子，大家普遍認為帕克只不過是臉書傳奇故事中的一個注腳。但是親身經歷過那場大冒險的當事人，並不這麼認為。

「如果沒有帕克，臉書會被賣掉。」迪安捷羅說，「臉書會被創投者接收。帕克的第一要務就是絕不讓〔臉書〕和他當年一樣粉身碎骨。」

帕克在臉書並沒有淪落到當初在 Plaxo 的下場。他第一次和創投協商時就已經確保不會發生這種事。他個人的合約裡明文寫著，即使他離開臉書，依舊能保有公司股份。那一條文字讓他長年名列富比世億萬富豪榜。

不過，真正的掌控權在祖克柏手中，祖克柏擁有最大的股份。「不論是提爾或帕克，這些人自認能操控祖克柏。」某位早期臉書員工表示，「但祖克柏把帕克當成有用的工具，把最麻煩的事交給他：募資。現在回頭看，祖克柏太高明了，說服帕克替他募到所有的錢。」

第 6 章

開放臉書，重寫核心價值，拆掉隱私保護牆

　　祖克柏隨身攜帶一本筆記。2006 年，臉書同時踏上美譽與罵名之路，你可能看過祖克柏在帕羅奧圖辦公室低頭振筆疾書，密密麻麻寫下難以辨識的筆記，勾勒產品點子，畫出程式步驟，塞進一點個人哲學。你要是去過祖克柏床墊直接擺地上、廚房連蛋都沒煮過的一房公寓，就能看到一疊用完的筆記本。

　　祖克柏不再像從前寫那麼多的程式，但他會用那些筆記詳細傳達他的產品願景。這個方法補足了他在人際溝通上的弱點。臉書的工程師與設計師大約在中午前後進公司，有時會發現影印好的前端設計草圖，或是某個排名演算法的訊號清單。有了那些影印好的筆記，不代表不用對話，通常反而是對話的起點。拿到的人會把那些筆記當成和老闆合作的基礎。

　　臉書辦公室處處有白板，缺乏優秀擦白板技巧的員工都無法久待。不過，有一本祖克柏筆記本的地位有如教宗一般神聖，可以一窺祖克柏的內心世界。

　　祖克柏日後不再那麼熱中於記錄事情。他的解釋是臉書的律師認為他心愛的筆記本，未來可能被當成智財權官司的證據，因此祖克柏把筆記全數銷毀了。不過那不是唯一的原因。

祖克柏在哈佛時期寫過一些很屁孩的即時訊息，日後被公開時讓他非常丟臉。祖克柏再也不願意讓個人想法留下紀錄，即使他鼓勵臉書用戶這麼做。（幾年後，祖克柏甚至要求他的通訊服務傳輸協定要為他個人破例，要求臉書刪掉他和別人聊天的私人通訊紀錄。只有一半的對話會被儲存，祖克柏的部分會消失不見。臉書稱之為「限制馬克訊息的保存期」[1]，其他所有人的保存期則是永遠。臉書日後迫於壓力，讓所有人都可以「收回訊息」。這個功能花了近一年才啟用。）

　　不過，祖克柏的筆記本並未全數消失，還有留下一些斷簡殘篇，可能是他分享的影本。那些筆記可以一窺祖克柏當時的想法。我取得了其中的 17 頁。以臉書的演化來說，那似乎是他的日誌最重要的部分。那份筆記被稱為「改變之書」（Book of Change），日期是 2006 年 5 月 28 日，第一頁寫著祖克柏的地址和電話聯絡資訊，萬一遺失，拾獲者歸還筆記就能獲得 1,000 美元報酬。祖克柏甚至寫下一句名言叮嚀自己：

　　「推動你希望在世上見到的改變。」──聖雄甘地

　　改變之書提到的兩大計畫，將讓臉書從大學網一躍成為網路巨人。

從大學生限定，到人人用臉書

　　第一個計畫是「開放註冊」（Open Registration），內部簡稱「Open Reg」。這件事將翻轉臉書的本質，從大學生的交誼活動，變成一般大眾的社群服務。

　　祖克柏計畫這件事多久了，已經不可考。他通常會提到臉書問世的那天晚上，他在皮諾丘披薩店和朋友碰面，聊到有一

天某家大公司會以全球規模，做到他在哈佛做的事。接下來兩年，他開始有勇氣想，說不定他就是那個人。祖克柏究竟是什麼時刻頓悟無從得知，早期員工都同意，這並不是他們在 2004 或 2005 年初的使命。2005 年 6 月，祖克柏在訪談時說道，許多人「專注於攻占全世界、想盡辦法得到用戶。」但他的目標是做不一樣的事，他想專心提升給大學生的服務。[2]

不過，到了 2006 年，公司的使命已經變成「讓人人都用臉書」。

今日的祖克柏堅持，一旦臉書不再只是大學計畫，他就不會只從大學用途來看待臉書。「我從來沒有對『打造出下一個 MTV』這樣的使命感到特別興奮，那是董事會當時在談的事。」祖克柏表示。

開放註冊是讓一切成真的關鍵，但風險很高。祖克柏知道，把臉書開放給一般大眾，有可能造成大學用戶流失，大學生認為臉書是專屬於他們的。祖克柏決定逐步開放，讓人們仍感覺私人資訊只會出現在自己的社群裡。

理所當然的第一步似乎是推廣到高中，但即使是這一步，也需要重大的技術變更，才能為進一步擴張做好準備。目前為止臉書都採取穀倉架構，每進入一所大學，就會建立獨立的資料庫，這樣的基礎架構設計自然能保證高度隱私，替社群自動畫出界線。你無法瀏覽校外人士的個人檔案，不過也沒關係，因為包含校友在內的大學社群依舊有數千人，人數足以讓網絡保持活躍有趣。

然而那樣的架構無法套用在高中。全美只有幾千所大學，高中卻約有四萬所，這個規模需要架設更為開放的系統，取代穀倉式的大學網絡。這個技術挑戰將連續數週占據臉書新進工程師的行程表。

沒有人知道臉書在高中會不會受到歡迎。臉書的推廣流程是先讓大學生邀請還在念高中的弟弟妹妹加入，希望這種跟年長朋友的連結可以帶來 MySpace 缺乏的成熟感。那個方法算成功，但高中生的投入程度並不及大學生社群。高中生的主要人際關係依然是同學以外的人：父母、課後活動、就讀其他學校的朋友。對臉書來說，最好的消息是他們擔心的事沒成真：青少年加入之後，大學生並沒有因此覺得臉書不酷了。

　　那年春天，臉書推出「工作網」（Work Networks），試探性地開放到學校以外的地方，社群的基礎是公司而不是學校。臉書選擇一千家大型雇主，從科技公司到軍隊無所不包，只要你有那些公司網域的電子郵件地址，就能註冊。這個計畫失敗了。不同於大學或高中，人們一般希望把社交生活與工作分開。不是所有工作場域都像臉書，大家有如一個緊密的社群，一起工作，一起玩，還在公司找到對象。

　　只要提供電子郵件就可以加入，這對臉書來說是很明顯的做法。你可以和所有人建立連結，包括朋友、親戚、同事，因為大家都在臉書上。儘管如此，祖克柏一開始還是認為，新用戶應該本身要屬於某個社群。人們如果沒有社群的根基，將很難確認他們號稱的身分是否屬實，不然就有可能是騙子，跟你每天在 MySpace 碰到的人一樣。信任是臉書能成功的關鍵。

　　祖克柏決定，新用戶要是沒有學校或工作地點，將會依據他們的所在地來組織。但大城市的網絡範圍實在太廣，同樣無法提供任何安全機制。你不會因為一樣都住芝加哥，就對查看你個人檔案的陌生人感到安心。其他的可能性也讓臉書人起雞皮疙瘩。成人能加高中生「好友」嗎？不會很怪嗎？或者就是不酷？「大學生視臉書為他們專屬的服務，而臉書打算把這樣的服務開放給一堆不必要的人。」當時的某位員工指出：「人

們當時認為年紀大的人加入後，臉書就會變遜。」

　　或許比較年長的人根本不會用臉書，使用者測試加深了那個擔憂。使用者測試是軟體公司採取的標準做法，臉書在潔明德的催促下，很晚才開始做。潔明德不斷遊說後，公司答應讓她雇用外部研究公司，測試無法在臉書員工裡找到的各種使用者，例如 40 歲以上的人。

　　結果顯示，人們對臉書這項產品有很多偏見，許多偏見和臉書從大學起家有關。舉例來說，某位較年長的女性研究對象，看到「戳一下」功能，就問測試人員那是什麼，測試人員腳本上的答案是：你認為那是什麼？受試者表示不知道。那你會如何找出答案？受試者回答，她會試試看網頁上的「尋求幫助」（Help）。好的，妳為什麼不試試看呢？結果她查詢「戳」是什麼意思時，得到的答案是「如果你還要問，你根本不該來這裡。」這不是一個很歡迎大家加入臉書的答案。

　　祖克柏在「改變之書」裡思考這些事。他開始寫筆記的一天後，在新頁面寫上大標題「開放註冊」，接著自問：「我們開始打造這個之前，需要先討論哪些事？」祖克柏把重點放在讓開放註冊成真。開放註冊可能帶來數十億用戶，而且會引發一連串意想不到的後果，這些都是 2006 年祖克柏在分析時沒有想到的。他畫出註冊流程的資訊流，要人們回答是否在讀大學、讀高中，或者是「其他」。祖克柏決定讓人們提供郵遞區號，判斷他們地理上的網絡歸屬。

　　他甚至也考慮過隱私權該怎麼辦。你可以看見你所屬地區的「第二層」朋友的檔案嗎？或是任何地方的人都可以？「或許不應該限定地區，不要限定在你的地理區域。」祖克柏寫道，「那樣才會是真正的開放網站，但大概時機尚未成熟。」

　　那個看法似乎顯現出祖克柏的心態：他關切人們感受到隱

私權的程度，至少和隱私權本身一樣多。祖克柏當時已經知道，臉書注定要完全開放，他將要收回當初提供給哈佛與其他學校的約定：只有你的同學能瀏覽你的個人檔案。然而，儘管勢必會食言，他還是希望用戶感到安全。他在設計開放註冊時，問自己的最後一個問題是：「怎麼樣才能讓這件事讓人有安全感，不論實際上是否真是如此？」

新門面：動態消息

　　臉書的部分工程師負責開放註冊專案，另一個團隊則忙著重新打造網站本身，力氣集中在一項日後將與臉書成為同義詞的產品：「動態消息」（News Feed）。動態消息將成為臉書最大的助力，也會成為災難的源頭。「消息」（The Feed）是祖克柏在 2005 年夏天的待辦清單上就已經提到的個人報紙。他一直到年底才有餘力開始處理這件事，和就讀加州理工、正在放寒假的迪安捷羅一起腦力激盪。

　　迪安捷羅和祖克柏認為，動態消息將讓臉書改頭換面。兩人都同意，臉書儘管很成功，還是太簡陋。首頁沒好好利用空間，人們一下子就跳過，直接進入自己的個人檔案。接下來你必須辛苦地點選每一個人，才能看看有沒有什麼新消息。臉書的紀錄顯示，很多人會按字母順序逐一點選完所有的朋友，確認沒錯過新活動。「當時的社群網站模式都是這樣，但感覺非常沒效率。」迪安捷羅說，「光是把朋友檔案按完一遍，就要花好多時間。」

　　祖克柏的解決方案是動態消息。原本埋藏在個人檔案的訊息，這下直接送至你朋友面前，就像送報童把報紙丟到門口一樣。一個方法是在首頁放上小方框，顯示所有的更新，例如活動、新朋友，以及你上次登入之後的其他新發展。另一種方法

更具企圖心：讓你的螢幕上不斷出現新聞流，以倒敘時間排序，最新的東西在最上面。祖克柏選擇了後者。

迪安捷羅開始研究，但接著又回加州理工念春季學期。桑維是當時的員工之中少數有能力打造複雜架構的工程師，因此最後由她負責這個計畫。

這個產品借重的另一個人才，是剛離開史丹佛的考克斯（Chris Cox）。[3] 考克斯在亞特蘭大出生，在芝加哥長大，不是典型的技術宅。他有著電影明星般的外表，笑容電力十足。考克斯還是認真的音樂人，會很多種樂器，爵士鋼琴彈得特別好。史丹佛啟發了考克斯對科技的興趣，他主修符號系統，這個知名的學系校友包括霍夫曼和 Google 的梅爾（Marissa Mayer）。考克斯也選修全球知名的人工智慧大師的課，人工智慧實驗室贏得「國防高等研究計畫署」（DARPA）的自駕車挑戰時，考克斯也在團隊中。

考克斯 2004 年畢業，決定在讀研究所之前先休息一年到各地旅行，擔任電腦顧問。他旅行回來後，回到史丹佛，住在帕羅奧圖的「死之華之家」，房東是死之華樂團的死忠樂迷（考克斯住的那一棟，以死之華的歌〈走下去〉（Truckin）命名）。卡拉漢搬出臉書在洛思阿圖斯的房子之後也住那裡，每天回家都會告訴考克斯臉書有多棒，遊說他加入。考克斯都回答沒興趣。他是在史丹佛攻讀人工智慧的研究生，夢想是解開自然語言處理之謎。怎麼會想去一家搞貼文和「戳」的笨公司？

卡拉漢後來說服考克斯到臉書接受莫斯科維茨、羅斯柴爾德、迪安捷羅的面試。莫斯科維茨向他解釋，臉書就像是種子，人們一起建立通訊網絡，大家都使用真實身分。臉書是互連的、是即時的，還打算拓展到大學以外的地方。

考克斯真正感到驚奇的，是面試時被問的一個問題：你會如何設計動態消息，讓你看見朋友的最新消息？考克斯思考如何回答時，發現要做出這樣的產品，其實需要克服很困難的電腦科學障礙。討論進行一陣子後，考克斯發現，他的對談者和大企業的頂尖工程師不相上下，尤其是經驗豐富的羅斯柴爾德。

臉書當場就錄取了考克斯，但他思考了一週。在那段期間，考克斯的朋友、導師、研究所指導老師、家人，都告訴他不該為了一家詭異的小公司放棄研究所。但考克斯聽從直覺，從 11 月開始擔任臉書的第十二位工程師。

除了考克斯與桑維，祖克柏還指派第三位工程師普朗默（Dan Plummer）負責動態消息。普朗默 39 歲，幾乎是同事平均年齡的兩倍。臉書說服他離開加州大學聖地牙哥分校（UCSD）的教職，成為公司第一位研究科學家。普朗默是科學家出身，做過關於視覺問題的重要研究，本身也是一流的電腦科學家。普朗默還是冠軍單車手。

團隊稱這次的計畫為「消息」，配合臉書一貫的直接產品命名法，例如「照片」、「社團」等等。然而，Feed 的社群網絡商標已經被維亞康姆（Viacom）公司搶先註冊。旗下擁有 MTV 的維亞康姆當時也正在試圖收購臉書。因此，臉書把「消息」改成「動態消息」。

大家從一開始就知道動態消息會需要好幾個月的研發時間，和臉書平時的流程十分不同。臉書通常會連續熬夜幾天，做出東西就立刻釋出，然而這一次，計畫一開始就因為一樁悲劇受挫。2006 年 1 月 4 日，普朗默在離帕羅奧圖不遠的地方騎單車，不幸被從天而降的樹枝砸死。[4] 冬天假期結束，人們回到辦公室時，在紀念儀式上說了幾句悼念的話，接著就各自

回去工作。「感覺就像是他被大海捲走了，沒有留下一點痕跡。」一名臉書人日後寫道。[5]

其實也不盡然是消失無蹤。如同成千上萬的逝者，某種層面上，有關於普朗默的回憶將以臉書個人檔案形式活下去。你可能登出生命，但永遠不會離開臉書。（幾年後，臉書會擬定詳細的協議，規範臉書將如何在你過世後處置你的頁面，明確指出你有可能在臉書上永垂不朽。）普朗默的個人檔案今日依舊搜尋得到，他在過世前一個月，還放上幾張新養的小狗照片。

剛加入臉書的博斯沃斯（Andrew Bosworth）接下普朗默的位子，大家都叫他「博斯」（Boz）。博斯的手臂上刺著「*Veritas*」這個字，那是哈佛的校訓「真理」，更重要的涵義是，「*Veritas*」是羅馬神話中真理女神的名字。真理女神是博斯沃斯的繆思，他永遠有話直說，即使是在其他人會選擇沉默的時刻。有的人認為博斯沃斯總是說真話，其他人則認為他是討厭的大嘴巴，但他在工作上既認真又聰明。

博斯沃斯是罕見的家族幾代都住矽谷的工程師，家族自1890年代起就在籠罩加州的桑尼戴爾（Sunnydale）與庫比蒂諾（Cupertino）山丘上種植杏桃和李子。博斯沃斯成長過程中，家裡的果園轉型成可以騎馬與寄養馬匹的馬廄，服務因科技業致富的矽谷居民。

博斯沃斯是農業青年組織四健會（4-H Club）的成員，他跟著在HP工作的會友學寫程式，後來到哈佛讀電腦科學。博斯沃斯會選哈佛是希望能進入哈佛的美式足球隊。他在大四那年擔任廣受歡迎的「AI入門課」助教，恰巧碰上班上的聰明學生用Facemash惡作劇，引發軒然大波。博斯沃斯發電子郵件給祖克柏：嘿，小夥子，這樣做不太明智喔。

博斯在 Thefacebook 問世的第二天就註冊，他是用戶 1681 號。不過一年半後，招募人員寄 AOL 即時訊息給他，邀他到臉書工作，他認為臉書太小了，不值得考慮。博斯還告訴臉書的招募人員，他和一個朋友最近剛買房子。招募人員告訴他：加入臉書，你可以在矽谷買十棟房子！博斯心想：我知道矽谷是什麼樣的地方，沒有人能在那裡買得起十棟房子。

不過，博斯心想，如果去臉書面試，就有免費機票可以看看家人。回西岸之前，他和八個當時在微軟工作的哈佛朋友吃午餐。他告訴朋友，他會去和臉書聊一聊，所有人捧腹大笑，但一年內，那天聚餐的五人都會跳槽到臉書。

臉書吸引博斯的地方是公司推動產品的速度。在微軟推出產品時，博斯如果想出一個新功能，用戶要至少一年後才看得到。在臉書，你的點子幾小時內就能做出來。

此外，博斯的前學生祖克柏也擁有不可思議的企圖心。我們將連結全世界，串起全世界！祖克柏告訴他：你能想像那是什麼景象嗎？

博斯沃斯深深被吸引，從此成為祖克柏的忠實副官。

桑維在祖克柏的要求下成為計畫的產品經理，那是公司新設的職位，桑維根本不知道那代表什麼意思。有人丟了幾本關於管理的書在她桌上，桑維就用功地讀完那些書。她當時手上同時負責好幾項產品，有時來自四面八方的要求實在太多，讓她不堪負荷。有一次，博斯沃斯去找她，說有一件動態消息的事需要她馬上處理。桑維告知她正在趕明天就要推出的另一項產品，但博斯沃斯還是說，動態消息的這件事，真的需要她現在就處理。桑維回答：「博斯，你再繼續煩我，我就在這裡爆炸給你看。」接著她站起來放聲尖叫。臉書辦公室就和平日一樣，又過了一天。

「改變之書」的影本引導著團隊的方向。祖克柏絞盡腦汁，思考動態消息上該出現哪些東西。他深入研究要依據哪些標準，決定哪些事會出現在人們的動態消息上、排列的依據又是什麼。祖克柏的出發點只是想改善臉書。他想讓人們能方便地看到朋友的世界正在發生什麼事。祖克柏決定用一個字當成納入的標準：「有趣度」（interesting-ness）。那個想法當時聽起來很無害。祖克柏完全不知道排名機制會帶來的嚴重後果。有一天，當錯誤的動態出現在某人的動態消息上，甚至可能瓦解民主，麻木人心。

祖克柏密密麻麻的寫下會讓人忍不住關注的動態階層，關鍵是結合好奇心與自戀傾向。動態的重要性分為三階，最高一階是「關於你的動態」。臉書的第一優先要務是分享人們在你的牆上留言、寫網誌時提到你、在照片上標註你，或是在你的推文或照片下留言。

第二重要的類別與你關心的人有關，那些臉書知道在你社交圈裡的人。祖克柏舉例可能的動態類型：你朋友的感情狀況產生變化、你認識的人生活中發生的事。第三重要的是「朋友動向」（friendship trends），包括加入或退出你熟悉的圈子的人。祖克柏最後還思考一項未來的用途：「那些你已經遺忘、又重新冒出來的人。」

最不重要但仍值得納入的動態，和你本人與你的社交生活較無關。祖克柏稱為「你關心的事與其他有趣事物的動態」。關於這部分，祖克柏草擬的版本的將是一種個人報，範圍遠超出個人連結的界線。動態消息也可以納入資訊流，強化或甚至是取代傳統的新聞與娛樂頻道。祖克柏列出動態可以納入的項目：

- 媒體趨勢、興趣社團等等

- 可能有趣的活動
- 外部內容
- 平台應用
- 付費內容
- 熱門內容

祖克柏才剛開始熱身而已。接下來兩天，他振筆疾書，寫下關於隱私權的點子；臉書將開放給高中，接著開放給每一個人；設計「迷你消息」（Mini-Feed），追蹤個別用戶的活動；還有許多其他點子。祖克柏的筆似乎寫到沒水，在這裡換成另一枝筆。「太好了，這枝鉛筆比較好寫。」他寫道。祖克柏在下一頁勾勒出給臉書的大願景，他稱為資訊引擎（The Information Engine）。

> 臉書用起來必須讓人感覺像在用某種具有未來感的政府介面。你可以存取資料庫，裡面儲存了大量連結至每一個人的資訊。用戶要能夠看到任何深度的資訊……用戶體驗必須感覺是「非常豐富」，也就是說，你點選政府資料庫的某個人時，永遠能獲得關於他們的資訊，這樣才值得造訪他們的頁面或搜尋他們。我們必須讓每一次的搜尋都值得花力氣，每一個連結都值得點選。如此一來，整個體驗就會很美好。

祖克柏認為，要提供那種深度資訊的方法，是建立非臉書用戶的個人檔案，他稱為黑檔案（Dark Profile）。他寫了數頁關於這個點子的構想，他想像用戶會建立朋友（或是任何沒有臉書帳號的人）的黑檔案，只要知道那個人的名字與電子郵件，就能建立個人檔案（如果那個人的檔案已經存在，系統就

會發送通知）。用戶還可以添加檔案上的資訊，例如某個人的生平或興趣。黑檔案的當事人將成為臉書對話的一部分。每隔一段時間，他們的收件匣會收到電子郵件提醒，提供臉書上與他們有關的活動。理論上這會成為人們註冊臉書的誘因。

祖克柏意識到，如果這些人沒有加入臉書的意願，他們的個人檔案卻被建立，有可能引發隱私權問題。祖克柏思考著怎麼做才不會讓人覺得「很恐怖」。他想，或許讓黑帳號無法被搜尋？這個點子日後究竟被執行到什麼程度，我們很難得知。

當時的臉書員工羅斯（Kate Losse）後來寫道，她在 2006 年 9 月左右負責黑檔案計畫。羅斯 2012 年的回憶錄提到：「這個產品把還沒用臉書、但照片被上傳並標註的人，建立隱藏個人檔案。」她解釋，非用戶只要回覆電子郵件（在照片上標註他們的用戶所提供的電子郵件），就可以看到被標註的照片。「有點像點對點（peer-to-peer）行銷，臉書瞄準朋友是臉書用戶、但尚未註冊的人。」羅斯說。卡拉漢證實這個說法，但補充說明臉書的確討論過這個點子，讓用戶能以維基百科式的方法建立與編輯朋友的黑檔案，但不曾真正執行（臉書一向堅稱黑檔案不存在）。

史提克負責動態消息的設計，這項功能將是整個臉書重新設計的重點。史提克明白，臉書將因此脫胎換骨。「首頁的概念是線性、依時序、為個別用戶量身打造的，這是前所未有的事。」他說。

動態消息可以讓你看到朋友的近況，祖克柏還想出第二種消息：讓朋友知道你的近況。這個被稱為「迷你消息」的功能，會出現在個人檔案的頁面上，占據的空間和塗鴉牆一樣大。「有人進入另一人的個人檔案頁面時，要可以馬上知道那個人的近況，以及那個人是怎樣的人。」祖克柏寫道。「迷你

消息」會以倒敘的方式呈現你所有的臉書「事件」，誰放了與你有關的照片、誰是你的朋友、你的感情狀況有哪些變化。「概念是呈現每個人的生活紀錄，但希望不會讓人不舒服。」祖克柏在筆記本裡寫道：「要讓人們可以控制自己的活動串出現哪些內容，用戶可以自行增刪，但無法關掉這項功能。」

從春天進入夏天，團隊不停趕工。有一天，考克斯成功讓一則動態出現在他為自己架設的動態消息原型網頁，上面出現老闆祖克柏的幾個活動。由於兩人在臉書已經互為好友，第零則消息出現：

馬克新增了一張照片。

我的天，成功了！考克斯心想，臉書的實用度飆升十倍！

他想：人們會愛死這個。

大家都想收購臉書

祖克柏忙著寫他的私人產品宣言時，發生了一件「改變之書」沒料到的大事：祖克柏必須擺脫潛在買家的糾纏，人們想從他手上奪走臉書。祖克柏還在哈佛時，似乎能接受出售公司的想法，甚至開玩笑說，如果溫克沃斯雙胞胎打贏了 Thefacebook 的官司，那賠償金的問題就留給買走 Thefacebook 的人去煩惱了。然而現在，祖克柏已經全心投入自己創造的東西，他認為臉書有可能讓世界不同。一旦易主，一切努力都會消失。

臉書耀眼的成績傳開之後，追求者綿延到天邊。對其他社群網站而言，買下臉書能消除一大威脅。對欠缺社群網絡基礎的大型科技公司而言，買下臉書將是進入那個領域的機會。對媒體公司來說，買下臉書將能吸引年輕顧客。

祖克柏花很多時間和追求者開會，交易經驗豐富的范納塔

通常會陪同出席。范納塔過了一陣子才接受事實：老闆會開始談收購，然後就退出，祖克柏其實打定主意一律拒絕。范納塔認為，有科技公司與媒體龍頭對臉書感興趣，祖克柏應該聽聽他們的想法。會議中，祖克柏會趁機了解自己進入的事業。

收購臉書的討論有時會帶來合夥關係，例如微軟。兩家公司在 2006 年達成協議，微軟負責賣臉書廣告給國際客戶，帶給臉書當時迫切需要的營收。

其他時候，臉書的目的則是蒐集情報。祖克柏、范納塔、柯勒和臉書的假想敵 MySpace 開過好幾次會，只是為了解 MySpace，看看能否探得有用情報。柯勒表示：「我們的重點是深入了解他們的團隊與文化，找出他們如何看待〔他們的〕產品。他們的重點則是買下臉書。」柯勒承認自己對 MySpace 的霸主地位非常在意。

MySpace 執行長德沃爾夫（Chris DeWolfe）證實，他在 2005 年初曾帶著一個小團隊造訪臉書的帕羅奧圖辦公室，他當時的確有意收購。祖克柏遲到了，因為他在主機代管處處理伺服器危機。德沃爾夫對臉書印象不錯，但在 Accel 輪募資後認為臉書的估值過高。等到那年夏天，梅鐸（Rupert Murdoch）的新聞集團（NewsCorp）以 5.8 億美元收購 MySpace。MySpace 這下口袋有錢，準備好出更高價買下臉書，但祖克柏沒興趣。

整體而言，祖克柏似乎不緊張 MySpace 的用戶數大幅領先。他認為新聞集團收購 MySpace 並不是威脅，而是證實了社群媒體公司的價值。臉書團隊認為 MySpace 不算科技公司，缺乏開發產品的紀律。祖克柏毫不掩飾他的看法，就連在 MySpace 的創辦人面前也直言不諱，讓他們很惱怒。德沃爾夫不認同祖克柏的說法，他說：「我認為我們都是媒體，也都是

科技公司。」但他也承認臉書比較工程導向。後來，祖克柏在新聞集團的活動上見到梅鐸，他告訴梅鐸，媒體的未來不是看福斯新聞（Fox News），也不是送到家門口的《華爾街日報》（*The Wall Street Journal*），而是看到朋友在網路上放的連結。

維亞康姆曾透過旗下的 MTV 鍥而不捨地想收購臉書。見過幾次面之後，祖克柏回絕了他們。祖克柏也拒絕了 Google 的出價。

然而，有一家公司打死不退。雅虎當時是價值數十億美元的網路巨擘，用戶達數億人。臉書產品長赫希曾在雅虎擔任高階主管，他顯然向前老闆透露了臉書的估值。雅虎執行長塞梅爾（Terry Semel）一路收購 Flickr 與 Delicio.us 等以社群為主題的網站，開始把拿下臉書當成最大的目標。他先前曾錯過收購 Google，這次可不能再錯過。

「一開始，雅虎為了讓我們上談判桌，號稱可能以 30 億收購。」祖克柏說，「我說：喔，好啊。但真的開始談之後他們又改口為 10 億。」

10 億美元依舊是不可思議的數字，令人很難想像。用 10 億買下還在嬰兒期的公司，公司僅 20 歲的創辦人將能拿到幾億美元。

跟其他公司比起來，祖克柏並沒有特別想把公司賣給雅虎。有一天，一名工程師第一天上班[6]，看到赫希正在打包。新人問祖克柏，怎麼做才不會和那個人一樣被解雇。

「不要想在我背後賣掉我的公司。」祖克柏回答。

當時的董事會議，提爾與布雷爾也在，祖克柏裝模作樣看著錶，宣布：「八點三十分似乎是回絕 10 億美元的好時間，就跟其他任何時間一樣。」[7]祖克柏等於是在威嚇所有董事，最好不要想賺快錢。

臉書不賣

然而，令人不安的事態發展，讓祖克柏的氣勢弱了下來。2006 年中，臉書停止成長。看儀表板就知道，用戶數停止增加。大學生都已經加入了，但臉書並未在高中一炮而紅，職場網也失敗了。

「我們進軍高中沒有成功，成長速度也變慢。」祖克柏回想。當時動態消息尚未推出，臉書很快就會向所有人敞開大門，但公司裡也有人認為，公開註冊是最大的賭注。有人認為臉書應該更專注在大學生族群，在那個市場打造其他服務，當那個市場的霸主！然而，祖克柏決心玩一場真實世界的《戰國風雲》，大學只是遊戲紙板上的一小格。

「從一開始就非常清楚，這是給全球所有人的服務。」柯勒表示，「祖克柏認為：不，我不要深耕大學，我要擴展到全球。」

祖克柏試圖拖延雅虎。雅虎執行長塞梅爾在會議上抱怨，臉書團隊的動作不夠快，太沒經驗，不會做生意。祖克柏開會時，也從頭到尾陷入他招牌的放空狀態。直到在場所有人都快受不了時，祖克柏才開口。

「嗯，」祖克柏說，「我們認為企業不是什麼好東西。」

雅虎的總經理羅森斯威格（Dan Rosensweig）開玩笑緩和氣氛。「雅虎是其中比較不爛的。」現場哄堂大笑，但依舊陷在僵局。臉書當時的法務長凱利（Chris Kelly）表示：「塞梅爾那套好萊塢的談判法 *，在祖克柏身上一點用都沒有。」

凱利是少數支持祖克柏立場的人。他知道老闆的決心可能動搖了，想到或許可以幫忙牽線，找抱持不同觀點的矽谷老

---

* 譯注：塞梅爾任職於雅虎前，在華納待了二十幾年。

將，讓他們聊一聊，說不定有幫助。凱利認識知名投資人麥克納米（Roger McNamee），於是安排兩人見面。祖克柏一個字都還沒說，麥克納米已經正確分析出當下的情勢。祖克柏沒談多久，就脫口說出真心話，他不想賣公司，但猶豫是否該賣。「我不想讓大家失望。」祖克柏說。麥克納米說出令祖克柏感到窩心的話：他應該追隨他的心。

祖克柏面臨龐大的壓力，范納塔堅信賣掉公司才是正確決定。一天晚上，他和祖克柏在辦公室激烈爭論，談到凌晨一點多。「如果你不賣公司，」祖克柏回憶范納塔告訴他，「你會後悔那個決定，後悔一輩子！」

祖克柏知道，如果他真的賣掉公司，他才會後悔，但他不確定該如何處理那麼高的出價。那麼多錢，真的可以拒絕嗎？祖克柏沒有一套可以評估公司價值的基準。「祖克柏十分為難，」法務長凱利表示，「他當時精神十分緊繃，有時會想事情想到呆掉。」

祖克柏的確很不安。自從 Thefacebook 在哈佛一飛沖天，這趟旅程中的每一步，他都抱著很大的企圖心，隨時抓住機會。然而，祖克柏也會懷疑自己。就像任何二十幾歲的人一樣，突然被扔進深水、必須做出如此重大的財務決策，一定都會猶豫。這真的能成功嗎？他憑什麼做這個決定？「我絕對有冒牌貨症候群，」祖克柏說，「我身邊都是我很景仰的高階主管，我覺得他們比較懂經營公司。他們基本上讓我相信我必須接受這個出價。」

祖克柏的確一度屈服，同意收下錢，但雅虎執行長西摩聰明過頭。臉書日後也會進行大型收購，但採取快刀斬亂麻的策略，眾家創辦人還搞不清楚狀況時，就糊里糊塗簽字賣掉公司。西摩的風格不一樣，他沒有把祖克柏關在律師事務所直到

成交才放他走，他自認占了上風，可以進一步砍價，重啟談判，西摩表示雅虎自從開始談判後，股價下跌兩成左右，所以這次的收購價應該要和雅虎股價下跌的比率一樣，因此買下臉書的價格要下修到 10 億以下。

祖克柏抓住這點，當成反悔的藉口。「雅虎幫了我一把，他們開價不斷食言。」祖克柏說。「一路上，每走一步，團隊都嚇得要死，大家說：聽著，我們應該快點落袋為安。我說：我們能不能至少有共識，如果他們這次又反悔，我們就算了？」祖克柏重拾決心，做出最後決定，他不賣。這一次，柯勒支持他。提爾則一如往常，尊重公司創辦人的意願。莫斯科維茨一直都支持祖克柏。剩下的人不高興也得接受。

在一個 8 月底下午，祖克柏出現在公司租的房子。臉書人聚集在泳池邊喝啤酒聊天，又是一個平常的臉書上班日，永無止境的辦公室派對。有好幾週，大家不確定臉書究竟會不會和先前一樣繼續這場旅程，還是會被賣掉，成為雅虎的一部分。雅虎在 2006 年已過了全盛時期，不太可能有能力讓新收購的公司發揮該有的潛力。雖然收購談判都是在公司以外的地方進行，只有少數人知道詳細內情，但有可能被雅虎收購的傳聞仍讓臉書烏雲罩頂。祖克柏告訴大家，都結束了：臉書不賣。

一方面，整件事終於落幕，臉書人鬆了一口氣，畢竟他們相信臉書的使命。祖克柏在每次全員大會上發出的豪語起了作用。此外，被賣給雅虎代表夢想結束了，也代表他們人生中的一個時期結束了，永遠不會再有那樣的日子：一邊為數百萬人喜愛的東西拚了命工作，一邊則是每天都像電腦宅的春假，有辦公室戀情，電動，還有不停瘋狂寫程式。大家都不想變成雅虎員工。「這很明顯，」臉書第 51 號員工羅斯表示，「雅虎已經不酷，而臉書當時非常酷。」

儘管如此，有的臉書人夢想著一夕致富。他們手中的股票選擇權能買下的房子，甚至比他們小時候住的好房子還棒。買完房子後剩的錢，還夠他們吃喝玩樂好幾年。一切都能在他們25歲以前成真！

　　「我們熱愛我們做的事，」當時的一名臉書人表示，「但我的天，可以拿到三、四百萬美元耶？」

　　迪安捷羅當時終於從加州理工學院畢業，那年秋天回臉書，公司裡的愁雲慘霧嚇了他一跳。「不是所有人，但大概八成的人都意志消沉，」迪安捷羅說，「他們都很失望公司沒賣成，認為公司不可能實現估值。」

　　祖克柏沒有鼓舞軍隊的經驗，替人加油打氣不是他的性格。大喊：「稱霸天下！」並不等於戶頭裡多了幾百萬美元。「我不認為他有計畫，」迪安捷羅說，「當時他不知道人們期待他扮演的領袖該做些什麼。第一次當領袖很難做得好，更何況又那麼年輕，但那不是理想的領導。」

　　雅虎收購案過後的低迷士氣，祖克柏日後把責任算到自己頭上。他在2017年的哈佛畢業典禮演講上指出，他未能有效向員工溝通臉書的目標。在缺乏強大的內部支持下，他感覺被孤立。祖克柏告訴我：「那是目前為止，我的人生中壓力最大的一段時間。」排名在劍橋分析事件之後。

　　祖克柏並未忘記誰跟他站在一起，誰不支持他。[8]祖克柏日後回想：「有一年半的時間，關係非常緊繃，管理團隊的每個人都離開了。」他的聲音裡帶著開心，「有幾個人是我開除的。」

　　祖克柏努力保持獨立，反映出他認為臉書現在有了重要的使命——連結全世界。

　　他只需要啟航就行了。

網站拉皮震撼彈

動態消息推出的前夕，負責打造的團隊覺得自己完成了一件創舉，公司其他員工開始「吃自家的狗糧」（dogfooding，意思是自己測試產品原型），而大部分的人已經上癮。不過，臉書的工作地點是一個社群空間，大家本來就知道彼此的祕密。對他們來說，八卦原本就傳很快，動態消息只不過是加速與自動化謠言的散布。至於隱私權，他們認為既然臉書使用者原本就已經會隨時查看彼此的個人檔案（那是臉書上的關鍵活動），那麼臉書搶先把你朋友的消息送到你眼前，也沒什麼大不了。臉書上的資訊全是人們自己選擇要分享的，對吧？

儘管如此，有的臉書員工還是料到會出事。一直要到開發流程的很後段，客服團隊才看到新產品。由於客服人員平日必須處理客訴，他們太清楚許多使用者，甚至是大部分用戶，都不知道臉書掌握了自己的哪些資訊。客服團隊一看到動態消息就知道，用戶會抓狂。

然而，客服團隊發出的警訊被置之不理。柯勒表示：「我們心想：管他的，反正人們隨時都在看彼此的個人檔案，到底有什麼好大驚小怪的？」

公司內部提出的意見，的確有一件事獲得討論，但比較是出於商業上的考量，而不是擔心侵犯隱私權。臉書上的資訊流通缺乏效率，反而對公司來說有好處：用戶必須一一點選不同人的頁面，才能找出朋友的新消息，代表你會看到更多廣告。祖克柏新雇用的高階主管中，還有幾個人擔心動態消息會減少廣告曝光次數，傷害到臉書原本就不多的營收。然而在祖克柏的支持下（他當然會支持，動態消息是從他的私人筆記開始打造的），動態消息團隊認為長期而言他們的產品將能帶給臉書最大的好處。

動態消息另一個可能引發用戶抗拒的原因，在於動態消息不僅是顛覆性的新產品，也等於是網站整個重新設計。重新設計永遠會引發爭議：不論新的有多棒，都有人會要求「還我舊臉書」，即使臉書問世還不到一年。「光是那一點，我們就知道會很災難，」卡拉漢表示，「不要說動態消息了，光是重新設計就會引發軒然大波。」

　　祖克柏不為所動。他已經開始認為用戶抗議只是一時的喧囂。只要你低頭不理會那些聲音，人們就會習慣，一、兩週後一切就會像從未發生過。「祖克柏認為這次也一樣，」卡拉漢說，「但這次錯得離譜。」

　　臉書一般在半夜推出產品，從不預告，新功能會像彩蛋一樣出現。用戶會開始使用，有任何設計上的缺點或錯誤，晚一點再修正。這次的動態消息上線又特別突然：用戶登入時，螢幕會告知臉書改變了。想繼續使用，他們必須點選「太棒了」這個按鈕，沒有其他選項。按下去之後，熟悉的臉書頁面就會消失不見，完全被朋友的資訊流取代。

　　用戶會愛死了，對吧？

　　太平洋時間凌晨 1 點 06 分，動態消息上線。很多穿著標準帽 T 配牛仔褲的臉書員工，也加入臉書大學大道 156 號辦公室的動態消息團隊，等著倒數。臉書過去的產品，都沒有像這次一樣耗費那麼大量的時間與心血：超過六個月。祖克柏打造最初的臉書時只花一個多禮拜。不只如此，動態消息是公司的新方向，是分享個人資訊的全新、說不定更容易成癮的方法。動態消息就像是臉書公司存在的理由，在單一產品中體現出來。

　　桑維寫了一篇公司網誌，標題是〈臉書拉皮了〉（Facebook Gets a Facelift），解釋為什麼臉書突然看起來不一

樣。「我們新增兩個很酷的功能，」她寫道，主要的新功能就是動態消息。「〔動態消息〕會凸顯你的臉書社交圈發生的事，一天之中不斷更新個人化的動態清單，讓你知道馬克把小甜甜布蘭妮加進他的最愛，或是你暗戀的人又恢復單身了。」另一個很酷的功能「迷你消息」，讓你完全掌握每個人得知哪些關於你的事。

然而，用戶沒先看那篇網誌，直接按下「太棒了」按鈕，接著不熟悉的畫面不斷在眼前垂直流動，社群世界裡發生的每件事不斷滾動。安姬發布了一張照片。萊恩會去聽史努比狗狗的演唱會。鮑比分手了。

那就好像你正在跟人親熱，突然有人闖進來，一把掀開罩著你的毛毯，全部看光光。

史提克也在大學大道 156 號等著看用戶的反應。他看到的第一句評語是「去他媽的迷你消息」。史提克像是挨了重重一拳，因為那個功能是他設計的，藍圖就是祖克柏一絲不苟的精確鉛筆草圖。負責顧客支援的詹澤（Paul Janzer）認為那是壞預兆。如果用戶連「迷你消息」都討厭，首頁上的完整動態消息會讓他們做何感想？

儘管如此，團隊以為這應該只是重新設計會出現的正常顛簸。桑維回憶：「我們想得很簡單：或許接下來幾小時就會漸漸平息。」凌晨 3 點，大家各自回家。

隔天早上他們再度回辦公室時，抱怨聲浪一點也沒平息。「可以說，動態消息引發暴動。」桑維表示。人們在大學大道上排起抗議隊伍，那條大道上本來應該只有要散步到咖啡廳、油炸鷹嘴豆餅店的行人，外加三三兩兩有禮貌的街友。電視轉播車塞住街道，柯勒在手機上告訴女友事情變得有多瘋狂。突然間，電視台的麥克風桿子吊著一台攝影機伸向二樓窗戶，位

置就在柯勒桌旁。帕羅奧圖警方表示人手不足，無法處理大型民眾抗議，要臉書關掉動態消息，示威運動才會散去。公司史上頭一遭，臉書的領導者覺得有必要雇用警衛（誰都沒料到臉書有一天會必須雇用一小隊警衛，每天在臉書保護公司的財產與員工。）

一把更大的火也快要燒到臉書。21歲的西北大學（Northwestern University）大三生帕爾（Ben Parr）在9月5日醒來，被突如其來的大量朋友資訊淹沒，他氣炸了。他用即時訊息問了幾個朋友，想知道還有誰跟他一樣生氣，接著立刻組織「抗議臉書動態消息學生社團」（Students Against Facebook News Feed）。午休時已經有一萬人加入，那天結束時已經來到十萬人。《時代》還去訪問帕爾。

臉書尚未了解到，動態消息把資訊推到人們眼前，性質跟公布在個人首頁上的資訊完全不同（其實有人提醒過，但公司沒聽進去）。有一件事特別能看出不同點：臉書鼓勵使用者把「感情狀態」這項資訊加進個人檔案，有點像是象徵著感情生活狀態的情緒戒指*。「感情狀況」可以宣布已婚、單身、戀愛中，或是「一言難盡」。有人變更個人檔案頁面狀態時，訪客不會多想，會直接認為只是陳述自己的愛情生活。但是，如果狀態一改變就會立即被廣播給所有的朋友，對你的社交圈來說就像是一疊丟到門前的八卦報。你被女友甩了，突然間你的朋友清單爆炸，大家變成看熱鬧的路人，等著聽勁爆內幕。全都是因為臉書！臉書的公司信箱被塞爆，人們憤怒咆哮，他們的感情狀況和其他「新聞」，成為全新媒體管道上不受歡迎的內容。

---

* 譯注：這種戒指的顏色據說會隨著戴的人的心情變化。

「我們聽見了。」柯勒說。他說得可真輕鬆。動態消息上線第一天，客服團隊接到的電子郵件抱怨就超過平時三週的量。客服長詹澤估算第一天大約冒出三萬封電子郵件。

祖克柏人在東岸旅館，和驚慌失措的范納塔思考他們的選項。他們認真考慮重啟，先回到沒有動態消息的版本，再讓用戶選擇要不要動態消息。范納塔希望直接砍掉動態消息，臉書的一位主要投資人也這麼認為。各位，這很簡單，那位投資人寫電子郵件給他們：關掉就好。

先做再說、有問題就道歉、繼續前進

臉書最近剛雇用公司第一位全職公關巴克（Brandee Barker）。巴克原本認為這份工作有點大材小用，因為她已經有 15 年工作經驗，但她看中臉書的大好前景與充滿活力的員工，因此決定加入。巴克先前沒有什麼和祖克柏共事的經驗，現在卻必須和他隔著美洲大陸在深夜溝通。「祖克柏告訴我：『我認為我們應該寫一篇網誌道歉。』」巴克說，「那是第一次，以後還會有許多次，我心想：哇，這個 23 歲的人會教我許多〔公關〕技巧。」

同一時間，桑維和團隊盯著網站紀錄檔，發現了不可思議的事。雖然數萬名用戶表達不認同動態消息，他們的行為卻顯示他們口是心非。用戶花在臉書上的時間更長了，證實整個概念確實有效。桑維跑去找莫斯科維茨，告訴他關掉動態消息不是好點子。

抗議者聲勢浩大，反而證明了他們想要扼殺的產品大受歡迎。人們對於動態消息的憤怒瞬間野火燎原，而助他們一臂之力的正是動態消息。博斯沃斯、考克斯與其他人寫出演算法放大器：當你有幾個朋友採取相同行動（例如加入某社團），那

件事就會在你的動態裡排名很前面。隨著更多人加入帕爾的抗議社團，其他人按讚後就引發了滾雪球效應。人們的動態充滿加入抗議社團的邀請，他們加入後，朋友又會連帶得知那個社團。到了那週的尾聲，近十分之一的臉書用戶都加入了「抗議臉書動態消息學生社團」，其他人則加入了「我討厭臉書社團」（I Hate Facebook）與「露琪是惡魔」（Ruchi Is the Devil）*。

「動態消息突然給了人們聲音，那是他們在其他平台沒有的。」桑維表示，「這不只是言論自由而已，人們還獲得了可以大聲說出感受與想法的平台，可以獲得支持，廣為人知。以前除非是上電視受訪或是被報社記者採訪，否則做不到這樣的事。」

9月5日晚上10點45分，祖克柏公布回應，標題是「冷靜，呼吸，我們聽見你的聲音了」。[9]巴克和休斯幫忙編輯，修改過好幾輪的草稿。那個姿態很高的標題呼應了其餘的內文：他們知道「許多人沒有立刻愛上動態消息」，但堅持這個產品很棒。祖克柏已經掌握資料，他知道不論人們說了什麼，他們的行為顯示他們愛動態消息，因此他有籌碼能堅守立場。「我們同意跟蹤狂不酷，但能夠知道朋友的生活近況很酷。」祖克柏寫道。他也指出露琪・桑維不是惡魔。總之，動態消息不會取消，但祖克柏保證會加上隱私權控制，以回應大家的抱怨。

接下來幾天，動態消息團隊連夜趕出一開始就該有的隱私保護功能，包括隱私「混合器」（mixer）讓用戶可以控制誰能看到他們的某項資訊。羅斯柴爾德日後表示[10]：「我不認為

---

* 譯注：露琪・桑維負責主持開發動態消息。

有人用過那個功能。」但光是知道自己可以控制，似乎就平息了憤怒的民意。人們以令人驚奇的速度瞬間習慣：他們在臉書上做的事最終將傳遍整個臉書。

臉書在第一次公關危機中學到很重要的一課，大概是錯誤的一課。臉書急於推出涉及重大隱私議題的產品（連公司內部也有人知道會有問題），卻照樣推出。「在這類事情上，我們不會太在意。不是因為我們冷酷無情，而是要做出好東西，有時得先做了再說。」潔明德回顧這起多年前的往事，「你不能害怕。」

的確，危機爆發了沒錯，但快速行動與沒掉眼淚的道歉，就讓情勢和緩下來，人們最後愛上這個產品。

「這是祖克柏和臉書公司的縮影，」柯勒表示，「出發點很好，一路上出現失誤，坦承失敗，解決問題，繼續前進。那基本上就是臉書的運作方式。」

這次的事也是隱私權的一課。人們嘴巴上抱怨缺乏隱私權的概念，實際上卻更愛與朋友分享，尤其想知道朋友在做什麼。人們也離祖克柏的新隱私權標準願景又更近了，彼此分享愈來愈多的事。

不過，祖克柏早就在當年的 Facemash 事件中學到這件事了：人們愛偷窺的程度超乎我的想像。

不久後，臉書推出開放註冊，這次稍微謹慎一點，尤其是開放註冊反映出臉書哲學出現重大轉變，為了祖克柏連結世界的願景，要拋棄原本內建的隱私權。「很長一段時間，動態消息與開放註冊是臉書的主要計畫。」卡拉漢表示，「諷刺的是，我們一直以為開放註冊會是地雷區。」臉書這次不再突然上線，而是事先通知媒體，測試水溫。

民眾對於臉書即將敞開大門的反應，反映出他們對臉書的

疑慮。「使用者開始比較臉書和 MySpace 後，臉書會受傷。」
[11] 教堂山北卡羅萊納大學資訊圖書學的研究生史圖茲曼（Fred Stutzman），成為媒體詢問學生如何使用臉書的主要請教對象。「臉書每一次的變動都不免帶來後座力，」史圖茲曼補充，「但臉書現在無法回頭了。」

然而，開放註冊推出時，沒出現憤怒的群眾，反而出現了數百萬新用戶。祖克柏表示：「最後的結果比我們想的更好。」

2006 年最後幾個月，以及進入 2007 年後，臉書原本停滯的用戶數開始上升。祖克柏回憶：「推出後的一週內，我們從每日大概不到一萬人加入，飆升到每日 6 萬至 8 萬，之後一直快速地成長。」

開放註冊讓數十億用戶湧進臉書，動態消息又讓他們欲罷不能，每個人都被臉書深深吸引，就像當初 Thefacebook 問世時大學生的情況。這樣的臉書後來也會助長霸凌、仇恨與致命的假消息。祖克柏的「改變之書」儘管流通範圍不廣，但其影響力遠遠超越最賣座的暢銷書。

第二部

成長擴張

第 7 章

開發者生態系，
埋個資外洩禍根

　　莫林（Dave Morin）從小在美國蒙大拿州玩電腦長大，他靠著在宿舍經營網站開發公司，供自己念完科羅拉多大學波德分校（University of Colorado Boulder）。2003 年畢業後，莫林進入夢想中的公司，在蘋果的高等教育行銷團隊。他的工作是吸引大學生使用蘋果的工具，負責主持蘋果的校園代表計畫。當時全美大約只有一百位代表，大部分都是電腦宅，他們的任務是提供同儕技術協助。莫林把計畫變成一種傳福音，代表人數大增至九百人，每個人都向同學推銷蘋果。莫林相信社群的力量，總是催促代表們快點加入社群網絡，Friendster、LinkedIn，甚至是 AIM 都行。2005 年初的某一天，哈佛的蘋果代表打電話給莫林：你一定得瞧瞧這個叫 Thefacebook 的東西。

　　莫林還留著科羅拉多大學的 edu 電子郵件帳號，所以他註冊臉書，馬上為之驚艷。AIM 當時等於是大學生的通訊系統，但莫林不喜歡 AIM 的使用體驗，因為你找不到任何人，也不知道聊天對象是誰，每個人都用模糊的暱稱。臉書使用真實姓名，甚至還在個人檔案提供 AIM 暱稱。莫林也對臉書內建在網路架構的隱私權印象深刻：你可以瀏覽或傳訊息給同校

的任何人，但其他學校的人就不行。勝負已定。莫林心想：這太天才了。

莫林立刻試著找出 Thefacebook 是誰做的，很快就抵達帕羅奧圖一間小辦公室。辦公室的壁畫感覺出自某個有才華又好色的塗鴉者之手。公司領導人祖克柏顯然超級聰明，但幾乎不說話。莫林和莫斯科維茨、帕克比較快變熟。

當時和臉書合作的大品牌，只有派拉蒙影業（Paramount Pictures）在臉書上大打《海綿寶寶》電影的廣告。莫林對買廣告沒興趣，他希望成立推銷蘋果的臉書社團：人們可以得知蘋果產品的新消息、分享影片與其他內容，或是交換 Mac 使用訣竅。蘋果會用 iPod 和 iTunes 禮品卡等免費禮物吸引人上門。莫林最後和臉書談好，蘋果每月支付臉書 25,000 美元，合約總值可能有達百萬美元。帕克後來在向 Accel 募資時也強調這個合作案。

談成合作時，莫林已經和祖克柏混熟，兩人和莫斯科維茨一聊到圖論、認同理論（identity theory）、訊號理論（signal theory），就停不下來。訊號理論談人類如何利用「地位指標」（status indicator）等發送身分認同訊號。莫林開始了解，臉書是最重要的地位指標，也是新社會秩序的潤滑劑。臉書打造出人們未來如何與彼此一起生活的方式。

祖克柏和莫斯科維茨力邀莫林加入臉書，但莫林無法放下蘋果美輪美奐的總部，到帕羅奧圖市中心的瘋狂新創公司工作。有一次，莫斯科維茨和卡拉漢去找莫林，抵達蘋果占地遼闊的無限迴圈（Infinite Loop）園區。「這地方可真不錯，」他們告訴莫林，「但有一天我們會更大。」

真的嗎？莫林心想，不可能吧！

莫林試著讓自己在蘋果的老闆對臉書產生興趣，夢想著為

蘋果打造社群作業系統（social operating system）。與其以檔案為單位，為什麼不用人來組織你的系統呢？或許蘋果可以買下臉書，當成這個新系統的基礎。這個點子被推銷給執行長賈伯斯，結果被拒絕了。賈伯斯對收購別的公司持開放態度，但為什麼要和只開放給大學、用戶僅數百萬的網站結盟？MySpace的用戶數可是高達 5,000 萬。

莫林和臉書保持聯絡，2006 年的某個秋日，莫斯科維茨再度到蘋果所在地庫比蒂諾拜訪莫林。莫林問他：社群作業系統的點子不是超讚的嗎？莫斯科維茨直直瞪著他，這不就是我們在臉書一直在談的東西嗎！他告訴莫林：你應該現在就來臉書做這件事。

當時賈伯斯剛在史丹佛的畢業典禮上發表著名演說[1]，他要學生每一天，都不要忘了死亡隨時可能到來。那個忠告給了莫林勇氣，離開從小嚮往的蘋果，加入他認為即將大放異彩的臉書。莫林在員工活動時去找賈伯斯，說自己那天早上看著鏡子，領悟到自己一定得去他每天都在提的那家新創公司。賈伯斯只問了一個問題：他們有沒有給你夠多股票？

有的。莫林今日身價至少達 1 億美元。

那個週末，剛進公司的莫林在臉書辦公室和祖克柏聊天。當時是半夜，他們在角落的房間，祖克柏經常在那裡做一對一員工談話。房間全是白色，白色桌子、白色牆壁、伊姆斯牌（Eames）白色椅子。幾乎所有牆邊都有白板。人們稱那間房間為「雲室」（Cloud Room），但有時更像審訊室。

祖克柏告訴莫林，蘋果是創新的公司，但臉書是革命的公司。莫林精神大振，他第一次覺得了解祖克柏和臉書。臉書是掀起革命的。

而莫林會是這場革命的一份子，一起打造出平台，讓臉書

躋身最頂尖的科技公司，一切已是進行式。

臉書平台即將問世。

成為社群最大作業系統

臉書平台的第一個追隨者是工程師費特曼（Dave Fetterman），他在 2006 年 1 月加入臉書。費特曼來自賓州約克（York），在 Thefacebook 問世前一年從哈佛畢業，進入微軟工作。那年冬天，幾位年約 25 歲的頂尖工程師離開位於西雅圖的微軟，跳槽到臉書，他們被稱為「微軟五人組」（Microsoft Five）[2]，費特曼是其中一員（博斯沃斯也是）。這幾位新來的工程師一起租屋，把住處命名為「臉書兄弟會」（Facebook Frat）。費特曼進公司的第一件工作是在個人檔案頁面上多加幾個「感情狀態」選項。臉書就是在此時決定增加「一言難盡」（it's complicated）這個選項（在往後的歲月，這幾個字會登上成千上萬臉書報導的標題）。

費特曼替成長中的臉書公司完成一項又一項的任務，他忍不住想著莫斯科維茨在面試時隨口拋出的問題：臉書的開發平台會長什麼樣子？「開發平台」代表其他軟體開發者的技術閘道，大家利用臉書的資料替社群應用寫軟體。第一步將是建立「應用程式介面」（application programming interface, API），有點像是一個軟體插座，人們插進自己的軟體後，可以取得平台上的資料。

費特曼問莫斯科維茨，能不能讓他負責寫那個 API。莫斯科維茨說不行。下一週，費特曼再問一遍，答案同樣是不行。費特曼最後決定先寫了再說。他打造好閘道，寫出原型應用，提供軟體開發者利用 API 打造東西的範例，名稱是「范納塔的氣球店」（Owen Van Natta's Balloon Store）。應用程式透過

API 存取臉書資料，取得范納塔朋友的生日。「那是你這輩子看過最醜的 HTML。」費特曼說。

費特曼向同事示範。這不是很棒嗎？他問同事：如果說，你可以上亞馬遜，看到你的朋友在讀什麼書？或是到任何網站，都可以看到你的朋友在那裡做些什麼？那就像是到處都是臉書。

然而這也代表，生日 app 就會知道范納塔朋友們的生日，但這些人並未同意提供這項資訊，甚至不知道自己的資訊已經被交出去。此外，如果有人使用亞馬遜 app，那麼全球最大的書店將在當事人不知情的情況下，得知每個人的朋友的閱讀習慣。

那是臉書未來會苦惱很多年的問題。

費特曼的點子被提交到臉書智囊團面前。大家幾乎是異口同聲說：我們為什麼要把我們的網絡送給別人？費特曼回想，只有一個人認為值得一試。

「我認為我們可以研究這件事。」祖克柏說。

那年夏天，臉書釋出費特曼的 API，失敗了。「我們說：嘿，大家快點來喔，來用臉書的平台打造有趣的東西，」費特曼表示，「但沒人注意到這件事。」

結論是光是釋出 API 還不夠。首先得想辦法讓臉書用戶知道，有其他運用這個 API 的社群應用程式，而且他們的朋友也在用。這是關於傳播的問題。

臉書碰巧正在打造傳播朋友資訊最有效的方法：動態消息。為什麼不利用動態消息，吸引用戶使用在新平台上運行的 app？

臉書和祖克柏急著嘗試這個概念。那是他們雇用莫林的原因：擔任開發者關係的先鋒。臉書技術長迪安捷羅（他終於從

加州理工學院畢業，全職在臉書上班）負責主導這個平台工程團隊，費特曼擔任技術領導人。經過無數次的白板時間後，費特曼關於 API 的初始點子，演變成規模大很多的任務，app 不會放在其他任何網站上，而是放在臉書自家的「canvas」頁面。使用者將透過動態消息，得知相關 app 的消息。

「我們告訴大家，在人們信任的藍白界線內，有一個叫 canvas 的園地，你可以在那裡打造任何夢想。」費特曼表示。

A 計畫（費特曼最初的 API）與新的 B 計畫不同之處在於，B 計畫讓臉書不只是平台，而是作業系統。這是矽谷價值金字塔的頂點。擁有作業系統，就擁有自己的壟斷王國。早期最成功的作業系統是微軟的 Windows，法官認定 Windows 事實上是超大型的壟斷。雖然有許多矽谷領導者仍視微軟為業界的黑武士，祖克柏非常景仰蓋茲的公司。沒人能打敗 Windows 系統，因為大多數個人電腦使用者的電腦都是 Windows。為了觸及那些顧客，軟體工程師不得不用 Windows 寫軟體。祖克柏想像臉書要成為社群版的 Windows。如同微軟占領桌面世界，臉書將掌握社群世界。

打造社群作業系統會是極為複雜的任務。以照片 app 為例，每張照片都有潛在的隱私權限制：為了實現對用戶的承諾，做到讓用戶自行掌控誰能看到他們的資訊，臉書必須對每一個步驟加以設限：這張照片每個人都能看到嗎？還是只有朋友能看到？

然而，臉書如今答應外部人士可以取得臉書內部 app 使用的相同資訊，自行製作照片 app 或其他任何應用。這是吸引開發者的一大誘因，但臉書能否信任外部人士、把資訊交到他們手上？

前 PayPal 高階主管列夫欽（Max Levchin）成立了一家叫

Slide 的公司，他認為資訊分享將是臉書作業系統的本質，一直遊說迪安捷羅，要讓開發者以最大程度與臉書整合。但那麼做將帶來隱私權問題。社群 app 最基本的定義就是開發者不但能取得用戶個資，也能得知他們來往對象的詳細資料。由於用戶實際上是輸出他們的社群網絡，其中一定有資料是屬於其他人的。實際使用 app 的用戶，他們的「臉友」並不知道自己的資訊被交出去了。該給用戶機會審查這個交換嗎？此外，用戶也可能把部分個資標註為限制使用。當開發者能存取所有的資訊，臉書又該如何確保他們會遵守那些限制？

祖克柏知道臉書必須保住用戶的信任，但他也認為社群 app 值得冒資料可能外洩的風險。「大家一直在研究該分享哪些資料。」當時的一位高層表示，「**馬克很強調，我們必須做到讓其他開發者能做出和臉書自己來一樣好的東西**。臉書當時是小公司，光是要讓人對臉書平台感興趣，就必須提供開發者這樣的資料。」

臉書的確採取了一些預防資料外洩的步驟。一般而言，臉書要求開發者要將特定資訊存放在臨時的記憶體快取，不能下載至永久儲存區。此外，開發者必須向臉書保證不會將資料販售給其他人或釋出。那絕對是最嚴重的情況。

最終，臉書的防護機制對開發者的行為偏向樂觀看待。當時的臉書高階主管今日承認，相關保護相當薄弱，部分原因出在臉書 2007 年握有的資料跟日後的狀況不能相比。當時風險比較低，標準做法也不同。在那段時期，科技圈極力主張臉書不該封鎖資訊，應該更開放。臉書的批評者稱臉書為「圍牆花園」（walled garden），意思是人們造訪時使用的所有服務與功能，全都屬於目的網站。這些數位的「公司城」與網路的民主精神背道而馳，扼殺創新。拆掉你的花園圍牆，代表你支持

自由的網際網路。

因此，臉書在推出開放註冊與動態消息後，下一個大型計畫就是「平台」（Platform）。平台可能鞏固臉書的地位，讓臉書成為社群網絡世界的龍頭（還能協助臉書打敗 MySpace，MySpace 旗下已經有第三方 app）。打造出熱門 app 的人將進帳數百萬美元。臉書藉由允許他人使用臉書數百萬用戶的帳號，實質上成為人們線上身分的全球仲裁者。此外，新用戶大增，再加上人們待在臉書的時間變長，將帶來臉書尚未能變現的營收。

前述的許多事都會成真，但也有負面效果。臉書平台將帶來沮喪的開發者、憤怒的用戶，更醞釀出臉書史上最糟糕的災難。

F8 開發者大會

臉書平日就採取快速行動的做法，但這一次他們有更多倉促推出平台的理由。那年 1 月，蘋果執行長賈伯斯在人們的驚呼聲中宣布推出 iPhone。消息一出，大家都陷入瘋狂，在日曆上標好 6 月的日期，引領期待可以買到的那天。

理論上，iPhone 不會和臉書的平台競爭。有人批評蘋果不讓軟體開發者直接將應用寫在蘋果的作業系統上，但賈伯斯從來不甩這種意見。而且不論如何，蘋果對社群網絡沒興趣。

然而，臉書擔心賈伯斯是否真的不打算把 iPhone 開放給軟體開發者。莫林是賈伯斯的徒弟，他見過蘋果是如何專注地在市場上推出單一產品，結果產品卻得到新力量，給對手晚到但致命的一擊。iPod 問世兩年後，蘋果才推出 iTunes store。

因此，臉書充滿企圖心的設定 5 月 24 日就要上線，租下舊金山設計中心，那是舊金山市場南區的大型場地，許多新創

公司的聚集地，因此他們可以邀請到近千人參加臉書的首場開發者大會。他們把活動稱為「F8大會」，指的是臉書經常徹夜舉辦駭客松（hackathon），工程師花8小時以上拋出天馬行空的點子。或許是巧合，有人覺得F8讓人聯想到「命運」（fate）這個字，認為這暗示臉書即將成為命中注定的霸主，也或者是純屬想像。

在發表前，臉書提前幾週精心挑選出一群開發者，讓他們先睹為快，有時間準備好app，在臉書宣布時一起推出。有的開發者已經在替MySpace打造小型應用。其他開發者則是著名軟體公司。莫林得知亞馬遜正在開發數位閱讀裝置Kindle，試著說服亞馬遜和臉書合作，把Kindle打造成社群應用，但未能成功。不過，亞馬遜還是給了安慰獎，同意釋出「書評」app，方便臉書用戶彼此分享閱讀體驗。亞馬遜沒有想要自己寫這個app，後來是費特曼和史提克做出來的。

微軟與《華盛頓郵報》也是發布會的合作夥伴，不過臉書希望打頭陣的app，將是與兩位老友的合作：祖克柏在柯克蘭宿舍的朋友葛林與前總經理帕克。葛林與帕克正在打造網站，運用社群網絡協助行動主義者。莫林詢問他們是否有意願打造臉書平台的版本時，帕克認為這是深入整合至臉書的好機會，用戶會以為那是臉書的一部分，「應該要像是臉書官方的功能。」他表示。

計畫最初的代號是「Project Agape」，但最後的正式名稱是「Causes」，因為帕克希望讓人聯想到其他的臉書官方活動，例如「社團」或「活動」。Causes團隊拋下原本的網站，選擇直接在臉書上運行。祖克柏很喜歡，甚至提議用1%的臉書股份買下。葛林表示：「我說：好啊！但帕克不想賣——他已經有很多臉書股票。」

臉書平台推出時，一共有七十位開發者準備好 app。他們將一起在盛大的舞台上改變世界對臉書的看法。

臉書一般在深夜推出產品，頂多寫一篇網誌留念，但「平台」將象徵臉書爬升到科技食物鏈頂端，宣告這個祖克柏在學校宿舍的遊戲之作，已經從《哈佛緋紅報》畢業，成為叱吒風雲的商業網站。

莫林在思考開幕活動時，心中只有一個參考模板：賈伯斯深獲好評的蘋果簡報。他們在準備祖克柏演講時的視覺輔助時，請來史萊特（Ryan Spratt）幫忙，史萊特為賈伯斯製作過太多投影片，蘋果最後給他一間辦公室。莫林為了協助把訊息概念化，又請了擁有豐富蘋果合作經驗的 SYP 顧問公司（Stone Yamashita Partners）。

這一切都是祖克柏不曾做過的事：他將在盛大的公開活動上發表專題演說。當然，我們不能期待祖克柏會和賈伯斯一樣是優雅的演講大師。莫林說：「現在的祖克柏很擅長溝通，但那段時期他還在學習。」莫林對現在的祖克柏或許也過譽了。公開演說的壓力讓祖克柏異常地流汗。接下來幾年，祖克柏要演講時會要求後台的溫度維持在華氏 60 度（約攝氏 15.5 度）以下。臉書公關巴克經常得在祖克柏上台前拿吹風機幫他吹乾腋下。

祖克柏在為他的演講腦力激盪時，想出一些詞彙。這些詞彙在他日後解釋臉書的使命時，還會不時出現。最重要的是「社群圖譜」（social graph）。雖然社群圖譜的概念在為期數個月的深夜討論裡已經被討論很多次，其實可以一路回溯至迪安捷羅的「朋友動物園」，不過這個詞彙似乎最能體現臉書想帶給用戶的東西。

社群圖譜是指人們在真實世界中的關係連結。臉書藉由加

強你的雷達上親疏遠近的連結，打開你原本就擁有的社群網絡，讓你和那些在虛擬星座圖上距離相近的人保持密切的接觸，串起與你分隔一度、二度、三度的人們。

那年稍晚，祖克柏向我解釋：「我們並沒有擁有社群圖譜。」[3] 他放慢說話速度，讓報導主流話題的記者也能理解這個深奧的網絡理論。「社群圖譜本來就存在，過去一直都在，以後也永遠會在。許多人認為臉書是社群網站（community site），我們認為我們完全不是社群網站。我們不定義任何社群。我們所做的只不過是把真實世界中、真實人際連結的社群圖譜，以盡量精確的方式繪出圖像，了解那些連結是如何成型。」

套用祖克柏的話，一旦捕捉到那個圖像，臉書和平台上其他所有公司就能利用這個社群圖譜「打造出一套通訊公用程式，協助人們分享資訊給所有與他們連結的人。」

祖克柏沒說出口的是，臉書的野心是當唯一的公司，只有臉書捕捉到社群圖譜的完整圖像，就像是能獨家存取全球資訊網的搜尋公司。

祖克柏反覆練習他的演講，一連練習好幾週，手要怎麼擺，應該站在台上哪個定點，一切都經過排演。不過他還是他，他會展現本色，穿著招牌的刷毛衣和牛仔褲。他的腳也還是穿著那雙走到哪穿到哪、一點都不潮的夾腳拖。祖克柏在最後一秒發現，他愛穿的愛迪達（Adidas）拖鞋停產了，還叫助理想辦法找到還有在賣的地方（他們一次囤了十雙，以免祖克柏未來沒鞋穿）。[4]

祖克柏非常討厭公開演講，但他也知道不做不行。他將踏進競技場，化身為軟體世界的羅馬雄辯家西賽羅（Cicero），解釋臉書會如何創造出下一個重要平台。祖克柏的第一句話將

為整場演說定調。正式演講的前一晚，他過了午夜還在練習，一遍又一遍朗誦著台詞。

今天，我們將一起，掀起運動。

2007 年 5 月 24 日下午 3 點，祖克柏上台，辛苦練習有了成效，他順利講完，中間沒有太長的停頓，也沒有盜汗。無論如何，人們印象深刻的是那場演講的主旨。雖然臉書已經邀請大家參與好幾個月，科技菁英仍把臉書當成大學生網站。F8 永遠改變了那個觀點。[5] 祖克柏舉出許多統計數據證明這點。他告訴大家，臉書的兩千萬用戶，每日成長十萬人，在超過二十五個人口統計群組中都是成長速度最快的。臉書是全球流量第六大網站，還是地球上最受歡迎的照片網站。

活動過後，臉書舉辦盛大的駭客松，開發者在當晚為平台寫新的 app。這種通宵的寫程式派對不是臉書發明的，但駭客松完美符合臉書的快速行動精神。程式設計師手忙腳亂寫出在臉書上運行的 app 時，祖克柏、迪安捷羅、莫斯科維茨待在附近的 W 飯店大廳，確保系統不會當掉。

活動前一晚，祖克柏與莫林坐在講台邊，猜測新平台將吸引到多少開發者。數字很難預估。蘋果過了三十年也不過擁有二萬五千個開發者。Google 大約有五千位開發者替客製化的 iGoogle 首頁製作小工具。莫林說：「我還記得我當時想：如果我們也能以那樣的速度成長，應該很棒。」他的目標是五千位開發者，在一年內達標。

最後只花了兩天。

只要能增加互動，就能變現

iLike 創辦人哈迪·帕托維（Hadi Partovi）與阿里·帕托維（Ali Partovi）是一對雙胞胎兄弟[6]，父母小時候在伊朗革命

期間隨家人逃難到美國。帕托維兄弟取得電腦科學文憑後，先在微軟工作，後來自己創業，他們的公司可以讓人們和朋友分享音樂喜好、購買音樂會門票等等。iLike 以網站形式存在一年後，成為 MySpace 旗下的 app，不過效果不彰。兄弟倆聽說了臉書平台，擔任總裁的哈迪要擔任執行長的弟弟阿里快抓住這個機會：「在運算史上，先有個人電腦，再來有 Windows，有網路，現在有臉書平台。」[7]

他們剛離開發表大會，還沒回到公司，這次的賭注就出現成效，第一天就有四萬人使用他們的 app[8]，大約是之前平日使用人數的兩倍，接著用戶數飆升至數百萬。新使用者不但下載 app，還上傳自己的龐大音樂資料庫。iLike 當時的技術長布朗（Nat Brown）表示：「那種數字會對你的基礎架構造成重大的影響。」

哈迪‧帕托維急得像熱鍋上的螞蟻，打電話給莫林，問他知不知道灣區還有誰有多的伺服器。莫林知道在加州奧克蘭有一家公司，iLike 公司的人從西雅圖飛過去，在機場向 U-Haul 搬家公司租了貨車，把伺服器從奧克蘭運到臉書使用的資料中心。莫林也替其他 app 安排新的伺服器上架，許多 app 一飛沖天，用戶數同樣攻上百萬。臉書當時也只有兩千萬左右的用戶，因此這樣的成績好到不像真的。

為什麼平台能立刻超越臉書最樂觀的猜測？祕密就在於動態消息是超級強大的傳播引擎，力量超過臉書的預期。動態消息推出不到一年，臉書還在研究演算法，調整出現在人們牆上動態的排名。開發者遠遠超前。他們為了炒熱自家產品的熱度，一直在實驗各種技巧，有時會冒險利用各家平台的小漏洞。此外，他們深知人性，知道人們為什麼會點選或跳過某些東西。有的開發者已經精通在 MySpace 與其他網絡上造成「瘋

傳」的祕技，也知道怎麼做對自己有利，付出代價的則是臉書用戶。

Slide 和 RockYou 是病毒行銷的黑帶高手，在 MySpace 建立起大量追隨者。然而，儘管成功刺激用戶互動，或許是因為相關 app 靠焦土政策帶來成長，MySpace 開始對開發者感到不滿，覺得有些開發者沒帶來多少價值，有的還變成競爭者。「當時 MySpace 對第三方開發者並不友善，」RockYou 執行長朗斯・德田（Lance Tokuda）表示，「某次開會時，MySpace 執行長德沃爾夫甚至說，他們可能把大家踢出平台。」因此當莫林向他們保證，臉書打算允許開發者存取臉書系統，權限就和臉書自家工程師一樣，RockYou 和 Slide 立刻加入。

Slide 和 RockYou 專門提供浪費時間的活動，好像是在競爭誰能想出最沒意義的成癮性活動。他們提供臉書平台的第一個產品，甚至不是原創產品，只是改良臉書的既有功能。Slide 最受歡迎的 app 是 SuperPoke!，借用了臉書最無腦的功能。Slide 執行長列夫欽買下開發那個 app 的小公司，在臉書生態系中釋出，如同把亞洲鯉魚這種外來物種放生到美國的河川湖泊中。

他們的理論是，臉書用戶目前只能單純「戳」彼此，大家已經膩了，想要有更蠢的互戳方法。最後流行起來超級版的「戳」是「丟綿羊」，成為日後臉書無意義 app 的代表象徵。（列夫欽仍在替 SuperPoke! 說話，宣稱 SuperPoke! 增加了臉書溝通的「活力與樂趣」。還有人宣稱互丟綿羊與其他類似的東西，其實是十年後全面流行的表情符號的前輩。）

RockYou 也有自家版本的「戳」，叫「Hug Me（抱我）」。「擁抱是我們最受歡迎的動作」，執行長德田表示，「此外，你可以對人微笑，你可以一起跳舞，任何對使用者來

說好玩的動詞都可以。」Slide 和 RockYou 兩家公司永遠在互控對方偷了自己的東西。

不過，RockYou 的招牌 app 是「Super Wall」，人們可以更換臉書個人檔案頁面的塗鴉牆，換成更花俏的版本，還能上傳影片及其他媒體。由於 Super Wall 只有在你的朋友也有使用時才能用，RockYou 的傳播策略是用鋪天蓋地的邀請，攻占人們的塗鴉牆與動態消息。「我們取得他們的朋友 ID 清單，」德田說，「有了清單後，我們有辦法讓人們邀請朋友邀請所有『朋友的朋友』加入 Super Wall，分享內容，因為 Super Wall 需要所有人連結在一起。」

「一切變成美國西部大亂鬥，」忙著攻占新用戶的列夫欽表示，「各家公司彼此競爭，看誰聲量最大，誰能誘使用戶分享最多。」列夫欽坦承 Slide 很煩人，刻意創造出病毒式迴圈（viral loops）*，吸收使用者。

另一家追求大量用戶互動的公司是娛樂應用程式 Flixster。表面上，Flixster 是給電影愛好者的娛樂，用戶可以製作小測驗，炫耀自己具備大量電影知識。然而那其實是吸引流量的障眼法。「實際上，那就是病毒引擎，基本上就是讓孩子製作小測驗，接著寄垃圾郵件給他們的朋友，邀請對方玩。」Flixster 的資深產品經理塞爾比（Brad Selby）表示，「效果非常好。」

接著遊戲也登場，在破壞動態消息機制這方面，遊戲自成一格。

平卡斯率先嗅到社群遊戲的機會。他和霍夫曼是臉書的天使投資人。用他的話來說，能投資臉書就像是彩券中獎。2006

---

* 譯注：例如請用戶推薦其他人使用。

年年底，柯勒向平卡斯透露消息，臉書將推出平台，正在找創業家提供 app。我們不需要你出錢，柯勒告訴平卡斯，你只需要打造出很酷的東西，我們會帶給你流量。

平卡斯早已認定遊戲是臉書缺少的環節，他一直想在自己沒成功的社群網站 tribe.net 做這件事，現在終於可以開始做了，他把新公司命名為 Zynga。[9] 平卡斯說：「遊戲，是最適合放進這場雞尾酒派對中的助興活動。」

撲克牌遊戲尤其適合。還有什麼會比撲克更具社群性質？「撲克牌遊戲就像是永不打烊的酒吧，就像賭城拉斯維加斯，」平卡斯說，「你可以和朋友一起上線，你可以認識其他人。」平卡斯試圖打造線上撲克，但技術不是很成熟。但在臉書上就能解決幾個問題，例如：你可以知道是和誰玩牌（因為臉書採實名制），還有你可以和朋友一起玩。

平卡斯經常和祖克柏碰面，一、兩個月就會單獨約吃飯。他們變成朋友，平卡斯會參加祖克柏舉辦的生日派對等活動。「只有我不是哈佛畢業，也不在臉書上班。」平卡斯很佩服這個永遠都在學習新知的年輕人，祖克柏是學習機器。在牌桌上，平卡斯很佩服祖克柏不露虛擬底牌的能力，下牌桌時永遠是贏家。自身利益沒受到威脅時，祖克柏還會大方給予指點與協助。「一大堆人永遠在向他推銷點子，他的本領就是從你的話中抓出有用的部分。」平卡斯描述，「祖克柏如果告訴你：OK，我喜歡那個點子，你會知道他是認真的，也知道他大概會繼續延伸、做點什麼。」

平卡斯知道，祖克柏本人其實不認為遊戲是臉書平台的理想用途。「他們的願景是提倡社會運動的 Causes，」平卡斯表示，「他們認為〔平台〕應該要讓我們成為最好的自己。」然而，Causes 起初雖然吸引到大量用戶支持有意義的社會運動，

但是賺不到錢。其他程式或小遊戲儘管沒什麼意義，卻能靠廣告賺錢。Causes 的投資人最後並沒有得到回報，其中也包括比爾‧蓋茲。

Zynga 不一樣，立刻就大受歡迎。「Hold 'Em Poker」撲克遊戲推出就爆紅，接下來的許多遊戲也迅速竄紅。人們可以接受邀請開始玩遊戲，朋友在玩的時候也會接到通知。線上拼字遊戲「Scrabble」也極度熱門，但因為 Scrabble 是孩之寶公司（Hasbro）的商標，孩之寶威脅採取法律行動，所以很快就下架了。平卡斯於是用自己的版本「Words with Friends」取代。

接下來 Zynga 想出一個叫「Farmville」的社群遊戲，用戶可以購買家畜、作物、設備，照顧虛擬農場。遊戲的邀請與狀態報告開始在動態消息上滿天飛，每次有人買了新的雞和牽引機，就會不斷公告。Farmville 是典型的浪費時間應用，同時也是超級金礦。除了靠廣告賺錢，他們還靠著賣虛擬貨物帶來營收。人們迷上開發農場[10]，靠著買虛擬的設備、玉米種子、甚至是樹，加快開拓農場的速度。此外，Farmville 還以極度纏人的方式讓玩家替它推銷遊戲。你進 Farmville 的第一件事就是送「禮物」給朋友，引誘他們踏進虛擬農業的無底洞。當然，朋友會靠著動態消息得知收到禮物。在 Farmville 的全盛時期，有八千萬人成為虛擬農夫。八千萬人！

用戶不堪其擾，臉書政策轉向

成千上萬的開發者利用臉書的 API 傳播自家 app 內容，動態消息塞滿垃圾訊息，這一波海嘯吞沒了動態消息的正常運作。用戶也不斷被通知轟炸，因為開發者也會用通知來發送旗下 app 的「新聞」。

臉書慶祝平台起飛時，也開始擔心濫用的情形會汙染系統。「我們吸引到創投、創業者，有開發者活動等各種活動，但這也正在影響用戶體驗，垃圾郵件滿天飛（spammy）。」莫林表示，「我相信就是在那一年，『spammy』這個英文字在全球流行起來。」

　　臉書隨時可以讓一般用戶看到大約 1,500 則動態，告知他們的朋友正在做什麼。排名演算法會試著將 1,500 則篩選至 100 則左右。在一般時段，用戶可能只會看排名最高的約 6 則動態，結果就是用戶不知道朋友的近況、沒看到超酷派對的照片，也沒發現誰分手了、誰在一起了，往下滑了數十則消息後，只看到誰拋了一隻綿羊，誰玩了白癡遊戲得高分，或是邀請你一起玩蠢遊戲。

　　「如果你能讓一個朋友騷擾十個朋友，為你的 app 多增加一個使用者，你會覺得很棒，因為你多了一個使用者。」2008 年加入平台團隊的艾爾曼（Josh Elman）表示，「但臉書得到的卻是九個不堪其擾的人。」

　　這絕對不是臉書設想的革命。

　　臉書開始修正路線，限制開發者能利用動態消息與通知的程度。「開發者的數量以及垃圾郵件的問題，增加的速度快到超出我們的準備，」迪安捷羅表示，「因此我們必須大量減少它們。」

　　開發者自然很痛恨新規定。Slide 的列夫欽認為，臉書是在「誘導轉向」：先鼓勵他們各顯神通，追求用戶互動。「臉書說：**大展身手吧。**」列夫欽今日回憶，他指出臉書本身就把用戶互動當成內部指標，Slide 帶來的所有活動，都大大幫助了臉書。「你覺得是垃圾郵件，別人可能覺得是娛樂。」列夫欽表示。

然而，最痛恨新限制的人，不是不顧一切洗版動態消息的廠商，而是安分守己的開發者。他們覺得明明是別人做錯，卻是自己受罰。

Causes 的葛林向莫林抱怨：「你們必須處罰錯做事的人。」但如果要那麼做，公司管理者就必須實質上判斷開發者行為的對錯，臉書不做那種事。臉書的規模太龐大，只能靠演算法或雇用軍隊，才有辦法下那麼多的判斷，而臉書不想雇用大軍。葛林表示：「臉書不想靠人類監督，他們希望一切都能〔自動化〕。」（臉書還要再過很久才會明白演算法有極限，雇用大軍真的有必要。）

規則改變澆熄了許多開發者的熱情。他們相信了臉書當初的承諾，以為「平台」會是下一個矽谷淘金熱。數千位創業者開了公司，因為他們相信臉書的平台會像臉書的網站一樣，獲得社群活動的大力加持，這是所有生意都需要的。然而現在，前景不明。

iLike 是最大的受災戶，原本是最受歡迎的臉書 app，執行長還告訴《紐約時報》，他們夢想成為「下一個 MTV」。iLike 當時的技術長布朗指出，iLike 雖然也用動態消息通知用戶，朋友在測驗遊戲中獲得高分，但他們不像其他 app 那樣亂發布動態消息。「我們覺得處於劣勢，因為我們比其他開發者守規矩。」布朗表示，「我們是一個很棒的園地，用戶真心喜歡音樂，但臉書因為 RockYou 一小時發送一百次訊息給朋友，就說所有的 app 都不好。」臉書限制（臉書的用語是「不贊同」〔deprecate〕）開發者使用通知與動態消息後，iLike 的成長進入撞牆期，慢慢走下坡，最後一蹶不振。

iLike 創辦人哈迪・帕托維日後在法庭證詞中指出：「我們靠臉書 app 建立的事業不可能維持下去。最後我們很清楚知

道，我們在臉書 app 上的成績，全是曇花一現。」¹¹ iLike 一度在臉書上擁有數千萬使用者，最後在 2009 年以兩千萬跳樓價賣給 MySpace。

「臉書是一飛沖天的火箭，」布朗表示，「但原來 iLike 沒有跟火箭綁在一起，我們是臉書的燃料。」

照顧開發者，還是用戶體驗？

動態消息垃圾之戰只是臉書與開發者之間角力的開始。每次臉書更改規定，開發者就想辦法鑽漏洞。開發者也會彼此分享技術，每當他們嘗試犯規邊緣的手法時，都學會不要讓任何臉書員工發現，或是會利用地理標籤（geo-tagging）排除灣區。臉書平台團隊成員艾爾曼表示：「我們好像在玩貓抓老鼠遊戲，很多時候我們跟不上老鼠。」

比較嚴重的不良行為，包括開發者把頁面賣給低品質的廣告網（ad network）*。優質廣告商通常對臉書上麻木心智的 app 沒興趣。實際買廣告的公司通常都不擇手段，做有風險的客戶開發，利用騙人手法取得人們的金錢或資料，例如有廣告會先引誘用戶點選，接著立刻裝設瀏覽器，偷偷記錄用戶接下來所有的網路行為。那些寄生蟲非常難擺脫，甚至需要電腦專業的人才有辦法。

TechCrunch 新聞網在 2009 年揭露這一類手法，描述客戶開發廣告商如何利用遊戲貨幣、初階版服務與其他小禮物，誘惑臉書顧客。¹² TechCrunch 開玩笑，臉書的平台應該改名為「詐騙農村」（Scamville）才對。TechCrunch 的共同創辦人艾靈頓（Michael Arrington）指出，有一種詐騙手法是要求用戶

---

* 譯注：廣告客戶與廣告空間的中間人。

回傳手機號碼，就能看到小測驗的答案。他們會用簡訊給用戶一個 PIN 碼，輸入之後才能看到自己在小測驗的分數。用戶就在不知情下訂閱了每月自動扣款 10 美元的服務。

艾靈頓指出，臉書有處理相關違規的政策，但「開發者通常無視那些規定，臉書也很少強制執行。」（他提到 MySpace 也有類似的違規問題）。

Zynga 產品也刊登欺騙性廣告，但平卡斯說那不是他的錯，那些廣告是自動生成的：「我們無法控制〔哪些廣告〕會被放進去。」平卡斯表示，「用戶做了某些動作，我們才能拿到錢。」此外，平卡斯還說，Google 同樣也刊登那些廣告。「我們被用比較高的標準檢視。」

然而，平卡斯在一個小型的柏克萊聚會上[13] 對一群科技創辦人說的話，並不是如此。「我知道，要掌控自己的命運，就需要營收，現在就需要。」平卡斯告訴在場的年輕工程師，「只要能馬上有營收，我無所不用其極。只要用戶下載這個廣告工具欄，我們就給他們撲克籌碼……我自己下載過一次，根本無法消除。我們用盡一切辦法獲得營收，這樣才有辦法長成真正的事業。」

平卡斯今日的說法是，他那天的說法誇大了。他對那群渴望創業的創辦人侃侃而談時，多喝了幾杯酒。那他為什麼不公開反駁這個說法？平卡斯說，那是因為他不想讓任何人知道他真正靠什麼賺錢。「我的顧客是印第安納州的中年婦女，她們拋下連續劇，改玩 Farmville，有的人花很多錢玩，一個月在我們這邊花好幾千美元，但我不想讓那件事傳出去，只能吞了，我寧可讓其他人以為我是靠〔詐騙賺錢〕。」

然而，平卡斯雖然找到獲利方法，他的公司與臉書之間的關係卻很微妙。對 Zynga 來說，能否在臉書上運作會決定公司

的存亡，然而臉書正在砍垃圾訊息。臉書提供的辦法是「可以向我們買廣告」。平卡斯花錢成為臉書最大的廣告客戶。由於無法穩定利用動態消息，Zynga 的主要營收來源變成「左欄」廣告，也就是消息旁的螢幕空間。Zynga 三分之二的流量來自人們點選廣告。

當時臉書還用其他方式逼迫 Zynga：臉書在 2010 年推出自家貨幣「Facebook Credits」，鼓勵開發者使用這種支付型式，每筆交易臉書抽三成。「Credits 讓我們火冒三丈，」平卡斯表示，「首先，Credits 爛死了。我們等於是在幫臉書測試 Credits 跟 PayPal 哪個比較好用。用 Credits 交易的用戶都讓我們虧大了。」第二個理由是公平性：臉書強迫 Zynga 使用 Credits，其他開發者卻能選擇是否要用。

平卡斯要求和祖克柏談，祖克柏帶了桑德伯格助陣，因為桑德伯格在美國財政部工作過，非常了解經濟學，有辦法代替他解釋清楚。「他們提出一整套說法，說因為我們是最大的使用者，所以我們等於像是拿到額外的補助，我們使用的量超出該有的比率。」平卡斯指出，「桑德伯格解釋了一大堆，說什麼這是公地悲劇（tragedy of the commons）。」然而，Zynga 決定既然別人都不必乖乖聽話，那他們也不用。「我說：去你的。」平卡斯回想，「等你們強制大家都這麼做，我才會接受，但那天來臨之前，我都不會照做。」

平卡斯自認是祖克柏的朋友，也敬重桑德伯格，但他明白每個人都有各自立場。「他們是狠角色，可以很強硬，同時保持和善。」平卡斯形容，「就像柔軟的拳擊手套下包著手指虎。你不會想和他們任何一個人交手，但我就開戰了。」

Zynga 開始探索臉書以外的遊戲傳播管道，有一陣子陷入惡性僵局。臉書試圖協商留住 Zynga，但平卡斯不同意合約條

件。其中有一項條款是 Zynga 不能把遊戲移至其他平台。「我們堅持到底。但臉書收到愈來愈多不想在動態消息上看到遊戲的用戶回饋，他們愈來愈不滿。」平卡斯表示，「我們沒有濫用任何東西，我們只是照著祖克柏說的做。」平卡斯甚至開始和 Google 談，另覓合作夥伴。同一時間，他的團隊以十萬火急的速度架設獨立網站，萬一臉書把他們踢出平台，遊戲才有地方安置。

事情最後是靠平卡斯和祖克柏的友誼解決，兩家公司各退一步。雙方開了好幾場會，有的一直開到凌晨 4 點。「祖克柏是夜貓子，有辦法喝整晚的健怡可樂。」平卡斯表示，「祖克柏說，聽著，沒有人能和臉書競爭，但你和 Google 就有可能。」雙方都能威脅到彼此，最後達成複雜的互惠協議。平卡斯解釋，實際上他們的溝通沒有弄得太僵。「我們躲過一場核戰。」平卡斯說。他們在 2010 年 5 月簽約，繼續過了幾年太平歲月。

「我們一度占臉書 API 使用的八成，」平卡斯表示，「我們在他們那邊的巔峰時期，是他們 app 每日平均使用者的六成。我聽說他們上市時，我們大約占臉書整體的兩成營收。」臉書當時（2012 年首次公開募股時）十分仰賴 Zynga，股票上市說明書甚至把這點列為公司的事業風險。

儘管如此，緊張氣氛沒有消散。隨著大眾開始人手一支智慧型手機，臉書平台的價值對 Zynga 來說下降了。平卡斯表示：「潮流完全朝著行動世界前進，一切不再重要。」2012年，雙方在五年合約還剩三年時重新協商。Zynga 不再是「臉書優先」的夥伴，那一刻也象徵著「臉書平台」美夢破碎。

「我天真地以為臉書能看出自家用戶獲得最大的價值，」平卡斯今日表示，「用戶繼續玩 Poker、Farmville 以及其他長

銷的遊戲，臉書就能創造更多經濟價值，所以他們會想推廣我們的遊戲，但臉書沒有。他們是一家廣告公司。」

別人也就算了，平卡斯怎麼會看不清。

臉書萬用帳號的風險

從某個角度來說，平卡斯和其他開發者在臉書裡寫應用程式，已經是在打上個時代的戰爭。臉書宣布最初的平台一年後，就創造出新方法，讓開發者能從臉書取得資料，而臉書則是能把軟體公司引進自己的生態系統。「Facebook Connect」讓開發者能用臉書當成用戶登入服務與 app 的方式。相關應用存在臉書以外的地方，某種程度上，費特曼一開始的 API 點子再度復活，和臉書平台共存。

維納爾（Mike Vernal）也是從微軟跳槽到臉書的工程師，Facebook Connect 計畫由他負責。該計畫有兩個目標，一是為用戶省去麻煩。用戶使用的每一項線上服務或申請加入的網站，全都需要註冊帳號，用戶還要試著記住。維納爾說：「我覺得應該要有一個可以到哪裡都能登入的帳號，」他解釋：「我們認為很多 app 和產業如果變得更具社群元素，將會有根本的改善。」

Facebook Connect 讓祖克柏的公司進一步成為實質上的網路身分仲裁者。你的臉書身分可以用於其他數千個網站，而且因為你是透過臉書登入，祖克柏的公司就有辦法監視你的活動。

臉書已經擁有數千位開發者，但 Facebook Connect 將會讓數字繼續飆升。臉書將會分享用戶的資料（用戶主動透過 Facebook Connect 申請加入使用 app），以及用戶朋友的資料（這些人完全不知道自己的資訊被交給他們可能從來沒聽過的

app，更別說是申請加入）。

　　臉書給了開發者哪些資料，理論上由臉書規範決定。然而有開發者透露，日後因為法律行動而曝光的電子郵件也顯示，臉書的相關規範實際上是有彈性的。哪些用戶資料會被供應給開發者，是可以談的。「有一些名義上的準則，但那完全是在搞笑，」Flixster 的產品經理塞爾比表示，「根本是看你的本領，看你能說服誰。我們可以在某一週告訴臉書：我們可以運用大量的『朋友的朋友』電影按讚資料，做出很棒的東西。臉書就回去他們的祕密房間商量，然後拒絕。接著我們又說：讓我們換個方式說──如果你們提供這個資料，我們預計將能增加用戶互動，會幫你們創造流量。他們就可能說：OK，聽起來有道理，然後就放行了。也或者他們還是會說：別來煩我們。」

　　至少在短期內，臉書仍有動機繼續下去，萬一所有臉書 app 開發者都離開平台，臉書的流量會暴跌。「對我們來說，好處非常簡單，」莫林表示，「那會帶來更多的〔廣告〕時間，更多可以賣的廣告版位。有一件事對臉書一直很直接，我們創造出吸引人高度互動的體驗，商業模式是廣告，因此互動度愈高，廣告就更多，對吧？」

　　臉書的部分高階主管發出警訊，認為允許開發者發布垃圾消息會趕走真正的使用者。2010 年從 Google 跳槽到臉書的凱斯卡特（Will Cathcart）研究資料後發現了令人憂心的趨勢。凱斯卡特在 2011 年的電子郵件中寫道：「我愈來愈擔心，我們一直避免惹惱開發者，結果就是讓用戶痛苦。」[14] 凱斯卡特引用資料指出，人們對開發者的伎倆感到不耐煩。「使用者不信任 app 會做正確的事。」他寫道。

　　此外，用戶也不相信臉書採取了任何規範措施。人們向臉

書舉報不良行為，覺得被置之不理。凱斯卡特指出，他私下的朋友已經有結論，認為向臉書報告違規也沒用，乾脆不再檢舉。凱斯卡特的上司維納爾回應……事情沒那麼簡單。「這十分不好拿捏，」他寫道，「這禮拜大家都會指責我們不夠保護用戶。到了下禮拜，每個人又都衝進來說我們太霸道了。那是很難抓的平衡，雙方都有道理。」

維納爾的建議是：想制裁開發者得小心。「我們要趕快減輕處分，才能不傷害到開發者，又保護到用戶。」

平台淪為用戶個資交換工具

2010 年，臉書「平台」很明顯需要從根本上重新檢討。數十萬開發者使用 Facebook Connect，然而在臉書 canvas 上寫應用的人數一直沒有起色。臉書再次調整，他們建立了新的 API，容許更進一步的整合至臉書的系統。

祖克柏向來認為，「平台」能推廣他的世界觀，他希望分享給更廣大的受眾，認為「平台」可以做到這件事。這個實驗已經邁入第七年，祖克柏比任何時候都相信，可以知道親朋好友的近況，會讓人們的生活更好。「祖克柏的人生有一段特定的時期，他開始在談分享資訊，以及了解你的朋友在做什麼。」葛蘭姆說道，他除了是《華盛頓郵報》執行長，當時也擔任臉書董事。

祖克柏每天掛在嘴邊的新詞彙是「開放圖譜」（Open Graph）。如同社群圖畫出你的人際網絡，「開放圖譜」畫出你認識的人的興趣與活動。或許，你發現你的某個興趣，剛好和開放圖譜上的某個朋友一樣，你和對方就有機會變得更熟。也或許你會更深入了解你原本就認識的人。

祖克柏在 2010 年公布第一版的系統「Graph API V1」。

一年後，他還是興致高昂地討論此事。2011 年的某個夏日，他向我解釋一切，時間就在 9 月的 F8 大會前夕。我們走在帕羅奧圖綠意盎然的大學區（College Terrace），那是臉書總部當時所在的區域。

那一年，臉書推出更多新的調整，能顯示來自 app 的用戶資訊可以如何與臉書分享。關鍵夥伴包括音樂分享系統 Spotify、影片串流平台 Netflix，以及開發出「社群讀者 app」（Social Reader）的《華盛頓郵報》。這些相關產品都不是獨立應用程式，而是主應用的社群延伸：方便使用者在他們的個人網絡上宣傳自己在聽什麼、看什麼、讀什麼。最終的目標，是每一種應用與服務在臉書上都會有各自的 app，協助人們分享平常做的運動、喜歡的媒體、購買哪些東西——理論上會取得用戶許可。祖克柏很快就預測，百大行動 app 在五年內都將成為開放圖譜的一部分。

我直覺想到，這種個人生活的透明公開，有可能是一場惡夢。我試著想出例子告訴祖克柏：萬一他的員工打電話請病假，臉書卻顯示這個人明明就在追影集《絕命毒師》（*Breaking Bad*）呢？

「我會問他好一點了嗎。」祖克柏告訴我。

起初，幾個關鍵夥伴感覺上都取得很好的成果，但結果似乎再度重演原始平台上的演算法過度推薦，用戶的動態消息再度塞滿了人們在臉書的合作夥伴 app 上做些什麼。「我們不敢相信有多少人開始用，以及他們有多喜歡，」葛蘭姆談到《華盛頓郵報》的「社群讀者 app」，「但那就是問題所在。每個人的頁面開始塞滿其他人在社群媒體上讀的所有內容——臉書演算法給了過高的比重。接著，祖克柏和考克斯不喜歡這樣的結果，又把比重調得過低。整個機制沒有崩潰，但開始變

質。」

那一代的原始應用程式，表現都不如臉書的預期，也沒帶來海嘯般的大量 app，讓人們分享健身資料、地點資料及其他資訊的 app。一切未如臉書期望的那樣，成為人們生活中的一部分。

不過，這種結果也不重要了，因為開發者已經找到比臉書優秀太多的作業系統，而且是兩個。蘋果與 Android 已經為旗下手機建立自家的開發平台，開發者一下子就發現，行動世界才是打造事業的最佳場域。

臉書希望打造出欣欣向榮的作業系統，開發者寫出在臉書內部運行的原創 app，這個最初的雄心壯志正式告終。臉書的夥伴關係長羅斯（Dan Rose）表示：「很不幸，行動潮流完全破壞了整個系統，基本上讓平台變得毫無意義。」

臉書的平台鷹架還在，開發者為了種種原因，依舊打造出可以視為具備社群元素的 app，或至少利用了用戶分享的社群導向資訊。此外，Facebook Connect 依舊廣受歡迎，在蘋果或 Android 的行動 app 上順利運轉。原因很簡單：只要你是臉書開發者，你就能取得臉書資料。不論你的初衷是什麼，都有辦法增添社群元素。

祖克柏的哈佛同學勒辛在 2010 年加入臉書，他在 2012 年的電子郵件上談到臉書平台的未來。他向祖克柏解釋：

我認為，如果你要求應用程式建立 Facebook Connect，但沒提供朋友圖譜⋯⋯人們毫無執行的理由。

臉書希望確保自己也能從交換中獲得資訊，在 2012 年制定了更嚴格的條件。臉書推出「平台 3.0」時，要求開發者要「完整互惠」。開發者若要交換臉書的資料，就得和臉書分享他們蒐集到的用戶資料。維納爾在內部聊天中說：「我們推出

臉書平台時還很小,我們希望確保自己是網際網路中不可或缺的一環。我們已經做到那點了,我們現在是全球最大的服務⋯⋯現在我們長這麼大了⋯⋯我們需要仔細思考要允許哪些整合,需要確保我們擁有能持久的長期交換。」意思就是:我們不會要求開發者付費取得我們的資訊(祖克柏考慮過那麼做,臉書高層在那段期間一直在討論這件事),但我們需要你們提供某些東西,例如你們的資料。

祖克柏在內部電子郵件中解釋這一點[15],他寫道:

> 我們嘗試讓人們分享他們想分享的每件事,而且是在臉書上這麼做。有時讓人們分享一件事最好的辦法,就是讓開發者為那類型的內容打造出專用 app 或網絡,接著讓那個 app 增添社群元素,方法就是加上臉書。然而,人們也必須與臉書分享。否則這些東西讓世界更美好,但對我們沒好處,我們需要內容為我們的網絡帶來價值,因此我認為平台最終的目的⋯⋯就是增加可以回頭分享給臉書的東西。

祖克柏說的很明白:「平台」如今的關鍵意義,就是臉書與開發者之間資訊交換的工具,他們交換用戶的資料,即使用戶並不知道自己的個資如何被分享。如果先不談互惠,目前最大的資料移動顯然是從臉書流向開發者。

臉書不允許那種情況繼續下去。後來的一批內部文件揭露[16],臉書在那段時期公然計畫限制或禁止他們視為潛在競爭者的開發者。至於沒有為臉書創造價值的開發者,臉書也將不再提供資料。祖克柏不肯把 API 開放給協助大家管理聯絡人的新創公司 Xobni[17];臉書開始考慮建立自家的「禮物」

（Gifts）功能時，就不再支援先前已經核可的亞馬遜 Gifts app[18]。2013 年，臉書開始考慮更全面的調整，大幅縮減原本提供的朋友資訊，許多已經打造出社群 app 的公司，商業計畫因此擱淺。

祖克柏最初的願景是讓外部開發者能取得臉書內部相同的工具與動態消息，就和臉書在開發自家功能時一樣。投資那個夢想的軟體公司現在卻被拒於門外。臉書原本答應提供「公平的競爭環境」，結果全面翻盤。

大部分高階主管與產品經理都聽從祖克柏指揮，但也有一些怨言，蘇哈爾（Ilya Sukhar）尤其生氣。蘇哈爾創了一家做開發者工具的公司 Parse，後來被臉書買下，他也到臉書工作。蘇哈爾站出來替受影響的開發者說話，但感到孤立無援。「這件事情上，我覺得我是唯一堅持原則的人。」[19] 他在 2013 年 10 月的內部幹部聊天串寫道，「我剛剛花了一整天和數十位開發者聊，他們都會因為這件事完蛋，甚至還不是為了正確的理由。」

當然，臉書關閉 Friends API 的正確理由，應該是因為 Friends API 在用戶不知情的狀況下把他們的個資提供給開發者，而相關資訊一旦離開臉書伺服器，臉書就無法控管。「我們創造出的用戶體驗，從隱私的觀點來說相當糟糕。」臉書平台團隊的高階主管表示，「你登入這些和臉書合作的 app，他們馬上就知道你和你朋友的所有事情，還可以用那些資訊做出很糟的事。」

臉書要停止這種做法，並不是為了服務用戶，而是不想白白把資料送給開發者。這可不是適合在開發者大會上分享的訊息，因此臉書想出辦法，宣布這次改變是為了照顧用戶隱私。這次的動作也符合他們原本就計畫釋出的隱私功能。某高階主

管稱此次的公關戰術為「大翻轉」（switcheroo）。[20]

公關人員協助擬定這次的消息宣布，主題是「給用戶更多掌控」，預定在 2014 年 4 月 30 日的 F8 大會正式宣布。因此，臉書內部所說的「不再提供朋友資訊」雖然出於其自私的動機，祖克柏在演講的第一部分解釋，臉書支持隱私權，因此接下來要採取幾項措施，包括關閉第一版的 Graph API，推出第二版 V2，終止「朋友的朋友」存取。

然而，臉書並未封鎖部分的開發者，只要是有回傳資料或購買廣告的乖寶寶，就會被放在白名單，依舊可以存取朋友資料，蘋果與 Netflix 等大公司都在白名單上。交換方式有可能充滿創意，例如為了解決 Tinder 約會 app 的商標爭議[21]，臉書顯然給了這個服務「完整的朋友存取」。祖克柏一度提出遊戲開發者若是上繳三成營收給臉書，就提供他們完整的朋友存取。

其他開發者想保住資訊交流，就要支持臉書當時的重要營收來源：名為 NECO 的計畫，讓開發者付費給臉書上的「app 安裝廣告」。例如，加拿大皇家銀行（Royal Bank of Canada）就為了可以繼續使用 API 而承諾為「加拿大史上最大的 NECO 廣告」付錢。

至於因為「大翻轉」而受害的開發者，臉書做出一項讓步。開發者被踢出 Friends API 前將有一年寬限期。2014 年的 4 月至 2015 年 4 月期間，儘管祖克柏很自豪「開放圖譜」的新版本可以關閉隱私上的漏洞，但在這段期間臉書還是允許開發者延續先前的做法。

「現在回想，我認為應該只要提供 90 天或 30 天的預告緩衝期，就關閉權限，快點前進。」維納爾今日表示。

諷刺的是，臉書提供給開發者一年的寬限期，卻造就公司

史上最大的醜聞，幾乎就像是報應。不過臉書還要再過四年，才會得知那件事。

第 8 章

精準行銷創廣告商機，
用戶從此沒有祕密

　　臉書本來就應該是能賺錢的生意。甚至早在祖克柏在哈佛推出 Thefacebook 前，他的同學兼合夥人薩維林手上就已經有商業模式了。Thefacebook 拓展至其他校園時，薩維林負責賣廣告，但薩維林在公司愈來愈沒聲音。部分原因是，祖克柏明確地說，他雖然鼓勵追求獲利，但那不是公司的核心目標。其他的原因則是薩維林沒有跟團隊在一起。Thefacebook 搬到加州的夏天，薩維林決定留在東岸。如果他有一起待在「臉書之家」，或許就能掌握矽谷新創商業模式的基本知識，但後來帕克試圖取代他，祖克柏也默許。

　　那年秋天，帕克拜託前室友卡拉漢協助擬定商業計畫。卡拉漢過去的商業經驗僅限於幫母校大學報賣廣告。不過沒關係。當時 Thefacebook 正在找投資者，他們只需要編一個公司要如何盈利的故事就行了。卡拉漢稱之為「要為了鑑價而寫出理論上的營收流，但實際上不會真的弄出這個東西。」他們想出一些模糊的方案，聽起來很像 Yelp 的商業模式，致力於協助小型企業在網路上曝光，但沒有工程師真的被派去打造那個願景。

　　儘管如此，公司還是需要計畫。柯勒加入臉書時，很驚訝

公司的現金流是正的（雖然就跟多數新創一樣，實際的損益都是紅字）。公司當時主要靠提爾的 50 萬美元天使資金支撐，還有霍夫曼與平卡斯的小額投資。當時公司的收入主要來自兩個廣告產品。一種是網頁邊緣會出現橫幅式廣告，臉書用傳統模式銷售那些廣告，由真人業務聯絡廣告客戶。這種無法擴大規模的做法就是薩維林在做的事，但祖克柏並不滿意。

2005 年 Accel 那一輪創投過後不久，臉書第一個專屬的廣告產品「校園傳單」（Campus Flyers）推出。「傳單」是自助服務系統，廣告客戶可以利用網站取得橫幅廣告，瞄準特定校園受眾（對大學報來說是壞消息）。「那非常原始，」柯勒說，「靠曝光次數收費的概念，對我們的買主來說太複雜，所以『傳單』採取『按天收費』，也就是依時間定價的模式，許多中國網路市場都採取那種方法。」

2006 年，臉書推出動態消息與開放註冊等創舉，公司更需要能匹配的商業模式。臉書開始招募負責變現的主管。2006年中，臉書找來肯德爾（Tim Kendall）。肯德爾剛從史丹佛 MBA 畢業，在他之前臉書是不聘用 MBA 學歷的人，肯德爾能過關是因為他大學（也是史丹佛）念的是工程。

肯德爾回想，公司當時的廣告事業跌跌撞撞，一週也許能進帳 2 萬美元。他跟其他人都知道，臉書必須創造出獨特的創新廣告產品，就像 Google 推出 AdWords 一樣。AdWords 是極成功的自助服務，採取拍賣機制將相關的廣告和搜尋結果放在一起。負責那項產品的薩拉爾・卡曼加（Salar Kamangar）是商學院學子心目中的英雄，肯德爾夢想著有一天能成為「臉書的薩拉爾」。

肯德爾參與的第一件專案，與臉書外包大部分的廣告業務有關。微軟追著臉書跑好幾個月了，不斷試圖收購臉書。經過

雅虎收購事件後，這件事沒有任何可能性，但微軟還是想辦法利用廣告團隊貼補自家缺乏起色的搜尋產品。微軟原本希望在社群龍頭 MySpace 放廣告欄位，然而 MySpace 和 Google 已談成 9 億美元合約，雅虎也試圖和 MySpace 合作廣告。

「范納塔讀到這則消息，說：好機會！」肯德爾描述，「我們讓雅虎和微軟互相廝殺，讓雙方都嚇個半死，其中一家就會願意出瘋狂的條件。」

雖然和 MySpace 比起來，臉書只是安慰獎，不過他們的確談成超大合約，足以用「瘋狂」來形容。羅斯表示：「臉書是他們療傷用的新歡。」羅斯是臉書剛雇用的夥伴關係高階主管，由他負責這次的協商。微軟仍夢想有一天可以買下臉書（不可能），因此毫不猶豫抓住機會，一週內就達成夥伴協議，微軟得到販售臉書國內廣告的獨家權，帶來臉書隔年的一半營收。

公司裡有些理想主義者無法接受臉書居然要和……微軟結盟？2006 年，微軟禍不單行，人們覺得微軟不只是邪惡企業，還笨到不專注顧好軟體事業就好。莫林當時剛加入臉書，衝進「雲室」向祖克柏抱怨。老闆的回答令他啞口無言：公司不打算放資源在廣告上，祖克柏告訴莫林，那不是我們關心的事。「現在微軟想打造廣告事業，」祖克柏說，「所以我們把廣告庫存給他們，他們會付我們錢，不是很棒嗎？」

不過，祖克柏號稱臉書不會花任何一秒投入廣告計畫，這個說法不太準確。他有一個夢想，或者該說是幻想，臉書將打造出跟其他社群功能一樣酷的廣告產品，用戶會愛死這個功能，就跟他們愛死其他不賺錢的臉書功能一樣。

有一天，肯德爾進公司時發現自己的桌子被挪到祖克柏旁邊。桌子被搬到那裡，表示祖克柏特別關心你或你的團隊目前

的任務，他想好好了解，還會加入一起做。接下來一年，肯德爾不確定自己要向柯勒報告，還是要向祖克柏報告，反正順其自然。

沒過多久，肯德爾就發現，臉書要做到和 Google 一樣能變現，就必須利用動態消息。他和包括考克斯在內的小型團隊合作（考克斯當時已經成為動態消息的靈魂人物），一起打造「動態贊助」（sponsored stories），原理和展示型廣告一樣（display ad，廣告客戶依據曝光次數付費），但看起來很像動態消息裡真正的文章。考克斯平常很保護動態消息，但他容許這次的嘗試，至少目前如此。

社群廣告，精準行銷商機

臉書已經來到必須大力推動營收成長的時刻，能獲利更好。2007 年年中，肯德爾寫下一份宣言，指出臉書接下來的關鍵是「社群廣告」（social advertising），簡單來說就是把商業放進你和朋友的關係中。肯德爾回想這個點子最初來自柯勒，柯勒問他：如果能有真正的動態贊助，不是很好嗎？例如 A 買了東西，廣告客戶就能贊助廣告，讓 A 的朋友看見、被推薦？產品經理羅森斯坦（Justin Rosenstein）與皮爾曼（Leah Pearlman）進一步往下開發這個點子。

「臉書成功的地方在於讓我們了解朋友，」肯德爾表示，「因此，透過朋友的觀點了解產品與服務，感覺會成功，尤其如果那些廣告提供了與我的朋友相關的有用資訊。」

臉書的廣告事業接下來最重要的產品就是圍繞在那個主題，代號「熊貓」（Panda），也就是把「粉絲專頁與廣告」（Pages and Ads）幾個字湊在一起。那個代號日後會變身成不

那麼可愛的名字：Pandemic（大流行）*。臉書向廣告顧客推銷時的說法是，人們最重要的對話都是私下的對話，如果你是百事可樂（Pepsi）或沃爾瑪（Walmart）等大企業，你現在也可以加入那個對話。百事可樂一開始不會出現在對話裡，原因很明顯，因為人們和朋友聊天時不會興奮地大聊百事可樂，至少不會是以百事可樂希望的方式。此外，就算有人買了百事可樂，這種事幹麼大費周章告訴朋友？

然而，這樣的概念就是讓社群廣告與眾不同的關鍵區別，也是臉書的策略很重要的一部分。

另一部分後來更是關鍵。臉書將改造目前的廣告系統，重點不再放在有多少人看見廣告，而是鎖定正確人選、精準投放。就跟 Google 一樣，臉書將打造以拍賣機制為基礎的系統，廣告客戶彼此競價，看誰能把廣告放在動態消息的側邊欄，或是（這點在臉書內部引發爭議）直接出現在動態消息裡（負責動態的工程師，尤其是考克斯，希望讓動態流盡量愈乾淨愈好）。付費標準則是以「互動」為依據，而不是曝光度：廣告客戶依據實際點選次數付費，而不是有多少人看過那則廣告。「幾乎是依循 Google 的方式，」肯德爾表示，「差別在出價依據是人，而不是搜尋次數。」

的確，Google 把關鍵字當成競價標準，臉書則是用人口分組資訊，有時範圍很廣（喜歡美式足球的男性大學生），有時非常明確（住在特定郵遞區域內的已婚女性美食愛好者）。臉書在招募人才時已經利用這樣的瞄準行銷：用戶的個人檔案如果顯示他們是對手公司的工程師，臉書的徵才廣告就會向他們招手。

---

* 譯注：亦有「流行病」之意。

不過，以上只是 Pandemic 計畫的一部分。臉書大舉動員、奮力衝刺，釋出一整套與商業有關的功能，為公司的廣告模式定調，今日仍看得到影子。另一個元素叫粉絲專頁（Pages），允許公司與團體（例如搖滾樂團）建立個人檔案。臉書過去的政策禁止這麼做，只有個人可以申請帳號。粉絲專頁的功能就像店面、告示牌、甚至是臉書內的網站。粉絲專頁就像商家電話簿的黃頁，個人檔案頁面則像個人通訊錄的白頁。

　　粉絲專頁的產品經理是羅森斯坦，他在那年稍早從 Google 跳槽到臉書。羅森斯坦加入臉書後寫信給前同事：「臉書真的就是那家公司……那家即將改變世界的公司。」羅森斯坦今日仍可以一一細數粉絲專頁的三大優點：「第一，協助用戶找到他們覺得有價值的東西，」羅森斯坦說，「第二，粉絲專頁對經營那些頁面的人有好處，我們提供價值給小型企業，協助他們招攬到更多顧客。我們提供價值給藝術家，讓更多人看到他們的作品。第三，對我們自己的事業來說也非常好，因為除了那些頁面的自然流量，我們也能得到付費流量。」

　　除了羅森斯坦提到的那幾點，臉書還在 Pandemic 計畫中發布了另一個東西。他們運用了非名人的推薦，但不是直接與廣告投放有關，而是像臉書在推廣網路分享的精神，試著抓住商業顧客。

　　那個東西叫 Beacon（燈塔）。

　　Beacon 的原理如下：臉書和 44 家夥伴達成協議，在他們的網頁裡放進名為「Beacon」的隱形監測工具。臉書的推銷語言是：只要加上三行程式，就能觸及數百萬用戶。[1] Beacon 會昭告臉書上的活動，用戶在這些夥伴網站上買東西時，這個好消息就會透過動態消息分享給朋友。

這種破天荒的做法，就連部分員工都感到不妥。在過去，用戶可以選擇自己揭露自己的興趣。臉書的確會自動發送某些與用戶有關的新聞，例如他們和誰成為臉書朋友，或是他們新增了照片，但那些都是實際發生在臉書上的活動。Beacon 則是偷偷追蹤人們在網路上購物的行為，接著（預設選項）把他們私底下的購物行為公諸於世。「萬一有人買了情趣用品，或是購買了會讓別人知道他們生病的藥物，該怎麼辦？」某高階主管在討論時提到，「這會引發很嚴重的後果。」

　　臉書給用戶的唯一提醒，只有跳出一則警告訊息，教你如何關掉這個功能。如果你置之不理，或許根本連讀都沒讀，臉書就會自動當成你同意了。Beacon 會讓你所有的朋友知道你買了什麼，而整體的用戶體驗顯示，多數用戶都會匆匆略過那則警告訊息。

　　「Beacon 究竟該讓用戶『選擇加入』，還是『選擇退出』，引發很大的爭論。」肯德爾說，「支持讓用戶『選擇加入』的一方認為，臉書應該事先詢問人們是否要參與，只有他們表達興趣後，功能才會生效。支持『選擇退出』的一方則認為，購買資訊的預設選項應該設為分享，因為，嗯，臉書平常都是那樣做，預設選項就是分享。如果臉書請人們主動選擇要那個功能，Beacon 大概永遠不會成功，就跟動態消息當年一樣。此外，萬一你不喜歡 Beacon，頂多取消就好，沒什麼大不了的。」

　　臉書法務與隱私長凱利說：「我們爭論控制權設定一直吵到發布前一晚的凌晨 2 點。」凱利和其他幾位高階主管警告，Beacon 若不提供隱私權保護，後果將不堪設想，但當時的一名高階主管表示：「祖克柏基本上駁回了所有人的意見。」

與微軟合作

臉書在發表 Pandemic 之前先解決了一個潛在障礙。臉書希望販售社群廣告的前提是不會觸怒微軟，不違反微軟擁有販售臉書國內廣告的「獨家」合作。

臉書幸運地再度在談判中占有優勢。臉書現在要拓展到海外市場了，所以他們能夠簽海外市場的合約，又不違反當初和微軟的約定。更棒的是，微軟的死敵 Google 同樣有興趣和臉書談廣告協議，所以微軟下定決心要拿下臉書的合約。

談判情勢尚未劍拔弩張前，臉書就已經利用自身優勢談妥一件事。有好幾個月，臉書和微軟一直在爭執，臉書如何利用微軟旗下的 Hotmail 與 MSN Messenger 兩項產品蒐集資料。臉書這邊也有怨言。Hotmail 為了報復，開始把加入臉書的邀請設為垃圾郵件。依據《facebook 臉書效應》（*The Facebook Effect*）這本書的說法，莫斯科維茨表示微軟此舉造成臉書的新用戶驟減七成。[2] 莫斯科維茨、范納塔、迪安捷羅知道微軟急著談成廣告協議，飛到微軟位於雷德蒙德（Redmond）的總部商談停戰。從那時起，臉書再度得以盡情蒐集與利用 Hotmail 資料，不必受罰。

微軟著名的共同創辦人蓋茲，當時已經卸下執行長職務，但身為執行董事長的他對祖克很柏感興趣，祖克柏被譽為下一個蓋茲。兩人後來成為朋友，蓋茲會傳授自身經驗給這位後輩。蓋茲看出兩人的相似之處：都從哈佛輟學，成立打破典範的軟體公司。但蓋茲 2.0？還早呢。蓋茲告訴我：「馬克寫過的程式沒有我多，但那是最重要的事。把這個寫進你的書裡！」蓋茲是在開玩笑，但也可能不是。「另外，如果賈伯斯今天坐在這裡，他會說：嘿：馬克也沒有設計過任何超美的產品，你怎麼能把他比喻成我的繼承人？」（開玩笑嗎？應該是

吧，蓋茲本來就很幽默。）

祖克柏也參與很多微軟收購臉書的討論，有一次還在西雅圖會面。當然，祖克柏毫無此意，沒有真的想賣。蓋茲說：「我們丟出一些很大的數字。」蓋茲今日表示，他不曾期待祖克柏真的會上鉤。

不過，微軟的確希望談成國際廣告合約，2007 年 10 月，離臉書的廣告發布會只剩幾星期，談判來到緊要關頭。臉書的夥伴關係長羅斯表示：「我們告訴微軟，要是談不成，我們會和 Google 重啟討論。」代表微軟談判的丹尼爾斯（Chris Daniels，他四年後會加入臉書）南下到帕羅奧圖，10 月 23 日早上 10 點，雙方團隊在臉書的大學大道辦公室坐下來，試著在當天達成協議，才能在隔天早上 9 點開記者會。時間來到深夜，大家都很疲憊，卻聽見辦公室放起嘻哈音樂。臉書定期舉辦的駭客松好戲登場。「微軟的人說：什麼？你們會做這種事喔？」羅斯說，「我們大放音樂，大家一起吃中國菜外賣，最後完工。早上 6 點大家都去睡一小時。」

雙方都從那次的協議中得到想要的東西。微軟搶到 Google 很想要的合作關係，臉書也得到一堆好處：國際廣告版位、可以名正言順地販售新的社群廣告。還有一項震撼科技界的消息：臉書用公司 1.6% 的股份換得 2.4 億美元資金。換句話說，微軟確定投資臉書，而且認為臉書的估值有 150 億美元。這時距離祖克柏拒絕雅虎的 10 億元收購價、大家都覺得他瘋了，都還不到一年。

幾星期前，科技界消息最靈通的專家舒維瑟（Kara Swisher）當時在科技新聞網站 All Things Digital 工作。她就評論道，有風聲指出微軟可能在估值 100 億的情況下投資臉書。舒維瑟指出臉書可能瞄準 150 億（宛如先知）。舒維瑟不贊

同這樁交易[3]，認為臉書值那個天價根本是「幻覺」。相較於Google，臉書是「小孩玩大車」，微軟花「笨錢」投資，用「荒謬的價格」買下臉書的一小塊。

微軟變現這筆投資時，1.6％的臉書將價值超過 80 億美元。

Beacon 會廣播你買了什麼

臉書想要盛大發表 Pandemic（公司明智地拋棄了原本的代號）。如同該年稍早成功的「平台」發表會，臉書雇用專業的活動舉辦人士，策劃一場盛大的發表，這次將在紐約市舉辦。「我們希望在廣告人的自家後院做這件事，」臉書公關巴克表示，「銷售團隊希望場面超級華麗，我們做到了。」

祖克柏為了上台演說再次辛苦練習。這次不是他的主場，聽眾不是軟體開發者，而是西裝筆挺的商務人士。祖克柏依舊對廣告事業有所保留，但他現在必須成為廣告的化身。

11 月 6 日，祖克柏告訴聽眾：「每隔一百年，媒體就產生一次變化。」大家坐在曼哈頓西區閃閃發光的活動場地塑膠椅上，「過去一百年被定義為大眾媒體的年代。接下來一百年，資訊不會只是被送到人們面前，而是透過成千上萬的連結來分享。」

現場人士有人驚艷，有人覺得好笑，看著這個不知道從哪裡冒出來的年輕執行長，宣布自己征服了麥迪遜大道的美國廣告業，其中目瞪口呆的人占多數。臉書的年輕創辦人在「平台」大獲成功後，人們更可能把他視為有料的專家，而不是天真的門外漢。當場沒有幾個人發現，臉書犯下了公司史上最大的錯誤。

Pandemic 發表會的標題聚焦於精準投放與社群廣告，但

人們的注意力很快就轉向 Beacon。如同法務長凱利等人事先警告的，自動傳播在特定網站購物的消息，有可能導致某些不幸的後果。舉一個極端的假設，你可以想像，有人在臉書的夥伴網站購買求婚鑽戒，當事人得知了這件事，不是因為男友單膝跪下求婚，而是在臉書的動態消息上看到的。[4]

這種事也真的發生了。人們開始抱怨，他們買東西的消息出現在別人的動態消息上。知名產業分析師李夏琳（Charlene Li）也是其中一員，她在網誌上寫道，自己「震驚地」發現臉書上的朋友全都知道她在 Overstock.com 買了咖啡桌。一個叫威爾的人在她的文章下留言，說自己碰到更慘的事：

> 我在 Overstock 買了求婚鑽戒，準備在新年給女友一個驚喜……但幾小時內，我開始接到「恭喜你訂婚」的電話……我才知道 Overstock 在我臉書公開的動態消息上，公布我的購買細節（包括戒指的購買連結和價格），還寄通知給我所有的朋友……包括我的女友。

沒有人能證實威爾的故事是不是真的，但那成為 Beacon 無視於隱私權的象徵。不久後，某位確認有購買珠寶的民眾也被 Beacon 出賣：連恩在 Overstock 買了 14k 白金的 1.5 克拉「永恆之花」鑽戒，當成老婆的聖誕節禮物。那則「新聞」被發送給連恩的妻子與數百位臉書朋友，還告知先生是在打四九折大特價買的。連恩告訴《華盛頓郵報》：「聖誕節就這樣毀了。」[5] 類似的故事開始流傳，包括民眾在 Beacon 的合作夥伴百視達租影片，結果親朋好友全知道了，讓大家很憤怒。讓人不禁想，廣告的未來一百年是否會是更好的未來。

批評聲浪愈來愈大，有幾天時間，祖克柏都不回應。動態消息讓他學到，如果人們最初討厭某項功能，要給他們時間發現那個功能的好處。然而，民眾並未對 Beacon 回心轉意，反而有史以來第一次認為，這個叫「臉書」的有趣東西或許不值得信任。

此時，臉書已經召集危機處理公關團隊。「公關一針見血，」肯德爾說，「聽著，這件事和信任有關，你們會讓品牌毀於一旦。」

昆特納（Josh Quittner）在《財星》（*Fortune*）雜誌的文章上寫道：「臉書讓所有支持他們的民眾，變成一群動用私刑的暴民。[6] 在一個月內，臉書就從媒體寵兒變成惡魔。」那篇文章的標題是〈臉書要掰掰了？〉（R.I.P. Facebook?）

「我們太晚才溝通，」臉書公關巴克表示，「內部對於要採取什麼方向吵成一團，理論上這是相當創新的廣告產品，即使它也大大侵犯了隱私。大家在吵：我們該讓用戶『選擇退出』還是該『選擇加入』，有沒有其他的可能性，讓我們能保住產品？」

臉書最後決定把設定改成「選擇加入」。[7] 公司承諾必須在用戶主動同意的前提下，相關動態才會出現在動態消息上。終於回復原本的預設狀態，改回臉書的高階主管一開始就懇求祖克柏做的事。然而，光是那麼做還不足以平息反對聲浪，尤其是當專家發現 Beacon 的運作方式令人不安。

「CA 威脅研究」（CA Threat Research）的研究人員伯圖（Stefan Berteau）提出證據[8]，證實即使用戶選擇退出，Beacon 依舊會傳送資料，還提供臉書大量的其他資訊，包括臉書用戶在其他網站做的事。Beacon 傳給臉書的個人資訊，甚至包括沒有使用臉書的人。[9] 伯圖在 11 月 29 日報告此事，同一天，

臉書終於讓主管接受訪談。當時伯圖的報告已經發布，但臉書的營運副總裁帕利哈皮提亞（Chamath Palihapitiya）依舊給出錯誤資訊 [10]，向《紐約時報》保證只要用戶選擇退出，資訊就不會被傳送。臉書直到面對鐵證如山的技術證據時，才證實伯圖說的沒錯，但宣稱用戶抗議後，公司已經刪除了個人資料。

隱私權擁護者 [11]、媒體、用戶，開始要求臉書立刻取消 Beacon，政治團體 MoveOn 發起的請願還蒐集到超過五萬個簽名。動態消息讓祖克柏學到，平息批評聲浪最好的方法就是宣布臉書會改進，但這次他已經宣布會改進，爭議卻沒有退燒的跡象。此外，祖克柏沒有親自站出來滅火，讓事情繼續延燒。Beacon 的夥伴開始感到不安，可口可樂與 Overstock 宣布終止合作，其他夥伴也考慮退出。

抗議聲浪又持續一週後，祖克柏公布「對 Beacon 的幾點想法」（Thoughts on Beacon）一文。[12] 內容不是很輕鬆愉快。祖克柏承認臉書犯了錯，太急於協助人們分享資訊。他也承認從某個角度來說，Beacon 推出後引發軒然大波，但臉書遲遲未能採取行動，這點更糟。祖克柏寫道：「我對於我們如何處理這次的事一點也不自豪。我知道我們能做得更好。」接著提出他最後的補救措施：「可以完全關掉 Beacon 的隱私權控制」。

怒吼聲漸漸平息，因為很少有人真的選擇「主動加入」Beacon，更少人知道，除非你找到隱私控制選項再把它關掉，否則你的購買資訊還是會被回傳給臉書，只不過不會出現在大家的動態消息上。臉書又過了近兩年才關掉 Beacon，希望在集體訴訟案中取得和解。Beacon 受災戶聯合起來控告臉書，帶頭者是在 Overstock 買了戒指的連恩。

「我覺得很糟，感覺是我們犯了錯。」肯德爾表示，「但

我們繼續前進，那是臉書能有今天的原因。我想是那樣沒錯吧？臉書不會因為失敗而陷入自我厭惡，那就是為什麼臉書會如此成功的一大原因。」

　　儘管如此，對臉書簡短的歷史來說，Beacon 跟其他危機不同。人們開始強烈質疑臉書了，開始思考社群網絡的隱私取捨，尤其是當社群網站是靠廣告支撐營運。要應對這波新的質疑，需要採取新的方法。祖克柏開始認真聽勸，過去已經有很多人大聲告訴他，他需要一個經驗豐富的領導人，跟他一起領導臉書，也就是大家很常聽到的「大人的監督」。投資人通常會堅持，科技界的年輕創辦人在創業的路途上應該要有大人陪同。臉書因此開始認真尋找二當家，這個人最好要具備執行長的氣勢與雄風，或是雌風。

第 9 章

桑德伯格掌營運，
雙頭組織造成決策盲區

「親密關係。」[1]

這是雪柔・桑德伯格 1991 年哈佛論文的第一句話。她讓那個單字自成一段，用以對比「親密引發的溫暖感受」以及「當暴力破壞了親密關係的神聖性」。

那篇論文的題目是〈經濟因素＆親密暴力〉（Economic Factors & Intimate Violence），儘管第一個字強勁破題，那是一篇冷靜、充滿算式的研究，詳盡與深具說服力地導出不意外的結論：財務壓力會導致女性遲遲無法離開虐待她們的另一半。以 21 歲的大學生來說，那是一篇令人驚豔的論文，帶有桑德伯格日後出名的特質：低調地追求女權，堅信努力工作的價值，以及（很特別的）相信即使是最私人的事也能靠邏輯與數據解決。雪柔就是這樣的人。她會協助你找出解決問題的公式，在下一場會議開始前即時把你送走。

那篇論文還展現雪柔的另一項特質，她在謝辭中鉅細靡遺感謝導師與合作夥伴的協助，其中最大的一束花獻給了她的共同論文指導老師桑默斯。桑默斯是經濟學領域的超級明星，日後會成為帶領哈佛的校長。

桑德伯格得到哈佛校長的賞識，可以說是一則菁英教育

（meritocracy）的寓言故事。[2]桑德伯格在佛羅里達長大，母親是英文教師，父親是知名眼科醫師，手足都是醫生，顯然是優秀的一家人。

桑德伯格在自己的著作中描述，她對任何事都要求井然有序，還引用妹妹在自己婚禮上的致詞[3]：「有些來賓知道我們是雪柔的弟弟和妹妹，其實，我們是雪柔的第一批員工。」蜜雪兒·桑德伯格（Michelle Sandberg）說，「在我們的記憶裡，雪柔從來不玩小孩子的遊戲，她是指揮小孩玩。」桑德伯格引用妹妹的話自嘲，但是重述往事時也帶有一絲受傷。

桑德伯格日後會感嘆，女生如果自信表露出領導能力，就會被貼上「跋扈」的標籤。桑德伯格說，就因為如此，她通常會隱藏自己的成就。（也不是完全隱藏[4]：有一篇新聞報導提到桑德伯格13歲時參加支持蘇聯猶太人的活動，而且她一歲時就參加了人生第一場大集會。）

桑德伯格的哈佛經驗，跟她未來的老闆完全不同。她穿牛仔迷你裙、內搭褲、佛羅里達短吻鱷隊（Florida Gators）的運動衫[5]，充滿活力與朝氣地來到校園。她在大學四年都教有氧舞蹈，但活潑的形象之下隱藏了好勝的性格，以及因為缺乏自信而付出比別人多一倍的努力（桑德伯格曾寫道，她心情不好時，會強迫自己微笑一小時。）

桑德伯格大一時成績不太好，尤其是一堂古希臘英雄的課特別難，因為她不熟希臘史詩《伊里亞德》（Iliad）與《奧德賽》（Odyssey），也就是祖克柏在預備中學就很熟悉的作品。此外，有一堂政治哲學課要寫五頁的報告，這比她在高中的作業還長。桑德伯格努力寫了好多天，但拿到成績時大受打擊，老師給了她C，這在分數寬鬆的哈佛跟被當沒什麼兩樣。桑德伯格日後告訴讀者：「我卯足力更用功，到學期末，我學會了

怎麼寫五頁的報告。」[6] 桑德伯格在職場上也採取相同策略：只要做足準備，夠努力，你就能拿到 A ＋。只要努力，再困難的問題都能打敗。

桑德伯格畢業後把同樣的態度帶到職場，先是任職於當時由桑默斯帶領的世界銀行，專注於解決開發中國家的疾病及其他問題（她因此見過關心社會的歌手波諾〔Bono〕）。後來，她回哈佛念 MBA，短暫待過麥肯錫顧問公司，因為那是 1990 年代初所有哈佛 MBA 畢業生的標準職涯。

柯林頓總統（Bill Clinton）1995 年任命桑默斯為財政部長時，桑德伯格的導師找她擔任辦公室主任。桑默斯日後告訴《紐約時報》：「雪柔永遠認為，如果一天開始時，她的待辦清單上有三十件事，那麼一天結束時，應該有三十個已完成的打勾。」[7] 柯林頓卸任後，Google 執行長施密特（Eric Schmidt）聯絡桑德伯格，兩人是在桑德伯格研究網路稅（Internet taxes）的概念時認識。施密特告訴她：「雪柔，我們有賺錢。」施密特分享了矽谷很少人知道或真正懂的事，「妳該加入。」桑德伯格不確定該在 Google 扮演什麼角色，但施密特說那不重要，「重要的是我們公司正在快速成長，」他說，「上火箭就對了。」[8]

「我回到家，心想：真的是這樣沒錯。」桑德伯格說，「我加入了。」後來，碰到有人在考慮要不要接受矽谷的機會，桑德伯格會提供相同的建議：上火箭就對了。「快速成長就是一切。」桑德伯格說。

桑德伯格最後進了 Google 的業務部門，有人覺得這個選擇很怪。「這是牽引機的工作。」桑德伯格的上司柯德斯塔尼（Omid Kordestani）說，「但妳是保時捷。」但桑德伯格知道 Google 正在大規模拓展數位廣告領域，即將推出 AdWords 搜

尋廣告產品，AdWords 將成為產品史上最成功的範例。「我真心相信這個事業有未來。」桑德伯格說。她願意當牽引機，建立一個組織，改變廣告銷售的本質，從胡亂推銷變成一門分析的科學。

桑德伯格不會把 Google 座右銘「不作惡」（Don't Be Evil）掛在嘴邊，她不喊口號。桑德伯格有一次說，依她觀察，公司實際的信念會與公司座右銘背道而馳。「我的態度一直是努力做好，」桑德伯格有一次告訴我，「我會交出數字，專注於指標。」

然而，2007 年底，是時候離開 Google 了。桑德伯格知道下任執行長將是 Google 的共同創辦人佩吉（Larry Page），而且公司不打算讓她接任柯德斯塔尼的職務，領導整個事業部門。《華盛頓郵報》執行長葛蘭姆在桑德伯格離開財政部後曾試圖挖角她，請她擔任公司最高階職位，但桑德伯格當時已和創業家大維・高柏（David Goldberg）結婚。高柏個性沉穩，與桑德伯格在事業與生活上的活躍搭配的很好。葛蘭姆不得不承認，對高柏來說，華盛頓提供的機會不如加州（高柏很快就受邀出掌帕羅奧圖的新興網路調查系統公司 Survey-Monkey）。讓葛蘭姆意外的是，桑德伯格接著問他：「請告訴我有關祖克柏這個人的事。」

加入臉書

桑德伯格第一次見到祖克柏，是在前雅虎總經理羅森斯威格家中舉辦的耶誕派對，當時她已經在營運長的最終候選人名單上（諷刺的是，羅森斯威格當時也在清單上）。桑德伯格和祖克柏約在門洛帕克的跳蚤街小館（Flea Street café）。跳蚤街小館是灣區標榜健康的「從農場到餐桌」餐廳，桑德伯格很喜

歡。兩人很聊得來，祖克柏侃侃而談自己的使命，以及他需要什麼才能完成使命，聊到餐廳關門，再到桑德伯格家中繼續聊，最後桑德伯格叫祖克柏快點回家。「我有孩子！」桑德伯格日後向歐普拉聊起當時的對話，「我家孩子還有五小時就會起床！」

臉書開始認真挖角時，桑德伯格向知名投資人麥克納米提到臉書有意聘請她。麥克納米直覺認為，祖克柏會聽比自己年長的女性的建議，因為祖克柏從小家裡就是女性當家。麥克納米說，桑德伯格擔心祖克柏太年輕，不適合當她的老闆。（桑德伯格今日會避談麥克納米在這件事上的角色，只說麥克納米在不了解的情況下就建議她接受《華盛頓郵報》的工作。她也反駁麥克納米說的她擔心過祖克柏的年紀。）

兩人的討論從 1 月延續到 2 月。祖克柏帶桑德伯格參觀辦公室，當時臉書的辦公室分散在帕羅奧圖市中心幾處。祖克柏問桑德伯格感覺如何，桑德伯格直覺知道祖克柏希望她說辦公室超酷，但她告訴祖克柏，要走到不同的辦公區太荒謬了：「把所有人放進同一棟建築物。」（一年後，臉書把大部分員工都集中在同一棟大樓，地點位於帕羅奧圖的另一區。）

桑德伯格和祖克柏討論，直到最後確定加入的幾個月期間，兩個人對臉書的一切無所不聊，而他們商量的其中一件事，確立了臉書接下來十多年的架構：公司的哪些部分由桑德伯格負責，哪些部分則不向她報告。祖克柏認為，桑德伯格基本上應該接手所有他沒興趣的事──業務、政策、公關、遊說、法務，所有跟技術沒有太大關聯的事。他的時間最好用在產品上，也就是工程師打造出來的東西。產品才是臉書的核心。

祖克柏基本上一直是如此看待過去的執行部門主管，例如

帕克、范納塔、帕利哈皮提亞。雖然桑德伯格的位階將高於之前的所有人，祖克柏的看法依然沒變。桑德伯格扮演的角色很明確：「分擔馬克手上的一大堆事，」桑德伯格回憶，「很簡單，他負責產品，剩下的給我。」

桑德伯格不認為產品是自己的強項，但她具備商業經驗，那樣的分工很合理。桑德伯格也認為雙方經過討論後，祖克柏開始了解強化商業模式對臉書的重要性。然而，他們的分工有時還是會出現奇怪的雙頭馬車。負責打造廣告產品的工程師（例如會出現在動態消息上的新型廣告）向祖克柏報告，他們所屬的部門跟負責賣廣告的同事完全不同，業務歸桑德伯格管。此外，負責做動態消息的人也向祖克柏報告，但負責政策（哪些內容適合出現在用戶的動態消息上）的人又歸桑德伯格管。

當然，一切責任最終是在祖克柏。「每一件向我報告的事，也等於向祖克柏報告，因為我向祖克柏報告。」桑德伯格說，「因此〔這樣的分工〕其實只是決定了我的工作範疇。」

儘管如此，在臉書接下來十年的超級成長期，當公司因為史無前例的大規模而碰到過去不曾發生的新議題時，主要還是分成兩大組織：祖克柏的領地與「雪柔的世界」（Sheryl World），但兩個組織的地位絕不對等。祖克柏帶領工程，也就是產品端。除了是他擅長的領域，也是因為他認為工程才是公司的核心。

儘管如此，那樣的分工在當時看起來很合理。還要再過十多年，祖克柏才會明白這是天大的錯誤。

桑德伯格將主要心力放在公司如何賺錢，最終讓臉書能夠獲利，獲利最好能和她的前公司一樣大。然而，由於祖克柏缺乏經驗，她的工作更包山包海。桑德伯格是臉書的營運長，她

的明確職責是協助祖克柏擴大臉書規模，成長成大公司。「我的工作是讓公司成長茁壯，但不只是這樣。」桑德伯格說。

桑德伯格從一開始就對生意該怎麼做胸有成竹。她進臉書的第一天，參加公司規定的新訓營，聆聽考克斯一如往常發表激勵演說，向臉書崇高的使命致敬，那個使命已是臉書文化的傳奇元素。然而，桑德伯格也打破新訓活動的標準流程，自己也發表演說。她告訴其他驚呆的新成員，廣告是一個倒金字塔，目前為止她的前雇主 Google 利用變現人們（搜尋時）的「意圖」，主宰金字塔的底層。臉書做的生意會更大，因為臉書有潛力創造與變現「需求」，那是倒金字塔頂端最寬廣的空間。人們每天上臉書，發掘新鮮事、分享興趣，因此廣告客戶就能在用戶主動搜尋之前，把他們想要的東西搶先賣給他們。

完美的互補

桑德伯格和祖克柏約好在每週的開始和結尾見面。兩人開始打造一段合作無間的緊密關係。桑德伯格第一次參加主管會議時，發表招募新人時應該用數字來評分應徵者（她堅持唯一合適的方式是 1 到 5 評分），祖克柏翻了白眼。會議結束後，祖克柏不停向桑德伯格道歉，保證以後永遠不會再那樣讓她難堪。

桑德伯格開始盡量認識公司的每個人，了解臉書架構，詢問聘雇流程與公司文化，她也努力了解年輕老闆的精神世界，請教所有和祖克柏很熟的人。桑德伯格曾觀察到，施密特對Google 的年輕創辦人很有一套，在公開場合總是大力稱讚他們的天才。「我給了她一本《戰爭遊戲》（*Ender's Game*），告訴她：要了解馬克，就讀這本書。」葛林說。（主角是拯救世界的青少年，接受戰爭遊戲的訓練，沒想到最後演變成一場

真正的戰爭。）桑德伯格談到這件事或祖克柏主義時，有時也會向朋友翻白眼，但她在公開場合總是極力讚美兩人的合作關係。

祖克柏之前的副官（帕克、范納塔、帕利哈皮提亞）都放任年輕氣盛的老闆做了再說，不只產品上市，公司的管理風格也一樣。桑德伯格立刻制止那種做法。她就像《小飛俠》裡降落在失落男孩島的溫蒂。

桑德伯格剛上任時，邀請所有重要女性員工到家裡舉辦雞尾酒派對（女員工少到全員可以塞進同一個房間），告訴她們男孩當家的年代已經過去。桑德伯格和在 Google 任職時一樣，向公司裡的年輕女性伸出友誼之手，安排行程緊湊的一對一會面，詢問她們碰上哪些個人問題、提供建議，並承諾會照顧她們。桑德伯格參加好幾個臉書女性團體，還在家中舉辦美國女權先鋒斯泰納姆（Gloria Steinem）與臉書女性員工的見面會。

莫林還記得，桑德伯格剛上任時碰到公司出了問題。桑德伯格沒有讓基層員工焦慮地臆測祖克柏和他的心腹們打算怎麼做。她召集團隊，要大家一起坐在地板上談這件事。「我們都還是孩子，不懂如何管人，也不懂理解人心的溝通技巧。」莫林說，「桑德伯格具備這些能力，帶給公司某種成熟度。」

整體而言，人們認為桑德伯格和祖克柏是完美互補。「馬克缺少的她都有，」卡拉漢說，「她很有外交手腕，口才好，富同理心，讓公司各部門都覺得自己受到重視。馬克則是愈來愈不掩飾自己的態度，認為產品工程才是臉書的主人，其他人應該閉上嘴好好工作。我們終於覺得，這家好像一定會搞砸的十億美元公司，這下有希望了。」

桑德伯格加入臉書後不久，祖克柏放了一個長假。那是

他從創辦 Thefacebook 以來第一次放假。他環遊世界超過一個月。「雪柔來了以後，我覺得我可以放假了，我也希望給她時間上手。」祖克柏說。祖克柏輕裝上路，一個人旅行到各地拜訪朋友。他從歐洲開始一路往東，其中一站是偏遠的印度修行處。那個修行所很特別，因為賈伯斯在創立蘋果前也去了同一個地方。

祖克柏的旅程很顛頗，就和任何 24 歲的獨行旅者一樣，旅途中有高潮，也有低點。他去了柏林、赫爾辛基、加德滿都，還試圖進入俄國，但拿不到簽證。祖克柏在尼泊爾健行時病倒，居民試圖用犛牛奶治療他，但效果不佳。

造訪修行所沒有讓祖克柏得到特別的頓悟，但他因為碰上暴風雨，原本只待一晚的行程變成好幾天。他在那段時間「寫作與冥想」，但心思不曾離開臉書，日誌裡寫滿他打算回去後要執行的點子。「我記得我花很多時間思考，人們是如何溝通，一群人可以如何合作。」祖克柏說，「那的確強化了我對於臉書使命的信念——開放與連結世界。」

那個見解日後會讓祖克柏再度造訪印度。再訪時，他將帶著大批行李與隨行人員。人們歡迎他、視他為典範人物，也攻擊他、認為他是殖民主義者，要強迫印度十億人口接受臉書。不過那都是好幾年後的事了。

我們做的是什麼生意？

祖克柏環球旅行時，桑德伯格趁空檔凝聚公司對商業模式的共識。桑德伯格不必從零開始，雖然 Beacon 一敗塗地，Pandemic 推出的其他項目已經在運作：粉絲專頁、精準行銷、每次點擊付費廣告（cost-per-click, CPC）。「我們目前的成績是 5 億美元。」肯德爾說。他還是負責變現，也很開心

加入桑德伯格的團隊（他還會在那個職位上兩年，接著加入 Pinterest，最後成為 Pinterest 總裁）。

更有幫助的是，臉書先前和微軟談妥的條件確保了一定的營收。「那就像給了我們空中掩護。」掌管廣告工程的賴比金（Mark Rabkin）表示。臉書沒有廣告可以放上自家系統時，微軟會供應自己的存貨，費率通常比當時的臉書能談到的數字還高。因此，臉書的廣告伺服器有幾次當機，營收卻不減反增。賴比金表示：「我們做了完整的事後檢討，發現多賺 5 萬美元，因為我們的系統當掉時，就全部交給微軟，他們付比較高的最低保證費用。」（幾個月後，臉書的廣告客戶也開始付較高的費率，這種情形不曾再發生，一直到 2009 年與微軟的合約即將終止都一樣。）

桑德伯格認為結論明擺在眼前，臉書的營收將來自廣告，其他都只是微不足道的捨入誤差。然而，不是所有臉書人都能接受這件事，尤其是年輕同事認為廣告很遜，臉書應該做比較⋯⋯不俗氣的事。連祖克柏也無法全力支持，Pandemic 在那年秋天推出後，賴比金告訴祖克柏需要招募更多人手。五名工程師要做 10 億美元生意的系統，完全不夠。Google 足足動用了四百人！祖克柏問：「那你認為需要多少人才能做出全世界最棒的系統？」賴比金鼓起勇氣回答：20 人。祖克柏說：「聽起來好多，我想一想。」賴比金說，又過了幾年，他的廣告產品團隊才有 20 名工程師（今日團隊已有數百人，跟 Google 一樣）。

桑德伯格安排一連串的會議，時間在星期二或星期三的晚上，跨部門的關鍵員工一起探索除了廣告以外，臉書還能如何打造出帶來營收的大事業。桑德伯格會在白板上寫：**我們做的是什麼生意？**[9] 向用戶收費嗎？做研究嗎？他們檢視每一個可

能性，都得出不可行的結論——除了廣告，而這就是桑德伯格想做的。「我當時認為那個討論很沒意義，」肯德爾表示，「但事後回想，那招很高明，讓各部門都同意。」

團隊取得共識：臉書將專注於「需求」，就跟桑德伯格第一天進公司宣布的一樣。臉書知道用戶的大量資訊，有辦法判斷用戶何時會受特定產品的廣告吸引，甚至是選戰候選人。桑德伯格宣示，臉書不想賺廣告客戶的快錢，讓首頁塞滿廣告，也不會顯示過大的橫幅廣告（祖克柏也抗拒這種事）。

大約在那段時期，MySpace 把首頁讓出給蝙蝠俠電影宣傳，後續還有讓整個頁面變綠，宣傳《無敵浩克》（*Incredible Hulk*）電影的大型宣傳。「那個廣告概念是綠色怪物會攻占你的首頁，」桑德伯格說，「我和電影公司開了第一場會，那個行銷主管真的對著我尖叫，因為我們不肯為她們的電影做那種廣告，她氣沖沖地離開。」桑德伯格希望臉書能更高明。廣告應該讓人有美好的體驗，和你在臉書上的美好體驗一致。「不用像浩克駕到。」

祖克柏結束旅程回國後，也加入對話，他接受桑德伯格的會議達成的結論。桑德伯格開始集結團隊。桑德伯格人脈很廣，她平時很有紀律地和名片簿裡的人保持聯絡，於是臉書開始使用「FOSS」一詞，意思是「雪柔·桑德伯格的朋友」（Friend of Sheryl Sandberg）。她的朋友勒文（Marne Levine）日後將負責管理臉書的華府辦公室。

桑德伯格和祖克柏不同，祖克柏身邊最親的人是一個「小團體」（the "small" group），臉書的幾位主管是他非正式的顧問團。桑德伯格喜歡有組織的幹部架構（大型管理團隊被稱為「M 團隊」〔the M team〕）。她有自己的幕僚長，就像她當年在桑默斯身邊擔任的職位。

桑德伯格最引人注目的挖角是把 Google 的媒體公關與政策長史瑞吉（Elliot Schrage）請到臉書擔任相同職位。原本擔任臉書最高公關職的巴克，覺得自己被擠到一旁，但接受企業教練（臉書提供給高階主管的顧問）的輔導後就釋懷了。「我得明白臉書要去的地方需要史瑞吉。臉書的規模已經成長到超越我的能力範圍。」巴克後來負責產品溝通，依然對工作滿意。如果是祖克柏，你永遠不可能和他談這種事。「馬克準備好換下一個人的時候，他不會和任何人談。」巴克說。

　　桑德伯格和 Google 的合約有規定，她在臉書第一年不能挖人（史瑞吉是自願跳槽）。Google 已經在緊張有太多員工跳槽到臉書。[10] 桑德伯格到臉書幾個月後，前上司羅森柏格（Jonathan Rosenberg）與柯德斯塔尼打電話給她，討論要限制Google 人才大量出走的情形。（Google 日後涉及和其他企業達成違法的禁止挖角條款官司。按照宣誓書上的證詞，桑德伯格說自己拒絕了。）然而在那之後，閘門大開。挖角禁令結束那一天，桑德伯格從她希望挖走的前同事名單中網羅到三名高階主管，其中一位就是兩年前曾到祖克柏的公寓面試的巴佐斯（Greg Badros）。

　　桑德伯格的動作證實了 Google 最大的恐懼，少了禁止挖角的祕密條款，高成本的人才戰爭正式開打。接下來幾年，兩家公司將撒下數億美元，一邊誘惑彼此的員工，一邊留住被對手挖角的人。

　　當然，桑德伯格撒網的範圍不只是 Google。她也挖走微軟最高階的廣告主管艾佛森（Carolyn Everson），那時艾佛森才剛到微軟不久。微軟執行長鮑爾默（Steve Ballmer）為此暴跳如雷，艾佛森選在鮑爾默的高爾夫球俱樂部提離職，甚至特別請俱樂部幫忙在一旁看著，以免出事。幸好，「他沒出手打

我。」艾佛森說。

艾佛森接受祖克柏面試時，未來的新老闆似乎尚未理解為什麼企業需要品牌廣告。祖克柏告訴她，他母親這輩子永遠用同一牌洗髮精。臉書的廣告難道有辦法讓她換另一種？艾佛森用「BMW 與賓士」的例子解釋，年輕人或許不會想買那種車，但廣告二十年後，就會製造出欲望，等消費者到了購買豪車的年紀，他們就有可能買這些車。

艾佛森加入臉書，負責和大品牌的頂尖行銷人員建立關係，她發現這份工作比想像中難。「感覺上，錢好像會自動流進臉書，我們一定都做對了，」艾佛森說，「但我進來之後發現，我們其實沒有做對每件事，因為每件事都是新的，還在摸索建立。」

祖克柏明白這件事，他一如往常，著眼於長期。臉書如果要全心投入廣告，「馬克正確地認知到，把實際產品做好、推廣到國際、鼓勵分享，遠比初期就要變現重要許多。」賴比金表示。祖克柏的興趣永遠是產品：要發明什麼新型廣告，讓臉書能踏上獲利的道路？在 Beacon 慘敗後，動態消息拿掉動態贊助，好幾年後才會重現江湖。臉書需要探索其他管道。公司那一年做的是「互動式」廣告（"engagement" ads），廣告客戶會在用戶首頁放文章，呼籲他們採取行動，例如：請回覆是否參加某場活動，或造訪廣告客戶的臉書頁面。

此外，臉書在已經打好的地基上持續添加新東西，加上粉絲專頁、瞄準行銷、登廣告的每次點擊付費競價。接著，一個新點子出現，最終將強化所有努力的價值，甚至影響到動態消息，讓臉書得以進軍全世界。那就是「按讚」（Like）。

改變行銷生態系的大拇指

「讚」按鈕[11]在 2007 年 7 月出現,當時動態消息推出不到一年。「讚」按鈕計畫的代號是「Props」(道具),概念是用戶可以在動態消息上留下表示贊同的標籤。這個點子來自團隊設計師皮爾曼的朋友,朋友建議她可以加上「炸彈」按鈕,特別標記某幾篇文章。皮爾曼建議可以開發某種東西,讓用戶能表達感興趣,減輕人們必須靠著說恭喜或其他的機械式讚美,回應特定文章的義務(朋友找到新工作、訂婚、度很酷的假)。

羅森斯坦和皮爾曼共同把這個點子概念化,他指出:「整個概念很簡單:如何在這個我們創造出來的龐大社群網絡中,讓人們能以最輕鬆的方式表達一點點正面態度、愛與肯定。」由於無法以點選 0 次做到這件事,理想的最低次數是 1 次。羅森斯坦是粉絲專頁的產品經理,他認為這個概念也能增加用戶與商業行為的互動:「你可以替人們喜歡的特定頁面製作廣告,也可以向喜歡類似頁面的用戶廣告某個專頁。」羅森斯坦說。這個不費力就能表達贊同的方法,顯然可以用來排序貼文,替廣告帶來價值,不需要用戶以明顯的方式在臉書上分享,就能悄悄地找出用戶的興趣。

經過許多電子郵件來回後,小組決定暫時把新功能命名為「太棒了」(Awesome)按鈕,儘管那個字令人想起推出動態消息時的風波 *。此外,小組也在考慮要用什麼符號,星星?加號?大拇指向上?羅森斯坦在那個夏天的駭客松和一個小團隊寫出程式,設計出「太棒了」按鈕原型,當時是用星星圖案,但計畫因為種種原因一直停滯不前。

---

* 譯注:用戶按下「太棒了」按鈕後就被強制更新至新版本,無法取消。

那一年稍晚，一家叫 FriendFeed（朋友動態）的新創公司問世，FriendFeed 提供整合的網站動態，用戶如果習慣用好幾個社群網站，FriendFeed 會幫忙把所有訊息和文章集結在一起，而且可以按「讚」（Like）。依據博斯沃斯提供的「讚」按鈕野史 [12]，臉書無視這件事。等到祖克柏決定，「太棒了」不適合用在回饋功能上，並重新命名為「讚」（Like）時，臉書已經收購了 FriendFeed。收購的好處除了是替臉書消滅潛在市場威脅，還獲得 FriendFeed 創辦人泰勒（Bret Taylor）這個人才。他是頂尖的前 Google 工程師，日後會成為臉書的技術長。

FriendFeed 的另一位共同創辦人巴凱特（Paul Buchheit）得知臉書正在開發「讚」按鈕時覺得好笑，但認為那是好點子。「我無法百分之百說是 FriendFeed 發明了『讚』，但這個例子很有趣，說明了一個字能帶來的改變。如果動不動就說『太棒了』，會很怪對吧？『讚』就比較可愛，情緒不會過重，而且沒有什麼意義，不需要用戶過多的投入。」

設計團隊同時也在重新設計臉書的意見回饋機制。兩個團隊合併，一起設計「太棒了」按鈕。大家決定圖示要用「拇指向上」，承襲臉書傳統：「戳」按鈕也是手的圖案。史提克負責把圖示調整成未來全世界都無比熟悉的風格。

儘管如此，臉書又過了一年半才推出讚，部分原因是祖克柏在產品檢討會上一直表現得不太熱中。經過七次的「祖克柏檢討會」（Zuck review）後，執行長依舊沒比出大拇指。一個原因是擔心設置這個「按一下」機制來評論動態消息，有可能壓縮到實際的評論，造成有趣的對話串消失，只剩無止境的累積好評點選次數。博斯沃斯形容「讚」按鈕是「被詛咒的計畫」。

2008 年 12 月底，產品經理莫根斯騰（Jared Morgenstern）接手這個燙手山芋，想辦法破解詛咒。他必須解決的重大障礙是證明「讚」按鈕不會造成用戶減少留言，因為留言絕對是品質更佳的分享形式。莫根斯騰加進一些小設計，例如按「讚」之後，游標就會自動跑到留言欄。然而，臉書只有在真的推出「讚」按鈕、統計用戶反應之後，才能知道按讚是否會造成人們不留言。莫根斯騰沒再等下一次的祖克柏檢討會，只寄了一封信給祖克柏，順便提到將在北歐國家推出「讚」按鈕。祖克柏沒有回覆，莫根斯騰就當老闆默許了，他讓部分北歐用戶開始使用按讚，接著比對無按讚功能的用戶行為，臉書的研究人員發現，「讚」按鈕反而會增加留言。

祖克柏放行了。「就用拇指向上的那個『讚』按鈕，弄好後推出，」祖克柏指示，「就這麼辦吧。」

「讚」按鈕引發的熱烈迴響完全超出臉書的預期，用戶立刻愛上這個功能。如同最初設想的功能，按讚成為關鍵指標，協助排名動態消息。還有什麼會比按讚更能明確顯示人們喜歡一則貼文？用戶以實際的行動表達心情。由於動態消息的目標就是給用戶看他們想看的東西，按讚功能讓臉書的工作變容易了。

然而，當臉書決定把按讚功能推廣到自家網站之外，普及到網路上的其他網站後，出現了更重大、也更令人擔憂的結果。臉書等於是和 WWW 全球資訊網達成協議：如果你的網頁放我們的「讚」按鈕，不論你賣什麼、推銷什麼，或是單純公開發言，獲得「讚」就暗示著獲得成千上萬用戶的認可（無意間的結果），你做的事都會被宣傳、強化。這就像是整個網路都被放上動態消息，提供臉書令人難以置信的資料來源。

難以置信的程度，在荷蘭隱私權專家阿諾·羅森達

（Arnold Roosendaal，他當時是博士候選人）分析「資料提取」（data extraction）[13]並發表研究報告後，引發了一陣騷動。用戶在網站上按讚某樣東西時，就提供了寶貴資料給臉書，但羅森達發現，用戶光是造訪支援按讚的網頁，臉書就會在訪客瀏覽器植入「cookies」（持久的資訊追蹤機制）。

此外，「若使用者沒有臉書帳號，臉書也會為這個人的瀏覽行為建立單獨的資料。」羅森達寫道，「這位使用者日後若是建立臉書帳號，資料就會連結到新的個人檔案頁面。」臉書宣稱後面這項功能其實是系統錯誤，資訊長泰勒告訴記者[14]，「讚」按鈕不是用來追蹤的。即使如此，整件事聽起來非常類似祖克柏 2006 年在「改變之書」中提到的「黑檔案」概念。「人們並不知道，這些按鈕都像是暗中拍攝的攝影機。」隱私軟體製造商夏維爾（Rob Shavell）告訴《紐約時報》，「如果你看得到它們，它們也看得到你。」[15]

除了隱私權問題，「讚」按鈕還有其他缺點：引發按讚數的競賽。「讚」提供了人們很明顯的誘因，大家開始在發文時追求按讚數。自己很重視的貼文要是沒獲得很多讚，人們就會心情沮喪。對商家來說，追求按讚數更是成為重要目標。他們的網頁累積的按讚數，決定了他們在臉書龐大受眾中的可見度。用戶如果對他們的網頁表達興趣，廣告客戶就能發布會出現在用戶動態消息上的文章。如果某篇文章獲得很多讚，動態消息的演算法就會讓那篇文章傳播得更廣，提供「自然」流量，顯示在相關用戶的朋友動態消息上，形同免費廣告。

包括全球最大企業在內的許多公司都加入這場注意力大戰，努力吸引人們為他們的頁面按讚。商家有時還會提供小禮物，如果你願意送他們一個大拇指向上。有的粉絲專頁開始光顧按讚的黑市：只要付某種價格，就能買到數千個讚，有時是

由中國或其他國家的低薪勞工大軍幫忙按讚，坐在血汗工廠裡，滑鼠上的食指不停地替品牌按讚。

「讚」按鈕將成為臉書公司的象徵符號，臉書總部外立著大大的拇指向上看板，民眾會在立牌前自拍，放上社群網站。當然，他們那麼做也是希望朋友會為那張照片按讚。

按讚這個最簡單的功能，讓臉書的業績飆升，讓用戶輕鬆就能表達自我，還讓臉書踏上令人不安的道路：過分強調膚淺或憤怒內容。更別提按讚鈕成為讓人逐漸成癮的毒品，讓臉書得以蒐集超出臉書範圍的資料。近年來，按讚團隊成員羅森斯坦、皮爾曼、莫根斯騰（他們都離開臉書了）也表示後悔，他們發現自己做出來的東西造成社會紛亂，還讓他們的前雇主毫無節制地蒐集用戶資料。今日的他們仍認為當時那麼做是對的，但他們也希望臉書能想辦法解決當年沒料想到的後果。這樣的心情能說明臉書這家公司大部分的事。

無論如何，按讚征服網路，臉書大獲全勝，可以被視為Beacon 失敗後的捲土重來。Beacon 向其他臉書用戶分享來自其他網站的個資，按讚鈕則讓臉書得以為了自身目的使用那些資料，而他們主要用那些資料來建立用戶的面貌，幫助臉書的廣告事業。臉書已經發現，跨出自家領域來增強變現能力，可以將臉書推進到新境界，後來甚至更進一步向資料仲介商買資料。一度對臉書的隱私長來說是褻瀆之事，如今變成家常便飯。

此外，臉書蒐集的資料愈多、而且大多是即時蒐集，資料指出臉書可以如何超越連桑德伯格都想不到的營收預測。桑德伯格加入臉書後，以為公司只能做為產品製造「需求」的廣告事業。那個市場已經很大，但蒐集人們在網路上做哪些事的資訊（他們買什麼、夢想買到什麼），讓臉書能同時捕捉到人們

的「意圖」這項珍貴資訊。

　　廣告客戶更願意花更多錢買那些資料，臉書因而更有能力搶奪鉅額的線上廣告營收。「我們可以往食物鏈的上層走，做更多從意圖著手的廣告事業，不只是滿足需求……這個概念很重要。」桑德伯格說。

　　就這樣，臉書終於有自己的商業模式。那個模式還需要不斷被改善，還需要更深入分析個人資料。尤其是人們開始拋棄桌電，進入行動裝置的線上世界，臉書必須進一步研究的事也特別多。然而，錢潮開始湧入，數以十億計地不斷被臉書吸走，傳統廣告營收都跑進臉書的金庫，祖克柏在 Pandemic 發表會上語出驚人的發言，似乎愈來愈像真的。或許行銷史的下一個百年，的確始於臉書。

第 10 章

增加用戶！成長驅動一切，
慈善也不例外

　　桑德伯格到臉書任職的早期，和帕利哈皮提亞有過一連串對話。兩人很熟，帕利哈皮提亞是桑德伯格家的朋友，是她先生高柏的撲克牌友，他們兩人經常一起去拉斯維加斯。帕利哈皮提亞自己也當爸爸，他跟桑德伯格的孩子感情很好，因此桑德伯格願意聽這位 31 歲的高階主管的想法。

　　帕利哈皮提亞正處於臉書職涯的十字路口，加入公司還不到一年，他先前是創投家，也當過 AOL 史上最年輕的副總裁。

　　帕利哈皮提亞一生努力出人頭地，AOL 最年輕副總裁，只不過是他人生經歷的一小段。[1] 帕利哈皮提亞 6 歲時跟著派駐加拿大的公務員父親，從斯里蘭卡移民。幾年後父親失去工作，全家人的生活過得很苦。帕利哈皮提亞在 2017 年告訴《紐約時報》，他們當年搬到一間洗衣店樓上約 11 坪的小公寓，父親找不到工作，「還酗酒。」帕利哈皮提亞回憶。母親曾接受過護理師訓練，平日擔任家庭主婦和看護。

　　帕利哈皮提亞也外出賺錢，最初到漢堡王打工，但他發現在高中學校餐廳當 21 點莊家比較好賺，有時午休就能賺個四、五十元。帕利哈皮提亞帶著賺來的錢，用偽造的 ID 混進

賭場，想辦法賺更多錢。他是高額撲克高手，日後還參加世界撲克大賽。

帕利哈皮提亞在 1999 年取得加拿大滑鐵盧大學（University of Waterloo）電機工程學位，在投資銀行工作一年，他說那份交易衍生性金融商品的工作是「最無聊、最白癡的事，浪費我的時間。」[2]（帕利哈皮提亞罵人的功力，矽谷無人能比。）他辭掉銀行工作，到網路界找工作。他搬到加州，開始在一家音樂新創公司工作。那家公司做的事和 WinAmp 音樂播放器有關，也就是啟發高中時的祖克柏和迪安捷羅的東西。雖然 WinAmp 被視為很酷的應用，帕利哈皮提亞開始認為它其實是平台：其他人可以依喜好打造裝飾用的「布景主題」和發揮創意的外掛，增強 WinAmp 功能（Synapse 就是一例）。那樣的平台概念，讓有才華的工程師與設計師能不花成本就能改善產品，讓自家產品變得更有價值，使競爭者更難匹敵。帕利哈皮提亞因為 WinAmp 認識帕克，兩個人自然而然變熟。

AOL 在 1999 年買下 WinAmp，帕利哈皮提亞因此進入 AOL 這家當時全球最受歡迎的網路公司，距離 AOL 慘烈的時代華納（Time Warner）併購案還有一年 *。2005 年，帕克打電話給帕利哈皮提亞：「我現在是一家叫 Thefacebook 的公司總經理，我想約你見面、介紹你了解這家公司，見見創辦人。」

帕克和祖克柏飛到 AOL 總部所在地杜勒斯（Dulles），與帕利哈皮提亞和另一位 AOL 主管班科夫（Jim Bankoff）見面。那次會面主要都是帕克在說話，祖克柏大多時候處於沉默模式，但帕利哈皮提亞印象深刻。他事後告訴班科夫，AOL

---

* 譯注：該合併帶來史上最大的企業虧損。

應該考慮買下 Thefacebook，但 AOL 仍在面對併購時代華納的災難後果，無法考慮出價，祖克柏也不會有意願出售公司。

AOL 最後和 Thefacebook 談成一筆小交易：把 AIM 連至這家新創公司的網站，方便臉書朋友在這個聊天服務上找到彼此。帕利哈皮提亞經常提到，那個合作是一面倒的對 AOL 有利。

然而，那筆交易最重要的結果，是帕利哈皮提亞與祖克柏開始保持聯絡。帕利哈皮提亞在 2005 年離開 AOL（他後來說，在 AOL 的經驗讓他明白：「多數公司裡的多數人都是蠢材」[3]），加入門洛帕克的創投公司梅菲爾德（Mayfield）。他和祖克柏大約每兩個月見一次面，帕利哈皮提亞很欣賞祖克柏充滿膽識、同時又很害羞的反差性格。

然而，帕利哈皮提亞不完全認同祖克柏享有的光環，他不像媒體與矽谷的核心人士那樣吹捧這位年輕執行長。他從來不贊同科技圈隨處可見的迷因，也看不慣商業雜誌把成功創辦人奉為萬神廟裡的神。對帕利哈皮提亞來說，那些人只不過是幸運地出生在社會經濟狀況良好的家庭，祖克柏當年如果是念俄亥俄州立大學而不是哈佛，今天的一切都不會發生。（帕利哈皮提亞對於自己不是念史丹佛或常春藤名校耿耿於懷，似乎到了憤世嫉俗的程度。）

儘管如此，外放的帕利哈皮提亞和內斂的祖克柏，兩人在商業與科技上擁有共同的見解。帕利哈皮提亞可以加入臉書這個想法也漸漸出現。兩人沒有正式約定，但祖克柏在雅虎收購事件後對范納塔很不滿，希望高階主管中有更多盟友。

2007 年初，帕利哈皮提亞因此去了一趟臉書在大學大道的辦公室。只是去看看，沒有特別的意思。祖克柏那天不在，他只能和莫斯科維茨聊。莫斯科維茨問他為什麼想到臉書工作。

帕利哈皮提亞被當成來求職的人,十分不高興。「你給我等一下,」他說,「老子不是來面試的。」帕利哈皮提亞接著指出臉書所有的問題,清單很長。但帕利哈皮提亞並不是在影射莫斯科維茨與祖克柏是白痴,以毫無商業經驗的人來說,他們已經做到盡可能最好了。

然而,帕利哈皮提亞想到臉書工作的真正原因,是祖克柏一夥人對於如何解決問題,似乎聽得進別人的建言。對帕利哈皮提亞來說,這是一個值得接受的機會。即使如此,他還是遲遲沒接受。在他像哈姆雷特一樣優柔寡斷的期間,祖克柏甚至搬出投資人麥克納米,請他在帕利哈皮提亞面前說說臉書的好話。麥克納米表示:「我認為〔帕利哈皮提亞〕早就決定加入臉書,他只是在耍我。」

帕利哈皮提亞終於進臉書後,馬上被交代了難以歸類但無所不包的責任,凡是「產品行銷與營運的事」都交給他,范納塔基本上被架空了。范納塔在雅虎收購事件中缺乏忠誠,被拔去營運長頭銜(臉書也暫時不再設這個職位)。

帕利哈皮提亞立刻做出改變。帶領變現部門的肯德爾對他的能力印象深刻,但被他的舉止嚇到。「帕利哈皮提亞是超級精明的領導者,」肯德爾描述,「我從他身上學到不少事,但我這輩子再也不想在他底下工作。」

帕利哈皮提亞認為,公司過去兩年隨興的聘雇流程,帶給公司很大的負擔,因此執行「強迫排名」做法,抓出落後的人,把他們踢走。這套做法雖然有道理,但帕利哈皮提亞會公開痛罵表現不夠傑出的人,就連續效好的員工都心驚肉跳。大部分年紀較長、工作經驗較豐富的員工加入臉書後也會漸漸融入公司的年輕人文化,但帕利哈皮提亞只做自己。他的成長背景很艱困,很鄙視這群從小到大只想努力進哈佛的乖乖牌。

帕利哈皮提亞有時候還會霸凌別人，他會在會議上羞辱人，批評人們的長相。一位年紀還不到中年的主管，被他嘲笑髮際線後退。另一位前主管談到帕利哈皮提亞時，還要求我關掉錄音機，才肯接受訪談。他回想帕利哈皮提亞對他的語言霸凌時快要哭了，好像害怕帕利哈皮提亞會突然冒出來，繼續對他惡言相向。

我問帕利哈皮提亞這件事時，他並不認為自己有錯。「少來了，」帕利哈皮提亞說，「那些人想必很難過吧，躺在數百萬美元的豪宅裡、身上裹著昂貴柔軟的絨鼠毛毯在哭泣。」他說，職場不是家庭，如果人們期望他說話要照顧別人的心情，「會議就不會順利，也是對他們智商的侮辱。」

另一方面，帕利哈皮提亞也很能激勵人心。他會站上桌子告訴大家，有一天臉書的規模將變得多大。人們竊竊私語臉書未來會價值百億時，帕利哈皮提亞宣稱臉書的價值會是百億的十倍。（後來這個數字聽起來不再瘋狂時，帕利哈皮提亞又說臉書將價值破兆。）對於開除他認為動作不夠快、不夠創新，無法協助臉書抵達那些數字里程碑的員工，他一點都不會良心不安。那些人之中，有部分在同事眼中已經是表現不佳的同事，只是因為祖克柏不好意思開除人，才一直保住位子。

不過，帕利哈皮提亞雖然才華洋溢，盛氣凌人，他在臉書的前幾個月卻沒有做出亮眼成績，沒有為「平台」團隊帶來太多貢獻。他的主要工作和 Beacon 比較相關，也就是臉書受傷最重的時刻。帕利哈皮提亞認為自己很倒楣，他告訴《紐約時報》：「Beacon 不會違背用戶意願傳輸資料」的這段話被曲解了。今日的他說：「我學到教訓，不能跟記者講太多技術上的細節。」他與祖克柏原本就不太深厚的關係，這下子更是岌岌可危。

到了 2007 年底，連帕利哈皮提亞自己也認為表現不怎麼樣。或許他先前能成功，純屬僥倖。某次 Beacon 會議結束後，帕利哈皮提亞告訴祖克柏：「如果我是你，我會開除我自己。」兩人約定，帕利哈皮提亞應該設定一個接下來要專心投入的目標，最後一搏。

成長機器

帕利哈皮提亞在桑德伯格的辦公室裡，準備好背水一戰：他想到能幫助臉書成功的點子，沒料到也將替公司埋下禍根。

2008 年初，臉書的成長趨緩。一年多前，公司也發生過類似的低潮，當時開放註冊與動態消息尚未推出，因此某種程度上，這一次停滯更令人憂心，因為前方並沒有突破性的新產品等著上市，沒有人知道成長停滯的原因。「一切都停下來了，」[4]一位高層表示，「一直到今天，我們還是不知道原因。」

「到達大約九千萬用戶後，我們就進入了高原期，」祖克柏回想，「我記得當時人們說，不確定這輩子能否見到突破一億用戶。我們進入撞牆期了，需要專心解決那個問題。」

帕利哈皮提亞提出解決方案：組一個衝刺團隊，放手讓他們專注做能增加與留住用戶的事。帕利哈皮提亞認為他找到了指引臉書方向的北極星，一個能定義臉書事業與財務健康的最基本方法：答案就是「每月活躍用戶」（Monthly Active User, MAU）。其他網路公司會計算每天有多少人造訪網站，或是總共有多少人註冊，但「每月」是較為理想的指標，因為會連續一個月使用服務的用戶，很可能會留下來。這能讓他們觀察到「流失率」（churn），也就是有多少人離開臉書。帕利哈皮提亞提議盡全力衝刺 MAU，依據這個指標檢視臉書事業的

每個部分，找出哪些事能帶動 MAU、解決使 MAU 無法增加的問題點，並且成立能進一步刺激 MAU 成長的新單位。

桑德伯格覺得聽起來不錯。「你把這個計畫稱為什麼？」她問。

「我不知道，」帕利哈皮提亞回答，「反正就是要讓一切成長，全部努力都是要讓 MAU 成長。」

「或許你應該直接命名為成長（growth）。」她說。（桑德伯格說她已不記得那場會議，她和帕利哈皮提亞開過很多會，但她證實兩人的確有過類似談話。）

帕利哈皮提亞進一步琢磨點子，在下一次的董事會上報告。帕利哈皮提亞宣稱能採取積極的手段，讓用戶數增加兩到三倍，而且還會運用臉書平台作為成長引擎，更進一步推動成長。

董事會不是特別興奮。帕利哈皮提亞說：給我一些時間執行就好。如果幾季之後董事不滿意他的成果，或許大家都同意他該離開。

帕利哈皮提亞決定加倍努力，瘋狂追求成長，但臉書在他加入之前其實一直是這樣做的。桑德伯格雖然放手讓帕利哈皮提亞帶領他的團隊，她認為臉書早就已經是專注於成長的機器。臉書起家的故事就是一則成長神話：2004 年，祖克柏在一個月內（而且是全年之中最短的 2 月！）就讓 Thefacebook 從哈佛拓展至其他校園。2005 年，早期的員工卡根（Noah Kagan，他後來因為把產品計畫洩漏給 TechCrunch 而被開除）某次建議祖克柏，臉書應該販售網站頁面提到的活動門票。祖克柏聽了之後走到辦公室裡無所不在的白板前，寫下：「成長」。「祖克柏說，任何無法帶來成長的功能，他都沒興趣。」卡根寫道，「那是唯一重要的任務。」[5]

資料探勘,還是濫用?

早在 2005 年,臉書就決定雇用專家深入研究臉書蒐集的資料,目標是吸引更多用戶。這份工作本來要交給普朗默,也就是 2006 年 1 月死於單車意外的科學家。祖克柏因為姊姊蘭蒂的關係,恰巧找到代替普朗默的人選。當時他找蘭蒂到臉書上班,在蘭蒂離開紐約的歡送會上,祖克柏看到工程師哈默巴赫(Jeff Hammerbacher),覺得很眼熟,原來他們在哈佛上過同一門專題研討課(哈默巴赫的女友是蘭蒂的朋友,所以他被拖著去參加派對)。

祖克柏提議哈默巴赫到臉書面試,哈默巴赫原本就打算在加州住滿一年,再以州民身分申請研究所,學費比較便宜,但面試他的臉書工程師令他印象深刻。哈默巴赫看見迪安捷羅的名片上寫著「資料探勘」(data mining),他就是想研究這個領域,剛好臉書這家帕羅奧圖的小小新創公司也在做這件事,早在 2005 年。

哈默巴赫通常與其他人一起分析臉書上的用戶行為,看看他們挖到的資料能否幫助公司成長。更重要的是,他建立了一套系統,讓臉書有辦法蒐集並分析大量資訊,找出能協助臉書改進的結論。哈默巴赫建立的系統會記錄臉書用戶的每一次點選,他後來稱之為「資訊平台」[6],光是第一天就蒐集到 400 GB 的資訊。

哈默巴赫與葛蕾特(Naomi Gleit)、柯勒一起合作,研究用戶成長的學校與用戶數停滯的學校,努力找出成功與失敗的因素。臉書推出開放註冊時,哈默巴赫研究資料,找出用戶如何來到臉書,他發現最大量的來源是因為工程師打造出一個程式,會把人們的微軟 Hotmail 聯絡人匯入臉書。

那個程式就是臉書工程師莫根斯騰寫的「找到朋友」

（Find Friends），程式可以抓取到 Hotmail、Gmail、雅虎郵件的聯絡人。使用者提供帳戶名稱與密碼之後，用戶所有的聯絡人或連結就會匯入臉書的資料庫，如果其中有已註冊臉書的人，臉書就會發送加為好友邀請。至於尚未註冊的人，臉書會把他們的名字顯示給臉書用戶看，只需按下確認，臉書就會寄電子郵件邀請他們加入臉書。完成後，臉書將刪除登入資訊。

　　微軟反對這種做法。有參與討論此事的微軟主管表示：「他們這是明目張膽的偷竊，在別人背後建立他們自己的社群網絡。」面對指控，祖克柏並不當一回事。「他說：我知道這有點煩人，如果你們覺得不妥，我們就不做。」那位主管說道，「但實際上祖克柏沒有停止那種行為。」從微軟的角度來看，這不只違背了服務條款，甚至可說是不道德的資料抓取。你是某人的 Hotmail 聯絡人，不代表你同意被納入臉書的資料庫。「找到朋友」造成臉書與微軟關係緊繃，一直到 2007 年微軟投資臉書前，雙方才在這件事上得到和解。

　　「找到朋友」一類的技術，對臉書來說像氧氣一樣不可或缺，因為人們通常懶得自己填寫出社群圖譜。「臉書用戶有很高的比例，幾乎不會主動寄出朋友邀情，」祖克柏在 2011 年告訴我，「他們連最基本的人際關係也不用設定，只要單純接受系統推送的連結邀請就夠了。」

　　臉書為了持續成長，光是抓取 Hotmail.com 的聯絡資料還不夠，必須抓取其他無數服務的資料。臉書必須一家一家地抓取電子郵件服務提供者的資料，非常耗時，而臉書只讓一名工程師負責這件事，不可能做得完。早期的臉書員工史崔莫（Jed Stremel）曾是雅虎的王牌交易員，他搞定了這個問題。他發現國際上有「聯絡人抓取」（contact scraping）的高手，在馬來西亞成立了兩人公司 Octazen。史崔莫很快就和 Octazen

談好，請他們替臉書寫一個小小的資料抓取程式。史崔莫回憶，他那次只付了約 400 美元。「這也符合『快速行動，打破成規』的精神，快點完成重要的事就對了。」史崔莫回想。（臉書在 2010 年買下 Octazen。）

臉書有一些早期員工認為，公司首次離開封閉網路的競爭，跨到全球競爭時，電子郵件抓取（email scraping）是臉書最珍貴的成長動能。

帕利哈皮提亞開始推動成長計畫後，哈默巴赫開始懷疑自己在臉書的使命，他在 2008 年 9 月離開。哈默巴赫曾在訪談中指出：「臉書從探索，變成濫用。」[7] 哈默巴赫後來共同創辦 Cloudera，公司在網路雲端儲存資料，日後會利用資料分析來協助治療癌症。哈默巴赫對前東家沒有敵意，但他評論臉書的動機時，點出了不容忽視的事。2011 年，哈默巴赫告訴《商業週刊》（*BusinessWeek*）記者，他對於臉書與其他公司資料分析師工作的評論，多年後仍引發迴響：「我的世代最傑出的頭腦，想的都是如何讓人點選廣告。」[8] 哈默巴赫說，「那實在太糟了。」

菁英小隊

老影集《虎膽妙算》（*Mission: Impossible*）每一集的開頭，負責指揮行動的「龍頭」會翻閱檔案，找出執行此次任務的絕佳人選，需要誰當間諜、打手或誘餌。龍頭會去掉不要的人選，完美人選的照片收成一疊，丟在咖啡桌上。帕利哈皮提亞也做了類似的事，他親自挑選團隊，同時從其他團隊與公司之外的可能人選中，挑出他要的人才。

帕利哈皮提亞很有選才眼光，選中包括葛蕾特（臉書最早的少數員工之一）、來自西班牙的工程師奧利文（Javier

Olivan）、來自英國的行銷人舒茲（Alex Schultz）、資料高手費蘭特（Danny Ferrante），以及明星駭客、開放原始碼 Firefox 瀏覽器的共同創造者羅斯（Blake Ross）。這是一個多元的組合，大部分的人在海外出生，或是雙親至少一人不是美國人。有兩位成員是同性戀，主要領頭的幹部葛蕾特是女性，這是一群邊緣人組成的團隊，他們是資料敢死隊，武器是數位分析圖表，不是戰鬥步槍。這個團隊日後證明自己是一時之選，尤其是奧利文、葛蕾特與舒茲。十多年後，這三人依舊在臉書，隸屬於祖克柏身邊最核心的領導「小團體」的成員。

「帕利哈皮提亞具備特殊的能力，他的瘋狂演說可以激發大家的鬥志，不過這三人更像是三劍客。」臉書早期的工程師史利（Mark Slee）提到奧利文、葛蕾特與舒茲時指出，「最終是他們三人一起和許多工程師與產品經理，默默完成最不光鮮亮麗的工作。大家都想參與最酷的產品研發案子，但他們做的才是真正讓更多用戶加入臉書的事。」

葛蕾特是臉書的元老級員工，大家心中的前輩。從某種角度來說，她從一開始就在協助臉書成長。她和公司裡的每一個人一樣，努力把祖克柏永無止境的野心放進產品與計畫之中。「我們永遠有成長計畫。」她在談的是一開始祖克柏把臉書推廣到其他大學的時期。葛蕾特 2005 年加入時，臉書正在打入高中市場，也已經在準備開放註冊。有團隊成員表示，葛蕾特為新計畫提供的願景，不輸帕利哈皮提亞。

帕利哈皮提亞希望「成長計畫」成為公司的動力中樞，擁有特殊的地位與獨特次文化。成長計畫為了與臉書其他小組與眾不同，成員不稱自己為「團隊」，而是「圈」：他們是「成長圈」（The Growth Circle），在臉書的帕羅奧圖辦公室自成一格。2009 年，臉書從帕羅奧圖市中心搬到新總部，帕利哈

皮提亞選了離其他人很遠的空間，占據一樓的黑暗角落。

「連名字也反映出我們有多特殊，」葛蕾特表示，「我們是成長圈，緊密相連，我們是 A+ 團隊，幾乎像變魔術一樣神奇。」

此外，在這個團隊裡也可能很辛苦。帕利哈皮提亞自認，相較於臉書其他同質性高的理想主義同事，他務實、與現實接軌，他甚至有點輕視臉書人平時過的那種真善美生活。在他眼中，臉書找人的方式會獎勵那種人生好像在玩闖關遊戲的人：在學校成績優秀，讀哈佛或史丹佛，進入好公司實習。你從他們的臉書動態就看得出來，每則貼文都像是解鎖電動遊戲的新關卡，但問題就在於這些按部就班達成人生勝利組目標的人，走不出預先設定。

偏離正軌、完全跳脫事先安排好的關卡，並不符合這些人的心智模式，他們做不到，因此帕利哈皮提亞故意挑戰他們，用心理戰術改變他們的思考模式，讓他們不再那麼墨守成規、尋求傳統的認可。把團隊形容成一個「圈」，也是顛覆的一部分：讓成員跳脫最重要的人坐在首位的階級概念，賦權給團隊的每個人。

即使成長圈理論上是權力平等，帕利哈皮提亞的性格還是主導。他的風格就是刺激對方反應。他說的每句話，第三或第四個字八成是髒話，通常還是跟性有關的同義詞。他如果覺得有人做了蠢事、說了蠢話（那種情況經常發生），他就會破口大罵。不過，你不會向人資報告這種事，那種行為在臉書被認為「帕利哈皮提亞那個人就是那樣」。

此外，「成長圈」裡發生的事只能留在圈內。

成長圈的成員談起帕利哈皮提亞時，依然有高評價，但即使是在團隊內，大家的感受也很複雜。「我不愛和他一起工

作，他也知道。」舒茲表示，「不過他通常都是對的，所以我認為他作為領袖，有把我們帶到正確方向。」

臉書容許帕利哈皮提亞的作風，因為他想的是公司利益。「我和帕利哈皮提亞關係良好。」法務長凱利表示。凱利的工作包括在成長圈太過頭時把他們拉回來。「我們會談好界線在哪裡，通常事先討論好。越線不是他們的目標，成長才是。他們或許有一點太不把越線當一回事，但成長才是目標。」

你可能認識的朋友

成長團隊很早就找到能輕鬆增加數字的方法，其中之一就是「搜尋引擎最佳化」（search engine optimization，SEO），在 Google 的搜尋排名上增加內容可見度。如果非用戶透過 Google 找到朋友的檔案頁面，這個人可能會想加入臉書服務，但臉書的 SEO 非常弱，你到 Google 輸入「Facebook」這個字，要一直往下拉到最後才會看到臉書官網。

臉書在前一年（2007 年）首度允許用戶的檔案頁面（或是節錄版）出現在搜尋結果裡，但排名不是很前面，部分原因出在那些頁面的位置在臉書內部，不容易找到，Google 的網路爬蟲必須深入臉書內部。舒茲與葛蕾特製作了可連接用戶個人檔案的索引（directory），讓 Google 可以依循找到頁面。臉書個人檔案的搜尋排名因此提高，人們看到後可以直接在 Google 搜尋引擎上要求加好友。這個做法為臉書帶來了一些新用戶。

「這件事沒有讓〔新用戶〕變成兩倍，應該上升了 5％ 或是 10％，」舒茲表示，「但你嘗試的每件事，就算一件事只多帶來 1％，〔其他〕方法又增加 1％，再加 1％，加起來就很可觀，公司的整體成長就能大幅改善，所以我們會努力追求

每一次成功。」

「我們非常願意嘗試新東西。」帕利哈皮提亞說。

不過，成長計畫真正的代表作——他們的〈蒙娜麗莎〉、〈有如滾石〉（Like a Rolling Stone）、〈教父〉（*Godfather*）第一集和第二集——那個功能就像婚禮、假期、引發群情激憤的政治事件一樣，幾乎成為動態消息不可或缺的一部分，那就是「你可能認識的朋友」（People You May Know），臉書內部用縮寫 PYMK 代稱。「你可能認識的朋友」在 2008 年 8 月正式推出，功能是為你篩選出可以加入好友清單的人選。「你可能認識的朋友」是成長圈最有效也最具爭議的工具，象徵著成長駭客的黑魔法可能導致意想不到的後果。

這個功能不是臉書發明的，另一家同樣瘋狂追求成長的公司 LinkedIn 才是第一人（霍夫曼日後會把這種不惜代價成長的現象包裝為「閃電擴張」〔blitz-scaling〕一詞），但臉書把這個「向新舊用戶推薦目前成員」的概念發揮到全新高度。

「你可能認識的朋友」表面上很無害：在你面前輪流展示臉書上的個人檔案照片，你可能認識那些人，但他們還不是你的臉書好友。這個功能是為了解決成長團隊的研究發現：新用戶如果無法快速找到七個好友，就很有可能停用。用戶要是沒有一群核心好友，臉書對他們來說就像是一個人踢足球。

臉書的確有一些招數能應付尚未與朋友連結的新用戶。「我們曾經做過『填補動態』（fluff story）的假動態，」帕利哈皮提亞解釋，「我們想：為什麼不製造有關於人們生日的動態，或是放進有趣文章？我看到的東西不是〔好友〕產生的動態，而是系統產生的，重點是填補空缺。」這麼做的目的是避免人們對臉書失去興趣，在他們加到夠多好友、能看見真正的動態消息之前留住他們。

不過，填補動態無法取代實際的臉書好友。成長團隊的資料科學家，在研究中強調了幫助新用戶找到朋友對臉書有多關鍵，尤其是要幫忙找到活躍用戶。如同〈給我動態：鼓勵在社群網站發言〉（Feed Me: Motivating Contribution in Social Network Sites）這份研究寫道：

社群網站的開發者一定要鼓勵用戶貢獻內容[9]，因為每一個用戶獲得的體驗，取決於那個人的連結網的發文。鼓勵新用戶持續發言格外困難，也特別重要。

因此，「你可能認識的朋友」對臉書來說是不可或缺的功能。看見潛在的朋友可以改善用戶體驗，使他們更有可能分享更多。最重要的是，人們退出臉書的機率會下降。

臉書為什麼知道？

「你可能認識的朋友」很受歡迎：那是實用的提醒，幫你連上認識的人，讓你的臉書體驗更有價值。但這個功能有時也令人不安，人們會質疑為什麼那些人選會出現在你的動態消息上，那些人和你沒有明顯關聯，有時甚至是你很不想有交集的人。曾有性工作者發現臉書推薦她與客戶成為好友，但客戶並不知道她的真實身分；捐精者被推薦加自己不曾謀面的小孩為好友；精神科醫師發現臉書會推薦她的病患互加好友。這個功能還令成千上萬的人感到不舒服，因為臉書建議他們和孩子的朋友、不熟朋友的配偶，或是十年前的可怕相親對象，變成好友。

很多記者研究這項功能，但都不曾讓臉書透露這個產品的原理。科技網站 Gizmodo 的希爾（Kashmir Hill）[10] 有一年花很多時間調查這項神祕功能，她的報導特別有名。希爾挖出的故事，包括臉書建議某位女性加為好友的對象，竟然是她長期

缺席的父親的情婦。希爾本人也意外發現自己的「你可能認識的朋友」出現了這輩子沒見過的姑婆。希爾詢問臉書是如何發現這些人際關係，但臉書不曾提供資訊。

希爾的報導也提到剛才的精神科醫師。那位醫師發現，「你可能認識的朋友」建議她的病患互加好友，然而她不曾在臉書上與任何病患成為好友。希爾推測，可能是因為醫師曾在臉書輸入過電話號碼，臉書因此抓取了她的聯絡人，也抓到了病患的聯絡資訊。臉書同樣不曾提供任何解釋。

臉書也不回應希爾的詢問：這項功能會立刻建議好友人選給新用戶，是否代表臉書其實有儲存非用戶的資料，利用了「影子檔案」（shadow profile）？幾年後，祖克柏在國會作證時表示臉書沒有那麼做，臉書的確有留存非用戶的部分資訊，但那是為了打擊假帳號，是出於安全考量。（祖克柏並未提及自己早期曾在改變之書中考慮過黑檔案。）臉書後來較詳盡的解釋亦指出：「我們並沒有為非用戶建立個人檔案。」[11]，但有提到臉書留存了部分資料，例如非用戶使用的裝置與作業系統版本，目的是如果使用者決定成為用戶，可以「最佳化特定裝置的註冊流程」。

然而，帕利哈皮提亞今日指出，黑檔案確實存在，而且成長團隊運用過黑檔案。帕利哈皮提亞說，臉書會以留存資料中的名字當關鍵字，在 Google 刊登搜尋廣告，那些廣告會連結到理論上不存在的非用戶黑檔案。「你在網路上搜尋自己的名字，就會出現在臉書的黑檔案，」他說，「哪天你想加入時，『你可能認識的朋友』就馬上登場，我們會讓你看到你的一堆朋友。」

臉書的資料科學家與工程師貝克史壯（Lars Backstrom）[12] 在 2010 年的訪談中解答了一些「你可能認識的朋友」的神

祕之處。貝克史壯指出那項功能是「臉書上很大量的加好友方式」，他解釋了臉書選擇建議人選的技術流程。依據貝克史壯的介紹，最重要的獵場就是「朋友的朋友」區，然而「朋友的朋友」範圍非常廣。

貝克史壯表示，用戶平均擁有 130 個好友，每一個好友又有 130 個好友（這個數字相當接近鄧巴數〔Dunbar number〕[13]，社會學家鄧巴〔Robin Dunbar〕發現，多數人能維持的合理人際關係數量不會超過 150 人），也就是說一般用戶會有四萬個「朋友的朋友」（FoF），好友數達數千人的重度用戶則可能擁有八十萬個「朋友的朋友」。此時另一種資料就會登場，找出各種訊號，例如有多少共同的朋友、共同的興趣，或是親密度，再搭配「很便宜就能取得的資料」，即可找出有機會讓用戶點選「你可能認識的朋友」人選。隨著資料愈來愈精煉，臉書會利用機器學習做出最後的建議。

貝克史壯也透露，一個人的「你可能認識的朋友」行為，可以協助臉書判斷要提供哪些人選，以及出現在你的頁面上的頻率。臉書一旦判斷你喜歡那項功能，就會一直反覆出現，用很弱的人際連結來填塞你的朋友清單。

貝克史壯的介紹沒有說明除了「朋友的朋友」分析之外，臉書還利用了哪些資料來源。可以確定的是，自從臉書在 2008 年推出「你可能認識的朋友」後，相關來源持續演變。幾乎可以確定的是，臉書會監看你的電子郵件，看你和誰聯絡，大概也看了你的日曆，看你和誰碰面。其他來源顯示，如果有人查看你的個人檔案，那個動作就可能增加那個人出現在你的「你可能認識的朋友」清單的機率。光是「心裡想著」某個人，大概還不足以讓那個人出現在清單上，只是你的使用體驗好像是那樣。

舒茲表示，「你可能認識的朋友」究竟利用了哪些資料，許多猜測純屬陰謀論。他說人們經常記錯自己其實有允許臉書使用聯絡人清單或電子郵件（或許人們都是在未獲得充分提醒下同意的？）舒茲表示，無論如何，某個人會出現在推薦人選中，最大的理由就是他們是你朋友的朋友，所以被認為可能也認識你。

也或者如同帶領過臉書資料科學小組的馬洛（Cameron Marlow）所言：「目標是試圖找出你擁有的關係，那個關係已經存在於臉書，但你尚未察覺。」

「你可能認識的朋友」已經引發不少爭議，但恐怖的是原本情況還會更糟。隱私長凱利表示，他擋下了成長團隊建議的一些有問題的做法。凱利不願分享自己制止了哪些點子，只說：「做事還是要有一點原則。」

留住新用戶

「你可能認識的朋友」的其他問題儘管不明顯，卻依舊令人憂心（小提醒：接下來我們將掉進兔子洞，進入令人匪夷所思的世界。）早期的臉書高階主管莫林開始認為，「你可能認識的朋友」是不好的做法，為了留住更多用戶，犧牲了良好用戶體驗。

由於「你可能認識的朋友」的關鍵目標是增加臉書對新用戶的價值、確保新用戶有足夠的朋友來填滿動態消息，因此臉書建議的人選傾向協助新手找到朋友，而不是新手加好友的那些人。對臉書來說，推薦隨時隨地都在發文的用戶最有價值，因為（如前文提到的〈給我動態〉研究證實）早期就接觸到超活躍用戶，將影響新用戶的行為，讓他們也在臉書分享更多。

如同莫林描述：「當臉書推薦好友人選給你，臉書可以決

定演算法如何運作。臉書推薦給你的人，可以是成為好友後會讓你們更親近、會讓你更快樂的人；或者臉書可以推薦你那些對系統、對臉書來說有好處的人選，那些人可以增加臉書的價值與財富，讓我的系統變得更好。」莫林表示，臉書選擇了後者，為了自利而犧牲了自己的用戶。

這種做法可能帶給老用戶較差的體驗。動態消息是零和賽局，人們只會看到有限的動態數量。臉書會優先給你看比較新、跟你連結比較弱的人的動態，因為臉書希望留住那些用戶。你就更難看到那些你真心關心的熟人的貼文。「系統知道如果我接受你，你的互動程度會增加，」莫林表示，「你等於是在跟蹤我，因為我就像是你的社群圖譜上，那個離你很遠、你想認識的人。那就很像在看八卦小報。」莫林形容這個具跟蹤窺視性質的特點，「成為『你可能認識的朋友』的主要變量。」

有些人在這個議題上並不接受帕利哈皮提亞的看法，他們主張那樣的行為沒有臉書風範。帕利哈皮提亞表示，既然最大的目標是讓所有人都用臉書，長遠來說這根本不重要。不過他實際的用語更「生動」，莫林說：「他基本上是說：閃一邊去，接著就離開會議。」

莫林後來離開臉書，以自己的理念打造出社群網站 Path。Path 背後的概念是把一個人的社群網絡限縮在有意義的連結。莫林遵守鄧巴數，一個人最多只能擁有 150 個朋友，不能再多（他日後會放寬）。評論家替 Path 拍手，但 Path 最終失敗了，無法與臉書競爭。

祖克柏為這項功能辯護，也顯示出他的思考流程與對產品的敏銳度。我向他提起前述的難題時，他很嚴肅地回應。「這涉及很深，是關於我們經營產品的哲學。」祖克柏承認，如果

用戶經過「你可能認識的朋友」建議而和很不熟的人加好友，他們的體驗會稍微變差，但祖克柏主張這件事也牽涉更重要的議題，那就是整個網絡的健全。「我們不會將你的產品體驗視為單人遊戲。」祖克柏說。

沒錯，「你可能認識的朋友」帶來的好友，短期內會讓部分用戶獲得的好處多於其他用戶，但祖克柏主張，如果你認識的每個人最後都在臉書上，所有用戶都會受惠。我們應該把「你可能認識的朋友」當成一種「社區稅政策」（community tax policy），或是某種財富重分配。「如果你情況好轉、日子變好過，你就得多付出一點，確保社區裡的其他人也能變好。事實上，我認為這也解釋了為什麼〔我們〕會成功，而且社會上的許多面向都是模仿這樣的做法。」

此外，祖克柏相信，加不太認識的人為好友，也會幫助你們變親近。臉書可能打破社會互動的物理限制，拓展有意義人際關係的人數上限。「有名的鄧巴數說，人類能維持同理心關係的上限是 150 人，」祖克柏說，「我認為臉書可以拓展那個數字。」

從社會科學的角度來看，那就像是要超越光速，但如果有任何人能做到，那會是臉書的成長團隊。

進軍國際

帕利哈皮提亞投入成長計畫沒多久，就告訴桑德伯格，他即將專攻最肥沃的成長土壤：國際市場。臉書已經在北美有很高的市占率，但尚未在世界其他地方帶來重大影響。帕利哈皮提亞希望擴編團隊，進入其他國家。桑德伯格建議他去看雅虎與 eBay 等公司是如何吸引全球用戶。帕利哈皮提亞研究後告訴桑德伯格，他不打算雇用常春藤畢業的白人，他要找懂當地

語言、有街頭智慧的人。

帕利哈皮提亞要奧利文負責這件事。奧利文是來自西班牙的工程師，2005年到史丹佛攻讀 MBA，夢想自己創業。奧利文對臉書席捲校園生活的程度印象深刻，決定複製這個點子。他還在史丹佛時，就和朋友在西班牙成立大學社群網絡。有一天，祖克柏到他的班上演講，課後奧利文和他聊起拓展到其他國家的想法。不久後，奧利文就加入臉書，進入帕利哈皮提亞的團隊。「我負責的任務是國際成長，」奧利文說，「第一步就是讓網站盡快有愈多語言愈好。」

臉書幾個月前就在進行這件事，負責國際化的團隊正在打造「翻譯臉書」（Translate Facebook）這個 app，協助各國的人把英文翻譯成母語。當然，臉書沒有坐等義工上門，他們檢視網站紀錄，找出誰在美國以外的地方使用英文版臉書。這些被選中的人（當然是演算法選的）的動態消息上方就會跳出訊息，詢問他們是否願意協助翻譯臉書。這些免費幫手（群眾外包的另一項好處）會翻譯出第一版草稿，就像先架好鷹架，找出翻譯成各種語言時會碰上的問題點。

完成第一步後，臉書開放翻譯術語的工作給每一個人，有時是靠提示，例如有些用戶會看到跳出的提示：「嘿，你說這個語言嗎？能不能協助我們翻譯這些廣告？」臉書有時也會運用這種群眾外包來修飾機器翻譯。

難處在於要做出好的翻譯。推出前，他們必須確認翻譯版的臉書不只意思準確，弦外之音也得譯出來，更別提還得避免所有難堪的美國失禮用語。即使只是翻譯簡單的字詞，也常會在某些語言碰到難題。有的語言無法簡單表達出「牆」（wall）的隱喻概念，以建築物的結構元素來比喻臉書頁面上的虛擬布告欄。更別提要翻譯出「戳」（poke）這個功能。即

使是說英文的人也很難馬上理解「戳」是什麼意思。臉書團隊某位愛用 Reddit 網站的工程師甚至建議公司模仿 Reddit 用戶，用上下箭頭來評論內容。

臉書採取的群眾外包並不是傳統做法。過去被證明可行的做法是採取 80 ／ 20 法則，集中資源，尋求專業協助，做完幾大關鍵語言「FIGSCJK」，法文（French）、義大利文（Italian）、德文（German）、西班牙文（Spanish）、中文（Chinese）、日文（Japanese）、韓文（Korean），就能服務到最龐大的線上使用者。「我們的使命一直是連結世界，」奧利文說，「80 ／ 20 法則無法做到服務全球。我們真心希望每個人都能使用臉書。」為了達成那個目標，臉書必須改善眾包工具，就可以省去專業人士這一關。目標是讓臉書進入世界上所有角落，即使是臉書員工都不會說的語言。

不過，群眾外包還是有極限，臉書不得不承認，最重要的語言還是需要請專業譯者（重要語言是以該國的 GDP 為標準）。臉書國際化團隊的成員和各國懂英文的母語者開會，花數天確認臉書網站上某些字的翻譯。儘管如此，他們的第一要務是推出，不是追求完美。「我們列出網站上最常用的字，然後說：這樣吧，我們先確認這些字就好。」早期的員工羅斯說，「有好幾百個字只出現一次，如果譯錯我們就不管了，因為你必須取捨。基本上是在確認會放上應用程式的翻譯是可以推出的程度就好。」

這種低成本、求快速的做法也有極限，例如臉書正式宣布進入日本時，就引發很多批評，讓飛到東京主持這件事的臉書高階主管嚇了一跳。祖克柏當時結束了 2008 年的印度之旅，也在回美途中飛到日本。

臉書在日本宣布推出時，引發了文化衝擊，之後在許多國

家也踢到同樣的鐵板。一方面，臉書對自家流程很自豪。1,500名「業餘與專業譯者」在三週內試著將臉書上的英文（頁面、對話框、訊息等等）翻成日文，再加以討論與潤飾。

然而，這種做法在當地引發的觀感不一。有些日本人覺得被冒犯，認為臉書居然沒有慎重其事、重新設計產品，只是粗淺翻譯一下就直接把自家的美國產品搬過來，怎麼能期待日本的受眾能接受。「臉書沒有成立日本辦公室，也沒挑選地方代表來進行這件事。」[14]《日本時報》（*Japan Times*）抱怨，「事實上，Facebook Japan[15] 毫無專屬於日本的功能。」

奧利文也參加了日本發表會，當《日本時報》問他對這件事的看法時，奧利文的回答證實了日本人擔心的事，臉書的確是在用自家產品輸出美國價值觀：「臉書在全球都一模一樣。」奧利文說。（日本臉書最終打敗對手，2016 年在日本拿下四分之三的社群媒體市場，但到 2019 年年中市占率又暴跌三分之二。）

在奧利文的指揮下，整個流程順利到驚人的程度。國際化團隊認為翻譯就緒後，就在某國推出，接著看著該國用戶開始暴增。他們就能在辦公室一角再插上一面旗子，在標示著各國的世界地圖上，征服愈來愈多國家。幾個月內，臉書從只說一種語言，變成幾百種語言。

2012 年，臉書雇用歐麗斯（Iris Orriss）來協助進一步改善國際化流程。歐麗斯起初從事軟體測試工作，接著轉到工程團隊，她發現最有成就感的工作是把科技推廣到其他國家。歐麗斯對語言、文化、全球化充滿熱情，幾乎可以說是她的天職。她原本在微軟的工作是將語音軟體擴充到其他語言，臉書挖角她時，她也研究了這家公司。她的結論是，臉書的國際化工作跟她之前在其他公司做的不同，臉書是依據一個使命在行動。

此外，關鍵還是成長。其他企業把進軍國際視為營運層面的任務。「如果當成營運任務，公司採取的是成本中心的思維：『盡可能用最便宜的價格找來最多譯者。』」歐麗斯說，「如果目標是成長，一切則與機會有關：『我們如何能實際整合成一個整體，連結每個人，打開世界，讓世界變小？』」

歐麗斯明白，群眾外包能協助臉書追求那個使命，尤其是使用人口少的語言。以非洲語言「富拉語」（Fula）為例，富拉語有兩種，一種通行於撒哈拉沙漠以南非洲的西北處，另一種則在奈及利亞一帶。兩種富拉語的差異之大，幾乎可以算是兩種語言，但臉書不可能把資源用在尋找懂那些方言和科技的語言學家，因此臉書出動自家的翻譯工具。

一切努力都值得。有的國家語言紛雜，但官方事務只以一種語言或方言進行。即使是那種國家，地方話也能帶來更好、更能創造利潤的臉書用戶。臉書使用用戶的語言時，用戶的參與度會提高。「用戶在乎地方上的事，」歐麗斯說，「誰想看世界另一頭發生的事的翻譯？他們想知道自己生活的地方發生什麼事。」

然而，擴張也帶來臉書通常都置之不理的問題：臉書把國際化的流程交給群眾外包，代表臉書有營運的部分地區，是完全沒有或只有極少臉書員工會說當地的語言。換句話說，臉書無法支援客服，也無法監督貼文的內容，違反臉書規範的貼文有可能危險或致命，但即使地方用戶通報違規情形，臉書也無能為力，因為員工根本不會說當地語言。

下一個數十億人

然而，2013 年時，國際成長帶來的後果並不是臉書擔心的問題。臉書擔心的是，即使卯足全力，公司很快就會抵達潛在

用戶人數的上限。沒錯，臉書能讓一、二十億人加入社群的確很驚人，但這還不是全世界。臉書只進入了那些簡單的地區，也就是有網路、能負擔數據服務的地方。尚未加入臉書的數十億人不在群組上。臉書認為，問題出在那些人太貧窮，或是沒辦法上網，或是兩種問題都有。

怎麼解決？答案是製作另一種便宜版本的臉書，想辦法連結人們，即使這代表臉書必須在那些地區打造基礎設施。

祖克柏熱情地擁抱這個點子。雖然起因是成長團隊想讓全球所有人都能上臉書，祖克柏認為這更像是一種慈善活動，可以改善數十億人的生活。祖克柏日後把計畫命名為 Internet. org[16]，「org」這個頂級域名通常是保留給非營利組織或基金會才能使用。

2013 年，祖克柏寫下十頁白皮書闡述這個願景，標題是〈上網是基本人權嗎？〉（Is Connectivity a Human Right?）[17]。答案是肯定的。「我們讓每個人都連上網路後，所有人都將受惠，獲得更多知識、體驗與進步。」祖克柏寫道，「連結世界將是我們所有人一生中最重要的事。」

那年 8 月，祖克柏告訴我這件事。[18] 我問他，這個計畫難道不就是臉書在幫自己帶來更多顧客嗎？

祖克柏說：「理論上，臉書的確會受惠於這個計畫。」但他很堅持那不是他做這件事的原因。「我認為，〔人們覺得臉書是為了獲利而做這件事〕，這種看法實在有點瘋狂，因為已經在用臉書的十億人，他們所擁有的財富遠遠超過剩下六十億人的財富總和。臉書如果真的只想賺錢，正確的策略應該是完全專注在已開發國家、增加原本用戶投入臉書的程度，而不是想辦法讓其他人加入。」祖克柏說，臉書永遠不會因為投入這方面的努力賺到錢，「但我願意做那樣的投資，因為我認為那

對世界真的有好處。」

臉書擬定了幾項普及網際網路（與臉書）的計畫，命名為「下一個數十億人」。首先，臉書處理許多地區缺乏服務的問題：當地人負擔不起行動網路數據費。臉書用兩種方法處理這個問題，第一，打造使用較少數據的臉書版本；第二，與電信公司合作，讓民眾上特定網站時可以免收數據費。當然，臉書在免費名單上。

不過臉書計畫最具野心的部分，是實際把網路帶給下個數十億用戶。有好幾年，祖克柏在 F8 的演講上都自豪地提起相關的計畫。

計畫之一是發射衛星，提供網路給撒哈拉沙漠以南的非洲，但我們造訪奈及利亞時，那枚衛星在馬斯克的發射台上炸毀了。

不過，祖克柏還有另一項提供寬頻的計畫，更加迷人：靠使用太陽能的超輕無人機發射網路訊號。2015 年前後，祖克柏對這個計畫幾乎到達執迷的程度。臉書的空軍！臉書的無人機將在高海拔盤旋，向地面發射寬頻訊號（Google 也有改造探空氣球的高海拔網路傳送計畫）。

網路無人機這個科技宅的夢想，獲得了高度重視。Ascenta 公司正好在打造這樣的飛機，執行長曾替侏羅紀世界主題樂園打造過遊樂設施。據傳臉書用 2,000 萬美元買下 Ascenta，開始打造原型無人機，命名為「天鷹號」（Aquila）。天鷹號的機翼上覆蓋著太陽能板，翼展長度等同重達近 10 萬磅的空中巴士 A320，但由於結構採特殊材料，重量得以壓縮在 1,000 磅以內，比一台標準轎車還輕。天鷹號成為臉書的非官方吉祥物。有一段時期，祖克柏會帶訪客去看他擺在附近的一截天鷹號機翼，長度比他的身高還高，但能像風箏一樣輕鬆抬起。

天鷹號的話題持續幾年後，終於在 2016 準備好非公開試飛。祖克柏搭機前往位於亞利桑那州尤馬（Yuma）的測試站，看著天鷹號升空。他回來後[19]，臉書請來科技新聞網「The Verge」的記者寫下天鷹號的精彩表現，但其實天鷹號出現「結構失誤」，落地時毀損，美國運安會還介入調查。祖克柏在說故事時沒提到這件事。第二次試飛據說情況比較理想，但臉書在 2018 年放棄了這個計畫。

　　在發射台上爆炸的衛星以及墜毀的天鷹號，就像是 Internet.org 計畫的實體殘骸。臉書在印度這個最大的進軍目標上尤其出師不利。人口超過十億的印度是成長團隊達成全球推廣目標的捷徑。祖克柏更是把印度當成個人的聖戰，2014 年造訪印度時還和印度總理聊天，參觀鄉村教室。《時代》雜誌記者葛羅斯曼（Lev Grossmang）當時陪同祖克柏，他承認連結缺乏服務的地區有其價值，但也指出這個計畫還有另一種解讀。「不論這家公司花多大力氣表示這是利他行為，這個運動其實是利己的科技殖民主義[20]……臉書就像科幻電影《超世紀諜殺案》（Soylent Green）中人民拿來果腹、用人肉做的合成食物，永遠需要更多人肉。」

　　臉書的無人機與衛星，目標是提供網路給全球 15% 無訊號的地方，但計畫真正的基礎是 Internet.org 計畫中與地方電信公司合作提供不收數據費的服務。臉書 2014 年在印度及其他國家推出這個計畫，引發批評，因為這個計畫納入的 app（包括臉書）會讓對手處於劣勢。這似乎違反了網路中立性（net neutrality）的原則，所有的開發者都應該能平等使用網路。2015 年 4 月，部分開發商放棄了這個計畫。

　　臉書宣布，Internet.org 將開放給所有的開發者，但批評聲浪沒有平息。祖克柏在臉書總部錄下一段深夜影片，懇求大家

不要再批評。祖克柏堅稱「全球連結」可以和「網路中立性」共存，沒有任何網站被封鎖。當然，批評者不是在抱怨那件事，而是不滿臉書把自己納入免費方案。祖克柏如何回應那個批評？「如果有人無法負擔上網，那麼能上部分的網站，總比完全沒有網路的好。」

批評的砲火沒有停下。祖克柏把計畫更名為「免費基本網」（Free Basics），因為有人抱怨 Internet.org 讓人誤以為整個網際網路都能使用。然而，印度在 2016 年 2 月禁止這項服務，他們在其他國家也遇上麻煩。

Internet.org 的失敗經驗中，有幾個元素日後會再度出現在臉書的故事裡：官方與一般民眾拒絕接受表面上良善、臉書卻能連帶獲得好處的計畫。在挑戰臉書成為一種很酷的行為之前，人們就已經不相信這家公司動機單純。

臉書今日宣稱上網計畫成功了 [21]，約有一億人在使用，但即使是成功的地區也可能引發災難。有些地區還沒準備好，卻突然能使用不設限的言論平台，結果被有心人利用，靠臉書來操縱與散布假資訊，甚至鼓吹暴力。

事態發展至此，祖克柏在演講中提起 Internet.org 的頻率大幅減少，他還有其他產品要宣傳，還要為新的錯誤辯護。

所有業務都與成長有關

帕利哈皮提亞在 2011 年離開成長團隊，奧利文接替他的位置。奧利文是帕利哈皮提亞的門徒，同樣執著於提振臉書的數字，不過奧利文也是工程師，在他的領導下，成長團隊擴大規模，引進「圈」外程式設計師。那些人過去支援計畫時原本隸屬於其他部門。

奧利文的個性也跟帕利哈皮提亞不同。被問到哪裡不同

時，舒茲回答：「奧利文非常溫柔，非常體貼，他就是……他有道德，是個好人。」

其他的重大改變較為深層。成長團隊至今仍專注於替臉書這個藍色 app 增加用戶數與互動度。在祖克柏的支持下，奧利文拓展領域，把公司的關鍵環節也納入成長團隊的管轄範圍。

臉書做的每一件事，幾乎都是透過成長的角度看待。「成長團隊思考產品的方式，跟世界上任何創業者或企業家都不同，是前所未有的。」2012 年加入臉書的高曼（Rob Goldman）說，「我從來沒見過，那個基礎是建立在全球的每個人、每天都該使用這項產品的認知上。」當祖克柏宣揚連結世上每個人的使命時，真正負責營運的其實是成長團隊。因此你可以合理推測，臉書真正的使命不是連結，而是成長。公關巴克回憶，她和祖克柏大約在 2009 年開過一次會。祖克柏告訴她，臉書需要增加宣傳，提升成長與互動度。「那是我們工作的唯一理由！」巴克說。

「一開始，事情的規模小很多，」成長團隊的葛蕾特指出，「我們完全只專注於成長——我們負責註冊體驗，負責邀請體驗，負責新用戶體驗，接著慢慢的，我們的範圍擴大。馬克說：OK，你們能接下這個嗎？你們能負責成長和 Messenger 嗎？然後你們可以負責……」葛蕾特笑了。他們接手的任務清單講都講不完。

把推廣到全球的事交給成長團隊，行動裝置領域也交給成長團隊。近年來，臉書顯然必須耗費龐大資源贏回信任（成長團隊的部分做法引發的不信任），這也交給成長團隊。有些人認為惡名昭彰、在臉書內部玩弄演算法黑暗面的成長團隊，如今卻要負責臉書的誠信正直，實在太諷刺了。就連臉書的「公益」領域也交給愈來愈強大的成長部門。

葛蕾特解釋，這是因為她的團隊特別的問題解決方式，可以用在其他計畫上。「這些事實際上的共通點是什麼？就是採取資料驅動（data-driven）與產品驅動（product-driven）的問題解決法。其實就是採取相同做法：『了解，找到，執行』（understand, identify, execute, UIE）。」

成長團隊的「資料驅動」與「為達目的不擇手段」的DNA、那種帕利哈皮提亞式作風，也深植於相關的其他計畫。帕利哈皮提亞在 2011 年離開臉書，在外面成立創投基金（投資者包括臉書，以及數名臉書的現任與前員工，不過祖克柏沒有投資）。帕利哈皮提亞在道別信上說，這場旅程的重點是獲勝，其他事都是次要的。帕利哈皮提亞還提醒臉書同事，要留心那些「你沒聽過的公司」，那些公司的重要點子有可能取代你們。

這些都寫的很好，但帕利哈皮提亞悄悄離開臉書前寫的那封信 [22]，人們只記得他的最後一句名言：別當混蛋。

第 11 章

問題浮現，外包內容審查，
擅改隱私設定

　　班・貝瑞（Ben Barry）是德州奧斯汀（Austin）的海報設計師，他在 2008 年看到臉書的廣告。那則廣告精準投放，告知臉書正在徵設計師，想找像他這樣的人。

　　貝瑞幾年前離開大學後就不太用臉書了，但他還是去應徵。經過幾輪面試後，他成功錄取，在 2008 年 9 月搬到帕羅奧圖。臉書安排他和另一名新進設計師卡提巴克（Everett Katigbak）搭擋。

　　貝瑞進臉書後，馬上詢問接下來的美國總統選舉，臉書是否會做任何相關的事。主管建議貝瑞聯絡臉書當時唯一在華府的員工，那個人在家工作。他們決定打造「我投票了」（I Voted）這個按鈕。用戶投完票就可以按下按鈕。選舉日當天，貝瑞查看儀表板，驚訝地發現每看一次，點選人數就會再暴增數千人，最後大約有 600 萬人使用了那個功能。哇，臉書還可以影響選民？

　　不過，貝瑞在臉書最大的貢獻與選舉無關。訪談過程中，貝瑞提到他為臉書辦公室製作海報。臉書明智地決定不再採用先前讓崔大衛一夕致富、帶有仇視女性意味的塗鴉。在桑德伯格的帶領下，臉書的牆面藝術希望以更典雅的方式反映出臉書

文化，甚至是加以定義。

　　貝瑞在奧斯汀執業時，曾為音樂會海報和藝品印刷做過大量的網版印刷。即使臉書的設計都是以數位形式呈現、作品都是程式寫出來的，他認為尤其是在這種地方，更需要製作實體藝術。貝瑞的想法是號召臉書員工一起製作大量海報，貼在牆上，永遠近在眼前激勵著大家。然而，臉書在帕羅奧圖租的辦公室太狹小，沒有任何空間可以當美術工作室。

　　2009 年初，臉書搬到十五萬平方英尺大的總部[1]，地點位於加州大道 1601 號，就在國王大道以南、名為大學台的帕羅奧圖街區。貝瑞聽說臉書也會租下附近的空間，包括一棟有倉庫空間的大樓，但公司用不到倉庫，所以貝瑞的團隊就在那裡製作海報。

　　貝瑞和卡提巴克跑去家得寶購買做桌子的木材，還弄來一台小型凸版印刷機，備齊其他網版印刷所需的用具。大樓管理室有自來水，所以貝瑞把桌子設在旁邊，但因為沒有排水設備，廢水得用桶子蒐集。接下來，貝瑞看到舊金山有人在賣裁紙機，那是可以一次大量生產海報的重要工具，重達七百磅，看起來跟古騰堡年代的東西差不多，要出動堆高機才搬得動。貝瑞自掏腰包買下，獲准放進倉庫。

　　貝瑞把海報工作室命名為「類比研究實驗室」（Analog Research Lab）[2]，他拿 20 世紀初的宣傳海報當樣本，尤其是 1920 年代反戰團體「減少美國參戰全國會」（National Council for Reduction of Armaments）的廣告。貝瑞在國會圖書館網站看到那些海報，斗大的全大寫字母配上 Speedball 顏料的「火紅色」（Fire Red），與臉書的簡潔網路風格形成鮮明對比。貝瑞說：「我希望有復古感，不要藍色。」因此，臉書網站現代又平靜，貝瑞的海報卻令人想起老電影號角聲響起、旋轉的

報紙停下後，36 字級的字體寫著驚人頭條。

貝瑞的網版印刷海報不免令人想起歐威爾（George Orwell）《1984》原創電影中的老大哥海報。海報標語都截取自貝瑞在臉書聽到的東西，有些是他認為能代表臉書文化的短語，其他的則來自臉書的自我定義。

定義公司價值觀

他們持續努力大約兩年。當時祖克柏仍認為，臉書差點被雅虎收購的危機，是因為他沒能傳達使命的重要性。2007 年，祖克柏和微軟執行長鮑爾默散步時，他問鮑爾默微軟如何溝通員工應該展現的特質。鮑爾默告訴他，微軟有一份定義微軟人的特質清單。祖克柏回家後也開始寫臉書人的特質，寫好後貼在辦公室冰箱上。那張清單不是很受歡迎，有人不喜歡臉書人應該要有「高智商」，還把那一條劃掉。

2009 年，祖克柏認為公司的價值觀應該被明確定義。負責招募的新主管戈勒（Lori Goler）問祖克柏，應徵者如果問，在臉書工作是什麼感覺，他們該如何回答。祖克柏認為這個問題值得探索，臉書應該大規模研究公司的自我定義。祖克柏在會議上問：「我們長大想成為什麼樣的人？」在考克斯的指導下，戈勒開始回答那個問題。（戈勒是桑德伯格帶進公司的人，先前掌管 eBay 的行銷；她很快就會取代考克斯成為人資長。）

戈勒和剛進公司的茉莉·葛蘭姆（Molly Graham）合作。葛蘭姆先前任職於 Google，她加入臉書的一部分原因是她和桑德伯格、史瑞吉很熟（她擔任過史瑞吉的幕僚長）。茉莉也是唐·葛蘭姆的女兒。

以說真話出名的帕利哈皮提亞也參與這個計畫。葛蘭姆

說：「馬克要帕利哈皮提亞加入，因為帕利哈皮提亞一定會有很強烈的看法，他不會試著讓大家都開心。」大約在那段時間，Netflix 製作了廣為流傳的公司價值觀簡報（上面寫的是「真正的價值觀」，而不是其他企業用來宣傳的模糊假宣言），矽谷所有人都羨慕不已，帕利哈皮提亞尤其認為，臉書在價值這一塊不該被比下去。

葛蘭姆很快就發現，答案就在祖克柏身上。他就是臉書文化。「企業是建立在創辦人的形象上，」葛蘭姆說，「臉書有一陣子令人覺得像 19 歲學生的宿舍，但後來這裡成為一個反覆嘗試的園地，馬克就是這樣的人。他是從做中學的類型，那就是公司的 DNA。臉書不信奉完美。」

從某個角度來說，臉書的自我定義可以濃縮成六個英文字母。葛蘭姆提到：「我們找來大家，分成小組，接著問：告訴我們，你們如何向應徵者、朋友、你的母親、你的手足形容〔臉書〕？你告訴最近的 3 位應徵者什麼事？你用了什麼樣的說法？」有一個字一再出現：「駭客」（hacker）。

在一般人心目中，駭客是擅長用電腦做壞事的虛無主義者或騙子，會破壞遠端系統，竊取信用卡資料。然而在新創文化中，駭客一詞代表著它原本的意思[3]：技術高超、自認是正義的一方的程式設計師，相信自己的努力可以修補這個破碎的世界。「駭客一詞通常不會讓人聯想到善良，」葛蘭姆說，「但我們使用這個字時，是在傳達非常正面的概念。」

了解了臉書為什麼是一家駭客企業，他們進一步歸納出四大價值觀，並呈給祖克柏看。對祖克柏來說，那就像是照鏡子一樣：

注重效益。

大膽進取。

快速行動，打破成規。

公開開放。

祖克柏喜歡這四條，但也堅持加上第五條：**創造社會價值**。前四條是公司內部的指導方針，第五條則強調臉書對外界的影響。祖克柏相信臉書的外部影響絕大部分都是正面的（他至今仍這樣認為）。

五條價值觀中，有一條是臉書獨有，也是祖克柏獨有的。從某種角度來說，「快速行動，打破成規」已成為臉書的同義詞。沒有人能確定一開始的出處，但有可能是在帕羅奧圖漢彌頓街（Hamilton）辦公室時期，某次的全員大會上提到的。當時臉書新雇用第一批經理，公司規模已經長大到迪安捷羅與其他高層無法直接管理所有人。祖克柏很重視食物鏈底層的員工也要能提出異議，因此他告訴大家，一定要敢於快速行動，打破成規。

貝瑞從剛出爐的價值觀得到創作素材，也從自己的見聞中發想出其他口號。他發揮臉書精神，從海報的風格、用語，甚至是整個計畫本身，都沒有事先得到主管許可。有一天，他的海報就突然冒出來，好像某個瘋狂的駭客支持者逃出可怕的AI 實驗室，在臉書總部裡橫衝直撞。

完成比完美重要

這是一家科技公司嗎？

勇往直前

把一天當成一週來過

最後，當然還有臉書日後的非官方座右銘：

快速行動，打破成規

這系列的海報只有文字，視覺上沒有呈現臉書的最高領導人，但無論這些話是否都出自祖克柏，大家都認為它們有成功

傳達祖克柏內心深處的想法。

起初，部分臉書員工不喜歡這些海報，看起來很像嚇人的官方公告，但一旦得知這些口號出自他們仰慕的領導人，也出於其他的臉書文化開創者，反對的聲音就消失了。

沒過多久，又冒出另一張海報：

如果你無所畏懼，你會做什麼？

快速前進，慢下來就等於死亡

「快速行動，打破成規」似乎深植臉書的大腦皮質，速度是一種戰術優勢，讓臉書得以不同於其他企業，但這句話也代表臉書的心智。這句非官方座右銘不只表達公司的商業策略，也是自我實現的道路。在工作與人生中，恐懼都是敵人。去吧，那個口號催促，最糟會發生什麼事？接下來，類比研究實驗室用色大膽的海報又描繪出無所畏懼的人們，處於劣勢的他們為了無私的目的賭上一切：勞工領袖韋爾塔（Dolores Huerta）、黑人女性政治家奇瑟姆（Shirley Chisholm）、民權運動者查維斯（Cesar Chavez）。不知為何，臉書拿到公司早期股票選擇權、身價數百萬的富豪員工，以及剛出社會就拿六位數薪水的工程師們，都認同這些底層民眾的英雄。

有人看到海報背後較為陰暗的意涵。「一切都有一個共通的主題，那就是我們只在乎成長。」前員工帕拉吉拉斯（Sandy Parakilas）在非營利組織「人性科技中心」（Center for Humane Technology）工作時告訴我，「那是我們唯一專注的事：我們不會評估或關心任何我們製造出的其他問題，全力衝刺成長。老實說，我們不那麼在乎要讓產品更好，或是讓產品完美。我們要的是快速行動，推出會產生效益的東西，接著繼續前進。」

的確，臉書的口號容易被誤解，尤其是「快速行動，打破成規」這一條。「那句話的意思是要大家反覆嘗試，不要害怕失敗，但意思不是隨便做做。」葛蘭姆說，「不是拿膠帶貼一貼伺服器，就跑走不管了。」然而，如同 Google 的「不作惡」被拿來攻擊 Google，臉書的「打破成規」也被批評者當成武器。人們指控臉書破壞的不是成規，而是破壞社會秩序、破壞民主、破壞文明，如同某種數位版的公牛衝進 RH 古董風家具店（Restoration Hardware）。

幾年後，祖克柏會在 2014 年的 F8 大會上修正這個口號，改成「基礎穩固，快速行動」（Move Fast with Stable Infrastructure）。修改後的版本就沒那麼令人印象深刻，但臉書依舊充滿「快速行動，打破成規」的精神。從祖克柏一直到基層，公司裡每個人都相信臉書的優勢來自速度與冒險，慢下來就等於死亡。

貝瑞的海報是臉書不斷演變的文化中最顯眼的一部分，臉書大學中輟生的 DNA 不斷在進化。大家在描述臉書早期、甚至是現在的臉書，都會用「宿舍房間」幾個字來形容。相較之下，臉書的對手 Google 則像研究生。Google 裡的元老是教授，他們寫的教科書是 Google 的領導者學生時代的課本。相反地，臉書則雇用了祖克柏在哈佛的助教。的確，即使到了 2005 年，臉書還是很少有 30 歲以上的員工，只有非常少數的人有結婚生小孩。祖克柏雖然了解羅斯柴爾德等資深老將的價值，他心底深處還是認為年輕人……比較聰明。[4] 2007 年，祖克柏在 Y Combinator 新創學校就建議 650 位未來的創辦人，要雇用懂科技的年輕人。「為什麼大部分的西洋棋大師都不到 30 歲？」他問。

祖克柏後來為那句話致歉（如果那句話真實反映出臉書的

雇用政策，公司就違反了聯邦勞動法），但無法掩飾他說的話似乎完全符合他個人的世界觀。

當然，臉書文化更複雜。隨著公司成長，臉書開始專業化，雇用人才時也比較小心考慮。桑德伯格的角色有起作用，但一切主要是公司規模愈變愈大的結果。較成熟的新員工很難適應臉書不顧一切地追求速度，不知道該配合到什麼程度。由於祖克柏傳遞的訊息一直是持續快速移動（至少前幾年是這樣），臉書領導者也學著擁抱這種精神，即使隨著公司長大，速度上自然會踩煞車。

祖克柏不樂見這種情形。他在全員大會上總是會提到公司背負著龐大使命。2009 年春天，臉書搬到加州大道的前夕，祖克柏把員工集合到帕羅奧圖的喜來登飯店 5。《華爾街日報》描述，祖克柏當時為了鼓勵和 Google 搶人的招募人員，再次提起他最喜歡的古典時代比喻。這次祖克柏沒有直接引用他的英雄荷馬的詩句，而是近日上映的電影《特洛伊》（Troy）。電影中，傳信使者向阿基里斯（Achilles）坦承自己害怕與帖撒羅尼迦人（Thessalonians）對打。阿基里斯說：「那就是為什麼沒有人會記住你的名字！」祖克柏說，同理，當挖角的對象問，為什麼他們該接受臉書的工作，招募人員應該回答這句誘人的話：「告訴他們：因為人們會記住你的名字！」

元老紛紛出走

臉書當時失去了公司史上最重要的幾個人物。離開的人包括共同創辦人休斯和莫斯科維茨。此外，祖克柏高中以來的戰友迪安捷羅也走了。休斯在 2007 年離開，把在臉書學到的事應用在歐巴馬的總統選戰。柯勒在 2008 年離開，到創投公司 Benchmark 工作。莫斯科維茨開了一家叫 Asana 的軟體公司，

迪安捷羅也在 2008 年 5 月展開新生活。

表面上，大家好聚好散，離去的人都是因為前方有更酷的旅程等著他們，而不是因為他們厭倦了某些事，或是某個人。某位前臉書高層解釋：「臉書員工最重視的價值就是自由，因為他們在臉書工作時沒有任何自由。他們能賺到錢，但一點自由也沒有。很多人只是想要自由。」言下之意是遠離祖克柏的自由。

「和馬克一起工作非常具挑戰性，」[6] 休斯離開後告訴作家柯克派崔克，「和馬克當朋友，遠比替馬克工作好。」

或許最讓祖克柏痛苦的是莫斯科維茨離開。莫斯科維茨是扛下所有重責大任的老臣，當年是他把 Thefacebook 推廣到哈佛以外的地方。祖克柏拒絕把公司賣給雅虎時，莫斯科維茨也是高層裡最支持他的人。莫斯科維茨在 2007 年卸下管理職，專心開發他認為可以幫助臉書成長的軟體工具。成效非常好，所以莫斯科維茨在 2008 年決定自己創業，開發類似的工具。新公司的共同創辦人就是羅森斯坦。羅森斯坦在說出「臉書就是那家命運中的公司」的兩年後離開臉書。

幾年後，莫斯科維茨的離開依然沒有讓兩人撕破臉，但迪安捷羅離開就讓祖克柏無法釋懷。迪安捷羅在 2009 年 6 月和另一位前臉書工程師查切沃（Charlie Cheever）一起成立 Quora 公司。任何人都能在 Quora 上提問，而最知道答案的熱心人士會幫忙回答。

Quora 顯然不會和臉書競爭，甚至一開始就加入臉書的平台。然而，祖克柏表現出敵意。不確定他是想殺雞儆猴，警告其他想自己創業的臉書人，或者他推測 Quora 未來會成為威脅。無論實情是什麼，祖克柏旗下的頂尖工程師羅斯開始打造「Questions」功能，做和 Quora 一模一樣的事。Quora 的工程

師發現羅斯開了超多帳號，於是把他當成發垃圾郵件的人並封鎖他。Questions 功能在 2010 年 7 月問世，許多人認為 Quora 這下完蛋了，怎麼可能和臉書的五億用戶對抗？[7]

不過，Questions 最終消失了，臉書終止了這項功能。Questions 拚不過 Quora 兩位創辦人的熱情，因為他們的公司完全是圍繞著「問答」的概念成立的。

有的臉書人認為，祖克柏的動機是警告員工不要出去做自己的社群產品。無論如何，Quora 事件證明了祖克柏一旦嗅到威脅，就會用最快的速度斬草除根。

內容審查難題

大約在那個時期，臉書開始發生別的問題：隨著用戶人數不斷成長，用戶分享的內容也出現更多問題，外界開始要求臉書負責處理。

祖克柏在 2004 年推出 Thefacebook 時，沒有人會想到有一天，臉書同意或不同意放行的內容，將等同於「言論自由的本質」的國際判決。然而從一開始就有跡象顯示，這個新服務有可能出現需要被刪除或禁止的言論。至少，他們需要建立某種通報機制，讓人們看見有害於其他用戶的內容時可以通知臉書。

這些工作原本落在客服團隊的肩上。他們的工作是坐在桌前，用電子郵件回覆五花八門的問題。多數提問很好解決，例如忘記帳號密碼，但客服人員也會接到用戶抱怨某些臉書上的言論。臉書本質上就具備保護機制，例如用戶使用真名、在受約束的社群裡發言，你的檔案頁面也可以設定不讓你的人際網絡以外的人看見。即使如此，還是有發生騷擾事件、冒犯性言論、不雅照片等問題。最早期的客服人員蘿絲（Kate Losse）

表示：那些都是往後更大的問題的「早期徵兆」。

2005 年秋天，隨著用戶數成長，抱怨的聲浪也增加了，客服團隊加速補充人手，到了 2006 年底，客服已占總員工數的三分之一。（他們的薪水遠低於工程師，但由於很早期加入臉書，選擇權還是讓他們賺到超過美國職棒大聯盟選手的財富。）那不是理想的狀態，但不那麼做不行。卡拉漢指出：「公司明白，當你的座右銘是『快速行動，打破成規』，你不能讓用戶太不滿意。」

客服團隊的負責人是剛從史丹佛畢業的詹澤（Paul Janzer）。詹澤沒料到自己會到科技業工作，他原本打算念法學院，也已經錄取紐約大學，但最後一刻決定延遲入學，先留在灣區，有點像是空檔年。詹澤原本打算找律師助理的工作來支付生活所需，但有一天他上臉書時看到右欄的廣告在徵人打造客服團隊，那時是 2005 年 8 月。詹澤寄了履歷，接受面試，一週內就成為臉書第一個負責客服與內容審核的全職員工。這份工作之前是由柏克萊的一位自由工作者負責[8]，收件匣裡堆著 75,000 封詢問信與抱怨信，而且數目不斷增加。詹澤當時 22 歲。

詹澤獲得的在職訓練，只有和兼職負責客服的工程師談了 15 到 20 分鐘。工程師告訴他可能收到哪些類型的電子郵件，但公司沒有明確的相關規定，基本上都是他自行判斷該如何處理。他建議詹澤也那樣做。

詹澤一開始的確自行判斷，他的小團隊也一樣，現在他底下有幾名新員工幫忙。然而詹澤很快就明白，隨著臉書不斷成長，這種視情況處理的方法愈來愈缺乏效率。有很多灰色地帶，也有很多細微的差異。團隊如果碰上不確定的照片或留言，會問旁邊的同事，通常是找前輩，但所謂的「前輩」，可

能也只比你早一、兩個月進公司。詹澤自己也發現好多事都沒有明確的解決辦法，愈來愈常跑去問法務兼隱私長凱利。

客服團隊開始擔任某種非正式的線上法官。他們學棒球的「三振出局法」還有「丁字褲原則」：丁字褲太露了，布料太少的比基尼也是。「當時主要是我們非常少量的銷售與行銷業務支持〔如此古板的標準〕，」卡拉漢說，「因為這是大學網站，他們相當敏感。」自從帕克因為古柯鹼被捕後，這方面的壓力又更大了。

詹澤知道必須採取更有系統的做法。就連他的團隊移除內容的流程也很麻煩。光是要看見被通報的不當內容，首先得靠臉書的內部工具，取得管理權限、登入通報者的帳號。如果內容確實不恰當，你得再度用內部工具登入發文者的帳號，才有辦法移除，等於要同時侵犯兩個用戶的隱私。

祖克柏顯然沒空管這個問題，那段期間他正在忙「執行長的工作」，基層員工沒有權限知道。在祖克柏眼中，顧客支援不是工程師的工作，在臉書是比較低等的，但由於臉書的成員就是一小群年輕人，大家幾乎就是彼此的社交圈，因此從某種角度來說他們也算是同儕。

2005 年 9 月，蘿絲提出困擾她許久的事：有一個叫 Dead Bodies Against Gay People 的社團。「那是一個令人非常作嘔的團體，充滿死屍和侮辱同志的話語。」她說。

蘿絲合理地認為這種社團不適合出現在大學網站上。但理由是什麼？界線在哪裡？什麼時候算是表達個人看法，什麼時候算是霸凌或仇恨言論？如果有人明確威脅到別人，很容易就能判斷。馬上禁止，出局。然而，如果沒有明確的威脅，而是關於個人觀點時，界線就變模糊了。如果有一整個社團可能令人不舒服，該如何處理？什麼樣的言論算是仇恨言論？舉例來

說，有一個社團討厭穿 Crocs 洞洞鞋的人。顯然沒有人會認為應該禁止以滑稽方式攻擊某種時尚選擇（況且洞洞鞋真的不好看）。然而，在「死亡威脅」與「諷刺幽默」的兩極之間，有太多模糊地帶。

在大學大道 156 號工作的臉書客服團隊，座位旁就是公共區域，大家在那裡吃午餐，有時會坐著聊天，打打電動。一天下午，這群負責處理客訴的文組人坐在沙發上，和大學時代一樣，有如在宿舍裡談天，很多人幾週前才剛畢業。臉書法務長凱利也坐在那裡。

他們不會去找祖克柏或莫斯科維茨討論那些事。蘿絲說：「用戶之間麻煩的人際議題、社會學議題、言論議題，不是技術人員關心的事。技術人員是層級比較高、比較重要的那群人。」蘿絲總是以銳利的雙眼看待臉書的性別政治，她以百萬富翁身分離開臉書後，還寫了一本書批判這件事。[9]

不過，祖克柏的確提供了某種方針，那次的討論於是繞著那個方針進行。祖克柏經常提到，他希望臉書是人們可以行使美國憲法第一修正案＊的空間，即使會冒犯到別人。祖克柏希望臉書是一個安全的地方，但他認為審查用戶的自我表達是下下策，只適用於極端特例。

經過那次討論，臉書史上第一個正式內容政策出爐，用於判斷哪些事不該出現在臉書上，就連祖克柏也會同意。客服團隊決定建立某種內部的維基百科（大家一起編寫文件），最終形成一套規定。「首先，我們偏向允許開放式交流。」詹澤也支持祖克柏的看法，「但我們知道一定要有界線，任何利用臉書威脅人們安全的事，我們都必須打擊。」

＊ 譯注：保障言論自由、新聞自由、集會自由

臉書內建的言論規範工具，其中一項是堅持用戶必須以真實姓名註冊。臉書從很早期就畫出界線，反對人們匿名或使用假名。臉書上的你，應該要真的是你。「我們不必等你做了壞事再處理。」詹澤說。如果你一開始就用假身分，你八成會製造麻煩。

顧客支援團隊在 2005 年年底大約有 15 至 20 名員工，對臉書來說是很大一部分的員工。新成員會拿到一份簡短的 Word 文件，上面列著各種禁忌行為。威爾納（Dave Willner）說：「那比較像是普通法（common law）的紀錄，例如：希特勒？我們反對。褲子？要穿著。」威爾納在 2008 年加入臉書，幾年後會接手詹澤的職位。

然而，臉書在 2006 年推出兩項重大改變，客服團隊水深火熱的日子開始了。

開放讓臉書變危險

首先是動態消息。人們上臉書時的關注焦點，這下全部集中在直接推送到眼前的內容流。接下來是開放註冊，門戶大開，人人都能加入臉書。在大學或高中的小型網絡裡，人們比較會約束自己的行為。舉例來說，要是你說出仇視女性的言論，現實生活中的社群都知道你是誰，人們會遠離你。你做不好的事，就會有後果。然而，一旦不熟、甚至是完全不認識的人，理論上也都能在你的版面上留言，臉書先天的保護機制就消失了。另一種可能是，你認識的人以及你不喜歡的人，現在有辦法可以騷擾你了。就像原本限定青少年參加的社團活動，一下子變成紐約 Studio 54 俱樂部，形跡可疑的人們突然擠到孩子身旁。隱私長凱利向祖克柏與管理團隊「發出警訊」。

每個人都同意，臉書應該要是安全的地方，但實際上要執

行又是另一回事。凱利很熟悉這種情形。「公司通常要到出事了才會採取行動。」他說。

很快就出事了。2007 年中，有一群州檢察長開始關切 MySpace 上兒童性犯罪者與兒童色情問題，最後與 MySpace 達成和解。突然之間，人們高度關切社群網絡的安全性，出征的檢察長包括紐約的古莫（Andrew Cuomo，後來成為州長）、康乃狄克的布魯蒙索（Richard Blumenthal，日後成為參議員）、北卡羅萊納的庫柏（Roy Cooper，日後成為州長）。在 MySpace 之後，他們的注意力轉向了臉書。

那年 7 月，《紐約時報》報導「某位擔心的家長」佯裝成 15 歲少女開了假帳號 [10]，據說目的是了解臉書有多危險。這個虛構的少女在個人檔案上說，她想來點危險的樂子，「來者不拒」，「接受開放關係」，還加入「臉書換妻俱樂部」和「我對亂倫有興趣」等社團。這些行為自然吸引到各種不合適的朋友。（凱利日後告訴我，臉書追蹤這名「擔心家長」的假帳號 [11]，結果找到一家代表新聞集團的法律事務所，而新聞集團正是 MySpace 的母公司）。就算如此……為什麼臉書上會有那些社團？

凱利開始和布魯蒙索與庫柏談，試圖說服檢察長，臉書確實有在處理。凱利說：「我總是告訴監管單位：聽著，人類社會總是有不好的事，因此臉書也會出現不好的事。」凱利雇用兩名顧問協助解釋情形，一位是印第安納州的前檢察長，另一位近日任職於 FTC 聯邦貿易委員會。兩人與庫柏、布魯蒙索會面，但會面不是很順利，檢察長拿出他們在臉書上找到的大量兒童色情影像。

接下來，古莫的臥底行動結果出爐，這位紐約檢察長的團隊設置假帳號，假裝成未成年青少年，變態立刻一湧而上，引

誘這些虛構的純潔孩子出門。

布魯蒙索對臉書尤其不滿。他的孩子也用臉書。布魯蒙索認為問題出在開放註冊。「我觀察到〔臉書〕變質了，變成不一樣的網站了。」布魯蒙索告訴《紐約時報》，「臉書的功能與文化開始出現以前沒有的、令人憂心的面向。」（布魯蒙索十年後也不會安心多少。）

古莫向臉書施壓，要求臉書同意增加對不當行為的監督。經過三週密集協商後，臉書和紐約州和解，以後所有的檢舉，包括不請自來的騷擾與色情影像，臉書一律必須在 24 小時內處理。這項規定造成臉書的顧客支援團隊出現幾項改變。史上第一次，臉書必須一週七天隨時監控內容。

雖然臉書人認為州檢察長只不過是想搶新聞版面，但隨之而來的協議，確實協助臉書採取監管行動。2007 年加入臉書的夏綠蒂·威爾納（Charlotte Willner）表示：「對一家十分不成熟的公司來說，〔和解〕帶來的挑戰十分有必要。要不是因為發生這種事，我們怎麼有可能把用戶檢舉色情影片當成必須處理的要務？」（夏綠蒂當時的男友、後來的先生戴夫，之後也加入她的行列）。「協議被非常、非常認真看待，我們不能超過 24 小時的期限。」戴夫·威爾納表示，「不是因為合約裡有罰則，或是和解書裡有寫，我們才這麼快處理，這已經變成關乎榮譽。」

監管大軍與灰色地帶

隨著臉書用戶數上升，監管需求也上升，尤其是在全球各地。2009 年，臉書的營運團隊拓展至愛爾蘭都柏林，開始請外部公司協助聘用。此外，臉書也雇用更多說英文以外語言的員工。隔年，臉書在印度海德拉巴（Hyderabad）成立辦事處。

儘管如此，到了 2012 年，負責審查內容的人大多仍是臉書全職員工，他們大部分的工作是抓色情影像與裸露。不過，臉書在同年決定要更有效率、更便宜一點，開始雇用約聘人員。臉書雇用外包公司埃森哲（Accenture），在菲律賓馬尼拉成立大型監管中心。接下來幾年，內容審核員大增，出現會說更多語言的更多內容審核員。他們的工作性質不再只是找出裸體，還得找出霸凌、仇恨言論，甚至是食人相關的內容（吃人違反了臉書的服務條款）。

詹澤在 2015 年離職時，有 250 名員工在四個辦公室負責相關工作：帕羅奧圖、奧斯汀、都柏林、海德拉巴。

客服團隊內部的眾包 Word 文件，當時已經不敷使用。就連裸露這種看起來很直接的事，也有太多必須仔細討論的面向。「我們必須定義什麼是裸露，」詹澤說，「最明確的原則之一就是『不能露乳頭』。」

然而，要執行「不能露乳頭」政策，臉書的顧客支援團隊就必須移除女性哺乳的照片。這是誰也沒想到的事。詹澤表示，他的團隊特別思考哺乳是否該列為特例，但決定維持『不能露乳頭』的簡單政策。哺乳中的乳頭也不行。

然而，有些女性會很積極地捍衛公開哺乳的權利，因此照片被移除引發憤怒。她們認為餵母乳是最崇高的母愛，臉書居然認為帶有性意味。抱怨聲浪愈來愈大，2009 年一發不可收拾，母乳行動主義者（Lactivists）組成的團體在臉書辦公室外面抗議。11,000 名母親在線上舉辦虛擬「當場親餵」活動。[12] 臉書一開始試圖替自己的行為辯護，但最終修正政策，乳頭上如果有新生兒，就不算違規。

能否騷擾公眾人物，也有不同層級的政策。你可以罵職業美式足球四分衛，叫「羅傑斯去死」（Fuck Aaron

Rodgers），但如果是有名的大學四分衛呢？那高中的四分衛呢？他們在美國有不有名重要嗎？要多有名的四分衛，大家才能在臉書上隨心所欲地罵，而不會被下架？此外，如果是別的國家的事，你如何知道界線在哪裡，誰算可以罵的公眾人物？罵哪些人就算是騷擾？

「土耳其的憲法禁止對共和國國父凱末爾不敬。」戴夫・威爾納指出，「很多土耳其人認為，所謂的『亞美尼亞大屠殺』（Armenian genocide）是在誹謗他們的國父，因為那是凱末爾負責監督的軍事行動。因此在許多土耳其人眼中，談亞美尼亞大屠殺是一種文化上的侮辱。另一方面，由於希臘與土耳其之間的緊張情勢，希臘人很愛合成凱末爾的照片，在他身上塗紅色，因為希臘人知道可以氣死土耳其人。」

威爾納自告奮勇整理臉書的內容標準。「歸納我們先前記錄下的事，以及所有我們看過的東西。別忘了，我一天得看 15,000 張照片。我們並不是各地裸體人士的超級粉絲，還有威脅別人是不對的，各式各樣的事情不行。我們最後甚至參考政治哲學家約翰・史都華・彌爾（John Stuart Mill）提出的傷害原則（harm principle），思考〔我們的行為〕該以什麼為準則。」

然而，威爾納表示除了共通的架構，臉書還需要有一套高階原則。為什麼某幾件事不行做，其他的可以？威爾納表示，一切都會連回臉書的使命。帶給人們分享的力量，讓世界變得更開放、更連結。

這是相當崇尚言論自由的哲學，完全符合祖克柏的觀點。「馬克參與的部分是建立公司的使命精神與公司的氛圍，」威爾納說，「他沒說：寫一套言論自由的規則。事實上，沒有人寫過規則，那就是為什麼我必須寫，我們需要一套規則。」

那份文件最後大約長 1,500 字,然而要實際應用相關規定,依舊挑戰十足,不免有做錯判決的時候。「整件事複雜到不可思議,而當你有瘋狂複雜的流程,事情又涉及人們寫下數百萬則內容,你將犯下大量錯誤。」威爾納說,「人們期待你會基於價值觀或道德,做出某些區別,但那些東西很難以描述。」即使是哺乳,也沒辦法完全解決,因為哺乳中的女性有可能裸露其他身體部位。「如果有人在餵母奶,但沒穿褲子,那要怎麼判斷?」威爾納自問自答:「違反要穿褲子的規定,要拿掉那張照片。」

威爾納嘆了一口氣。他日後離開臉書,今日負責掌管 Airbnb 的內容標準。Airbnb 的使用者太常在他們租的公寓或房子裡違反禮儀規定。威爾納的太太夏綠蒂今日則是 Pinterest 的信任安全長。「要不是因為有在把關,不敢想像臉書究竟會變得多瘋狂,」威爾納補充,「臉書可以如此風平浪靜,基本上是奇蹟。」

祖克柏的新年願望

臉書搬家到加州大道 1601 號,在實體環境中展現祖克柏心目中的臉書:極端平等主義風格,長條桌前,每個人在巨大螢幕前工作(一人至少兩台螢幕),一般員工中穿插著高階主管。祖克柏也在其中,他把自己安排在數位版的搖滾區,特別關注負責重要議題的團隊,安排他們坐在自己身旁一段時間。臉書人經常會談起在某段時期,他們的座位和執行長近在咫尺。

祖克柏在「魚缸」裡開會,那是在一樓開放工作空間中央、用玻璃牆圍住的空間。臉書後來在 2011 年搬到門洛帕克的前昇陽公司園區,這次祖克柏挑了更不隱密的位置,位於一

樓的辦公室，大窗戶面對中庭，員工與訪客人來人往，不免有人好奇窺探、把祖克柏的窗戶當成真正的水族箱，裡面住著一位非水生居民，奇異程度和海底世界的生物有得比。（這位寫出 Facemash 網站的當事人應該不會感到訝異。他早就知道「人們愛偷窺的程度超出我的想像」。）臉書只好掛上禁止逗留的牌子。

祖克柏喜歡散步，通常會在訪客跨過水族箱的門檻前，就問對方能否邊走邊談。他會陪客人穿越工作區，走出小小的大廳，踏進大學台的鄉村風格街道（祖克柏此時已和普莉希拉·陳同居，終於買了房子，有真正的家具，距離辦公室僅幾百英尺）。臉書日後搬到門洛帕克的偏僻地區，靠近鹽鹼灘地帶，但祖克柏還是愛散步。有一次散步途中，主管發現靠祖克柏那一側的地上有一條大蛇，祖克柏不以為意，繼續談事情。

公司逐漸成長，祖克柏維持他和桑德伯格約定的安排。他專注於臉書的產品與公司的長遠計畫。公司的很大一部分則交給桑德伯格，包括業務、政策議題、投資人關係，以及和媒體打交道——那些事他幾乎都不管。儘管如此，祖克柏明白他是執行長，公司正在轉變成大型企業，所以他花很大的力氣改善自己不擅長的事，例如公開演講、和政治人物與媒體來往等等。

凱利在早期帶著祖克柏和政治人物及其他官員開會時，會催促他加入對話。凱利說：「他會坐著不動，盯著大家看。」不過，祖克柏呆坐的傾向會漸漸消失。祖克柏最早接觸的政治人物包括當時的紐約市長彭博（Michael Bloomberg）。在一陣令人尷尬的沉默後，祖克柏問彭博：「你為什麼做這份工作？」開啟了話題。

在其他方面，祖克柏仍是父母眼中那個倔強的孩子。他有

令人費解的習慣與私人儀式。外界較熟知的是他每年都會定新年願望。2009 年 1 月，全球正值經濟不景氣，耶誕節和新年假期後，祖克柏在全體員工面前演講時還戴領帶，強調情況的嚴重性。「我們正在邁入新的一年，大家都認為世界正在分崩離析，其他企業暫停招募，全部心力都放在營收與公司的財務狀況。」

祖克柏稍早在年底告訴我，「我說：那不是我們要做的事。我們不會臨陣退縮，我不會因為公司現金流是負的，就宣布要把所有資源放在營收上。我們要待在軌道上，繼續專注成長。」某位員工指出，如果這真的是臉書生死存亡的一年，祖克柏應該繼續戴領帶。祖克柏同意了。臉書在 2009 年的確持續成長，營收幾乎翻倍，還首度獲利。我也建議祖克柏繼續戴領帶，維持成長動能，但他不想。「或許那條領帶是幸運符，」他說，「但我快要窒息了。」

祖克柏決定延續他的年度挑戰，起初很低調，但隨著這件事傳開來，開始變成行銷素材，祖克柏開始會正式宣布每年的新年新希望，一年結束時還有年度報告。2010 年，他決定學中文（酸民認為祖克柏學中文是為了奉承中國政府，因為中國禁用臉書）。另一年，祖克柏決定兩週讀一本書，書單上有科普作家平克（Steven Pinker）、心理學家詹姆士（William James）、外交官季辛吉（Henry Kissinger）。

祖克柏 2011 年的新年願望比較個人，他努力吃素，只吃親手宰殺的肉。原因是出於他真心好奇食用生命代表的意義。消息走漏後，祖克柏寫信給記者：「我認為許多人忘記你吃肉時，有生命必須先死去，因此我的目標是不讓自己忘記，要感恩吃下肚的東西。」[13]

祖克柏當時的鄰居庫爾（Jesse Cool）是知名餐廳業者，跳

蚤街小館就是她的店（祖克柏和桑德伯格就是在這家餐廳首度討論桑德伯格進臉書的事）。庫爾在後院養雞，祖克柏在她的指導下，在她的廚房殺了一隻雞，再帶回家煮。祖克柏後來還晉級到殺豬和殺羊，先在農場或合格設施裡宰殺，把肉冷凍起來，接著烹煮給朋友吃。

祖克柏在宰殺前會先靜默幾分鐘，手放在動物身上。庫爾認為那是在表達敬意。「那是他真正理解食物的旅程。」她說。庫爾覺得大家普遍的反應都是嘲諷或謾罵，令她感到難過。善待動物組織（PETA）甚至寄給祖克柏一籃「給素食者的美食」。[14] 甚至好幾年後，Twitter 執行長多西回憶自己在那段時期到祖克柏家吃的晚餐，還是上了頭條新聞。當天的主菜是羊肉，沒煮熟。

多西顯然認為，不像「復仇這道菜，最好吃冷的」*，羊肉還是吃熱的比較好。碰上 Twitter 時，祖克柏復仇的功力就比煮羊肉強多了。

不可以輸給 Twitter

祖克柏的 Twitter 大冒險，或許是他第一次施展他日後對付敵人的慣用手法：找出目前或未來會帶來威脅的公司，試圖買下。對方如果不肯賣，就抄他們的功能。

2008 年，Twitter 的成長與影響力大爆發。Twitter 和臉書一樣，都是用戶提供內容流的社群產品，但 Twitter 有些地方跟臉書的動態消息不同。Twitter 的文章（「推文」）順序完全按照發布時間，最新推文在前面，而不是依據發文者與你的關係。Twitter 用戶可以看到自己選擇「追蹤」的對象推文，

---

* 譯注：含意近似「君子報仇，三年不晚」。

沒有「加為好友」的儀式；你不需要取得某人的允許就能追蹤他們，而且 Twitter 上的一切是即時發生。

Twitter 的領導團隊當時正在內鬥。Twitter 的技術創辦人兼當時的執行長傑克·多西，是在 Odeo 公司工作時想出 Twitter 的點子，Odeo 是威廉斯（Evan Williams）創辦的公司。威廉斯不滿意多西擔任 Twitter 執行長的表現，於是想聯合另一位共同創辦人史東（Biz Stone）逼走多西*。

多西當時剛開始和臉書接觸。他和考克斯在舊金山咖啡廳試探性地見面，兩人都是自家公司的訊息流王牌，開始辯論起來。多西說：「我告訴他，我們是兩種不同的模式。」

然而，臉書想要 Twitter 有的東西，甚至想擁有 Twitter。多西被趕出 Twitter 後，威廉斯上台，祖克柏打電話給新執行長，邀請他和史東到臉書作客。兩人跳上威廉斯的保時捷，開到帕羅奧圖市中心。[15] 威廉斯料到祖克柏想收購他們，決定開出他們想得到的最高數字。抵達臉書辦公室後，帕利哈皮提亞帶他們去見祖克柏，祖克柏坐在一個很小的空間，看起來比較像電話亭，不像會議室。威廉斯和史東擠進一張兩人沙發，祖克柏坐在另外唯一的椅子上。

「門要開著，還是要關上？」威廉斯問。

「好。」祖克柏回答。威廉斯聽不懂那是什麼意思，決定關上門。

祖克柏切入重點。他不喜歡在討論收購時一開始就談數字，但如果他們心中有價碼了，他們要多少錢？

威廉斯回答：「5 億。」5 億是 Twitter 當時估值的至少兩倍。

---

* 譯注：Twitter 原本在 Odeo 旗下，日後獨立成新公司，威廉斯為創辦人兼投資人。

「那是個大數字。」祖克柏說。祖克柏沒有討價還價，但他的行為令 Twitter 那一方感到不安。祖克柏沒有明確說出來，但他的話讓兩位 Twitter 高層認為，要是他們不肯賣公司，祖克柏會讓臉書模仿 Twitter 的功能。他們其實早就猜到祖克柏會抄，但親耳聽到依舊令人心中一沉。

威廉斯雖然喊出灌水的估值，他其實無意賣掉 Twitter，認為 Twitter 會成為更值錢的公司（他的預感是正確的。幾年後 Twitter 終於上市，估值是 140 億美元）。此外，威廉斯對於用臉書股票換 Twitter，而不是現金這點也有遲疑（這件事威廉斯就預測錯誤了，2008 年的 5 億美元臉書股票，日後將價值數十億。）說到底，威廉斯不信任臉書，也不信任祖克柏。臉書這位年輕執行長令他感到不舒服，但出於受託責任，威廉斯依舊向董事會報告此事，他建議不要賣給臉書。董事會也同意了。

由於祖克柏無法擁有 Twitter，他決定減少 Twitter 的影響力，方法就是讓動態消息 Twitter 化。

從某種角度來說，臉書從 2006 年就在借用 Twitter 的點子，先是讓用戶能在動態消息上更新狀態。「狀態（Status）是非常新的功能，直接借自 Twitter。」卡拉漢表示，「沒別的辦法，Twitter 一下子就紅起來。我們也照做吧。那是我們第一次直接偷別人的東西。」

祖克柏開始在臉書執行 Twitter 的核心原則，完成了產品轉向，重心從塗鴉牆完全轉移到動態。臉書開始拆掉用戶個人檔案頁面的塗鴉牆，讓動態消息成為臉書服務上公開互動的園地。臉書對 Twitter 的嫉妒似乎加快了轉型速度。

臉書進行 2008 年的重新設計時，產品經理是史利（Mark Slee）。「我會說，祖克柏才是當時真正的產品經理。」史利

表示自己只是翻譯與執行老闆的旨意。那些點子的確來自大量的內部討論，因為這麼做改變了臉書內容的本質。動態消息從第三方在臉書上報告活動的角度（馬克新增了一張照片），改成由用戶本人報導消息（嘿，我新增了一張照片！）。臉書開始鼓勵用戶分享更多文字與照片以外的內容，動態消息也歡迎更多外部媒體的文章與影片連結。

理論上，相關變動是為了改善臉書，承認內容流的威力，但決策的背後是祖克柏擊敗所有對手的決心。「我無法告訴你，馬克是不是認為我們應該擁有和 Twitter 類似的功能，」史利說，「我的解讀是馬克好勝心極強，絕對不會讓任何人有機會追過我們。臉書應該還是臉書，但我們必須防備潛在的威脅。」

打造病毒瘋傳引擎

重新設計將深深影響動態消息與臉書，甚至可以說深深影響了人性。在那之前，動態會出現哪些消息，是以對你的交友網絡而言的重要性來計算。動態消息的演算法名稱是「EdgeRank」[16]，包括三大元素：「親近度」（Affinity）、「權重」（Weight）與「時間差」（Time Decay）。「親近度」是看你和發文的人關係有多密切，你哥哥或好友的發文得分較高。「權重」則依據你的興趣與過去行為，按公式預測你與那則消息互動的可能性。「時間差」則是看消息有多近日，新的文章優先。

依據相關標準來評分，涉及大量的電腦科學。貼文會出現在你的動態上哪個地方，或是你究竟會不會看到貼文，端看每一項因子的比重。臉書可以調整每個相關因子的影響力要多大，每篇可能的貼文拿到的分數。演算法隨時有可能會改變，

每個因子的相對重要性也會重新排列。

動態消息變得更像 Twitter，意思是更重視用戶互動與時間線，像 Twitter 一樣隨時反映出當下正在發生的事，捕捉到 Twitter 的活力。

動態消息 2009 年改版後又更像 Twitter。代號「尼羅河」（Nile）的專案，帶給動態消息更即時的資訊流。臉書與 Twitter 的基本差異在於社群圖譜的運作方式。Twitter 比較接近微廣播媒體（nano-broadcast medium）的概念，而不是單純的社群網絡。不論發文者是誰，只要是你「追蹤」的人，Twitter 都會傳播給你。此外，除非特別設定隱私（很少人這麼做），Twitter 數百萬的用戶，人人想追蹤誰都可以。名人與網紅有數十萬、甚至數百萬追蹤者，他們的推文有如新聞服務或龐大的喜劇俱樂部，也可以是 140 字的表演空間。

在臉書上，朋友是雙向的，隱私權決定了你的貼文會發布給有限的人，由你控制。然而，臉書現在鼓勵你把臉書動態消息當 Twitter 用──掌握各領域名人與專家的近況。如果你與他們互動，他們的貼文就有機會出現在你眼前。

臉書也做了調整，確保外面五花八門的消息不會過度破壞臉書的社群價值。公司內部有一則出名的小故事，那段時期祖克柏某個親戚生了小孩，祖克柏很生氣他沒有一打開動態消息，就看見那則好消息。「你不會想要看完一百則貼文後，才發現你朋友生了孩子。」祖克柏當時告訴我，「那種事最好要出現在動態消息的前面幾則，要不然你會不高興，也代表我們沒做好臉書的工作。」臉書因此確保動態消息會捕捉到的訊號，包括提到出生、婚禮、死訊。此外，如果有人在貼文下方回覆「恭喜」[17]，那是發生人生重要事件的訊號，貼文排名也會很高。

套用產品經理史利的話，臉書還是臉書，但如今臉書扮演的角色，從原先的「與你的社群網絡有關」的資訊與娛樂來源，延伸成致力成為你所有的資訊與娛樂來源，除了你認識的人的新聞，還包括你朋友分享的碧昂絲新聞。如果你對某個主題或某個人感興趣，臉書都有興趣提供你相關貼文。臉書偵測興趣的方法，主要是看你是否與類似的事物互動。希望讓消息在臉書上傳得更廣的人會發現，大家如果對他們貼的東西有反應，點選、按讚，甚至是視線停留時間較長，臉書就會讓他們如願以償，獲得宣傳效果。

某個角度上，動態消息在重演「平台」的早期歲月，促成部分開發者的垃圾訊息攻擊，只不過這一次的「垃圾」不是討厭的系統通知，例如有人下載了遊戲，或是丟羊給你，而是提供可以吸引你分心的訊息：一則溫馨新聞、貓咪圖案，或是有機會知道你最像哪一個《星際大戰》角色。引發瘋傳的技巧大同小異，差別在於這一次，臉書不掩飾自己鼓勵這類貼文。排名最高的貼文，最可能帶來吃糖後的興奮感。從臉書的觀點來看，臉書是在給用戶他們要的東西。

動態消息團隊早期曾經討論過，演算法該如何判定最有趣的貼文。有人認為不要先放那些最有趣的貼文，理由是人們會一直往下滑，直到看到那些消息，但祖克柏決定，雖然有可能會太早滿足用戶，精華還是應該放在最上面。「如果你只看三則貼文，你會看到最精彩的三則。」實際上，看到三則精彩貼文後，你繼續往下滑的機率也會提高。

臉書此處的思考不像社群管理者，比較像報社。如果臉書知道哪則貼文會吸引到你，即使那則貼文位於你的社群網絡邊緣、你最弱的人際連結，臉書也會把手伸過去，放在你的動態上方。或是如果你的人際網絡裡沒有人轉貼那篇文章，但他們

有朋友在文章下留言，此時你朋友傳播的就和他們的個人觀點較無關，而是你有可能感到好玩或生氣的事，你也更有可能跟著留言。

各式各樣的因素加在一起後，動態消息轉型成病毒引擎。一開始就察覺這件事的人，包括政治行動團體 MoveOn 或迷因工廠 BuzzFeed，他們知道可以趁機發起運動或打造事業，好好利用臉書快速傳播貼文的能力：引發公憤或打動人心的消息，都將一下子傳出去。

臉書是有意識地轉型。成長團隊旗下的資料科學團隊負責研究此現象，不是當成威脅，而是想了解後能充分利用。核心資料部門的研究論文〈祝你健康！臉書動態消息感染模型〉（Gesundheit! Modeling Contagion through Facebook News Feed）[18]，研究 2008 年 2 月至 8 月間成立的所有臉書專頁資料集，其中 262,985 個專頁發生了「擴散事件」（diffusion event，這個詞彙似乎是「爆紅」的時髦講法）。該研究「透過大型社群媒體網絡，進行擴散實證研究」，發現動態消息的機制，協助引發人們「喜愛」（fanning，當時按「讚」尚未問世）某個粉絲頁的高峰。那份報告從頭到尾都使用流行病學詞彙，指出要是時機正確，動態消息就能夠引發「全球串聯」，留言將有驚人的閱覽人數。

雖然不屬於研究範圍，但寫下那篇論文的科學家忍不住指出誰能靠瘋傳的動態消息獲得最大利益。「對行銷人員而言，這些模式具備重大的實務意義，」研究人員指出，「尤其是有興趣透過社群媒體打廣告的人士。」

臉書挪用了 Twitter 的部分創新後，不再讓 Twitter 使用者存取臉書的動態消息。長期以來，人們可以一文多貼，把推文也發在臉書上。但 2011 年，祖克柏聯絡 Twitter 當時的執行長

科斯特洛（Dick Costolo），告知臉書將切斷應用程式介面上的 Twitter，因此無法再共同發布。祖克柏沒提供解釋，也不需要解釋。「我們一直都知道會發生，」科斯特洛說，「〔如果〕你長大，臉書就會關掉你。如果你變強，臉書就會逐漸切斷你的空氣供應。被臉書盯上，你就麻煩了。」

預設為公開

臉書切換成 Twitter 風格之後還引發另一個後果，讓臉書日後危機四伏：隱私權問題。

Twitter 上的發言永遠是公開行為。Twitter 有提供選項，你可以只讓允許的人看見推文，但絕大多數的使用者都採取預設值，也就是任何使用 Twitter 的人都看得到。此外，推文可以在搜尋引擎上找到，甚至也被美國國會圖書館典藏。

如今臉書也要踏上公開的道路。更明確來說，祖克柏希望變更與用戶的服務條款合約。關鍵差異是把預設值從「只有你的朋友看得見內容」改成「公開」。除非用戶特別採取行動，限制曝光，要不然他們的貼文、按讚、朋友名單、部分的個人檔案資訊，不只是臉書服務範圍內的每個人都看得到，在 Google 及其他搜尋引擎也找得到（臉書先前僅公開用戶姓名與他們使用的網路）。

臉書會那麼做，Twitter 只是部分原因，考克斯接受媒體採訪時解釋到這項變動，坦承 Twitter 確實是一個因素[19]，但真正的動機來自成長計畫。要是讓臉書資訊在 Google 上變得更顯眼，有可能讓人們在 Google 上找到朋友，觀望的人或許就會註冊臉書。

這對臉書與用戶原先的協議，將是非常驚人的改變。Thefacebook 與早期服務的基本精神，就是所有的個人資訊都

會留在社群裡。臉書 2006 年的隱私政策指出：「我們了解，你可能不希望全球所有人擁有你分享的資訊。」臉書雖然在那一年開放註冊，允許所有人加入服務，但承諾這個變化不代表你的個人檔案會被公開。「你的檔案被保護的程度和從前一樣。」[20] 宣布開放註冊的網誌指出，「我們的網路架構不會改變。大學生與工作網絡依然需要認證過的電子郵件地址才能加入。只有你網絡裡的人，以及你確認為朋友的人，看得見你的個人檔案。」

原始設定的受眾更改為「公開」，意思是全世界每一個人都看得見。這個 2006 年無法想像的概念，如今卻是強制執行。

此外，臉書執行這件事的時間點是在 Beacon 事件之後，也就是人們的信任還沒有恢復的時期。2009 年稍早，臉書釋出新的服務條款[21]，看來全面授權臉書將用戶分享的所有個人細節拿去做所有臉書想做的事，就連已關閉的用戶帳號也一樣。《消費者主義》（Consumerist）網站的作者用標題摘要整件事代表的意義：〈臉書的新服務條款：我們可以用你的內容，無限期做任何我們想做的事〉（Facebook's New Terms Of Service: "We Can Do Anything We Want With Your Content Forever"）。

一瞬間，抗議四起，有七萬人加入「臉書用戶抗議新服務條款社團」（Facebook Users Against the New Terms of Service），「電子隱私資訊中心」（Electronic Privacy Information Center）和其他八家組織更聯合起來，正式向聯邦貿易委員會提出控訴，據傳聯邦貿易委員也會有意調查臉書。

臉書在龐大壓力下，一週內就改回原本的條款，祖克柏承認「有錯」，不久後更想出新點子來阻擋批評：從現在起，臉書要更改隱私權時，將允許用戶投票。祖克柏提出的理由是臉

書的用戶數等同全球第六大國家，應該讓國民表達意見，投票結果將具備約束力。

「我們把上星期發生的事，視為人們對臉書的強烈關心，他們很希望能治理臉書。」祖克柏在 2 月一場鬧哄哄的記者會上 [22] 宣布這個概念，就連隱私權的支持者都認為這是一個大膽有趣的做法。

然而，臉書提議讓用戶來決定政策，其實是在耍花招，有一個很大的漏洞：唯有超過全體三成的用戶都投票，臉書才承認選舉結果有效。由於臉書使用者的人數十分龐大，又很少人會去關心「隱私規範」這種難懂的議題，不太可能出現這麼高的投票率。臉書在這場實驗中一共舉辦過三次選舉，三次的投票率都不到 1%，臉書悄悄放棄以用戶為中心的民主制度。[23]

2009 年稍晚的隱私設定變更不曾舉行投票，但如果真的舉辦投票，連在臉書內部都不一定會贏。莫林表示：「公司在這件事上分裂成兩個陣營。」莫林站在反對陣營。

臉書最初的隱私長凱利當時已經離開公司，跑去參選加州檢察長（沒有選上）。熟悉網路事務的律師史巴拉潘尼（Tim Sparapani）接手凱利的職務，擔任臉書內部的隱私權看守人。史巴拉潘尼是隱私權專家，也是用戶權益的擁護者，曾經任職於「美國公民自由聯盟」（ACLU）。

史巴拉潘尼也擔任過臉書第一任駐華府的政策長。他是臉書在美國首府的第二名員工，負責在華府成立臉書第一間辦公室，地點是影集《白宮風雲》（The West Wing）的拍攝地。雖然不曾獲得證實，新房客相信他們用來討論隱私權與政策議題的會議桌，跟劇中虛構的巴特勒總統（Jed Bartle）的幕僚在煩惱重大議題時用的是同一張桌子。臉書內部的討論有時比劇中更劍拔弩張。

2009 年的隱私條款將讓他們手指關節染血。

一方面，史巴拉潘尼與臉書其他關心隱私權的員工，很高興公司即將宣布做出改變，提供各種選項，真正增加隱私權選擇。人們第一次能指定個別貼文只有特定的朋友群組能看到，或是限定在「朋友的朋友」範圍。這種做法提供了轉換的輔助工具，協助用戶在新規定下設定隱私的層級，絕對能改善臉書當時的用戶控制權限。原本的用戶控制權限愈來愈複雜，很難一開始就找到要去哪裡設定。「你必須擁有臉書博士學位，才會知道怎麼設定，很耗時間。」史巴拉潘尼說。

然而，臉書知道即使是一看就懂的控制設定，多數人根本不會花力氣更動。業界都知道，多數用戶會一直停留在原始設定（臉書日後也指出，80％至 85％的用戶從未更改原始設定。）

另一方面，臉書有重新思考隱私設定的好理由：有數億用戶在數個網絡裡和朋友與聯絡人通訊。最初把資訊限制在大學同學之間的概念，對隱私模式來說是搖搖欲墜的基礎。「那個模式被打破了，」臉書在華府雇用的律師史特雷奇（Colin Stretch）表示，「〔臉書〕一旦開放給所有人，限制只有大學同學能看就不太有意義。」

即使如此，就連在臉書內部，有人認為更動臉書當時 3.5 億使用者的個資原始設定，像是嚴重的背叛，甚至可能不合法。

史巴拉潘尼主張，臉書打算做的變動不符合隱私法的精神或實際條文，隱私法要求明確通知任何更動，而且不能在未獲得明確同意前就執行。帕利哈皮提亞帶領的成長團隊，跟史巴拉潘尼持相反意見。帕利哈皮提亞團隊的目標是吸引更多用戶並留住他們，還要設法讓用戶分享更多。

一如往常，最後由祖克柏拍板定案。祖克柏站在成長團隊那邊。

當然，反對祖克柏的人並不認為他不道德，也沒有清楚意識到他是在違反用戶信任。「祖克柏只是比我更相信『結果可以合理化手段』。」當時的內部人士表示，「如果我認為祖克柏根本不在乎的話，我會立刻辭職。」

祖克柏在不久後登台接受訪問，解釋自己的理由。「許多公司會被慣例與公司過去建立的事困住。替 3.5 億用戶更改隱私權，不是很多公司會做的事，但我們認為永保初學者心態非常重要：如果我們是在今天成立公司，判斷今日這樣做符合社會的常態，我們就會這麼做。」[24]

販賣個資的地下經濟

臉書在那段時期做的另一項改變，與應用程式介面（API）有關。開發者透過 API 使用臉書的用戶資料庫，也就是所謂的「開放圖譜」或 Graph API V1。API 是祖克柏為了拓展臉書疆界所做的另一項努力，代表他們持續採取可疑的做法：開發者匯入的臉書用戶資訊時，不只包括申請使用服務的用戶，也不只包括利用 Facebook Connect 登入服務的人，還包括用戶朋友的資料。那些「朋友的朋友」無從保護自己的生日、電子郵件、按讚內容、關係狀態等資訊。理論上，app 需要那些資料才有辦法運作，例如約會 app 需要知道某人是否已婚。然而，最恐怖的是開發者會取用臉書的龐大資料庫，自己使用資料，更糟的是拿去販賣。

史巴拉潘尼自知無力阻止這種做法，但在放行新的 API 前，他要求臉書公開宣布，公司將審查靠資料採集獲得個資的開發者。臉書向史巴拉潘尼保證，公司將採取確認步驟，開發

能追蹤公司給出資訊的產品，確認開發者不能留存資料。

　　然而，依據當時好幾名高階主管的說法，臉書並沒有真的打造那種追蹤產品。不知道是負責的工程師因為其他事分心了，或者實際上有人指示他不要追蹤。不論實情是什麼，那顯然不是優先要務。

　　各界經常提醒臉書這件事可能引發問題。舉例來說，2010年10月，《華爾街日報》發現臉書交給開發者的資料，不只包括朋友清單、興趣、性別，甚至連臉書用來驗證用戶身分的用戶 ID 密鑰[25]也一併交出去。洩漏用戶 ID 尤其情節重大，因為外人可以利用那些 ID 繞過隱私保護。如果開發者握有 ID，就能取得用戶特別指定就連好友都不分享的資訊。此外，ID 可以把臉書身分連結至人們的真實世界資訊，例如地址與財務資訊。

　　臉書表示公司是無意間給出用戶 ID。《華爾街日報》採訪的開發者表示，他們並沒有要求取得那些 ID，也沒有使用，但根本不該由新聞報導來提醒臉書處理這件事。如今看來，臉書至少收到一個以上的開發者抗議，表示不想要那些資料。「我們在面對面會議上告訴臉書：你們給了我們 3,000 萬用戶的朋友用戶 ID，還給了他們朋友的朋友的用戶 ID！」iLike 的布朗表示，「我們可以看見 3 億人的全部資訊，我們才不想要那種東西！」更糟的是，那些寶貴的 ID 落入資料仲介商之手，那些人真的用於行銷或追蹤臉書用戶。

　　《華爾街日報》特別點名資料仲介商 RapLeaf。[26]

　　RapLeaf 這種公司的存在，點出了外部人士接收臉書用戶資訊的途徑所帶來的無聲隱私權危機。那是用戶資訊地下經濟的冰山一角，臉書的資料只是一部分。儘管有《華爾街日報》等調查，民眾仍不清楚個資如何被廣泛交換。臉書似乎覺得這

種事可被接受，但要是臉書更小心，或許能早就發現，這個問題在未來將帶來無窮的傷害。

RapLeaf 成立於 2006 年，共同創辦人是聰明的創業家奧倫‧霍夫曼（Auren Hoffman），他成為 RapLeaf 的執行長與對外發言人。RapLeaf 部分的種子基金來自提爾，而提爾非常剛好也投資臉書，還是臉書董事。霍夫曼是資料仲介商，蒐集網路使用者的個資，再販售給行銷人員。

霍夫曼說：「我們爬臉書，爬 LinkedIn，爬 MySpace，我們爬部落格，什麼都爬。」他表示，爬資料的目的是出售行銷資訊給企業。臉書資料的實用性特別高，因為臉書資料提供了興趣與狀態等特定資料，例如：某人是否喜歡披頭四、是否單身、他們的居住地等等。

霍夫曼今日表示，他只是利用臉書提供的機會。霍夫曼宣稱他做的事，臉書完全知情（他還補充說明，他爬的其他企業也都知情），甚至還協助他。「所有最高層主管都知道。他們是聰明人，都知道在他們的網站上發生的每一件事。我們基本上告知我們的方法，他們甚至還建議我們怎麼做會更有〔效率〕，好讓我們不會對他們的伺服器造成負擔。他們看著每一件事。他們還告訴我們，有其他四十家公司在做這件事。我認為他們今天還在這麼做。」

臉書有時會覺得 RapLeaf 抓取用戶的個資太過頭了。「他們會說：嘿，這太過火了，或是：不要蒐集這個。」霍夫曼說，「我們的確做了很多蠢事。我們就像駭客一樣，會嘗試各種事情。」

有些公司會向開發者購買外洩的用戶 ID，再轉賣給行銷人員，霍夫曼的公司顯然也是一員。資料仲介商有辦法把手上的名單，加上每個人的臉書個人檔案上的所有資訊，讓名單變

得更值錢。舉例來說，如果用戶是槍枝愛好者或女性健康照護的提倡者，政治運動會對這樣的資料很感興趣。那並不是假想的例子。帕拉吉拉斯表示：「他們〔RapLeaf〕把那種資料賣給政治宣傳活動。」帕拉吉拉斯曾在臉書負責廣告法令遵循工作（日後還會成為老東家最大聲的批評者）。

臉書回應《華爾街日報》的報導，關閉流出用戶 ID 的漏洞，還與 RapLeaf「達成協議」。RapLeaf 刪除自己蒐集的臉書用戶 ID，離開臉書平台。

在這方面，霍夫曼認為：「臉書人基本上容許很多事情，」他說，「他們的容忍度很高。如果後續出現〔批評的〕報導，或是發生了什麼事，他們再取消一切就好。他們的確就是這樣處理我們。」

臉書以為和 RapLeaf 切割後，爭議就消失了，但這其實是又一個被忽視的警訊。

再次挑戰用戶隱私權

事實上，2010 年的「開放圖譜」後，臉書就主動以更多方式把資訊交給開發者，目的是把分享擴及自家網站以外的地方。祖克柏在那一年的 F8 大會上興奮地談論「即時個人化」（Instant Personalization）計畫。這個計畫允許網站開發者執行一個程式，把自己「臉書化」。基本上就是可以利用臉書上的個資，例如朋友清單、性別，以及幾乎是與「每個人」分享的每件事。一旦臉書用戶造訪開發者的網站，網站就立刻能運用那些資料變得「個人化」。

這種做法的理論依據是仿效旅館業，讓用戶賓至如歸，一踏進旅館房間，就提供對的枕頭與他們愛喝的飲料，播放著他們喜歡的音樂。臉書推出這項計畫時與三個夥伴合作，其中一

家是潘朵拉珠寶（Pandora）。訪客造訪潘朵拉時，會聽見自己曾在臉書上按過「讚」的音樂（其他兩家上市夥伴是微軟與Yelp）。

隱私權顯然是很大的問題。「即時個人化」是自動生效（用戶必須先知道有這項功能，接著找到設定的地方，才能關掉）。臉書的主管之間再度意見不合。不光是「即時個人化」有問題，Graph API 本身也有問題。Graph API 允許開發者深入存取用戶的個人檔案，甚至是用戶指定只與朋友分享的資料。儘管如此，祖克柏仍在 2010 年的 F8 大會上公布 API 與「即時個人化」。

套用某評論者的話，「即時個人化」是「瘋狂的隱私權設定」。[27] 許多科技網站教大家如何完成複雜的步驟，取消加入。祖克柏在科技記者舒維瑟與莫斯伯格（Walt Mossberg）舉辦的 D: All Things Digital 科技大會受訪時 [28]，被質問這件事。祖克柏坐在大會提供給受訪者的招牌紅椅子上，有關隱私權的直球問題，令他招架不住。

談到「即時個人化」時，祖克柏汗如雨下，不得不脫掉帽 T。莫斯伯格連問好幾次，為什麼臉書打造這個功能時，設計成不事先取得用戶的同意？祖克柏解釋，請人們按下同意鍵，就算只按一次也還是太麻煩，讓人們無法養成他們最後會喜歡的分享習慣。動態消息就是那樣！祖克柏說，有一天人們會回顧從前，很訝異以前的網站居然沒有那樣的功能。「世界正走向一切都圍繞著人們而設計，我認為那是一個力量很大的方向。」他說。然而，祖克柏表現出來的樣子並不令人感到信服。

「即時個人化」還帶來另一個後果：「『即時個人化』推出後，聯邦貿易委員會立刻展開調查。」後來成為臉書法務長

的史特雷奇說。

　　大量不滿臉書行為的抗議湧入聯邦貿易委員會（FTC），正好委員會也愈來愈關切各家年輕科技公司正在侵犯法律的界線。前 FTC 委員表示：「我們盯上幾家科技公司，我們認為它們做事沒有分寸。它們很新，快速成長，很多時候做出承諾卻沒有遵守。」FTC 開始調查祖克柏的公司。「臉書涉嫌違法，我們極度認真看待此事。」

　　祖克柏的部分公開言論也等於是火上加油。他 2010 年出席頒獎典禮時，在台上指出有關於隱私權的社會常態已經改變。「人們真的已經很習慣，不只是分享更多資訊與不同種類的東西，也更公開與更多人分享。」祖克柏指出，「所以說社會常態會隨著時間演變。」[29] 這種看法的確有說得通的地方，但未能反映出社會常態產生變化時，祖克柏本身起的作用。祖克柏相信，只要人們能調整自身的隱私權觀點，願意多多分享，世界就會更美好。

　　臉書的律師和政策人員忙於應付調查時，祖克柏似乎仍認為隱私權可以用試誤的方式來處理。「我認為，不論是否涉及隱私，我們做這麼大幅度的變動時，可以預期有人會喜歡，有人不喜歡。我們要推出改變，給人們機會試試看，看他們要不要。」祖克柏在 2011 年年中告訴我，「然後我們花一段時間，調整所有的意見回饋，再從那裡繼續下去。」

　　雖然聯邦貿易委員會所有的委員都同意，臉書誤導用戶，在數件事情上侵犯用戶隱私，但委員無法達成制裁的共識。有的委員認為應該傳喚祖克柏，而這將引發重大後果。如果祖克柏被傳喚，臉書又持續有不當行為，祖克柏必須負起民事甚至是刑事罰則。祖克柏在早期的協議版本中的確被點名，但臉書律師不斷與委員會協商後，最後的版本沒提到祖克柏。

2011 年 11 月，臉書終於和聯邦貿易委員會達成和解。臉書不承認做錯任何事，但沒有就虛假陳述的指控多做爭論、就快速簽名，還同意 20 年期的監管 [30]，由外部稽查人員執行，費用由臉書支出。聯邦貿易委員會指出臉書七項明確的不當行為，其中好幾項是臉書無視於內部高階主管的警示或抗議，依舊執行。聯邦貿易委員會提出以下幾點：

- 2009 年 12 月，臉書更動網站設定，用戶指定僅私人可見的特定資訊被公開，例如朋友清單。臉書並未提醒用戶公司將做出這項改變，也沒有事先取得用戶同意。
- 臉書聲稱用戶裝設的第三方 app 僅能取得 app 運行時必要的用戶資訊，但事實上 app 可以存取幾乎全部的用戶個資，包括 app 不需要的資料。
- 臉書告訴用戶，他們可以限制資料，僅分享給有限受眾，例如「僅朋友可見」。事實上，選擇「僅朋友可見」並無法避免自己的資訊被分享給朋友使用的第三方應用。
- 臉書提出「應用程式認證」計畫，宣稱臉書會確認加入的 app 的安全性，實際上卻沒有。
- 臉書答應用戶不會與廣告客戶分享他們的個資，卻依然這麼做。
- 臉書宣稱用戶停用或刪除帳號後，他們的照片與影片就會無法存取，但臉書實際上仍允許存取，即使是用戶停用與刪除帳號後也一樣。
- 臉書宣稱遵守美國與歐盟的安全港架構（US–EU Safe Harbor Framework），也就是管理歐美之間資料傳輸的協議，但實際上並無此事。

「應用程式認證」[31] 讓用戶誤以為參與了該計畫、有打勾記號的 app，代表經過審查確認後，證實是可信任的應用程式，但實際上開發者是靠付費給臉書取得認證。

　　祖克柏在臉書上解釋 FTC 的和解一事時，一定覺得自己是寫道歉信的熟手了，和他以前被抓到做錯或行為不當，情況差不多，從當年的 Facemash 事件，一直到動態消息、Beacon、2009 年的服務條款與隱私權設定。「我要第一個承認，我們犯了很多錯誤，」他寫道，「特別是少數引發高度關切的錯誤，例如四年前的 Beacon，以及我們兩年前轉換隱私權模式時執行不當，都讓我們做得好的地方蒙上陰影。」

　　臉書的海報，大可再多加一條：

　　快速行動，打破成規，事後再道歉就好。

　　因為，這也是臉書文化的一部分。

第 12 章

追趕行動浪潮，
第一次轉型危機

　　2012 年來臨前，臉書可望突破十億用戶大關。廣告客戶都愛臉書，臉書的營收接近 40 億美元，獲利 10 億美元。

　　然而，臉書至今打造的一切岌岌可危，因為祖克柏沒做好迎接產業重大改變的準備，而那關係到臉書的存亡。

　　世界正在轉移到智慧型手機上，而臉書沒做好轉型準備。

　　臉書對行動科技的世界並不陌生，但令人不解的是，臉書長達好幾年都只有臨時方案。2005 年，臉書由前雅虎事業發展主管史崔莫負責和行動服務業者談，將幾個臉書功能放進當時原始的「功能型手機」（feature phone）。有人給史崔莫看了臉書的表現之後，史崔莫就很積極想到臉書上班。他加入不久就參加了提爾在 12 月舉辦的「慶祝臉書用戶數破百萬」派對。當時 30 歲的史崔莫覺得身上穿的運動夾克跟派對格格不入。

　　接下來兩年，史崔莫幾乎是單槍匹馬和行動服務業者談。「2005 到 2007 年，行動團隊根本不存在，」史崔莫說，「只有我一個人。」2006 年，史崔莫和辛格（Cingular）、威訊（Verizon）、斯普林特（Sprint）等電信業者談成臉書的第一個行動產品，用戶可以使用簽約業者的服務寄送簡訊（臉書可

以抽成簡訊費用）。然而，由於當時的原始手機無法支援照片這個臉書最受歡迎的活動，所以臉書沒有花太多心思或資源在行動世界。史崔莫悄悄地為臉書和全球業者談好了簡訊合約，但公司裡幾乎沒人同意他主張的「行動將是科技的未來」。

因此當蘋果在 2007 年推出 iPhone、揭開行動未來的序幕，臉書完全沒準備好，沒想到救兵從天而降。喬·休伊特（Joe Hewitt）在臉書買下他的兩人新創公司 Parakey 後，於 2007 年 7 月加入臉書。休伊特的合夥人羅斯（Blake Ross）對收購十分興奮，但休伊特本人沒那麼開心，他認為臉書只是很蠢的大學網站。「我對在那裡工作毫無興趣，」休伊特說，「我估計只會待幾個月，去看看而已。」

休伊特後來整整待滿股票選擇權綁定的四年，賺進數百萬美元。

休伊特進臉書的兩週前拿到剛上市的 iPhone。上面的 app 看起來真的很棒，但外人很難設計出相同的俐落外型與順暢效能，因為 iPhone 上的 app 是「原生型 app」（native），也就是為特定手機硬體開發的應用程式。蘋果不讓外部直接存取硬體，所以軟體開發者無法寫原生型 app。開發者寫 iPhone 應用程式時只能寫網頁型 app，在手機的網路瀏覽器上運行。

休伊特開始嘗試開發外觀與效果足以媲美原生型 app 的網頁。進入臉書後，休伊特問公司是否可以繼續做這件事。於是公司邀他加入為黑莓機（BlackBerry）等手機製作臉書應用的團隊，但他認為那些垃圾手機不值得他浪費時間。休伊特開過兩次會後，決定完全靠自己。「我不是很在乎要融入公司，反正我做我想做的事，他們也容許我這樣，這種模式持續了一段時間。」

休伊特想做出很棒的臉書 iPhone 應用。他在臉書的大學

大道辦公室工作過一小段時間，但他討厭開放辦公空間，對那裡的塗鴉壁畫也沒有好感。有一天，他決定開始在家工作，從此人們就很少見到他。他所屬的小組搬到另一棟大樓時，他甚至沒幫自己找位子。

臉書負責行動的主管史崔莫雖然是旁觀者，卻很鼓勵。「我們的專案沒有工程師，所以沒有足夠能力。休伊特是傑出的工程師，手上又沒有其他責任、也不需要向誰報告。反正他就做，然後就做好了。」

8月，休伊特大功告成，兩個月就寫好app。雖然那個app可以說代表著公司的未來，推出時卻低調無聲。休伊特表示：「我沒有請任何人批准這件事，因為當時這個領域就像是美國西部未開拓的蠻荒之地，」休伊特不記得有向祖克柏提過這件事。「上線前，他大概看過，但我不必和他見面，也不必諮詢他任何設計上的事。」休伊特甚至隔了一天才想到沒有寫公司網誌公布這件事。

媒體為之瘋狂[1]，有人說那是 iPhone 目前為止最好的app。

一年後，蘋果取消限制，允許開發者製作原生型app，休伊特興奮極了。他當時仍是一人團隊，獨自負責臉書的 iPhone app。賈伯斯親臨臉書的漢彌頓大道辦公室，和休伊特與祖克柏討論這件事。休伊特說：「那次見面長達好幾個小時。」他認為祖克柏與賈伯斯之間的互動尤其有趣。「賈伯斯把祖克柏當成學徒，試圖傳授給他大量知識，跟他說故事，隨口分享一些不相關的矽谷軼事。」休伊特說。「馬克絕對很敬重賈伯斯，願意向他學習，但馬克也是極有自信的人，那個場面並不是他在懇求賈伯斯的意見。」

2009 年，iPhone 已經起飛，而臉書是 iPhone 上最受歡迎

的 app。神奇的是，臉書的 app 基本上仍由休伊特一人搞定，但他堅持保持獨立，公司裡開始有聲音，公關團隊對他尤其不滿。「我習慣推出新東西時不事先通知公關，」休伊特說，「我只會在 Twitter 上宣布，或是回應某些隨機找上門的小記者。」

休伊特持續對蘋果很不滿。蘋果嚴格把關自己的 App Store，休伊特認為那種行為根本是惡霸。有一次，休伊特生氣蘋果批准臉書 iPhone app 3.0 版的速度太慢[2]，還氣沖沖地寫了一篇網誌。

休伊特每年都宣布要離職，2009 年也一樣。「在一開始的兩年，我不認為臉書股票會值那麼多錢，我想回到自己的新創公司。」休伊特說，「後兩年我才發現：哇，還真的值那麼多錢，但還是想辭職。」帕利哈皮提亞說服休伊特留下，答應他想做什麼都可以。

休伊特想為蘋果的行動作業系統開發程式語言，但不幸卡關，因為蘋果在 2009 年 4 月公布新的開發者協議，使休伊特無法使用他寫的新語言。「那裡面有很多嚴格限制，我強烈反對。」休伊特說，「我氣死了。」休伊特一氣之下，寫信罵賈伯斯和蘋果的軟體長佛斯托爾（Scott Forstall）。

賈伯斯直接打電話給祖克柏抱怨。祖克柏把休伊特叫過去。這件事讓祖克柏哭笑不得，他為了別的事一直試著聯絡賈伯斯，結果是因為休伊特對蘋果執行長發怒，祖克柏才終於連絡上賈伯斯。祖克柏告訴休伊特，自己站在他這邊，但蘋果對臉書來說很重要。「賈伯斯是有點瘋狂，」他告訴休伊特，「但如果你再激怒蘋果一次，我們就必須開除你。」

某種程度上，祖克柏也是白講了，因為休伊特已經決定不再打造臉書的 iPhone app。他採取平日風格，先在 Twitter 上

宣布，接著發表聲明[3]：「我尊重〔蘋果〕以他們想要的方式管理平台的權力，但我不認同他們的審查流程。」休伊特寫道，「我認為蘋果的行為是幫其他軟體平台開了很糟糕的先例。很快的，守門員就會讓軟體開發者的生活很悲慘。」

脸書派一組工程師接手休伊特的工作。這麼重要的工作本來就不該掌控在一人手裡。「他們指派一個團隊去做，接著團隊成長了，現在變成全公司都在做那件事。」休伊特今日在夏威夷種有機蔬菜。

不過在那之前，祖克柏做了一項產品決定，是他日後認為自己犯過最大的錯誤。

從規格制定者淪為追趕的一方

休伊特的傑作讓脸書得以延遲面對關鍵的問題：產業典範轉移時，脸書站錯邊了。祖克柏從最初的 Thefacebook 就選擇以網頁為基礎的電腦語言 PHP。在 2004 年，PHP 是較年長的電腦科學家會排斥的選擇，但祖克柏從小就習慣快速打造線上專案，使用較年輕的 PHP 系統對他來說就像呼吸一樣自然。

PHP 的一大優點是有內建的安全網。用傳統語言寫的程式會釋出各自分離的版本。如果程式設計師想加功能或修正錯誤，他們會在下一版放進去，用戶下載更新後才會生效。熱門的軟體會有不同年份的數個版本在流通，舊的問題會一直跑出來。PHP 則永遠是最新狀態。你可以快速推出改變或新功能，送至網路伺服器，伺服器就會吐出產生網頁的標記程式碼（markup code）。如果你搞砸了，修正很容易，只需要寫新的程式碼，等用戶下次更新瀏覽器，新版本就會開始跑。用戶永遠是用理論上錯誤較少的新版本。

PHP 等於是讓脸書能快速成長的祕密噴射機燃料。

如今，新時代來臨，人們愈來愈少用桌電……很快就會沒有人用！行動裝置則不一樣。app 不會馬上接觸用戶，而是來自蘋果或 Google 等硬體設計師的管理的商店。每一個版本的 app 都得符合一定的標準，才能通過守門員的檢驗。突然間，臉書變成試圖追趕的傳統公司。

　　雪上加霜的是，臉書沒有能打這場新戰爭的軍隊。臉書工程師維納爾估算，四百位臉書工程師中只有五人擅長 iOS，或許有三個人懂 Android。「我們缺乏足夠的真的懂這種東西的人，大幅拖累行動產品的開發速度。」維納爾說。

　　「公司不懂怎麼做原生應用程式。」一位當時研究這個問題的高階主管說。臉書的聘雇流程事實上還會淘汰擅長寫行動 app 的好手。大約自 2009 年和 2010 年起，最優秀的年輕工程師都在為 iPhone 或 Android 寫原生 app，但臉書面試他們時，問的卻是桌電的問題。最優秀的應徵者會告訴臉書，他們不知道、也不在乎答案，因為他們只想打造很酷的行動 app。面試官開會討論人選時，會判定這些程式設計師（那些臉書真正需要的人才）是糟糕的人選，不只不懂桌電開發，態度還很差。某高階主管表示，說穿了，「我們就是不想用這些人。」

　　不過，神奇解決方案突然問世，似乎能解決一切問題。

　　那個技術就是 HTML5。HTML5 是新版本的標記語言，是網頁的通用語。理論上，HTML5 似乎是解決複雜問題的萬靈丹：像臉書這樣的軟體公司，如何讓公司產品在數個行動系統上運行？人們愈來愈想在智慧型手機上使用臉書，但不同的人拿不同的手機，有 iPhone、Android、黑莓機、Palm、Windows 及其他系統。每款手機都有自己的作業系統與獨特硬體。最優秀的 app 是原生的、依據特定硬體最佳化，那條路似乎指向要替每一種作業系統寫出不同的產品。

「大家不想在 iOS 和 Android 上重複執行同樣的事，」維納爾說，「因此這裡的技術問題是，我們能否做出一個架構，只需要寫一次行動 app，就能同時在 iOS 和 Android 上跑，或許也有可能在 Windows 手機上用。」

　　HTML5 可以解決：只需要編寫一次程式，就能在好幾個系統通用。這對行動團隊新到職的工程師特別有吸引力，因為他們來自 Google，Google 正好是 HTML5 象徵的「開放 Web 哲學」的熱情支持者。

　　成長團隊喜歡 HTML5 的做法。成長團隊關注的是將臉書散布到臉書服務尚未稱霸的地方。許多這些地方是開發中國家，人們只能用便宜的手機上網。成長團隊的夢想是臉書的程式設計師可以寫出能在所有手機上使用的單一軟體。

　　成長團隊想要的通常都能到手，尤其是在行動這一塊：他們的理論是新顧客將使用手機，尤其是海外新顧客，因此臉書任何與行動開發有關的事，全都歸到成長團隊的業務範圍。就像成長團隊掌控的其他領域，成長團隊本身的使命也成為臉書行動開發的優先要務，也就是追求與留住用戶。

　　「很多人相信 HTML5 能變得夠好。」維納爾說。因此臉書開始執行自家版本的 HTML5，命名為「Faceweb」。Faceweb 馬上成為行動 app 的官方策略，瞬間成為臉書數億顧客使用臉書產品的主要途徑。

　　那是一場大災難。

重新學習優勢技術

　　柯瑞・翁雷卡（Cory Ondrejka）[4] 來自臉書 2010 年買下的新創公司，那些收購都算是「人才收購」，買家收購某家公司是看上公司的人才，而不是產品，原本的產品通常會被拋棄。

翁雷卡曾是線上虛擬世界遊戲「第二人生」（Second Life）的關鍵員工，因此一開始被分配到遊戲團隊，但臉書當時的工程副總裁施洛（Schrep）請他負責改善行動產品。施洛是臉書人對施洛普夫（Schroepfer）的暱稱，他在 2013 年成為技術長。

臉書的行動產品絕對需要改善，因為用 Faceweb 製作的 app 慘不忍睹。HTML5 被大力吹捧，號稱執行起來可以和原生 app 一樣順暢，但完全不是。從 Faceweb 到實際裝置的每一次頁面瀏覽轉換，拖慢了效能。往下滑動時，頁面非常卡，導致臉書的旗艦功能動態消息完全不能用。

翁雷卡指出：「2011 年，談臉書的報導一定會出現『糟糕透頂的行動 app』這幾個字。」翁雷卡接下任務，但沒抱太大希望。「在臉書負責行動這一塊，就像是擔任『搖滾萬萬歲』（Spinal Tap）的鼓手＊。」他說。

翁雷卡做的第一件事，就像諺語說的：如果你已經在洞裡，就別再往下挖。他要求大約二十人的行動團隊停下手邊工作，回家睡覺，隔週再來想策略。團隊在會議室集合，還有幾位對公司在行動上的困境很有想法的工程師與主管。有的人還是忠於 Faceweb，其他人希望換別的做法，也有人認為臉書應該為每一個裝置各自開發原生 app。

在會議的尾聲，翁雷卡決定最好的一條路是從零開始，替每一個系統寫原生 app。就像是休伊特在不滿蘋果審查而放棄之前，為 iPhone 寫臉書 app 那樣。下一步是說服祖克柏。「我去找施洛，我說我們需要找馬克。」翁雷卡說，「我們進會議室宣布：我們慘了。我們一定要做原生 app。」

祖克柏同意了，工程團隊開始閉關，試著打造原生行動

＊ 譯注：該喜劇的樂團鼓手接連離奇死亡。

app。幸好公司當時已經有幾位懂行動的工程師。臉書近日買下的幾家公司中，有懂 iOS 和 Android 的工程人才，包括小型 iOS 新創公司「Push Pop Press」與打造訊息發送系統的白鯨公司（Beluga）團隊。

翁雷卡讓團隊開始招募精通行動 app 的人才。臉書也開始訓練原本的工程師，成立三週的行動工程課程。數百位臉書員工參加訓練。

比較麻煩的問題是祖克柏本人。他還不到 30 歲，但他成長過程中接觸的技術已經不是優勢技術了，他必須了解新技術的動態，畢竟最後是由他為公司的新 app 定案。「我跑去告訴他：問題出在你不了解原生開發。你一天做出一千個決定，但對原生來說那些決定是錯的。」翁雷卡說。

就這樣，新的行動團隊開始訓練祖克柏，告訴他行動生態系統的設計、產品開發與經濟學，有哪些地方不一樣。祖克柏必須重新學習的一件事，那就是犯錯是有成本的。當你的第一個版本不斷當掉，必須等蘋果完成批准流程才能修正錯誤時，「完成比完美重要」這條原則就不適用。

祖克柏學習速度過人，很快就問出聰明的問題，難倒厲害的行動工程師。翁雷卡說：「我們說：太好了，你的腦袋上軌道了。」

接下來幾個月，臉書的蘋果和 Android 團隊開始製作原生 app。他們不必完全拋棄 Faceweb：部分功能沒問題，例如管理朋友清單，以及只需要編寫一遍就適用不同行動系統的功能。然而其他功能就很明顯只能走原生這條路，而重點中的重點就是動態消息。動態消息是臉書的科技傑作：每次你打開臉書，你會看到重新整理過、為你量身打造、最新的動態流。Faceweb 這樣的瀏覽器技術處理能力太弱、連結不夠穩定，所

以無法應付手機版的動態消息。

　　同時，祖克柏也讓大家知道他對行動的重視。有一天，一個團隊跑到魚缸，請祖克柏過目某些設計。祖克柏問他們：行動規格的資料在哪裡？沒有行動規格，所以祖克柏把團隊扔出辦公室。新規矩：以後沒有行動設計，不准踏進我的辦公室。沒有人再犯同樣的錯。

　　事實上，公司全體很有自覺地踏上了行動之路。技術長泰勒指出：「我們很多人完全不再使用筆電。」

　　臉書不切實際、極具野心的目標是 2012 年 2 月就要準備好原生 app。所以當他們 3 月就做出能跑得順的動態消息原型時，對祖克柏來說已是一大勝利。

　　翁雷卡的計畫奏效，行動時代等科技的典範轉移，曾讓偉大的科技公司隨風而逝：臉書在這次的轉移中做出正確決策，得以存活。翁雷卡接著得知另一個祕密的內部計畫，有可能讓臉書踏上完全不同的道路。

　　臉書打算自己做手機和作業系統，和蘋果、Google 一較高下。

臉書手機祕密專案

　　帕利哈皮提亞覺得無聊了。在他看來，成長的問題已經解決。領導成長團隊對他來說不再具挑戰性。此外，居於下風才能引發帕利哈皮提亞的鬥志，他是那個唱反調、不可預測、坐在教室後面丟紙團的人。

　　臉書掙扎跟上行動世界時，帕利哈皮提亞也在，但他不擔心沒有好的 app，他認為不斷進化的行動生態系統本身，才是影響臉書的存亡的關鍵。帕利哈皮提亞相信，為了在數位世界領先，你必須掌控自己的行動作業系統，否則就會受制於人、

成為他人的棋子。目前，只有蘋果與 Google 擁有重要的作業系統。

帕利哈皮提亞認為解決辦法只有一個：臉書應該打造自己的智慧型手機。要打進那個高級俱樂部並不容易，但人們最常用手機做的事就是……上臉書。那為什麼不打造以「人」為核心的行動作業系統呢？更確切來說，就是打造以臉書為核心的行動裝置。

帕利哈皮提亞是說服大師，他取得祖克柏同意，開始招募團隊。帕利哈皮提亞會帶人去吃午餐，告訴他們目前的工作是在浪費時間，或至少不如他正在做的事情重要。然後他會再告訴大家有關手機的事。曾被帕利哈皮提亞遊說的某人回憶，他聽到這個計畫之後很困惑：**為什麼我們要做那個？那感覺是很糟的點子！我們對硬體不在行。我們從來就不擅長硬體。**

被招募的工程師儘管有疑慮（他們的預言日後也成真了），在帕利哈皮提亞滔滔不絕的反駁後，仍然加入團隊。

茉莉‧葛蘭姆同意擔任產品經理，臉書最優秀的設計師凱爾（Matt Kale）也加入。不過，帕利哈皮提亞挖到最重量級的人物是休伊特。帕利哈皮提亞向休伊特推銷這個點子時，休伊特也懷疑能否成功，但反正在他能賣出股票選擇權之前，這是打發時間的好點子。此外，休伊特喜歡帕利哈皮提亞，帕利哈皮提亞總是替他說話。「我喜歡帕利哈皮提亞的厚臉皮與大膽。」休伊特說。

臉書的手機計畫改過好幾次代號，最初叫 GFK，功夫電影裡壞人「鬼臉煞星」（Ghost Face Killer）的縮寫，也是美國嘻哈樂團「武當幫」成員的藝名（Ghostface Killah）。帕利哈皮提亞堅持這個計畫要全程保密，靈感來自亞馬遜打造 Kindle 的最高機密團隊「祕密先鋒」（Skunk Works）。帕利哈皮提

亞把團隊搬離加州大道 1601 號，移至街尾一棟不起眼建築的二樓，甚至連識別證系統都和臉書分開。臉書人問起相關謠言時，公司都否認。「這是我記憶中，臉書第一次對內部說謊。」卡拉漢說。

按照團隊成員的說法，帕利哈皮提亞一心想超越賈伯斯，他要毀掉賈伯斯，而方法是做出更漂亮的手機。賈伯斯的設計王牌是艾夫（Jony Ive），帕利哈皮提亞則有比哈爾（Yves Béhar），比哈爾是矽谷受人景仰的設計師，專門設計硬體外觀。比哈爾勾勒出一個時髦裝置，彎曲表面上有著不尋常的凹槽，方便用大拇指滑手機。

至於微處理器的供應廠商，臉書找上合理的夥伴英特爾（Intel）。這家晶片大廠之前已犯下史上最大失誤，錯過第一代的智慧型手機，蘋果和 Android 都用競爭對手的晶片。英特爾顯然把臉書手機視為亡羊補牢、甚至是逆轉情勢的機會。

此外，英特爾願意與臉書分享許多有趣的技術，包括創新的觸控感測器：一個動作就能同時解鎖並開始滑手機，功能幾乎就像是遊戲控制器。然而，那個技術的配置只有右撇子能用。某團隊成員表示：「我們決定不管左撇子。」

休伊特負責寫軟體，使用之前被蘋果拒於門外的程式語言，設計重點是臉書聯絡人的連結。他們的概念是，臉書手機將與你的社群圖譜與興趣緊密結合，和你分不開。你一打開手機，手機就會依據你是誰、你的朋友準備做什麼，列出可以從事的活動。

陌生人打電話給你，手機可能不會響，但如果是朋友來電或傳訊息告訴你重要的個人消息，例如訂婚、孩子出生、或是松露披薩的照片，手機就會以最大音量響起。如果你想聯絡朋友，只需說出來，手機就會找出聯絡對方的最佳方式，甚至可

以查看朋友的行事曆與所在地。例如，如果對方在開會，手機就會用傳簡訊的方式。你買東西時，手機會依據你按過的讚來建議購物選項。如果你參加朋友的生日會，你拍的照片會立即上傳至臉書（帕利哈皮提亞指出，設計規格的確特別提到如何方便用戶調整隱私設定，避免過度分享）。

臉書和負責生產 iPhone 的台灣製造大廠富士康（Foxconn）合作打造出原型。然而，隨著生產日期逼近，臉書開始擔心實際生產需要砸下的投資。這股猶豫的氛圍被公司內部反對手機的陣線善加利用，為首的人就是翁雷卡。翁雷卡第一次聽到這個計畫就告訴技術長泰勒應該砍掉，泰勒叫他去跟祖克柏說。翁雷卡說：「我和馬克爭論了四個月。」他試圖說服老闆，行動生態系統已經分成兩大敵對作業系統，臉書沒必要自己來。Google 和蘋果都不會對付臉書，因為臉書正在成為全球最受歡迎的 app。然而，祖克柏還是認為臉書手機是一種避險的方法。

最後的成品是某種妥協：臉書不做自己的手機，改成打造某種版本的 Android 作業系統，創造出縮小版的 GFK 體驗，再授權給其他手機製造商。這種做法保留了原始點子的一部分（這些 Facebook Home 裝置上，臉書會一直運行，即使是鎖屏模式，或是手機主人還沒拿起裝置前），但臉書手機根本無法直接打擊到目前的行動鉅子。帕利哈皮提亞不只離開手機團隊，乾脆完全拋下臉書，跑去開創投公司。

Facebook Home 在 2013 年 4 月問世，由 HTC 生產第一批，三星接手後續生產。臉書手機推出後，祖克柏告訴我：「我們希望讓愈多手機變成臉書手機。」然而，Facebook Home 失敗了。儘管臉書當時是最受歡迎的行動 app，但很少人真的想要手機連在休眠時，臉書還一直運作。臉書手機，再

也沒有第二版。

科技史上最慘烈 IPO

臉書的行動危機發生在最糟的時刻。正當人們運用科技的行為模式發生轉移，臉書的未來遭受威脅之際，臉書卻也在準備上市。

「我會在那次轉型當下建議公司上市嗎？」桑德伯格今日說，「不會！我們要是早兩年或晚兩年上市，都比選在那個時間點好。」

然而，臉書當時騎虎難下。早在 2007 年，記者與分析師就在問：臉書何時會首次公開募股（IPO）？每一年，那個問題變得愈來愈急切。祖克柏相信每一項產品要快速行動，打破成規，但關於長遠的未來，他持有一套不同的心態，他很耐心地規畫臉書未來五年、十年的道路。他經常提到，獲利可以晚一點，先追求成長。祖克柏抱怨光是 IPO 的氣味就會引來「想加入臉書賺快錢的人。」[5] 祖克柏不期待迎接每位執行長都得碰的苦差事：每一季度都要解釋財報結果。

祖克柏已經盡量拖延。自 2007 年微軟投資後，臉書舉行過大型的私募輪，其中有名的包括 2009 年俄國大亨尤里・米爾納（Yuri Milner）投資 2 億美元。臉書比較晚的幾輪募資，幾乎每一次都被嘲笑數字高的太離譜，但每次都證實是明智的投資。

然而，臉書一直被問何時才要 IPO，而不是要不要 IPO。祖克柏也無法永遠拖下去，臉書在 2010 年悄悄預備上市，加強董事會陣容，除了原本的葛蘭姆、Netscape 共同創辦人安德森（Marc Andreessen）、提爾，又加上 Netflix 執行長海斯汀（Reed Hastings），以及擔任過柯林頓總統幕僚長的鮑爾斯

（Erskine Bowles）。鮑爾斯和祖克柏談條件：他願意主持董事會的稽核委員會，前提是祖克柏要讀完他指定的財金相關書籍。鮑爾斯把那疊書放在祖克柏桌上，告訴他：聽著，要當上市公司執行長，就要懂這些。

臉書財務長埃博斯曼（David Ebersman）曾待過基因泰克公司（Genentech），他在 2011 年秋天開始代表臉書面試幾家銀行，悄悄展開史上最大的科技 IPO。

不意外地，臉書選擇了摩根士丹利（Morgan Stanley）負責 IPO。摩根士丹利最頂尖的銀行家葛蘭姆斯（Michael Grimes）經常負責利潤最高的交易。[6] 他的辦公室不在紐約市，也不在舊金山的金融區，而是在門洛帕克的沙丘路（Sand Hill Road）上，這裡是大型創投聚在一起下注的地方。Google 的 IPO 就是葛蘭姆斯負責的，還有近期的 LinkedIn。此外，他和桑德伯格是朋友。一如往常，其他投資銀行與顧問也有加入，包括高盛（Goldman Sachs）與摩根大通（JPMorgan）。

祖克柏對臉書的股權結構有很明確的看法，他希望能持續掌控公司，時間最好是永遠，方法是建立雙重股東制，上層（祖克柏握有絕大多數的上層股份）在投票中占絕對優勢。這種設計類似於家族擁有的媒體公司，家族僅持有公司的少數股份，但得以掌控公司數十年，祖克柏的導師葛蘭姆的公司正是如此。此外，Google 共同創辦人佩吉與布林（Sergey Brin）也採取這種雙重制度。不過，臉書打算比他們更上一層樓，單一創辦人就擁有更多掌控權。祖克柏握有 56％的投票股份，因此任何事他都有否決權，不必聽從其他股東或董事會的要求。

祖克柏同樣也模仿 Google 親自寫信給股東，在簡稱「S-1表」的美國募股說明書上說明募股條件，2012 年 2 月 1 日宣布消息（祖克柏用手機寫第一份草稿，行動優先！）「臉書最初

的目的不是成立公司，」祖克柏在開頭寫道，「臉書成立的目的是達成社會使命，讓世界更開放、更連結。」接著，祖克柏詳細解釋臉書的五大價值觀，也就是茉莉‧葛蘭姆與戈勒在前一年協助他寫下的幾條重點，就像在唸臉書辦公室牆上的海報。（沒錯，祖克柏在請股東投資的正式募股書上，寫下了「快速行動，打破成規」。）

此外，祖克柏稱臉書的營運方式為「駭客法」（The Hacker Way）。祖克柏承認世界「對駭客一詞，有著不公平的負面聯想」，但他主張「我認識的多數駭客，通常都是抱持理想主義、想對世界產生正面影響的人。」祖克柏解釋，「駭客法」是一種不斷改良、不斷迭代的創作方式。駭客認為事情永遠能更好，永遠沒有大功告成的一天。駭客會不斷尋求改進，即使是在大家都說不可能辦到，或是滿足於現況的時刻。

祖克柏那些科技宅的發言並沒有澆熄人們對於臉書 IPO 的期待，真正令人擔憂的是另一件事——臉書回應行動浪潮的速度拖泥帶水。

臉書直接在 S-1 表上挑明：「人們使用臉書的行動產品，目前並未直接帶來任何有意義的營收。我們能否成功，目前尚不確定。」當時約有一半的臉書用戶已經在手機上用臉書。臉書尚未讓行動應用變現，也代表公司沒有把握住提供廣告的機會。如果那樣的趨勢持續下去，公司營收將大幅下滑。

S-1 表公布後，藉由行動裝置上臉書的用戶繼續增加，臉書的財務表現進一步下滑。祖克柏當時寫給女友普莉希拉的簡訊在後來的訴訟過程中曝光：「公司的狀況真的很糟。」

一天晚上，祖克柏、桑德伯格、財務長埃博斯曼，在紐約市的旅館房間開會，考慮要不要中止 IPO。祖克柏傳簡訊給普莉希拉：「我們今晚會做出決定。」接著他回報，上市的事將

繼續進行。[7] 普莉希拉回他：「太好了！」然而，臉書的財務團隊正煩惱如何處理營收下滑的事。如果公司不分享這個資訊，有可能吃官司或碰上監管制裁。埃博斯曼與葛蘭姆斯因此決定必須修改募股書，加上近日趨勢的五句警示。他們也認為應該聯絡關鍵分析師，一一向他們解釋。這看起來有可能像是他們在透露資訊給華爾街內部人士，大眾卻被蒙在鼓裡。

美國證券交易委員會（SEC）規定，在此類情況下，投資銀行家不能接觸分析師，葛蘭姆斯必須在通知分析師的過程中保持距離。這有點困難，因為葛蘭姆斯本人就是籌備這件事的核心人物，連臉書財務長唸給分析師聽的內容都是他寫的，因此財務長在臉書的飯店房間指揮中心打電話時，葛蘭姆斯就到外面走廊坐在地上（證交會不覺得這種做法很幽默，在控告書中提到這個插曲，摩根士丹利因此被罰款 500 萬美元。）[8]

那幾通電話距離上市日 5 月 18 日僅一週多，媒體對即將來臨的 IPO 幾乎天天都有話可以批評[9]。批評者質疑祖克柏的成熟度，指出他在俗稱「巡迴演出」（road show）、到各地向投資人推銷臉書股票的說明會上，居然穿帽 T。儘管批評聲浪不斷，臉書的上市價從每股 28 至 35 美元，提高到每股 35 至 38 美元，也就是臉書的估值來到 1,000 億，等於是公司前一年獲利的一百倍，批評者認為太過離譜。5 月 15 日，臉書碰上另一個打擊：通用汽車（General Motors）告訴《華爾街日報》，他們不再相信臉書廣告有效，未來將減少廣告支出。[10] 雖然通用汽車不是臉書最大的廣告客戶，但有人指出在臉書上打廣告效果很差，令人進一步懷疑臉書的長期展望。

換句話說，IPO 日來臨前，茶葉占卜看來不太妙。

祖克柏和臉書高層沒有按照股票上市的傳統，到紐約市那斯達克證交所的交易廳舉行敲鐘儀式，慶祝公司股票開賣的那

一刻。臉書員工聚集在臉書新的門洛帕克園區大廳，由祖克柏在遠端敲鐘。不過，祖克柏留在加州其實也好。

那斯達克自認，比起名聲更響亮的對手「紐約證交所」，他們更高科技。然而，臉書股票即將開賣的那一刻，那斯達克電腦當機了。儘管前幾天測試過好幾次，搶購的買盤仍讓系統超載。那斯達克延遲開盤時間，晚了一個多小時再度開賣，門洛帕克沉浸在喜悅中，大家互相擁抱喝采。

然而，交易還是延遲了。也就是說用上市價預購股份的小型投資人，無法確認交易，或是在股價直直往下掉時，也無法即時脫手。散戶很興奮能參與這個鐵定賺錢的股票，下單後卻無法得知是否買成。這種故事很多，例如某位寡婦砸下一生的積蓄買臉書股票，接著在下單後試圖取消，卻徒勞無功。隨著股價一路滑落，寡婦的退休希望也跟著破滅。[11]

現在回頭看，那場 IT 混亂不一定是壞事。小散戶當初要是抱著沒賣，短期內忍受股價下跌，他們的投資將翻漲好幾倍。然而，投資本來就有風險，回頭看沒用。所以你很難無視那位寡婦的抱怨，她在跌更深的時候賣掉了。

會賠錢的原因是，臉書股票終於可以成功買賣時，投資人退縮了。臉書股票的上市開盤價是樂觀的 38 美元，收盤時幾乎沒漲，而且能維持平盤，還是因為臉書的股票承銷商在收盤前買回，以免第一天就以下跌作收，這種手法叫「綠鞋機制」（the greenshoe option）。

接下來的日子，由於沒有再動用類似的股價支撐法，臉書股價一落千丈。一星期後跌至 32 美元。到了 9 月，一張 20 元鈔票就能買到一股臉書，還找你 2 塊多。

臉書早期的投資人霍夫曼靠當初投資的 37,500 美元賺進好幾億，但即使是霍夫曼也說臉書的 IPO 是「極度災難」。[12] 接

下來幾個月，好幾個地區的法院大樓樓梯被悲痛的投資人踏破，他們要控告臉書、那斯達克，還有股票承銷商。接下來幾年，臉書、銀行家與那斯達克將付出數百萬和解金。

臉書跌跌撞撞 IPO 過後，立即又發生兩件事。

第一件是喜事。當天的上市儀式結束後，祖克柏邀請了大約百位親朋好友，參加在後院舉辦的聚會，據說是為了慶祝普莉希拉從醫學院畢業，還有祖克柏的 28 歲生日。有賓客察覺到這些理由是騙人的，當祖克柏穿著西裝現身時，大家才確定果然不是要慶祝畢業和生日。當天稍晚，祖克柏把臉書上的關係狀態改成「已婚」，獲得超過一百萬個讚。

祖克柏交換結婚誓言，無視於在 IPO 前夕另一位億萬富翁在 CNBC 頻道上提出的警告。「他們結婚，接下來幾年就為了某個原因離婚，然後女方會告他，開口要一百億，然後女方就發財了。」[13] 說這段話的川普，當時根本還沒見過普莉希拉和祖克柏。

祖克柏做的第二件事是解決臉書股價下滑的原因。臉書很晚才推出原生 app，以確保臉書服務在所有平台都能跑得順。臉書的原生 app 反應很好，人們使用 Apple 或 Android 手機時平均 20% 時間都在看臉書（第二名的對手只有 3%），不過臉書還必須打造出能在行動世界賺錢的產品。

臉書股價跳水，打擊到員工士氣。夥伴關係長羅斯決定在全員大會上為大家加油打氣。他提起自己在網路泡沫時代的亞馬遜經驗，當時股價從每股 120 美元暴跌至大約 6 美元，羅斯只好擱置為家人買房子的計畫。有的人就此離開公司。但亞馬遜與公司領導人貝佐斯（Jeff Bezos）堅持下去，今日統治著商業世界。臉書也一樣。羅斯指出：大家不知道，但我們知道自己在做什麼。行動浪潮不會淹沒臉書，反而會把臉書帶到新高

度。大家在手機上花更多時間在臉書上。儘管手機螢幕變小，臉書還是會想辦法賺到錢。羅斯告訴同仁：這個產品本來就是為了行動而生，我們只是還沒把產品打造出來而已。

羅斯省略沒說的是：要是做不出那些產品，臉書就完了。

行動廣告開始賺錢

危機時刻，祖克柏通常會依賴他熟悉與信任的人。祖克柏為行動廣告產品團隊找的負責人，將扛起扭轉公司命運的重責大任，是他認識多年的人。那個人甚至把象徵著「堅定」的字刺在身上。

他就是「博斯」。

臉書 IPO 後沒多久，祖克柏和博斯沃斯在昇陽舊園區散步，走過烤肉棚，上方是一個寫著「駭客」的巨大牌子，就在類比研究實驗室前方。過去幾個月，博斯處於他自稱的「跛腳鴨時期」，從一個團隊流浪到另一個團隊，參與各種計畫。他已經在臉書工作六年，打算使用臉書提供的七年一次的休假年。祖克柏提議由博斯來帶領廣告工程團隊，博斯認為那個決定很糟糕，他完全不是廣告人。

祖克柏很堅持，他說要是博斯能接下這個位子，就會端出令人驚艷的成績。祖克柏說：博斯，我認為你能在接下來六個月，帶來 40 億美元的生意。祖克柏一一列舉點子，一項是行動最佳化的廣告產品，另一項是不一樣的「頂級」廣告產品，另外的兩項產品已經不可考，祖克柏和博斯沃斯都想不起來。

博斯沃斯再次表明自己不是最佳人選，但祖克柏說公司需要同時熟悉動態消息與臉書的消費者產品的人，有辦法靠著臉書目前的八億用戶想出解決方案。博斯不必永遠接這個位子，至少先做六個月好嗎？

博斯沃斯答應了，部分原因是祖克柏居然把這麼關鍵的職位交給自己，讓他很感動。博斯沃斯當時早就因為好鬥的性格疏遠了很多人。臉書員工羅斯在書中提到，博斯沃斯會「開玩笑地威脅其他工程師，要是敢惹他，他會揍他們的臉。」[14] 有一次，博斯沃斯還被迫公開道歉。「我有時會有點激動，不太擅長與人合作。」他坦承。

博斯沃斯要求他的團隊要在行動小組裡，而不是在廣告部門。他每週召集一支小團隊開會，團隊的責任是開發行動導向的廣告產品，成員包括負責廣告工程的賴比金（Mark Rabkin）、工程師凱斯卡特（Will Cathcart），以及從 Google 挖角的設計師史都華（Margaret Stewart），她曾負責重新設計 YouTube。團隊會在舊昇陽園區的「16 號大樓」（Building 16）會議室開會，從那時起，他們基本上是在重新設計臉書的事業。團隊名為「Cabal」（祕密社團）。

Cabal 首先想出一個在手機上賺錢的短期方法。成長團隊已經打造出似乎全知全能的「你可能認識的朋友」，Cabal 的產品經理從那個功能發想出一個點子。「你可能認識的朋友」已經占據動態消息的主要位子，人們會忍不住偷看臉書建議了哪些人（有時也會嚇到，因為臉書推薦了表面上很難看出和他們有關聯的面孔。）為什麼不在那些臉孔中混進一些廣告呢？有人可能願意付費讓自己的網頁出現在那個輪流顯示大頭照的欄位。因此臉書製作出「你可能喜歡的頁面」（Pages You May Like，廠商贊助）這個產品。「那是我們能在行動版面上放廣告的少數區域。」博斯沃斯說。

新產品的缺點在於，這基本上就是在賣「讚」，對臉書來說有風險。如果太多用戶的「讚」被操弄，沒能反映出原生行為，「讚」對廣告客戶來說就價值有限，但臉書不得不冒險。

再過幾個月，臉書員工的股票封鎖期將結束。如果到時候公司的營收依舊低迷，股價會比 IPO 後的數字更難看。「你可能喜歡的頁面」這項付費產品在那年 8 月推出。

Cabal 團隊接下來採取長期的解決辦法：在動態消息放廣告。Beacon 事件過後幾個月，臉書這項旗艦功能就移除了廣告，把廣告放回傳統的側欄。然而，行動顯示上沒有側欄，螢幕太小了。

「我們在桌面上打造出非常好的事業，不必擔心動態消息裡的廣告，因為我們有廣告欄。」祖克柏說，「那項業務帶來數十億美元，我們有單獨的團隊專門負責側欄廣告，他們不必和動態消息團隊溝通，也運作得很好。然而，行動的世界不是那樣，行動裝置上沒有右欄空間。」

祖克柏在「動態贊助」這件事情上堅持一定要是社群生成。動態贊助是一種廣告，和你的朋友發布的原生動態，或是與你的朋友有關的原生動態，看起來沒什麼分別。如果百事可樂、通用汽車或地區的指甲沙龍希望登上你的動態消息，前提是你有朋友在它們的頁面按讚，這些廣告才會被間接推薦給你（人們不一定有興趣）。

然而，博斯沃斯與其他人認為，這樣的做法太侷限。動態贊助的概念是人們獲得數量少但高品質的廣告。然而，由於被送至某人眼前的廣告太少（你的朋友會按讚的頁面就只有那麼多！），因此廣告庫存很少。由於可以選的廣告太少了，廣告的實際品質對用戶來說就沒有實質意義。

如果廣告客戶能直接在消息裡放動態，瞄準特定受眾，品質就會提升。

「我很喜歡人們看見廣告，但沒發現那是廣告。」在臉書 IPO 前一天加入臉書的史都華表示，「很棒的廣告，就是一則

很好的內容，你不一定會將之歸類為廣告，大家通常認為廣告是沒意義又沒價值的東西。」

祖克柏也那樣認為。從產品的早期歲月開始，祖克柏就不希望廣告打破產品的魅力。現在臉書有了資料，又有博斯沃斯召集的產品團隊帶來的人才，祖克柏認為臉書有辦法開發和原生貼文同樣受歡迎的廣告。他准許在動態消息裡置入廣告，行動團隊著手執行。

祖克柏在改變做法後告訴我：「我認為公司在最早期的五年把廣告放在側欄，有點在逃避，因為我們還沒有解決難題，找出如何讓廣告好到能與用戶體驗整合在一起。」其實祖克柏也別無選擇，臉書的手機 app 上沒有別的地方能放廣告。

廣告即將混入動態，幫梅西百貨（Macy's）賣衣服、替寶僑（P&G）賣日用品、幫華納音樂（Warner Music）賣專輯，以及協助數百萬利用臉書自助系統的小商家賣貨物，整個過程只靠演算法監控。廣告的運作方式很像其他貼文，可以和非付費貼文一樣按「讚」與分享。廣告客戶只需要為最初的貼文付費，進一步的傳播是免費的，因此普通的廣告投放也可能廣為流傳。

動態消息的行動廣告極為成功，將臉書的年營收推升至數百億美元。

當然，沒人想得到，動態消息廣告的創意動態，有一天將被國家級的政治宣傳者利用，影響美國總統的選舉。

就像 2006 年是充滿爭議、危機、壓力的一年，2012 年的臉書迎來全新的成功。智慧型手機浪潮一度差點讓臉書滅頂，最後卻帶來動態消息問世以來最大的強心針。Facebook Home 雖然慘遭滑鐵盧，iOS 與 Android 的臉書原生 app 卻稱霸兩大平台，成為史上最受歡迎的 app。至於臉書自己的平台，成千

上萬的開發者喜歡使用 Facebook Connect，用戶可以用臉書帳號登入開發者製作的 app。臉書因此得以在世界各地建立的數位倉庫蒐集到更多資料，在俄勒岡州、德州、北卡羅萊納州都有數十億美元打造的臉書資料中心。

在接下來幾年，臉書趁勝追擊，看來所向披靡，MySpace 已成回憶，錢不斷湧進臉書。臉書用戶數飆升到 10 億，接著是 20 億。投資人注意到，2013 年的夏天，臉書的股價終於回到最初上市的 38 美元，接著就穩定不斷上升，最終市值超過 5,000 億美元。祖克柏在學校宿舍打造出來的東西，一躍成為全球前十大企業。

「在 IPO 時投資我們的人如果續抱股票，會賺到很多錢。」桑德伯格說，「而且我們當時很誠實地說：**我們沒有行動廣告營收，我們需要打造行動廣告**。我們花了一點時間。我們承諾臉書將轉型至行動，也的確說到做到。」

2012 年的桑德伯格與祖克柏看不到的是，他們在過去 6 年的種種妥協：漠視隱私權、和開發者交易個資、不顧一切擴張到全球，以及為了追求成長做出的無數讓步，種下的種子日後將爆發一連串問題，不只震撼臉書，也將動搖整個科技業。

第一顆炸彈在 2016 年美國總統選舉日引爆。

第 13 章

帝國成形：
買人才、搶市場、抄技術

　　凱文・斯特羅姆回想自己開始有創業念頭的那一刻。[1] 當時是 2005 年，他和祖克柏在臉書最早的帕羅奧圖辦公室交談。斯特羅姆在波士頓富裕的郊區長大，念完寄宿學校後進入史丹佛就讀。他接受臉書的面試，但不確定是否想離開學校。要去頂樓陽台，他們必須彎身爬出窗戶。斯特羅姆身高 6 呎 5 吋（約 195 公分），要彎很低，而 5 呎 7 吋（約 170 公分）的祖克柏輕鬆就能爬出窗戶。祖克柏一邊喝啤酒，一邊聊創業是世界上最困難的事，但斯特羅姆心想，能打造出臉書這樣的公司是很酷的事：希望有一天我也能創業。

　　斯特羅姆沒有接受臉書的工作，但他在矽谷往上爬的同時，一直和祖克柏保持聯絡。斯特羅姆先到 Odeo 播客公司當實習生，老闆是著名的創業家威廉斯。斯特羅姆和另一位新進員工同一週到職，那個同事就是傑克・多西。後來，Odeo 的播客生意做不起來，多西發想出了未來的 Twitter。

　　接下來，斯特羅姆到 Google 工作，他想當副產品經理，如果想參與公司的重大計畫，這個職位是成功的捷徑。但是，副產品經理需要電腦科學文憑，因此斯特羅姆只拿到安慰獎，擔任「副產品行銷經理」。「那是最低階的行銷職位，」斯特

羅姆說，「但我想在那裡工作。」

斯特羅姆學到很多，但還是受新創公司吸引，他加入由前 Google 員工共同創立的公司，公司產品是一個網站，用戶可以從社群網絡獲得旅遊建議。斯特羅姆一邊上班，一邊為創業想點子。時間是 2010 年初，斯特羅姆知道他想出的點子，必須和人們隨身攜帶、時時查看的智慧型手機有關。

影像成為新溝通模式

斯特羅姆在空閒時開始寫一個社群 app，以自己最愛的飲料將 app 命名為 Burbn。Burbn 可以讓朋友知道你在做什麼、你人在哪。那不是原創的點子，Twitter 已經能讓你透過文字告知現況。此外，Burbn 的旗艦功能「打卡」，可以讓人知道你正在造訪哪間酒吧、餐廳或動物園，那也是 Foursquare 這個 app 已經做出來的熱門功能。

儘管如此，斯特羅姆仍募到 50 萬美元種子基金，其中一半來自矽谷最熱門的安霍創投（Andreessen Horowitz）。金主投資點子，也是在投資創辦人。斯特羅姆符合創投在找的人選：史丹佛學歷、待過 Google，而且斯特羅姆推銷點子時展現出溫和但堅定的企圖心，令創投合夥人印象深刻。

斯特羅姆離開社群旅遊網站的工作後不久，那家公司就被臉書收購了，斯特羅姆又再度與祖克柏擦身而過。

安德森（Marc Andreessen）建議斯特羅姆找一個擅長軟體的夥伴，於是他找到克瑞格（Mike Krieger）。克瑞格是來自巴西的工程師，在史丹佛主修符號系統。斯特羅姆解釋 Burbn 的功能，克瑞格起初覺得沒什麼，但同意加入 beta 測試，他發現這東西有點意思。吸引克瑞格的不是打卡功能，而是能讓用戶放上豐富媒體，給朋友看照片與影片。克瑞格通常會在搭

加州鐵路時看電影，補完「美國電影學會百大電影」，他也會拍攝窗外風景，在 Burbn 上分享。克瑞格決定加入斯特羅姆。

接下來幾星期，Burbn 的 beta 測試吸引到一小群忠實的社群，真的很小。「沒有爆紅。」克瑞格日後寫到 Instagram 起源時這麼說，「我們在解釋我們在做什麼時，大家通常一臉茫然。我們的用戶數最高峰大約是一千人。」創辦人注意到，像投影片一樣分享照片的功能最受歡迎。當時最受歡迎的照片分享網站，例如 Flickr 或是臉書，呈現照片的方式比較像是圖庫或剪貼簿。Burbn 不一樣，人們把分享照片當成一種溝通形式。斯特羅姆和克瑞格決定專注於那個面向，重新打造 Burbn。

他們替 iPhone 寫的 app 會自動開啟相機，準備好捕捉與傳送視覺訊息，讓世界知道你在哪裡、和誰在一起，以及了解你是誰。那是原始的、先於語言的形式，可以發揮無窮創意。照片會出現在動態上，由你選擇「追蹤」的人不斷提供照片流。這個 app 鼓勵用戶經營自我形象、進入表演模式，因為預設值是任何用戶都能看見你的照片。Burbn 不像臉書，比較像 Twitter。

Burbn 變身成以相機為主的 app，斯特羅姆很開心。他熱愛攝影，也喜歡古董。他是那種會買勝利牌（Victrola）古董留聲機、當成藝術品展示的人。斯特羅姆內心深處也有工匠魂，對於細節的執著是賈伯斯等級的，只不過別人交出不合格的作品時，他不會像賈伯斯一樣羞辱你。斯特羅姆和克瑞格會花好幾個小時琢磨最小的細節，例如讓相機圖示有最合適的圓角。

他們與「快速行動，打破成規」完全相反。

Burbn 重生過程中的關鍵突破點，是斯特羅姆和女友妮可

去墨西哥度假。妮可不想用斯特羅姆一週 7 天、每天 24 小時不眠不休做出來的 app，因為照片品質完全比不上她某位朋友的作品。斯特羅姆告訴女友，那些人的照片會那麼好看是因為用了濾鏡。妮可建議或許他的產品也該用濾鏡。斯特羅姆後來娶了妮可。

斯特羅姆立刻幫 app 加上濾鏡，隔天就派上用場。他和女友在墨西哥捲餅攤位拍一隻小狗，鏡頭角落是妮可穿著夾腳拖的腳。那張照片有著吸引人的老舊色調。那是斯特羅姆放上 Burbn 重生 beta 版的第一張照片，日後 app 正式更名為 Instagram，「instant」（立即）與「telegram」（電報）的合體。

斯特羅姆和克瑞格最終會創造出一系列濾鏡，讓人們把照片變成虛擬的復古照。日後以照相技術自豪的 Instagram 用戶還要特別強調自己不需要修圖工具也拍得出美照，刻意在照片標上「#nofilter」（無濾鏡）。Instagram 不是第一款使用數位濾鏡的 app，它的創舉是用加上濾鏡的照片來作為社群網絡的新表達形式。這個特質也符合公司的使命，重點不是觀者看見的東西，而是照片對上傳者來說象徵的意義。

2010 年 10 月 6 日，經過一整夜寫程式，Instagram 終於上線，立刻引發驚人迴響。Instagram 原本就有現成的需求，因為好幾位矽谷名人已經四處宣傳 beta 版本有多棒。事實上，Instagram 的小小 beta 測試群組拍出來的內容數量，已經超越所有的 Burbn 用戶相加總和，其中最熱心的就是 Twitter 創辦人多西。多西走到哪用到哪，在 Twitter 上向廣大追蹤者讚美Instagram。

斯特羅姆眼看唯一的伺服器就要撐不住爆量的需求，不得不打電話給自己認識最聰明的工程師求救。迪安捷羅花了半小

時，在電話上向斯特羅姆講解如何應付大量用戶潮。Instagram 上線第一天就有 2.5 萬名用戶註冊，他們不得不緊急改用亞馬遜的雲端服務來應付。

「我不知道 Instagram 會變多大，」斯特羅姆告訴克瑞格，「但我認為大有潛力。」

Instagram 在幾星期內用戶數就達數十萬，人們開始運用這個 app 的簡單規則，以各種創新的方式分享。他們利用主題標籤功能，依據概念標註照片，例如：「＃方形裡的圓」，馬上就開始創造那個主題的照片集錦。人們開始流行拍攝眼前的美食，記錄高級餐廳的主廚創意，或是有趣的街頭食物。總而言之，人們開始用 Instagram 記錄視覺日記，分享自己的遊記與觀察。

流行歌手小賈斯汀（Justin Bieber）放上一張生活照後，Instagram 很快成為名人的重要宣傳工具。在那之前，名人都在 Twitter 上衝人氣，現在紛紛轉到 Instagram，但多西並不在意，他自己也愛玩 Instagram。後來，Instagram 成為明星、時尚模特兒、真人實境秀爆紅參賽者最新的品牌成長引擎。

2011 年 2 月，Instagram 問世不到六個月，就由 Benchmark 資本領投 A 輪，負責的創投合夥人就是柯勒，多西與迪安捷羅也有參加，以公司估值為 2,000 萬美元投資。

搶下 Instagram

祖克柏很早就注意到 Instagram 在用全新的方式分享照片。照片分享是臉書最受歡迎的功能，祖克柏知道這家迷你新創正在做臉書沒做到的事。他在接下來幾年見了斯特羅姆幾次，明確告知臉書對他的 app 有興趣。但 Twitter 也有興趣。Twitter 創辦人多西是 Instagram 的狂粉，他在 Twitter 董事會

任命科斯特洛為執行長後，順利重返 Twitter。

2012 年，Instagram 繼續快速成長，需要更多資金。公司沒有營收，因為 Instagram 採取標準做法，專注於產品和成長，沒有想商業計畫。Instagram 為新一輪募資提出的公司估值是 5 億美元，很輕鬆就找到投資人。這一輪由紅杉資本領投，其他投資人也共襄盛舉，包括庫許納（Josh Kushner）在紐約成立的興盛資本（Thrive Capital）。

Twitter 和臉書都不樂見這一輪募資。

這是祖克柏和臉書在試圖收購一定要擁有的 app 時，碰上的第一個考驗。祖克柏自認有遠見，能注意到任何可能威脅到自己的程咬金，不論那個威脅是一家新公司或是新技術出現。Google 在 2011 年推出自家社群網絡產品，祖克柏因此下令全公司閉關數週，公司餐廳週末也營業。祖克柏在全員大會上引用他崇拜的古羅馬英雄老加圖（Cato the Elder），在演說的結尾大喊：「迦太基必須毀滅」（*Cathago delenda est*）。[2] 類比研究實驗室快馬加鞭做出那句拉丁文海報（祖克柏不必擔心，Google Plus 失敗了）。

如今一年過去，祖克柏知道社群照片分享的未來如果被別人掌握，將對臉書不利。最理想的做法就是買下 Instagram。

然而，Twitter 處於有利位置。

斯特羅姆和多西交情很好，Instagram 差一點就和 Twitter 談成交易，估值將遠超過 A 輪投資人同意支付的 5 億美元。Twitter 執行長科斯特洛已經得到董事會簽名，以為事情就快成了，但斯特羅姆和克瑞格正要去奧斯汀參加「西南偏南藝術季」（South by Southwest, SXSW），希望暫緩出售公司的事。「我們無法與他們一起通過終點線。」科斯特洛說。

多西特別擔心他和科斯特洛已經失去良機，因為 Twitter

當年就是在 2007 年參加西南偏南後，看見那裡的文青有多愛用 Twitter，讓他們不再懷疑 Twitter 自力更生的能力。多西猜得沒錯，Instagram 在奧斯汀被當成搖滾巨星歡迎。大會結束後，斯特羅姆告訴多西與科斯特洛，他認為 Instagram 有機會以獨立公司的形式存活，他們將繼續進行紅杉的投資輪。多西感到失望，但祝福自己的門徒，還告訴斯特羅姆要是情況有變，他很樂意重談交易。

幾天後，多西搭公車去 Square 上班，那是他共同成立的第二家公司。多西是車上唯一的乘客，真是使用 Instagram 的完美時機。多西拍下照片，寫上「簡單的晨間快樂：搭到空的公車。」那是多西上傳的最後一張 Instagram 照片，因為他一到公司，就看見祖克柏在臉書上宣布，臉書將用 10 億美元買下 Instagram。科斯特洛當時人在東京，很懊惱 Twitter 完全沒機會反應。他認為 Instagram 值得讓 Twitter 拿出所有現金，甚至借錢也沒關係。「我們事先沒得到任何消息，要不然我會向銀行借錢。」

到底發生了什麼事？一切都是祖克柏。斯特羅姆和克瑞格告訴祖克柏，他們不想賣 Instagram，但祖克柏沒有祝他們好運、叮嚀他們從奧斯汀寄明信片回來。祖克柏邀請斯特羅姆到他在帕羅奧圖的家[3]，然後提出了他無法抗拒的條件。

臉書當時大約買了 20 家公司，價格一般落在百萬區間。最大的收購案是 2011 年買下的行動 app 開發公司，成交價是 7,000 萬美元。Instagram 會讓那些併購相形失色。祖克柏累積了幾年收購經驗後，已經得出一套大型併購的心得，他打算用 Instagram 來測試。

第一條原則就是祖克柏親自出馬，大力讚揚他鎖定的目標，給予令人窒息的關愛。第二條原則是承諾公司在收購後仍

能保持獨立。共同創辦人獲得保證，他們可以繼續主掌創意決策，臉書就是看上他們的才華才想收購的！所有公司營運需要的無聊事則由臉書負責提供，例如基礎建設、安全、辦公室空間和行銷等等。

臉書還握有另一項祕密武器。一年前，臉書找人主持企業發展，那個人後來成為臉書的王牌交易員，他的名字是阿敏·祖弗努（Amin Zoufonoun）。[4]祖弗努從 Google 的事業發展團隊跳槽到臉書，先前是智慧財產權律師。這樣的精簡履歷完全不足以說明祖弗努精彩的人生。他生於伊朗的傳奇音樂家族，父親歐斯塔是小提琴名家，他本身是西塔琴大師的傳人。一家人在推翻伊朗國王的革命前夕逃離祖國，搬到舊金山灣區，祖弗努家成為當地波斯音樂的重心，以「祖弗努樂團」（Zoufonoun Ensemble）的名義演出，阿敏負責西塔琴。祖弗努日後念了法學院，其他家人繼續追求音樂事業，但他依舊和家人一起演出。

祖弗努在某家行動公司當了一陣子的智財權律師，在 2003 年加入當時尚未 IPO 的 Google，在那裡習得了另一種音樂：經驗老到的大公司以誘人的旋律追求新創公司、說服創辦人賣掉公司。祖弗努風度翩翩，擅長談判，在幾場關鍵併購案中扮演潤滑劑。在臉書和 Google 處於人才爭奪大戰期間，臉書挖角祖弗努，當時他是全 Google 第二有經驗的併購高階主管。

祖弗努性格鎮定，擅長掌握細節，臨危不亂。某次併購案，被鎖定的公司創辦人表示，如果自己的公司沒被買走、還變得跟臉書一樣大，他第一件事就是雇用像祖弗努這樣的人去買其他公司。

臉書夥伴關係長羅斯是祖弗努的上司，羅斯表示這位併購大將確實是王牌殺手，但臉書能完成扭轉局勢的併購，功勞幾

乎全歸祖克柏。「祖克柏很有眼光，找出能帶來綜效的公司，搶在所有人之前看出他們的潛能，接著親自出馬，說服他們〔臉書〕是適合他們的家園，他們能在臉書完成公司的願景與使命，別的地方無法提供這樣的環境，連他們自己的公司都辦不到。」

臉書就是這樣買下 Instagram。Instagram 要完成估值 5 億的募資？好！我們出 10 億！

這樁收購案最不尋常的地方，或許在於臉書幾週後就要 IPO，卻選在這種時刻進行公司目前為止最大的收購案，付 10 億收購一家迷你公司。

10 億這個數字大到必須通過聯邦貿易委員會的審查[5]，Instagram 也不例外。初步審查如果發現併購涉及反托拉斯，或是會傷害到消費者，就會進入第二階段的審查。其中一位委員擔心 Instagram 會進一步穩固臉書的社群霸主地位，希望進入第二階段審查，但無法獲得全體五位委員的多數支持，所以沒有再審（要提出有利論點確實很難，因為 Instagram 當時的營收是零）。

併購完成後，Instagram 不再支援 Twitter，用戶無法再延續之前很熱門的做法，把照片無縫地同時放上 Twitter 與 Instagram 兩個系統。

讓臉書顯老的 Snapchat

祖克柏才剛買下 Instagram，馬上又發現另一個威脅。又有一個以手機為主的應用，在青少年與年輕族群間流行。那個應用的特色，就像一拳打在臉書最脆弱的下腹部。首先，那個 app 上的照片是「閱後即焚」，幾秒鐘後就會消失，不會到數十年後仍纏著用戶。消失的照片及其他功能（例如不符直覺的

介面讓超過 21 歲的人很難懂），使 Snapchat 就此成為年輕人的寵兒，公司的共同創辦人兼執行長看來會是明日之星。[6]

斯皮格（Evan Spiegel）是天之驕子，父親是洛杉磯的成功律師。斯皮格就讀十字路貴族學校（Crossroads School），開凱迪拉克 Escalade 到史丹佛讀大學。大二時他混進 MBA 二年級學生的創業課，想創業的欲望更強烈了。那個改變一切的點子發生在 2010 年 4 月，他的朋友布朗（Reggie Brown）在宿舍房間說了一句話：如果可以傳會消失的照片呢？

斯皮格想把那個概念變成一家公司，他很有眼光，很懂科技與人類行為的交會處。斯皮格知道臉書受歡迎的原因，也知道為什麼臉書正在失寵。斯皮格自己就是大學生，他親眼見證動態消息是如何從提供朋友的最新消息，變成被大量的外部內容攻占。臉書曾是史丹佛校園生活中，比啤酒還不可或缺的存在，如今人們卻很少在用。

斯皮格的好友墨菲（Bobby Murphy）是第三位共同創辦人，三人開始依據點子打造 app，命名為 Picaboo。第一年很忙，團隊不停讓產品疊代，接著斯皮格與墨菲聯手拋棄了布朗（日後會引發官司，令人聯想到薩維林控告臉書。結果也很類似，被永久放逐的共同創辦人拿到一大筆和解金）。

2012 年初，這個更名為 Snapchat 的 app 開始起飛。新奇的照片消失功能，令人感到更親密、更上癮：你不必擔心自己發送的東西會留下永久紀錄，可以放心做傻事，或是告訴別人自己的祕密（還可以傳裸露自拍照，不過這點總是被外界過分強調）。

Snapchat 的成功引發關注。「Snapchat 推出時，我認為這東西沒什麼——我錯了。」[7]已經改行當創投家的帕利哈皮提亞，滔滔不絕地告訴《商業週刊》，「Snapchat 最差可以成

為下一代的 MTV，最好則可以成為下一代的維亞康姆傳媒集團。」

祖克柏當然想擁有 Snapchat。2012 年 11 月 28 日，祖克柏寫信給斯皮格[8]，丟出誘餌。「嗨，斯皮格，」祖克柏寫道，「我是 Snapchat 的粉絲，希望有時間能和你們見面，聽聽你們的願景。如果你們願意，可以告訴我，我們可以找一個下午在臉書總部附近散散步。」

那封信語氣輕鬆隨意，掩飾住併購初期交涉的重要性與小心翼翼的策劃。祖克柏認為 Snapchat 和 Instagram 一樣是威脅，解除威脅的最佳方法就是買下這家公司。接下來他可以利用臉書的資產，加快 Snapchat 的成長速度。

斯皮格的回信表現得比祖克柏更不在乎，還用表情符號：「謝了☺。」斯皮格寫道，「我們也很樂意見面。下次去灣區時，再告訴你。」換句話說：我不會為了見臉書執行長，拋下手邊的一切。祖克柏在電子郵件結尾署名「馬克」，斯皮格連名字都沒放，比祖克柏年輕的人習慣不署名。

斯皮格得一分。

祖克柏假裝沒注意到對方故意的失禮，在回信中表示他剛好最近會去洛杉磯，打算和斯皮格在辦公室外見面。

斯皮格的戒心很合理。那年稍早，臉書用 10 億美元買下 Instagram，多數人認為是天價，斯皮格卻認為 Instagram 的人犯了大錯。臉書的基礎建設的確能讓產品更容易擴大規模，但斯皮格認為臉書欠缺對產品的敏銳度。

見面時，祖克柏大談公司合併的好處。有了臉書的基礎設施當火箭燃料，再加上臉書擴張全球的能力，斯皮格與墨菲將能加速 Snapchat 成長。臉書會接手麻煩的部分，兩人可以專心做出優秀的產品。當然還有，他們會致富。除了出售公司的

錢，他們如果留下來等選擇權生效時間到了，還將分到高額股票紅利。

以上是胡蘿蔔的部分。祖克柏還拿出棍子，分享臉書正在執行一個計畫，或許兩位 Snapchat 創辦人會有興趣看一下：那是一個新的聊天功能，訊息會自動消失！祖克柏說，或許就命名為 Poke 好了。

Snapchat 創辦人回絕了祖克柏。

12 月 21 日，祖克柏寄信給斯皮格，寫著：「希望你喜歡『Poke』。」整封電子郵件只有那句話。[9]

買不到，就用複製的

試圖收購別人的公司被拒後，馬上推出抄襲產品，似乎已成為祖克柏熟練的手段。祖克柏的確沒提議買下迪安捷羅的公司 Quora，但他還是推出 Questions 和 Quora 競爭。此外，臉書在兩年前提出收購被拒絕後，就打造出想消滅 Foursquare 的產品。Foursquare 是行動 app，利用地理定位與遊戲技術，協助人們打發時間與找到彼此。

Foursquare 擁有一流的 GPS 技術，臉書希望收購這家公司，其他科技公司也很有興趣。Foursquare 的共同創辦人兼執行長克羅利（Dennis Crowley）和祖克柏見過好幾次面，在帕羅奧圖聊天，也在 Foursquare 位於紐約聯合廣場（Union Square）的總部附近散過步，最後臉書開出約 1.2 億美元的價碼。克羅利有賣公司的經驗，幾年前 Google 買下他更早的新創公司，接著就放著不管，讓公司自生自滅，所以克羅利這次很謹慎。「我不確定祖克柏想買我們公司，是否是因為我們真的很棒，大家都在談論我們，我們將變成下一個 Twitter。」他說。

克羅利決定用價格試探祖克柏的興趣，他願意出到 1.5 億美元嗎？雙方討價還價之際，克羅利和團隊討論後決定不賣，要靠自己讓公司成功。克羅利打電話給祖克柏，告訴他這個決定。「祖克柏很有風度，令我印象深刻。」克羅利說。

兩位執行長保持聯絡，克羅利偶爾會造訪臉書。祖克柏還一度讓他和幾位臉書工程師一起工作。Foursquare 當時的技術已經進展到和好幾個不同源頭結合定位，包括 Wi-Fi、蜂巢式、GPS 等等，臉書的定位技術則還在摸索中。克羅利大方向臉書成員解釋 Foursquare 的運作方式。不久後，有人提醒克羅利，臉書正在開發自家的定位 app。克羅利說：「那就像是：好吧，如果 Foursquare 不肯賣，那我們也來做 Foursquare 做的事，因為 Foursquare 做的東西是人們想要的。」

2010 年季夏，臉書果然推出自家定位應用「Places」，長得不完全像 Foursquare，但也讓用戶能在某間店或地點打卡，那正是 Foursquare 的招牌活動，如同按讚之於臉書一樣。不過，真正令克羅利難堪的是臉書的打卡功能圖示：一個方框（square）上，放著象徵所在地的標準紅色淚滴狀大頭針符號。方框的表面有道路線條，形成「4」（four）這個數字。

「我們笑了，」克羅利說，「他們不只要消滅我們，還取笑我們。」這個示威舉動激發了克羅利團隊的鬥志，雖然他們的事業接著陷入低迷一陣子，因為顧客認為他們無法與臉書競爭，克羅利的公司依舊存活下來。

Places 失敗了，因此臉書在 2011 年買下 Foursquare 的主要競爭者 Gowalla。

斯皮格與墨菲認為臉書模仿他們的產品 Poke，跟 Snapchat 比起來很弱，所以一笑置之。Poke 剛推出時他們的確緊張了一下，因為 Poke 衝到蘋果 App Store 的榜首，但接下來幾天，

Poke 的分數直直往下墜，他們放心許多。

Poke 不僅是臉書的失敗，還證實了 Snapchat 的產品願景方向是正確的。

Snapchat 持續成長，祖克柏現在更想把 Snapchat 搶到手，2013 年再度展開追求，帶著他的王牌交易員祖弗努，造訪 Snapchat 位於威尼斯海灘（Venice Beach）的總部。祖克柏顯然有備而來，流暢地剖析數字，解釋斯皮格與墨菲能獲得的好處。

然而，祖克柏改變不了斯皮格的心意。即使如此，他依舊不肯放手，2013 年 5 月寫電子郵件列出 Snapchat 加入臉書大家庭會發生哪些好事。祖克柏說，如果 Snapchat 加入臉書，臉書可將 Snapchat 的用戶數提升到十億人，臉書還擁有沒和開發者分享的私人 API。此外，祖克柏直接從斯皮格下手，答應這位年輕創業家，出售公司後不但可以繼續以一定的自主權經營 Snapchat，還有機會直接影響臉書：

> 儘管你的多數時間會花在 Snapchat 上，但我們一起工作也能找出如何讓臉書更進步，這一定會很有趣。我毫不懷疑，你除了領導 Snapchat，也將逐漸擔任更大的領導角色。除此之外，我認為可以一起工作，一起培養更深的關係，也會很有趣。我很享受我們共度的時光，我認為我們可以向彼此學習，一起打造很棒的東西。

祖克柏還邀斯皮格一起到亞倫公司（Herb Allen and Company）聚集媒體大亨的「陽光谷大會」（Sun Valley Conference），一起去唱卡拉 OK。

臉書當時的出價，一般據傳提高到 30 億美元，不過實際的數字並不清楚，創辦人能分到多少，要看他們待多久。這似乎是臉書捕捉獨角獸公司的另一種策略：讓創辦人分得較多，投資人比較少。

　　這一次的開價高到斯皮格與墨菲必須認真考慮。斯皮格終究不認為 Snapchat 能在臉書的文化裡欣欣向榮，雖然臉書撐過了轉型至行動的過渡期，這的確很厲害，但斯皮格認為臉書仍抱持桌電心態。斯皮格與墨菲拒絕這次的出價，也沒去唱卡拉 OK。

　　從某種角度來看，斯皮格的回絕，跟祖克柏 2006 年拒絕雅虎很類似。在這兩次收購案中，創辦人都認為大公司會搞砸一切。10 年前，祖克柏是在網路上長大的青少年，這個優勢讓他有辦法屠殺當時稱霸科技業的老龍，但如今深植於新一代 DNA 裡的是行動心態。年輕人知道造就臉書的網站世界已經過時，斯皮格也沒興趣花時間教祖克柏什麼東西才酷。他和墨菲會打造自己的酷炫產品，讓祖克柏望塵莫及。此外，斯皮格已經不擔心臉書會模仿他們：祖克柏失敗的 Poke 讓斯皮格認為臉書只不過是差勁的 Snapchat 模仿者。

　　斯皮格低估了祖克柏。或許斯皮格沒聽祖克柏說過，他不會犯相同的錯誤。Poke 的錯誤不在模仿，而是抄襲得很差勁，沒有整合進臉書，未能利用臉書龐大的用戶數。臉書後來想出辦法，以更高明的手法如法炮製。

Messenger 守住傳訊市場

　　買下 Instagram 等公司，並不是臉書鞏固領土的唯一方法。臉書也有辦法自行開闢新的子項目。這幾年，臉書幾度嘗試攻占新江山，方法通常是複製別人的成果，而臉書經常失

敗，例如慘烈的臉書手機。不過，有一項搶自家業務的產品卻成功了：Messenger。

簡訊正在成為手機的核心用途，有潛力自成新平台，和臉書等社群媒體搶奪用戶的時間與注意力。就像之前面對行動浪潮，臉書也適應得很慢。

2011 年初，臉書買下白鯨這家小型新創公司。白鯨的創辦人是三位工程師，之前在 Google 負責群組傳訊應用。臉書砍掉他們原本的產品，要他們負責開發臉書傳訊 app 的原型。白鯨團隊準備動工，但祖克柏擔心把傳訊功能單獨做成獨立 app，不足以吸引臉書用戶。要怎麼拚得過蘋果或 Google？

因此，祖克柏決定不讓臉書 Messenger 成為全新的東西，要團隊把新產品放在臉書目前的訊息基礎架構上。用戶傳訊息時可以用新 app，也可以用行動版的臉書 app。「關鍵點在於，沒有人有把握從零開始把這個新產品做起來。」白鯨執行長戴文波特（Ben Davenport）表示，「馬克的想法是，把它綁在這個一天就能累積五十億則訊息的東西上，用這個方法讓新產品成長。」

臉書就是那樣做，但由於 Messenger 只是臉書的前端，它有先天問題，尤其是當有人傳訊息給沒有安裝獨立 app 的臉書用戶時。「通知太多，人們會錯過新訊息，」臉書工程師奧利文說，「當有人傳訊息給你，沒錯，臉書 app 會發送通知，但你可能要看到第十七條通知才會發現。」

此外，由於 Messenger 必須同時服務已經在用臉書 app 的人與使用獨立 app 的人，Messenger 能創新的程度有限。為了避免造成不同 app 上的用戶無法通訊，臉書也無法加上很酷的新功能。

Messenger 成長緩慢。戴文波特指出：「Messenger 呈線性

成長，並未出現爆發成長，甚至連指數型成長都沒有。」在臉書，線性的意思就等同持平。Messenger 推出一年後，那條線變得更像進入高原期，大約停在一億用戶，不到臉書用戶的十分之一。「我們掙扎了很久，」戴文波特說，「很憂心無法達標。」

一切都讓成長團隊內部警鈴大作。如果人們習慣了電信業者提供的標準簡訊（SMS）系統，或是 Google、蘋果提供的其他版本，訊息服務將成為臉書新的競爭者。特別是全球某些地區的人主要用手機上網，那些國家又是臉書擴張規模的希望，訊息議題於是成為成長團隊的煩惱。每當臉書的任何事涉及成長，成長團隊就會接掌那個議題。

成長團隊提出解決辦法：把 Messenger 移出臉書行動 app，強迫人們下載 Messenger。臉書當時的行動負責人翁雷卡說：「我和奧利文看著 Messenger，說：我們要分拆這些部分，才更能控制成長，提升用戶體驗，訊息通知會更有效。」

這個決定違反了所有「用戶第一」原則：如果行動版臉書用戶沒有下載 Messenger app，就沒有訊息服務可用！每次行動 app 用戶想透過臉書傳訊息，就會跳出提醒，告訴用戶這個功能很快就會停止囉，請他們快去下載 Messenger app。臉書威脅用戶，說到做到。

「人們當時很討厭我們。」翁雷卡說。然而，用戶別無選擇。他們能怎麼辦，不用臉書嗎？就這樣，臉書得以憑空獲得寶貴新領土，而且不必花數十億買。

Messenger 站穩腳步後，祖克柏吸引到一位重量級高階主管馬可斯（David Marcus）來負責這個子事業。馬可斯原本是 PayPal 的總裁，當時 PayPal 雖然是 eBay 的子公司，實際上卻是 eBay 最令人興奮的事業。許多人認為馬可斯從 PayPal 最高

職位跑去管臉書聊天功能這個私生子，實在太低就了。但馬可斯很清楚，臉書已經先幫他處理好最討厭的部分，把訊息功能從臉書的主 app 分離出來。

用戶短時間內會不高興，但如同動態消息與臉書硬塞給用戶的其他功能，人們將回心轉意。「我很慶幸團隊已經採取那一步，因為現在我們可以全權掌控這項產品，」馬可斯在 2015 年告訴我，「我們可以控制那個體驗的每一個像素、每一行程式。」馬可斯可以開始放心發展 Messenger 事業，甚至帶來獲利。

Messenger 從朋友之間的服務，擴張成用戶可以和公司行號傳訊息，主要是透過「機器人」（bot）。馬可斯表示，商務通訊的未來將是透過 Messenger：當你可以透過 Messenger 機器人快速預約餐廳，又何必花時間打電話或上網站？

Messenger 即將加入臉書的行列，用戶數突破十億。Instagram 也將進入那個俱樂部。祖克柏現在已經很會辨識誰能成為「十億俱樂部」的成員，他很快就找到下一個候選人。

2013 年，臉書成長團隊快速買下 Onavo 這家做行動分析的以色列小公司。Onavo 在 2010 年由羅森（Guy Rosen）等人成立，有兩個互連的產品，第一個是消費者行動工具 app，以壓縮資料與省電等方式提升智慧型手機的效能；第二個產品是行動分析，從用戶行為中擷取資訊，例如用戶造訪哪些網站、下載哪些 app，接著再出售資訊。

「我們做出十分有價值的 app，」羅森說，「我們有一個稱為 Onavo Insights 的服務，提供高階的集合分析，能夠呈現人們使用不同種類的應用做哪些事。」基本上的模式就是，用戶為了得到第一個 app 的好處，而讓 Onavo 得以監視他們、出售他們的資訊。

臉書把收購 Onavo 包裝成 Internet.org 計畫的一部分，目的是協助連結世界。「我們希望扮演關鍵角色，達成 Internet. org 最重要的目標，以更有效的方式運用資料，讓全球更多人能連結與分享。」羅森寫道。[10]

然而，臉書真正的動機並不是提供開發中國家改善手機效能的 app。Onavo 的商業模式是欺騙用戶，提供「免費」app，再藉此蒐集資料，公司真正賺錢的事業是情報蒐集。當 Onavo 的行動效能工具不再能發揮作用，臉書又設下另一個蒐集用戶資料的甜蜜陷阱：Onavo Protect。

Onavo Protect 聽起來很棒：提供你免費 VPN（Virtual Private Network，虛擬私人網路），在你使用公共 Wi-Fi 網路時提供更多安全保障。能將蒐集用戶資料的工具說成是在保護用戶隱私，需要很厚的臉皮。

臉書獲得強大工具，得以監視成千上萬用戶的行動活動。成長團隊仔細研究資料，在定期會議上公布結果。Onavo 特別緊盯 Snapchat。雖然斯皮格的公司有封鎖入侵者的安全功能，但依據臉書高階主管的說法，Onavo 利用「中間人攻擊」（man-in-the-middle attack，MITM）[*]，翻牆蒐集資料。

Snapchat 發現這件事後，設置保護措施來阻擋攻擊。一位臉書高層向我證實，臉書在 Onavo 的協助下，「有辦法在 Snap 裡放程式，從內部看見人們實際上如何使用這項產品。」《華爾街日報》指出，Snapchat 將此事收錄進他們記錄臉書行為的檔案：佛地魔計畫（Project Voldemort）[11]，就是以《哈利波特》中名字不能被提起的反派命名。

寶僑公司的普里查（Marc Pritchard）曾在這段時期造訪臉

---

[*] 譯注：通訊雙方以為自己是使用私密管道直接流通訊息，事實上雙方都被第三方監聽。

書園區。他回憶，有一張顯示崛起中新創的圖表，有人還向他解釋規模與動能的差別。「臉書給我看各家崛起中的公司，以及他們想找的公司。」普里查說，「看哪些公司是爆炸成長，哪幾家是按部就班穩定成長。」

情況很明顯：一家叫 WhatsApp 的通訊公司[12]正以驚人速度成長，快速到使臉書決定採取行動。

從海外紅回來的 WhatsApp

要不是因為臉書雇人的過程太挑剔，WhatsApp 可能不會問世。2008 年，WhatsApp 的兩位創辦人庫姆（Jan Koum）與艾克頓（Brian Acton）的履歷，並不會讓臉書的招募人員印象深刻。兩人都曾是雅虎的工程師（有這一條經歷不一定就會被臉書拒絕），但他們的其他學經歷也不符合臉書人普遍都符合、帕利哈皮提亞嗤之以鼻的那些完美條件。兩人到臉書求職失敗後，打造出令人無法忽視的產品，讓祖克柏不得不開著運鈔車買下。

庫姆 16 歲和母親逃離反猶太人的家鄉烏克蘭基輔，抵達加州山景城（Mountain View）。那是 1992 年。庫姆在烏克蘭是窮孩子，他的學校沒有沖水馬桶。他和屈指可數的家人在新世界也過得很辛苦，住在政府補貼住宅，靠食物券過活。在美國的生活也有許多問題，尤其是當庫姆的母親罹患癌症時，母子倆孤立無援。

庫姆從小就反權威，他對電腦產生興趣，於是加入線上駭客團體，在聖荷西州立大學（San Jose State University）念程式設計，平日擔任安永會計事務所（Ernst & Young）的安全稽核員賺生活費。

艾克頓在佛羅里達出生，他自學電腦，把雜誌上的程式碼

輸入他在 RadioShack 買的電腦。艾克頓到費城念大學時,甚至從來沒聽說過史丹佛。但他聽到最聰明的同學在抱怨進不了史丹佛,所以艾克頓申請轉學到史丹佛,預測史丹佛會是「電腦書呆子的天堂」,他的預測是正確的。此外,史丹佛學生還是熱門新創最愛雇用的人才。1996 年,艾克頓進入雅虎,成為公司第六位工程師。

艾克頓在雅虎為第一代廣告做資料處理,他的工作是和稽查員合作,確認公司提出在雅虎登廣告得到的曝光次數的確屬實。其中一位稽查員就是庫姆,兩人很合得來。幾個月後,庫姆也被雅虎錄取,他們變成同事。

然而,兩位工程師在雅虎工作近十年後,這個網路巨人已經一路走下坡,他們感到工作愈來愈無趣,都在 2007 年萬聖節那天離職。他們手上的股票選擇權可以支持生活一陣子,但不夠一輩子不工作。庫姆到南美玩了一趟後回到美國,接到臉書沒錄取他的消息。

庫姆經常和從俄國和烏克蘭流亡到美國的朋友聚會,他定期參加朋友費什曼(Ivan Fishman)在家中舉行的非正式聚會「星期四晚餐電影會」(TDMS,Thursday Diner Movie Sessions)。不過,大家通常聊得太開心,根本沒看電影。iPhone 在 2008 年開放 app 開發,TDMS 聚會時的聊天內容都圍繞著這件事,讓電影迷搭不上話題。

某天晚上,他們站在廚房流理台旁聊天,一直聊到深夜。庫姆告訴費什曼,他想到一個 app 的點子,可以在你的通訊錄名字旁更新暫時的狀態,讓人知道現在方不方便打電話給你,或是你手機快沒電,無法接電話。費什曼介紹庫姆一名俄國程式設計師,協助他打造這個 app。

2009 年 2 月,庫姆和艾克頓碰面。艾克頓當時暫居紐約,

為了參加飛盤爭奪賽（Ultimate Frisbee）來到灣區。庫姆興奮地告訴艾克頓，他要成立一家叫 WhatsApp 的公司，已經遞交申請文件，艾克頓覺得聽起來很酷，但不是特別感興趣。

庫姆最初的點子的確麻煩又難用，你得先打開 app，查詢你的聯絡清單，看到朋友現在方便接電話，再退出 app、打電話過去。但蘋果在那年 6 月推出了「推送通知」，即使 app 沒有開啟也可以傳送通知給用戶。庫姆的 beta 測試者開始利用自己的狀態來回應其他人的狀態，就像是把通知當成簡訊來用。「大家沒有以預期的方式使用 WhatsApp，」費什曼指出，「大家把這個 app 當成傳訊軟體。」

那是很大的啟示。庫姆想到，與其進入 WhatsApp 之後還要離開 app 再聯絡別人，應該要讓大家在 app 內就能展開對話。

當時，人們想傳簡訊只能靠行動業者提供的功能。威訊或 AT&T 等電信業者的成本非常低，每個月卻向綁約客戶收取 5 美元費用，而且只能發送有限次數的 SMS 簡訊，超過限額一則簡訊就收取 10 到 20 美分費用。有些青少年每月的簡訊帳單高達數百美元，多數人則盡量避免用簡訊，但庫姆想到如果人們能用 app 互傳訊息，就可以完全避開電信公司的簡訊費用。

庫姆決定，電話號碼就是用戶 ID。每個人的電話號碼都不一樣，所以電話號碼是找人最直接的方法。電話號碼與使用者愈來愈密不可分，就像是非官方的社會安全碼，在 WhatsApp 上，電話號碼更等於你本人。

接下來幾星期，庫姆重新打造 WhatsApp，專注於傳訊功能。同時，艾克頓依舊想不到離開雅虎後要做什麼。那年夏天，他也到臉書面試，他在 8 月 3 日的 Twitter 發文寫出結果：「臉書拒絕了我，」艾克頓寫道，「那是一個可以跟強者

交流的好機會。我期待人生的下一場大冒險。」

艾克頓的下一場大冒險，就是加入庫姆的計畫。艾克頓認為轉做訊息功能是很棒的想法，因此庫姆在那年 9 月問他要不要當合夥人時，艾克頓答應了。艾克頓出了幾十萬美元的資金，兩人約定艾克頓從此成為共同創辦人。接下來五年，兩人拚命工作。

他們很早就發現最大的機會在海外。WhatsApp 的第一波大成長出現在西歐，西歐寄 SMS 簡訊的成本原本就高，用手機傳照片，每則簡訊更是要 0.5 歐元至 0.9 歐元。WhatsApp 讓人完全不用花錢就能傳簡訊。此外，歐盟雖然整體取消了關稅，行動世界依舊各擁山頭，例如有人從德國寄簡訊到奧地利，電信公司還是會另外收費，用 WhatsApp 就不用服務費。

此外，庫姆還讓 WhatsApp 不只能在蘋果和 Android 的系統上運作，全球其他很多人使用的手機也可以，即使是和智慧型手機相比遜色很多的古老手機也能用，多數美國公司根本看不上眼。庫姆告訴艾克頓：別管美國市場了，全球都在用 Nokia 手機！「WhatsApp 因此在南美、中美、印度大幅成長。」艾克頓說。

WhatsApp 創辦人對於公司的商業模式有明確的想法。他們希望早期就創造營收，就不必受制於出資者。他們想到可以收取月費。「我們打造出一個通訊服務，」艾克頓說，「威訊電信公司的服務每個月要收 40 美元，但我想簡訊服務一年只需收費 1 美元就夠了。」

艾克頓日後表示，廣告「給我的印象不太好」。他的經驗顯示，靠廣告維持營運會扭曲動機，使公司做出對實際用戶來說並不是最佳的產品。「我們是在出賣自己！」艾克頓會這麼對雅虎的上司抱怨。艾克頓和庫姆發誓，WhatsApp 永遠不會

踏上那條邪惡的道路。

2011 年，庫姆發 Twitter：「廣告讓我們追求買車子、買衣服。我們為了買自己不需要的垃圾而做自己討厭的工作。」他們在 2012 年 6 月的文章中解釋這個理念：

> 三年前，我們開始打造這個東西，我們不想做出另一個刊登廣告的產品。我們希望把時間用在打造人們會想用的東西，真的有用，還能省錢，以小小的方式讓生活更美好。我們知道，如果我們做到了這件事，就能直接向人們收費。我們知道自己能做到多數人每天努力做到的事：避開廣告。[13]

「記住」，兩人寫道，「當事情牽涉到廣告時，身為使用者的你才是產品。」

臉書在情人節追到 WhatsApp

2013 年，WhatsApp 欣欣向榮，庫姆和艾克頓堅持採取最純粹的做法，但的確做出讓步：他們收下創投的錢。說服他們的聰明創投家是紅杉的哥茲（Jim Goetz）。紅杉有一個名為「早鳥」（Early Bird）的工具，協助他們找出適合投資的黑馬，結果冒出一枝獨秀的公司：WhatsApp 在美國表現平平，但在「早鳥」追蹤的 69 個國家中，WhatsApp 在 35 國都名列前兩名。

WhatsApp 並不是在檯面下偷偷運作的事業，它顯然擁有數百萬用戶，但幾乎沒人聽過 WhatsApp 創辦人的名字，而且理論上公司在山景城，卻沒有人知道確切地址。哥茲甚至到街上亂晃，尋找有沒有辦公室招牌寫著 WhatsApp。他的搜尋徒

勞無功，因為 WhatsApp 根本沒有招牌。

　　哥茲後來透過雅虎的人脈找到他們，在咖啡廳和庫姆見面，之後便開始追求庫姆和艾克頓，成功消除兩人的疑慮，願意接受 800 萬美元的募資輪。

　　創投資金到手後，WhatsApp 就有足夠的錢獨立運作與成長，拒絕不免會冒出來的買家。一開始，由於 WhatsApp 公司刻意避開矽谷的宣傳機器，以不愛和媒體打交道出名，有意收購 WhatsApp 的買主不多。Google 曾經漫不經心地試過兩次。一次是在 2012 年，當時出面的主管是梅爾（Marissa Mayer），但庫姆和艾克頓到 Google 的山景城辦公室時，梅爾明明人就在園區內，卻透過視訊連線跟他們開會，這個情況難以說服兩人。「幹麼要賣？」艾克頓說，「我們經營得好好的。」

　　臉書 2013 年的首次接觸則不一樣，祖克柏親自出馬。如同臉書裡發生的許多事，一切始於成長團隊。雖然 WhatsApp 很不為人知，尤其是在美國，臉書卻深知 WhatsApp 受歡迎的程度，這要歸功於臉書子公司 Onavo 長年偷偷蒐集個資。從某個角度來說，光是幫助臉書看見 WhatsApp，收購 Onavo 就已經是值得的交易。

　　祖克柏向庫姆提議到不會被別人看到的地方見面。他們決定去洛思阿圖斯的艾瑟烘焙屋（Esther's Bakery），一間很不時髦的咖啡廳。雙方談話氣氛和善，沒有聚焦在買賣公司的話題上，祖克柏分享臉書在新創階段的故事，兩人友好地結束那場會面，接下來幾個月仍保持聯絡。

　　庫姆和艾克頓一直很有自信可以抵擋來自掠奪者的壓力。2014 年 12 月，《英國連線》（Wired UK）到 WhatsApp 山景城辦公室拜訪他們，庫姆解釋不賣公司的理由。[14]「我擔心買下我們的公司會如何對待我們的用戶。」艾克頓告訴記者，

「長期下來，你不可能完全不插手我們的業務。被別人買走，感覺上並不道德，違反了我做人的原則。」

　　現在回頭看，那聽起來像是年輕拳擊手和冷血拳王較量前說的大話，直到頭被狠狠打到第一拳後，才知道事情完全不一樣。2014 年 2 月，距離庫姆宣稱不賣公司才幾週，WhatsApp就吃了一記拳頭，來自摩根士丹利的投資銀行家葛蘭姆斯寫的報告。內容提出的資料分析，就如紅杉和臉書看到的，指出 WhatsApp 是科技業最有價值的併購目標。那份報告因不明原因外流，在矽谷四處流傳（到底是誰把那份機密報告分享出去、目的又是什麼，到今日都有諸多揣測。值得一提的是，葛蘭姆斯就是臉書 IPO 的關鍵銀行家，他本人否認放出風聲。）

　　如果摩根士丹利簡報被外流是為了引發一陣迷你狂熱，這招的確成功了。臉書的成長團隊持續追蹤 Onavo 提供的驚人資料，立刻認定 WhatsApp 要是落入敵人之手，臉書就危險了。[15]祖克柏的當務之急是買下庫姆與艾克頓的訊息服務公司，併購機器開始轉動，展開臉書史上最大、最昂貴的追求行動。

　　同一時間，Google 再度向 WhatsApp 招手。這次由執行長佩吉出馬，但結果沒有比上一次好。行蹤成謎的佩吉遲到了半小時，但佩吉的確提出，如果兩人有意願出售公司時，請他們讓 Google 參與出價。

　　祖克柏不會讓 Google 有機可乘。Onavo 的數字讓他知道，WhatsApp 將成為全球龍頭，有可能阻礙臉書在全球的訊息服務部署。WhatsApp 擁有 4.5 億用戶，在印度有 4,000 萬用戶，墨西哥有 3,000 萬。WhatsApp 甚至在部分國家擁有三分之二的市占率。

　　僅僅在兩年前，祖克柏就因為以 10 億美元買下 Instagram

而震驚世界，Instagram 當時募資輪的估值僅 10 億美元的一半。現在祖克柏準備好在 WhatsApp 身上砸更多錢。庫姆與艾克頓要求 WhatsApp 的公司估值要和 Twitter 同等級（當時 Twitter 大約值 200 億美元），祖克柏聽了卻面不改色。這真是令人目瞪口呆，當時 WhatsApp 只有 55 名員工，多數美國人根本沒聽過這家公司。

「美國民眾與非常多的主流媒體，都太低估 WhatsApp 的規模，因為對 WhatsApp 來說美國是小市場。」祖克柏買下 WhatsApp 幾週後告訴我，「但如果你看他們的成長率，太瘋狂了。這個體驗與網絡的用戶，看來極有可能達到十億人。你如果去看看那些用戶數有達到十億的產品，它們都是極具價值與重要性的東西。」

祖克柏全權掌控臉書，他想做什麼都可以，而他準備好花錢了。情人節當天，WhatsApp 的團隊和祖克柏在他家見面，吃著沾巧克力的草莓（可能原本是要送普莉希拉的），談妥價值 190 億美元的協議（臉書日後的市值變化更是讓價格推升到 220 億美元左右）。

WhatsApp 開出的數字高到像是異想天開，但臉書完全沒退縮。

「祖克柏將了我們一軍，」艾克頓說，「有人帶著裝滿錢的大皮箱來找你，你必須答應，做出理性的選擇。」拒絕 10 億、20 億是一回事，200 億不只是數字更高，而是另一個星球的級別。你要如何告訴你的投資人、你的員工……你的老媽，你回絕了 200 億美元？

艾克頓也承認自己累了。他和庫姆成立 WhatsApp 時沒有支薪，靠著雅虎股票過日子。紅杉投資後，兩位共同創辦人開始支付自己小額薪水，但 2014 年，艾克頓結婚了、第一個孩

子剛出生，而他已經連續 5 年每週工作 80 到 90 小時。

此外，要是 WhatsApp 不答應收購，未來就得面對臉書的進攻，那個威脅像尖銳的大鐘擺，在協商過程隨時會落下。

WhatsApp 的收購銀行代表是摩根士丹利的葛蘭姆斯，他寫下的備忘錄就像這場求愛的起跑槍響。

WhatsApp 的創辦人的確努力爭取在合約寫下一件事：臉書承諾永遠不會強迫 WhatsApp 採取以廣告為基礎的商業模式。否則他們的夢想就真的結束了。臉書不肯答應這個條款，他們主張雖然臉書無意那麼做，但那個用詞包含的範圍太廣。所有人最後同意的條款是，如果臉書強迫 WhatsApp 接受含廣告在內的「額外變現計畫」，創辦人可以辭職，且可不用待在臉書滿四年，仍能拿到全數選擇權。

那一條條款其實沒有真的解決庫姆與艾克頓擔心的事，他們怕廣告會悄悄入侵 WhatsApp。然而，馬拉松跑到那個階段時，庫姆與艾克頓已經筋疲力竭。「為了達成交易，該說的話你都說了，等塵埃落定再〔想辦法〕。」艾克頓說。

艾克頓、庫姆與紅杉的哥茲簽字，地點就在庫姆以前領食物券的社會服務辦公室外面。宣布成交時，每個人都說了該說了話。WhatsApp 將由創辦人繼續獨立經營，庫姆還會成為臉書董事，這是 Instagram 的斯特羅姆都沒得到的殊榮。

庫姆與艾克頓兩人在分享消息時，試著向用戶保證事情會和以前一樣：

> 如果和臉書合作代表我們必須改變價值觀，我們就不會那麼做。我們達成夥伴關係，是讓我們得以繼續獨立自主地經營公司。[16]

然而，WhatsApp 如今是臉書全資擁有的子公司，一切要看臉書執行長想怎麼做。WhatsApp 的創辦人將發現，WhatsApp 隨時會被改造成「祖克柏出品」。

投資虛擬實境

　　臉書似乎準備好稱霸行動通訊。手機如今不再是問題，祖克柏開始尋找其他可能威脅臉書的事物。

　　虛擬實境（VR）在 1990 年代初期是熱門科技，也曾是數十篇狂熱專題報導的主題，但熱潮過後就沒下文，直到拉奇（Palmer Luckey）這個人出現。

　　2012 年，來自南加州、19 歲的拉奇熱愛製作老遊戲機模型。拉奇一直希望可以「置身」自己熱愛的遊戲之中，但 VR 裝備不僅昂貴，處理效能或軟體效果都無法帶來令人滿意的體驗（VR 頭戴式裝置外觀通常像全罩式安全帽，由內建螢幕顯示電腦生成的世界，裝備會連接到效能強大的電腦。）所以拉奇開始自己組裝。結果，這個厲害的南加州人做出的硬體，甚至勝過由 NASA 美國太空總署贊助的博士與研究團隊。拉奇在網路上的 3D 影片迷新聞群組分享他的進展。

　　德州達拉斯的約翰・卡馬克（John Carmack）也看到了。在遊戲的世界，卡馬克的地位有如貓王。他是銀河系等級的程式設計師，也是《毀滅戰士》（*Doom*）等傳奇遊戲背後的主創。卡馬克一直在探索 VR 的世界，也很訝異 VR 技術自 1990年代以來就沒有什麼進展。眾多缺點之中的其中之一，就是當時的實驗性系統提供的視野有限。這很糟糕，因為 VR 的魅力就是沉浸其中的感覺。如果你一轉頭，幻境就消失了，遊戲體驗就會很糟。拉奇的裝置宛如奇蹟。「我想過要買一頂 1,500 美元的 VR 頭戴式裝置，可以有 60 度視野。」卡馬克

說，「但拉奇居然做出 90 度以上的視野，而且是用現成零件拼湊的，外殼基本上就是一個紙箱，成本只有約 300 到 500 美元。」

卡馬克把拉奇用膠帶黏成的作品帶到一個大會上，那場展示令人驚豔。消息傳到遊戲創業家艾瑞比（Brendan Iribe）耳中，艾瑞比住在馬里蘭州，離州立大學校園不遠的地方。艾瑞比帶著老同事安東諾夫（Michael Antonov）與米歇爾（Nate Mitchell）去見拉奇，地點是洛杉磯一家高級牛排館。拉奇穿著短褲、夾腳拖、Atari 舊 T 恤赴約，但他一開口就能聽得出是科技神童。「你可以問他幾乎任何跟科技或電子有關的事，他都知道背後的歷史，也知道成功或不成功的原因，整個產品是如何被組裝在一起的等等。」艾瑞比說。晚餐還沒結束，艾瑞比和朋友已經在遊說他開公司。

拉奇不確定創業是好點子。接下來幾星期，艾瑞比追著他跑，拉奇很難找，因為他沒有智慧型手機。拉奇一度考慮和幾個朋友在 Kickstarter 生產他的頭戴式裝置（網友可以在 Kickstarter 網站上購買新型產品，但唯有達成目標集資金額才會開始生產）。然而，拉奇手上沒有任何可用的原型了。艾瑞比開了一張 3,700 美元的支票給他，讓他能買零件。這個舉動讓拉奇印象深刻，兩人開始合作，艾瑞比的朋友也加入。

7 月 4 日，拉奇打造出頭戴式裝置，讓艾瑞比第一次試用，艾瑞比在試用過程中感到暈眩，不過他原本就很容易暈車。

Kickstarter 的上架版比較專業，會在中國生產。他們在 2012 年 8 月 1 日上線，如果集資金額達 25 萬美元，計畫就能進行下去，Oculus 在兩小時內就達成目標[17]，幾天後金額繼續衝到 2,427,429 美元，他們就結束募資了。此時專業投資人也

開始出價，Oculus 最後在這次的「A 輪」投資募得 1,600 萬美元。

2013 年底，Oculus 也遇到新創公司的典型問題：開發產品的同時還要管理不斷增加的員工數。Oculus 打算從當時的 30 位員工再增為三倍，以應付已經開始延遲的 Kickstarter 訂單。擴張帶來的成本需要再度募資，這次是 7,500 萬美元。不過技術方面的進展良好，前微軟工程師亞伯拉什（Michael Abrash）過去在遊戲科技公司 Valve 工作，他把「低視覺暫留」這項螢幕顯示技術整合進 Oculus，可以減少動暈症的問題。艾瑞比終於能在不會頭昏眼花的情況下使用 VR。亞伯拉什後來也加入 Oculus 帶領公司的研究實驗室。

Oculus 認為，理想的董事將能提供公司需要的指引，他們合理的選擇是馬克·安德森。安德森的安霍創投公司領投 Oculus 的 B 輪募資。因為安德森也是臉書董事，所以他建議艾瑞比可以向祖克柏詢問。11 月 13 日，安德森寫電子郵件給臉書執行長，主旨是「你看過 Oculus 了嗎？」[18] 安德森告訴祖克柏，Oculus「令我目瞪口呆」。

祖克柏在電話上證實安德森會是好董事（這還用說嗎），接著雙方談起虛擬實境。祖克柏問：「這東西除了遊戲，還能用在別的領域嗎？」「當然可以！」艾瑞比回答，「眼見為憑，你實際體驗了才會相信！」

2014 年 1 月 23 日，艾瑞比帶著小團隊飛到臉書。由於祖克柏的玻璃牆會議室太公開（可以拉下窗簾，但祖克柏覺得太麻煩了），他們在桑德伯格的辦公室見面。祖克柏戴上頭戴式裝置，開始探索祕境，旁邊有奇異生物跑來跑去。他對這場示範的其中一段印象特別深刻：一棟位於義大利托斯卡尼的別墅，使用者可以到處走，探索鄉間美景。這真是太酷了！[19] 祖

克柏心想：我顯然不在義大利——我在雪柔的會議室，但我覺得真的在義大利，因為我眼睛看到的一切都讓我覺得自己在那裡！

隔天，祖克柏寫信給艾瑞比。「我拿掉頭戴式裝置後有一點暈，」祖克柏寫道，「但顯然這一切太神奇了。」祖克柏尚未提出要買下 Oculus，但 5 天後他親自飛到爾灣（Irvine），體驗更完整的示範。

第二次的示範讓祖克柏下定決心。他幾天內就確定，VR不只可以是很酷的新功能，還有更大的潛能。這是下一個平台。錯過 VR，將像是錯過行動世界。當時距離臉書差點搞砸行動轉型的瀕死經驗只過了兩年。祖克柏認為 VR 可能還要十年才能成熟，但有一家公司正在打下基礎。如果臉書能擁有這家公司，燒錢把東西做出來，他不僅能為下一個典範移轉做好準備，那個新典範還會是他的。

一天後，祖克柏和艾瑞比共進晚餐，表明想買下 Oculus。兩天後，祖克柏寄出推銷臉書的電子郵件，內容和他先前寄給 Instagram、Snapchat 的信，以及他不久前寄給 WhatsApp 的信，大同小異。基本上的大意是：當然，你們靠自己也能做得很好，但我們能提供快速成長的燃料，招募到最優秀的人才，提供臉書的基礎設施，協助你們擴大規模。

祖克柏提出的數字不到 10 億美元，艾瑞比心中的數字是10 億的好幾倍，他禮貌性地回絕臉書。

不過，祖克柏忘不了 VR。他和談判大將祖弗努商量後，兩人同意值得出更高的價格。3 月 16 日星期日，祖克柏邀請艾瑞比到他家作客。「我不會浪費你的時間。」祖克柏保證。

艾瑞比帶著卡馬克到祖克柏家，祖克柏叫了披薩[20]，大家坐在他的門廊上談生意。祖克柏已經不需要有人說服他買下

Oculus，不過卡馬克對於 VR 技術的權威性解釋，又讓 Oculus 變得更誘人。卡馬克離開後，祖克柏出價了：20 億美元買下 Oculus，再加 7 億的「業務提成費」（earn-outs）。那只是開始而已，臉書還會再投資數十億元的技術研發費。艾瑞比答應了。

八天後，合約簽好。祖克柏在一週內完成臉書第二大的併購案，當時他才剛以類似的速度完成臉書第一大併購案：WhatsApp。

臉書在幾週內就碰到麻煩事，卡馬克的前雇主宣稱擁有部分的 Oculus 技術，後來導致一場臉書賠償 5 億美元的官司。祖克柏穿上西裝作證。開庭時，論述一度從混亂的智財權爭議，變成在闡述書呆子的夢想。原告律師提問完，輪到祖克柏的律師提問，他問祖克柏買 Oculus 的願景是什麼。祖克柏面對對手律師時，發言惜字如金，此時突然侃侃而談。

祖克柏說，虛擬實境會以和臉書相同的方式，把人們連結在一起。他舉的例子是學走路的嬰兒踏出人生的第一步。祖克柏說，他小時候第一次走路，爸媽艾德與凱倫把這件事記錄在紙本的寶寶紀念冊上。多年後，他姊姊蘭蒂的第一個孩子踏出人生的前幾步，蘭蒂用智慧型手機拍照留念。蘭蒂的第二個孩子會走路時，蘭蒂拍了影片。「還有我女兒麥克絲幾個月前，剛剛踏出人生第一步，」祖克柏說，「我用 VR 錄下整個場景，我能夠寄給爸媽看，與世界分享。大家可以像就在我家客廳一樣、身歷其境地體驗這個時刻。」

那就是祖克柏希望 Oculus 做到的事：強大到可以隨時製造奇妙時刻的社群體驗。祖克柏等不及要開始炫耀。就算還得再研究 10 年、還有幾項困難技術需要突破，等一切成真時，全世界沒有任何公司能立刻追上臉書。

祖克柏的基礎建設打好了。再過 5 年，前述所有的獨立公司，將整合成一個快樂的臉書大家庭。不過那天來臨時，所有的創辦人已經離去。

第三部

失控帝國

第 14 章

選舉假新聞，平台不負責

　　奈德·莫朗（Ned Moran）是臉書「威脅情報團隊」
（Threat Intelligence team）的一員，團隊多數成員在臉書的華
府辦公室工作，那裡主要是負責政策和公關的員工。當專家和
律師負責遊說國會，和監管單位打交道，花大量的時間和加
州、新加坡、都柏林分部的同事視訊時，莫朗的小組負責仔細
研究一行又一行的程式與網路連結，偵測數位版的入侵者與不
法人士。莫朗是在華府辦公室第一次留意到俄國人在用臉書操
弄美國的總統大選。

　　威脅情報團隊的成員都是資安專家，擁有追蹤間諜活動
威脅的經驗，例如惡意軟體或「魚叉式網路釣魚」（spear-
phishing）*。被鎖定的受騙者點選連結後，歹徒就能取得私人
資訊，甚至是臉書程式。臉書擔心具備這種技術的間諜有可能
試圖利用臉書找到下手目標，甚至是為外國勢力效勞。

　　這樣的勢力已經在活動。近年來，CrowdStrike 等網路
安全公司一直在追蹤綽號「奇幻熊」（Fancy Bear）與「安
逸熊」（Cozy Bear）等團體的活動。絨毛玩具的綽號聽

---

* 譯注：只針對特定人士的電子郵件下手的網路釣魚。

起來可愛，但這兩個分開的團體其實是以俄國為根據地的數位入侵者。情治人員知道他們是俄國總參謀部情報總局（Main Intelligence Directorate of the General Staff）的 26165 單位與 74455 單位。俄國的總參謀部情報總局簡稱「格魯烏」（GRU），大約等同美國的 CIA 中央情報局。CrowdStrike 的網路間諜專家表示：「他們的間諜情報技術是一流的[1]，運作安全（operational security）*不輸任何人，廣泛運用『離地攻擊』〔living-off-the-land〕**。」

臉書知道部分活躍帳戶與格魯烏有關，但臉書沒有關閉那些帳號（畢竟他們沒做任何不法的事），只派威脅情報團隊加以監視，追蹤潛在的安全顧慮。2016 年初，團隊注意到那些帳號開始搜尋臉書上在政府任職的人、記者，以及和希拉蕊競選活動相關的民主黨人士。臉書通知 FBI 美國聯邦調查局[2]，FBI 收下報告，但後續並未聯絡臉書。

間諜熊開始更進一步。2016 年 6 月，CrowdStrike 報告格魯烏小隊進行一系列的魚叉式網路釣魚，駭進民主黨選戰陣營，包括候選人希拉蕊本人與競選總幹事波德斯塔（John Podesta）的電子郵件（攻擊從受害者的 Gmail 帳號開始）。6 月，自稱「古西法」（Guccifer）的奇幻熊成員，號稱入侵了民主黨全國委員會（Democratic National Committee，DNC），偷走電子郵件。

大約是在那段時間，莫朗發現與格魯烏有關的帳號出現更多活動。這一次他們不是在釣魚，也不是在搜尋目標，俄國人開始與臉書的用戶互動。基本上，俄國利用臉書的方式，就是

---

* 譯注：可自對手角度觀看運作的資訊保護措施。
** 譯注：攻擊時僅使用系統工具，竊取受害電腦資料的技巧，輕鬆就能避開他們碰上的許多安全解決方案。

臉書工程師希望用戶做的事：把臉書當成分享引擎。威脅情報團隊與臉書本身都沒料到會有這種情況，措手不及。

臉書在 2008 年與 2012 年的選舉被譽為民權促進者，是候選人寶貴的競選工具。臉書的共同創辦人休斯還協助歐巴馬贏得第一任總統任期。2008 年起，臉書開始共同贊助辯論，用戶可以向候選人提問。然而，莫朗留意到的情況只是第一個訊號，預示了 2016 年對臉書來說將是完全不同的選舉年，非常糟糕的不同。

對資安威脅防備不足

史塔莫斯（Alex Stamos）[3] 在 2015 年 6 月成為臉書安全長（chief security officer，CSO），這位工程師年約 35 歲，身材壯碩，先前在雅虎擔任安全長，才剛度過麻煩不斷的一年。史塔莫斯和白帽駭客 * 社群有很深的連結，在關鍵議題上會與他們結盟，例如支援強式加密（strong encryption）。

史塔莫斯作風也很不同，講話很直，他不認同傳統上認為安全長應該遠離公眾視線的做法。一般的看法認為，公司愈是談論安全漏洞，民眾就會愈不信任公司，或是不相信科技。史塔莫斯認為正好相反，避談相關議題只會導致更多漏洞。

史塔莫斯第一次擔任安全長就是在雅虎，那是他第一次在大型科技公司工作，在那之前的很多年，他曾在幾家資安公司上班。史塔莫斯進雅虎之前，雅虎發生過多起重大資料外洩事件，超過十億用戶的資訊被揭露。史塔莫斯帶領綽號「偏執狂」（the Paranoids）的團隊，展開數項強化資安計畫，但他希望採取更強硬的措施時，一再和上司產生衝突。[4] 史塔莫斯

---

* 譯注：在合法情形下嘗試駭進電腦系統，協助客戶加強資安。

在 2015 年 5 月跳槽到臉書，新工作的任務更為艱鉅，同時要保護二十億用戶的資訊，以及遍布全球的基礎設施，很多地方都可能出錯。

史塔莫斯並不知道，從他被錄取的那一刻起，事情就已經出錯了：當時臉書進行重組，安全長和團隊如今歸桑德伯格的單位管轄。史塔莫斯帶領的超過百人的團隊，是桑德伯格管理的所有單位中，唯一的技術團隊，他們都參加過臉書新訓營寫程式的活動。史塔莫斯甚至不是直接向桑德伯格報告，他的上司是法務長史特雷奇。也就是說，總管臉書資安的人和營運長還隔了一層，平日完全不會和桑德伯格固定接觸，更不會和祖克柏與主導公司的最高層級幹部有交集。

史塔莫斯開始注意到，種種跡象顯示臉書沒有準備好迎接 2016 年選戰將帶來的事。俄國人自然對毫無防備的臉書感興趣，史塔莫斯的團隊高度警戒來自國內外的攻擊。這一類的網路間諜惡棍是團隊永遠在關注的對象：黑暗勢力那一方的駭客有可能試圖入侵帳號，竊取資訊。

俄國人成功對民主黨全國委員會以及其他希拉蕊選戰相關人士展開魚叉式的網路釣魚攻擊，臉書本身在這個過程中並沒有被利用。然而，2016 年夏天，遭竊的電子郵件被放上臉書流傳，都是會令民主黨難堪的內容，還可能讓原本支持希拉蕊的選民不願意投票。那年春天，俄國人為了隱藏身分，建立了「華府解密」（DCLeaks）網站[5]，做為散布資訊的基地。網站在 6 月 8 日前後上線，俄國人就在臉書開了同名粉絲頁（他們還開了「華府解密」的 Twitter 帳號），他們認定臉書是展開活動的絕佳平台。

威脅情報團隊深入研究棘手的「華府解密」粉絲頁。表面上一切合法，由某個自稱是愛麗絲·唐諾芬（Alice Donovan）

的人建立，那是原本就存在的臉書帳號。推廣這個頁面的其他兩個帳號，聽起來也是英語系名字：傑森‧史考特（Jason Scott）與理查‧金格里（Richard Gingrey）。這個頁面散布的內容就這樣接觸到成千上萬沒有起疑的臉書用戶。

威脅情報團隊分析那個專頁的來源與連結資料，追溯到莫朗當時正在追查的與格魯烏有關的帳號。莫朗發現「華府解密」專頁，事實上與俄羅斯駭客組織有關（美國由穆勒〔Robert Mueller〕＊帶領的特別調查團隊會起訴架設網站的人、「74455 單位」的主管波坦金〔Aleksey Aleksandrovich Potemkin〕。波坦金竟然是真名，實在諷刺。＊＊）

「我們發現他們開始向記者推銷故事，試圖讓希拉蕊與民主黨全國委員會的電子郵件，以及希拉蕊競選總幹事波德斯塔的郵件資訊，登上各大報刊。」史塔莫斯說。史塔莫斯的團隊把這個資訊交給臉書的律師，律師再把問題轉給政策團隊。

理論上，臉書應該很輕易就能判斷該移除那個頁面，然而在 2016 美國大選年，臉書無法輕易下這樣的決定。公司內部看法不一，該為了維持中立而改變公司規定嗎？又該做到什麼程度？臉書甚至不確定是否該承認事實與有害謊言的區別。

「我投票了」真的會影響投票率

臉書先前就被指控偏袒特定政黨。還記得貝瑞在 2008 年選舉的最後一刻，在臉書上設置「我投票了」按鈕嗎？臉書在 2010 年的期中選舉擴大執行那個計畫，用戶一眼就會看到「我投票了」按鈕。然而，不是所有用戶都會看到。臉書利用

＊ 譯注：曾任調查局長、司法部特別檢察官。

＊＊ 譯注：波坦金是俄國將軍，據傳曾設立假的「波坦金村」，製造社會繁榮的假象。

那次期中選舉展開一場大規模實驗。臉書的兩位頂尖資料科學家，和加州大學聖地牙哥分校的研究人員合作，想測試那個按鈕是否真的會影響投票率。如果你看見朋友投票了，也會受影響去投票嗎？

當時帶領臉書資料科學部門的馬洛（Cameron Marlow）表示，那場實驗並沒有特殊目的：「我們有一個產品，在每次選舉都會派上用場。我們在其他國家的選舉也開始用，目標是讓人出門投票。」馬洛說，加州大學聖地牙哥分校的科學家提議做實驗時，他們沒有理由拒絕。資料科學也隸屬於成長團隊，他們永遠想了解可能增加互動的用戶行為。

研究結果刊登在 2012 年的《自然》（*Nature*）期刊，標題是〈一場 6,100 萬人的社群影響與政治動員實驗〉（A 61-Million-Person Experiment in Social Influence and Political Mobilization），刊出後引發爭議，因為那顯示臉書可以成為影響政治行為的因子。那份研究的確主張，臉書的力量足以左右選舉。研究者寫道：「結果顯示[6]，訊息直接影響數百萬人在政治上的自我表達、資訊尋求，以及真實世界的投票行為。」接著表示，「臉書的社群訊息影響投票人數，直接影響約 6 萬張選票，並間接透過社會感染影響到其他 28 萬投票者，一共增加 34 萬張票，約占 2010 年約 2.36 億投票人口的 0.14％。」在票數很接近的國家，這樣的差異就有可能決定勝負。

更令人不安的是，臉書可以利用這樣的力量操弄人們的行為，得到臉書想要的結果。那份研究本身就是一例。臉書與該研究合作，把部分用戶分成兩組：有的人會看見「我投票了」按鈕，控制組則不會看到。研究者再利用投票紀錄來比對。實驗組的投票增加了，這代表臉書的按鈕實際上影響了控制組的投票行為。萬一臉書決定在共和黨的鐵票區不放按鈕，在民主

黨的鐵票區卻放上顯眼的按鈕呢？基本上，臉書在實驗中挑選的地理區域，小幅影響了最後的投票結果（馬洛表示誰能看到按鈕是隨機選擇的）。

那場研究讓觀察家為之驚恐。[7] 當時出現很多類似「臉書的『我投票了』貼圖是針對用戶的祕密實驗」的標題。如同成長團隊的許多行動，這又是典型的一例：臉書快速行動，因為魯莽行事被批評，再撤退。臉書因此更為小心，不讓臉書的提醒偏向任何一方，以免影響選舉結果。每個人都會看到「我投票了」的提醒，沒有控制組。

然而，面對 2016 年的選舉即將到來，認定臉書有偏頗的討論，再次成為公司內外的爭論焦點。

政治立場

卡普蘭（Joel Kaplan）[8] 是臉書的華府辦公室主任，兼任全球政策副總裁，他曾是小布希總統（George W. Bush）的幕僚。他還是年輕律師時，擔任最高法院大法官史卡利亞（Antonin Scalia）的書記，參與過把布希送進白宮的重新計票。他在布希政府的最後一份工作，是接替總統的宣傳親信駱夫（Karl Rove）擔任政策副幕僚長。桑德伯格 2011 年找卡普蘭擔任臉書政策副總裁時，卡普蘭是能源遊說者，還是「桑德伯格友人團」的成員——兩人在哈佛大學時代約過會，儘管政治立場不同，仍保持聯絡。

臉書華府辦公室當時由桑德伯格支持民主黨的朋友勒文主持，因此卡普蘭和勒文讓華府辦公室裡的政黨力量自然保持平衡。然而，事情在 2014 年產生變化，勒文搬到加州，成為 Instagram 的營運長。卡普蘭接掌臉書的全球政策後，並沒有尋求另一股平衡的力量。2015 年，卡普蘭雇用馬汀（Kevin

Martin），馬汀是他在布希與錢尼搭檔參選正副總統時結交的朋友，曾擔任布希執政時期的「美國聯邦通訊委員會」（FCC）主席，任期因為一場沒被定罪的調查而中止，他被指控因為「強勢、不透明、不友善的管理風格……造成五位現任委員之間的不信任、質疑與混亂。」報告指出，馬汀曾因為內容跟他的想法不符而命令部屬重寫報告（他日後會升任臉書的美國公共政策長）。

桑德伯格很討厭所謂「桑德伯格友人團」（FOSS）的說法。「我曾和很多非常優秀的人工作過，我認為他們十分傑出，」她說，「他們今天和我在公事上密切合作，我與這些人變得很熟。」

辦公室裡的部分同事認為卡普蘭的態度，就像是專責確保臉書不會偏袒自由派。[9] 曾與卡普蘭共事的一位臉書主管表示：「那是卡普蘭在公司裡的角色，找出保守派要什麼，讓保守派如願以償。」那位主管說，臉書曾一度想推廣歐巴馬政府提出的投票倡議，這個做法符合臉書一直以來的信念，即使之前的研究被抨擊，鼓勵投票、增加投票人數都是好事。但那個計畫被卡普蘭擋下，他表示臉書要是協助美國總統做任何事，將是偏袒特定政黨，畢竟歐巴馬是民主黨人。另一位當時在華府辦公室的員工指出：「我想他的理由是共和黨不喜歡選民登記〔voter registration〕*。」

阻止投票倡議只是一例，卡普蘭似乎非常關切臉書傾向於反川普陣營。2015 年 12 月，候選人川普的臉書粉絲頁放上影片，內容是要求禁止穆斯林移民美國。臉書的政策部門員工表示：「這顯然違反我們的政策。」祖克柏本身支持移民，所以

---

* 　譯注：美國民眾必須事先登記成為選民，才能投票。

他提出是否該移除這則貼文的質疑。

這件事在每週的「雪柔會議」（Sheryl meeting）上被提起，那是臉書華府與門洛帕克政策主管的視訊會議。卡普蘭主張不必移除那篇文章，其他人則指出公司將很難解釋，為什麼這件事明顯違反了臉書的反仇恨言論規定，卻不肯行動。《紐約時報》指出，卡普蘭的回應是：「不要去招惹熊。」[10] 這裡的熊就是指川普。不過，臉書的社群守則團隊也同意不要動那則貼文。「那是那種正好卡在中間的文章，」團隊主管畢克特（Monika Bickert）表示，「當事人是全球重要選舉中的重要候選人，自然很有報導價值。」

桑德伯格通常有最後決定權，但此事涉及總統候選人，她認為要報告執行長。祖克柏儘管支持移民，仍允許留下那篇文章。[11] 臉書接受痛苦的妥協，讓那支影片留在川普的粉絲頁。但若是其他人貼相同的影片，臉書會刪除（川普陣營在 Twitter 上的仇恨言論同樣也讓 Twitter 煩惱，多西最後決定，候選人以及日後總統的報導價值將勝過違反公司政策）。

這場政黨的踢踏舞一直持續下去，春天再度爆發政治爭議，這一次與臉書的「熱門話題」（Trending Topics）功能有關。這個功能表面上無傷大雅，只不過是列出當天的新聞焦點，放在視線焦點動態消息的右方。有一小群記者負責管理這個清單，嚴格來說他們是為外包公司埃森哲工作（臉書和其他公司一樣採取這種做法，避免雇用較昂貴的全職員工）。「熱門話題」利用演算法初步找出廣為流傳的報導，接著由記者團篩選掉假新聞，確保內容是真的新聞。如果新聞過時、缺乏可信來源、其實是諷刺文或根本是捏造的，他們就會移除內容。

2016 年 5 月，科技網站 Gizmodo 報導，記者團裡支持保守派的前新聞策展人指控 [12]，有幾位記者打壓「熱門話題」上

的保守派內容。此外，策展人還刻意「強化」來自自由派網站的內容。

多年來，右翼保守派持續抱怨，由矽谷自由派人士掌控的臉書歧視他們，把有關於他們的文章排名往後面放。然而資料顯示這是無稽之談，從許多標準來看，保守派的內容反而過度出現在臉書上。福斯新聞定期稱霸臉書上分享次數最多的文章，就連《每日連線》（*Daily Wire*）等小型右翼網站，出現的次數都不成比例地高。

儘管如此，又稱大老黨（Grand Old Party, GOP）的共和黨突然熱烈支持 Gizmodo 網站。共和黨參議員圖恩（John Thune）同時也是負責監督聯邦貿易委員會的主席，他要求臉書為此做出解釋。臉書檢視資料，在十二頁的回應中確認[13]，儘管成員有特定的政治傾向，「熱門話題」並未以偏袒特定政黨的方式處理內容。臉書解釋所謂的「強化」，發生的原因是《紐約時報》或《華爾街日報》等名列高品質刊物的數家刊物，同時大量報導某個全國性主題。臉書向右派低頭，保證以後不會再「強化」新聞，但保留「熱門話題」功能。

「好笑的是，『熱門話題』在臉書內部根本不受重視，」博斯沃斯說，「那個功能不是什麼大投資，其實不重要。」

博斯沃斯和其他人勸祖克柏乾脆拿掉「熱門話題」，但執行長堅持了一陣子。祖克柏喜歡這個呈現目前當紅話題給用戶的概念。然而，夏天時，選舉顯然正在分裂美國，臉書最不希望發生的就是被視為不中立。事實上，臉書的確有偏好，他們希望「熱門話題」上出現的新聞，來源要符合品質標準。靠人類把關者來淘汰臉書上最熱門的選擇，可以避免出現酸民、不精確，或是捏造的來源。但很剛好的是，代表保守運動的一些旗艦刊物，並不是太在乎自家報導的精確性。

然而，臉書覺得需要採取行動，在 8 月和負責篩選文章的人員解約，開除了他們，然後把篩選工作交給演算法。臉書先前已經利用人工智慧協助人類策展員挑選報導，進一步過濾掉荒謬、過分的文章或連結。少了人類的判斷後，演算法獎勵動態消息上的熱門貼文，也就是那些不管真相、出發點可議、罔顧新聞價值、譁眾取寵的內容。

　　臉書宣布交給演算法篩選資訊的那一天[14]，一名 CNN 記者注意到她的動態上的熱門主題包括「上空日」（Go Topless Day）、「氣象主播艾爾‧羅克（Al Roker）」，以及「饒舌歌手 Yung Joc 剪頭髮了」。幾天後，「熱門話題」的榜首是一則捏造的假新聞：endthefed.com 網站宣稱，福斯新聞主播梅根‧凱利（Megyn Kelly）因為支持希拉蕊被開除。Endthefed 網站的消息來源是另一個無名網站，該無名網站則是引用某個右派部落格。《華盛頓郵報》形容那則報導「讀起來像是反凱利的同人小說。」[15]

　　「熱門話題」不再打壓保守派，變成打壓新聞本身。神奇的是臉書一直留著那個功能，直到 2018 年才悄悄拿掉。

　　「熱門話題」的鬧劇過後，卡普蘭建議臉書邀請一大群右派人士造訪門洛帕克，說服他們臉書其實有公平對待他們。有些臉書人認為，相較於臉書幾週前才敷衍了「黑人的命也是命」（Black Lives Matter，BLM）組織，這個邀請實在丟臉。民權團體成員曾請求與臉書見面討論幾個議題，包括 Facebook Live 直播暴力犯罪與警察殺人事件。另一件引發爭議的事件是該年 2 月，臉書總部讓員工自由塗鴉的牆上，有人劃掉「黑人的命也是命」幾個字，改成「所有人的命都是命」（All Lives Matter）[16]，這個舉動引起種族歧視的疑慮。

　　祖克柏譴責此一行為，但他和桑德伯格都沒到華府辦公室

與 BLM 團體見面。臉書華府辦公室最高政策主管卡普蘭也沒出席，公司只派出內容守則團隊的主管畢克特，她是臉書與民主黨合作的政策主管。公司另外還派了一位非裔美國人員工參加，但他的工作內容根本與此次主題無關（桑德伯格在內的高階主管曾在其他場合與 BLM 見過面）。

相較之下，臉書像接待搖滾明星一般接待右派名嘴，邀請他們飛到門洛帕克，聽祖克柏與桑德伯格解釋臉書有多　尊重他們的貼文，連林博（Rush Limbaugh）與貝克（Glenn Beck）等極右翼電台名嘴的陰謀論指控，也被當成重要言論對待。這場見面會由臉書內部支持共和黨的員工負責，支持民主黨政策的員工被要求不得參與。

從某種角度來看，這場會議是各懷鬼胎。《連線》雜誌指出，人們預測這群保守派會自己吵成一團[17]（右派光譜上的所有人，從有原則到極端主義者全到了），或者會在聽「動態消息運作原理」的 PowerPoint 簡報時無聊到睡著。部分保守派的確吵成一團，有人要求臉書提供特殊待遇，例如雇用員工時應該留給保守派人士保障名額。不過名嘴貝克認為祖克柏有認真聽取他們的想法：「我坐在祖克柏對面觀察他這個人，」貝克說，「他有點神祕，但我認為他試著做正確的事。」

然而，儘管這次會面在一片和諧中收場，保守派人士一離開門洛帕克，就繼續抱怨臉書虧待他們，即使他們因為擅長利用臉書的演算法，而持續獲得數百萬次觀看。

下架華府解密

經過 5 月那場見面會，臉書在 6 月就面臨是否該下架「華府解密」粉絲頁的兩難。「華府解密」的主要意圖似乎是散布從民主黨全國委員會偷來的電子郵件。有些臉書人認為，比起

「華府解密」是否違反臉書的使用條款，卡普蘭更擔心會不會觸怒共和黨。

卡普蘭的上司史瑞吉強力反駁卡普蘭是在替自己支持的政黨效力的說法。史瑞吉表示，有關於「華府解密」的決定，以及後來所有卡普蘭被指控有偏袒的決定，臉書內部都有經過熱烈討論，史瑞吉也都在場。史瑞吉本人支持人權活動，自稱「以遵循布蘭戴斯（Louis Brandeis）傳統的做法，支持美國憲法第一修正案」，也就是正面看待言論自由。

美國最高法院大法官布蘭戴斯，在某次的第一修正案案件寫下著名的異議：「壞意見的適當救濟是好意見」，不過布蘭戴斯法官會如何看動態消息，就很難說了。史瑞吉表示：「在我有印象的相關辯論中，臉書支持保守黨的公共政策長，與他的自由派老闆，都有達成共識。」當然，祖克柏不一定是布蘭戴斯的門徒，但他也傾向於尊重言論自由的做法。

至於「華府解密」的問題，不論是出於堅守原則或是政治算計，臉書最初決定「華府解密」粉絲頁本身沒有違反任何政策。或許的確有違反，但其新聞價值更重要（就和川普的仇恨發言一樣）。「華府解密」可以留下。

臉書提出的解釋，只有工程師會欣然接受——**很糟糕沒錯，但規定就是這樣！**那也絕不是臉書最後一次想保住沒有理由留下的貼文。媒體或大眾都無法接受那樣的解釋。外界壓力逼迫臉書提出解釋，為什麼支持散布俄國駭客竊取的資訊。

臉書最後終於想出撤下頁面的理由。「華府解密」違反了臉書規定，暴露了部分人士的個資，這裡指的是支持民主黨的富豪金融家索羅斯（George Soros）。這就像是逮捕黑幫老大艾爾・卡彭（Al Capone），理由卻是卡彭少繳所得稅。臉書移除「華府解密」的模式，將在接下來幾年重複數次：用無力

的藉口，試圖維護臉書上不該出現的言論，接著再屈服於壓力，突然找到可以下架的理由。

「我們發現車尾燈壞掉，就把車尾燈拿掉。」史塔莫斯說，「基本上我們沒有政策，政策團隊不想被視為介入選舉，他們絕對不希望發生那種事。」

等到臉書決定移除時，「華府解密」早已不重要。多虧了「維基解密」（WikiLeaks，祕密資訊散布者，「華府解密」的命名靈感），格魯烏不再需要靠臉書粉絲專頁洩密，「維基解密」早已放出遭竊的電子郵件，美國媒體一湧而上大肆報導，正如俄國人所希望的。

假新聞與陰謀論的溫床

「熱門話題」真正值得探討的議題，是動態消息開始被假資訊與譁眾取寵的言論所主導，這一類內容後來被稱為「假新聞」。某種程度上，假新聞是成長團隊成功製造高互動導致的後果。就算你朋友非常少，臉書也會利用你最不熟的朋友，把你最可能回應的動態送到你面前：你最可能留言、按「讚」，或甚至只是暫停在頁面上幾秒鐘。你只要視線停留在某則文章上，臉書就會視為你感興趣。

雪上加霜的是，用戶分享網路報導的連結時，不管消息來源是重視真相的百年報紙，或是兩週前才冒出來的假網站，臉書呈現的方式都一視同仁。用戶很少會去確認資訊來源。這幾年，假帳號發現，臉書各種鼓勵用戶互動的做法，加上缺乏篩選機制，讓這個平台成為廣告營收的金礦（每當有人按下一則動態，假帳號就能拿到錢），或是適合推廣極端的思想。臉書受公司領導人影響，不太處理這種事，問題愈滾愈大。臉書的領導人支持言論自由，經常表示臉書不想負責探究貼文背後的

事實。

「假新聞或許一直都在，但 2015 年當時，我認識的人之中都沒有人在談這件事，對吧？」桑德伯格在 2019 年的訪談中告訴我，「假新聞是這幾年才興起的。」

事實上，人們在 2015 年就已經在思考假新聞的問題，只是臉書充耳不聞。

芮妮·迪雷斯塔（Renee DiResta）是研究者、作家，也參與新創。她在 2013 年第一次成為母親，開始支持提倡注射疫苗的運動。大約在那段時間，迪士尼樂園爆發麻疹傳染，有幾位州議員試圖通過強制施打疫苗的法案。迪雷斯塔在臉書上成立「加州預防接種」（Vaccinate California）專頁。她可以看見專頁的潛在對手在做什麼，而且驚訝地發現，反疫苗人士早已累積受眾很多年了。當你在臉書上搜尋疫苗資訊，絕大多數的結果都是反疫苗者的文章，充滿偽科學與陰謀論。儘管反對疫苗者只占大州裡人口少數，相關討論卻被偏激人士主宰。

臉書的「熱門話題」不再有把關者之後，迪雷斯塔發現反疫苗的問題其實顯示出臉書背後更龐大的問題。「這已經膨脹成完全瘋狂、毫無理性的陰謀論。」迪雷斯塔說。我的天，她心想，這種東西已經在平台上四處瘋傳。她認為臉書追求成長與賣廣告的做法，必然會導致這種現象。臉書不斷宣傳自己是影響力機器：接觸到你的受眾，改變他們的思想和感受，把你做的 T 恤賣給他們。然而，商業說服與政治說服基本上沒什麼不同。迪雷斯塔認為臉書打造出推廣政治宣傳的引擎，她想辦法見到臉書動態消息的一位主管，對方承認有些社團的確有問題，但公司不想妨礙表達自由。「我不是在要求你們打壓言論，」迪雷斯塔說，「我是在說，你們的推薦引擎讓這種社群愈來愈壯大！」

平台淪為政治宣傳機器

事實上，在半個世界以外，迪雷斯塔擔心的事已經有令人不寒而慄的證據，地點就在菲律賓。

2015 年，菲律賓這個太平洋島國上的千萬居民，幾乎所有人都已經上臉書好幾年。這樣的超高市占率來自成長團隊策劃的 Internet.org 計畫，名稱是「免費基本網」。「免費基本網」的目標是增加貧窮國家的網路活動，許多人負擔不起數據費，「免費基本網」讓民眾得以免費用臉書。雖然這個計畫在印度碰上阻礙，但套用祖克柏 2014 年出席某大會的話：菲律賓的測試台在 2013 年「擊出全壘打」。[18]（兩年後，祖克柏聽到 97％的菲律賓網路使用者都是臉書用戶時，還開玩笑地問：那剩下的 3％是怎麼回事？）

臉書也是菲律賓的重要新聞來源。菲律賓頂尖記者雷莎（Maria Ressa）[*19] 在 2010 年成立《拉普勒》（Rappler）新聞網時，就特別將其設計成適合在臉書上運作。「我認為這個技術將能由下往上解決問題，」雷莎說，「有一陣子的確是這樣，但到了 2015 年，一切就變了。」

菲律賓 2016 年 5 月總統大選的候選人之一杜特蒂（Rodrigo Duterte）是民粹獨裁主義者，他散布競選對手的假消息，錯誤呈現國家的整體狀況。支持杜特蒂的部落客湧進臉書，放上駭人聽聞的消息，充分利用動態消息的瘋傳能力。動態消息的設計，讓毫無道德尺度可言的邊緣「新聞」網站，看起來和經過高標準審查的刊物一模一樣。由於那些可疑網站刊登的都是讓人忍不住點選的聳動內容，臉書的機制會獎勵那些內容。

---

* 編按：雷莎於 2021 年獲頒諾貝爾和平獎。

「新聞人不說謊，但謊言傳播的速度比較快。」雷莎表示。她把自己的刊物完全賭在臉書上，但如今杜特蒂寫手製造的假資訊隻手遮天。全國街頭巷尾都在傳假造的性愛影片，杜特蒂的女性競選對手被移花接木，頭被數位合成在 A 片女星的身體上。此外，臉書讓支持杜特蒂的網民利用平台攻擊批評他的人士，杜特蒂的憤怒支持者讓評論者陷入危險，雷莎就曾是被攻擊的目標。

儘管雷莎多次向臉書抱怨，臉書不曾採取任何行動阻止這樣的行為。

雷莎原本以為，杜特蒂在 2016 年 5 月贏得選舉後，事情就會告一段落，但杜特蒂開始在臉書上利用同樣的手法，推廣他的高壓策略統治平台。

雷莎知道杜特蒂派勢力正在為全球政治濫用者鋪路，他們將開始運用臉書來達成目的。雷莎強力要求和臉書的人見面，想向臉書提出示警。2016 年 8 月，雷莎在新加坡和三位資深臉書主管見面，她找到 26 個假帳號，那些帳號放大仇恨言論與假資訊，散布給三百萬民眾。「首先，我給他們看臉書上的謊言，批評〔杜特蒂支持者的暴力行為〕的人士一律被攻擊。」雷莎說。假消息的例子包括杜特蒂的發言人放出一張女性照片，聲稱那個女孩在菲律賓被強暴。「我們確認事實，那其實是一位巴西女孩的照片，」雷莎在 2019 年告訴我，「然而那篇文章一直沒被下架，到今天都還在。」

雷莎發現，臉書主管對於她用明確證據指出的事，都完全不願承認。「我覺得我談話的對象對臉書的熟悉度還不如我。」她說。儘管雷莎直接提供有問題的名字給臉書，他們過了好幾個月仍沒有採取行動。就連雷莎連續刊出三篇報導假資訊的系列文章後，臉書依舊無所作為。雷莎本人則被數千則仇

恨留言攻擊（臉書表示獲得必要資訊後就採取行動）。

雷莎日後回憶，在那次的會面過程中，她在沮喪之餘，舉出她能想到最誇張的例子，解釋萬一這種事持續下去，將可能發生什麼事。「如果你們不採取行動，」雷莎在 2016 年 8 月告訴他們，「川普可能勝選！」

臉書主管大笑，雷莎也笑了。這只是個笑話。沒有人真的認為那有可能發生。

假新聞不在臉書雷達上

2016 年秋天，臉書還是不認為動態消息是政治宣傳機器，但「熱門話題」事件過後，臉書無法忽視平台上的確流傳很多低品質的動態，以及百分之百的假消息。每個星期一，臉書綽號「小團體」的高階主管群會在祖克柏的會議室開很長的會。第一個小時討論當天的議題，剩下的時間談特定計畫。第一個小時是自由時間，想談什麼都可以。

某個星期一，隨著選舉逼近，有人提起了假新聞。公司一定要處理假新聞，但「小團體」決定，眼下是選戰最激烈的時刻，現在處理的風險太大。「我們不想要反應過度，蹚政治渾水，」博斯沃斯說，「我們擔心採取行動會引發軒然大波。我們知道人們會認為我們支持民主黨，所以我們假設任何行動都會證實我們有偏頗。我們不想介入選舉。任何會讓我們看起來像在支持一方、對另一方不利的事，全是禁區。」

也就是說，臉書為了避免介入選舉，放任譁眾取寵的誤導性言論在臉書上橫行，結果可以說干擾了選舉結果。

一切可以追溯到祖克柏在公司裡提倡的工程師心態。一切看指標數字說話。相較於臉書上的總貼文數，引發爭論的內容只不過是滄海一粟。負責產品的臉書人從數據來看事情，臉書

每天有數十億則動態，假新聞只占很小的百分比。從數字上看不出這個問題的急迫性。

「所有權力都在這些人手上，」一位臉書高階主管說，「他們看的指標，只有更好的廣告數字、更多成長、更多互動。他們只在乎那些。至於〔雪柔那邊〕，他們就要負責替那種做法收拾善後。基本上這家公司就是這樣運轉的。」

簡而言之，假新聞在臉書上蓬勃發展，但祖克柏的核心圈子渾然不覺，因為，資料在哪？「我們很努力了解人們在意或是有不佳體驗的前二十五件事。」考克斯說，「我們問，你碰到哪些不好的體驗、再請他們為體驗評分。我們得到的答案包括腥羶色文章、點選誘餌、騙局、重複的動態等等，但實際上，〔假新聞〕不在我們的雷達上，我們沒注意到。」

「大家都心照不宣，覺得這真的是雞毛蒜皮的小事，」博斯沃斯說，「我們說：可以如何處理？能否制定統一的政策？我們的確有討論，但不是很急迫。老實說，在選舉前，這只不過是平日的例行性事務，我們都認定希拉蕊會贏。我也以為，就像其他很多人一樣。」

臉書選擇不處理平台上的過火行為，理由大致可以總結成：反正希拉蕊會贏，沒必要沒事找事，惹惱會輸的那一方。

在社群上分輸贏

歐巴馬陣營在 2008 年和 2012 年都善用臉書進行競選活動。希拉蕊陣營沒有延續這個做法，反而視社群媒體為效果未知的邊緣媒體。希拉蕊與副手凱恩（Kaine）的團隊打傳統的媒體廣告，而且對於搞不清楚臉書怎麼用，還一副很自豪的樣子。臉書提供如何在臉書上打選戰的教學指南時，希拉蕊團隊斷然拒絕這個機會。「希拉蕊陣營不懂這麼做的價值，」某臉

書主管說，「他們看不見。」

　　希拉蕊陣營花在臉書的預算，跟川普團隊比是小巫見大巫。希拉蕊陣營買的少數臉書廣告，成果又很災難。一個例子是他們花了很多力氣，製作長達兩分半鐘的選舉廣告，像某種迷你紀錄片。[20] 希拉蕊的媒體人員居然覺得這種廣告適合臉書。由於女性對那支廣告比較有反應，因此臉書的演算法會自然把影片推送給女性用戶。臉書的廣告競價機制會獎勵的廣告客戶，鎖定的是最想看見廣告的受眾，只投放給女性受眾的話，廣告成本比較低。然而，希拉蕊團隊卻希望男性與女性都能看到，即使投放給男性用戶等於是把廣告預算丟進水裡。

　　「希拉蕊的團隊看到那樣的結果後說：我懂問題在哪了，我們增加預算，讓更多男性看到。」熟悉廣告的某科技主管表示，「他們基本上是花更多錢，把廣告送給不想看的人！」

　　川普團隊一開始也是臉書新手，但他們學得很快，雇用先前沒沒無聞的 40 歲網頁設計師帕斯凱爾（Brad Parscale），請他操盤川普的數位選戰。帕斯凱爾已經為這份工作鋪路已久，他在選舉前幾年就努力和川普家族牽上線，靠著比對手低的價格，為川普設計旗下公司的網站。帕斯凱爾的表現令川普女婿庫許納（Jared Kushner）印象深刻，所以在 2016 年請他協助打選戰。

　　帕斯凱爾知道對川普這樣的非傳統候選人[21]，打傳統選戰沒有用。帕斯凱爾也知道，臉書的精準投放工具，以及臉書提供的免費顧問可以彌補川普與對手之間的廣告支出差距。臉書為所有的廣告大客戶提供專業指引，帕斯凱爾也虛心受教。好幾位臉書員工等於是全職指導川普團隊，教他們如何讓廣告支出獲得最大效益。

　　「我向臉書要求：我想在你們的平台上花一億美元，請寄

一份手冊給我。」帕斯凱爾告訴《前線》（*Frontline*），「臉書說：我們沒有手冊。我說：那就派人來教我，他們就那麼做了。」有人現場指導的好處是，一出現技術問題，臉書專員就會聯絡工程師立刻解決。「如果我選擇希拉蕊陣營的做法，」帕斯凱爾說，「我得寫信和打電話，等幾天才有人處理問題。我要問題在 30 秒內就解決。」

帕斯凱爾用 200 萬美元預算建立資料庫，接著全部交給臉書。按照帕斯凱爾的說法，他們最後在臉書上花的錢超過 200 萬非常多。如同臉書本身，川普陣營的臉書團隊也是龐大的測試機器，把每一則廣告都當成一場實驗，篩選結果，找出哪些群組會回應哪些廣告。他們把川普的競選演說剪成 15 秒的影片，投放給各式各樣的人口群組。在臉書上投放的廣告會被重複播放、進一步修正。沒有看見效果的影片就不再使用。到了 10 月，川普播放數十萬不同的影片「創意」（creatives，意思是廣告風格）由演算法測試接近無窮的可能性。川普選舉幹部告訴《連線》，他們在同一天內就會投放 175,000 種不同的廣告。

他們之所以能瞄準投放，靠的是臉書的特殊工具，可以篩選出用戶會想看到的廣告。帕斯凱爾開始瞄準由臉書定義的「自訂受眾」（Custom Audiences）群組 [22]，廣告客戶可以混合搭配各種特質，例如性別、種族、居住地、宗教及其他興趣（BMW 車主！熱愛槍枝的人士！），找出要顯示廣告的群組。找到特別容易認同川普的群組後，選舉團隊就會利用「類似受眾」（Lookalike Audiences）這個工具，拓展到看起來不明顯、但演算法顯示看法雷同的族群。這種「提升」（lift）或「品牌提升」（brand lift）策略是從歐巴馬的競選活動開始率先使用。

此外，帕斯凱爾同時雇用多家創意公司，讓他們彼此競爭，製作出最有效的臉書廣告。每個團隊早上 6 點起床，就開始在新的地區廣告，中午時會調整預算，把錢花在最有效的廣告上。製作出最佳廣告的公司可以拿到酬勞，輸家隔天再找另一個人口群組作為目標，想辦法獲勝。

到了選戰尾聲，川普的團隊擁有年齡、性別、地區及其他人口分類的資料庫，知道每一個族群可以被哪一種訊息打動。臉書擔心自己的瞄準工具將鼓勵政治人物將不同訊息散布給不同群組，例如在 A 區支持移民，在 B 區反對移民。那是很誘人的做法，因為臉書廣告不像廣播或電視廣告，不是給全部的人看，而是直接出現在被瞄準用戶的動態消息上。不過，川普的選戰不必這麼做，因為他們已經利用臉書找出自己發布的眾多訊息中，哪一個訊息會直接打中哪個人。「他們只把正確的訊息，投放給正確的人。」熟悉相關技術的高層表示，「A 在乎移民議題，B 在乎工作議題，C 在乎軍事力量。他們打造出完美的受眾。這非常瘋狂，到了最後，他們的模式是在川普即將發表競選演說的地點，找出那一區對哪些事有共鳴，依據行銷結果，即時修改競選演說。」

由於動態消息會助長腥羶色內容，川普的瘋狂實驗發現，最情色的廣告最會被目標受眾大量分享給朋友，隨之而來的「自然」散布完全是免費的。

那麼，川普團隊發現怎樣做都沒有反應的受眾時，也就是大概不會投給川普的人，他們怎麼做？川普陣營會向他們播放對希拉蕊不利的廣告，希望能讓這些反川普的人不會去投票。《彭博》（*Bloomberg*）的記者格林（Joshua Green）與伊森博格（Sasha Issenberg）在選舉的晚期階段獲准參觀川普的數位選戰。兩人的報導指出，帕斯凱爾的團隊找出三個永遠不會投

川普的群組：「抱持理想主義的白人自由派人士、年輕女性、非裔美國人。」

　　自由派人士看到的廣告，讓人對希拉蕊義憤填膺。她的選舉幕僚被駭的電子郵件，揭發了希拉蕊的不當作為（剛好那些信被俄國的軍事間諜偷出來了）。年輕女性則被提醒，希拉蕊的先生柯林頓種種令人髮指的性醜聞，而希拉蕊當年是如何糟糕地對待身陷醜聞風暴核心的白宮實習生。非裔美國人則會看到，希拉蕊曾說某些犯罪的黑人男性是「超級性掠奪者」（super predator，川普陣營當然不會提醒非裔美國人，川普曾刊登全版廣告要求處死中央公園五人強暴案中蒙受冤獄的黑人）。那些臉書廣告的明確目標就是勸阻投票。

　　如果受眾能被任何資訊打動，你就投放更多捐款廣告，這對川普來說很關鍵，因為他出乎意料在初選中獲勝，帶著空空的錢包進入大選。

　　帕斯凱爾在他的資料庫下足功夫，他命名為「阿拉莫計畫」（Project Alamo），向他位於德州聖安東尼奧（San Antonio）的總部致敬*，特別針對佛羅里達、密西根與威斯康辛幾個選戰關鍵州超時工作。這幾州將造成選戰豬羊變色，由川普拿下選舉人票。

　　「太精彩了！」某位追蹤此次選戰的科技高階主管表示，「他們打了我這輩子見過最龐大的數位行銷選戰，完全是意外做到的。他們只是在新的時代做了非常符合常識的事。」

　　臉書內部很多人都知道，川普陣營操作平台的表現有如演奏史特拉底瓦里（Stradivarius）名琴，希拉蕊團隊則像是在敲打壞掉的鈴鼓。廣告團隊每週會開例行會議討論大型廣告客戶

---

* 譯注：阿拉莫是德州在 19 世紀以寡擊眾的關鍵戰役要塞。

的狀況，包括金主的預算增減、如何進一步服務他們等等。隨著選舉日愈來愈近，兩方陣營的差距愈來愈明顯。川普不但廣告支出多過希拉蕊，他打選戰的方式明顯比較高明。

「在每一個層面上，他們使用這個產品的方式完全不一樣。」臉書廣告副總裁戈曼（Rob Goldman）說，「他們計算結果的程度、他們用的創意、他們買廣告的時機、瞄準受眾的方式，川普陣營採取我們的最佳做法，加以善用。」

然而，即使臉書廣告部門的員工眼看著兩方陣營運用臉書的方式在質與量上都有極大的差距，他們認為那樣的差異只是有趣的閒聊話題，不會真的造成多數人都強烈反對的候選人當選。「即使看到所有的〔川普廣告活動〕，不，我不認為川普會贏。」博斯沃斯說。許多臉書員工的看法和博斯沃斯一樣：「實在是太無法想像，所以我根本排除了這種可能。」

最糟的時機

桑德伯格加入臉書時與祖克柏共同規劃的藍圖是，政策議題、安全與公關，全部歸在雪柔世界。祖克柏會參與重要決策，但他樂於掌管臉書的產品，剩下的交給雪柔。

不過，依據許多臉書人的說法，2016 年來臨時，桑德伯格本人並不在最佳狀態。

2015 年 5 月 1 日，桑德伯格和先生高柏前往墨西哥蓬美達（Punta Mita）的高級度假飯店，和幾對夫妻檔一起慶祝朋友勒文的先生生日。那天下午，高柏去健身房運動，沒有準時回房。桑德伯格和小叔去找他時，發現他倒在跑步機旁，頭部旁邊有血跡。他已經沒有呼吸。

大維·高柏享年 47 歲。[23]

桑德伯格失去心靈支柱。高柏是她的完美伴侶，非常支

持她。他本身也是傑出的執行長，將 SurveyMonkey 網站打造成矽谷的成功故事，而且他平均分攤家務，並以太太的成就為榮，不管是作為成功主管，或是暢銷書《挺身而進》（Lean In）的作者。桑德伯格更成立同名基金會，鼓勵女性參與挺身而進運動。

這一切都讓高柏的死更加令人煎熬。桑德伯格後來在第二本暢銷書中提到，自己一生都靠做好準備及努力來掌握環境、克服困難。然而，悲傷卻無法靠 A+ 表現而被抹去。

部分臉書人表示，即使是一年後，正值關鍵的 2016 大選期間，桑德伯格仍未回到原本的狀態。公司受到的衝擊的確獲得部分緩衝，因為桑德伯格過去的努力有了回報，她建立的團隊能夠靠自己運作。然而，其他領域迫切需要領導。

和桑德伯格共事並不容易，儘管她在公開場合的形象是富同情心的企業女神，部屬要是沒達到她的高標準，她照樣會大聲咆哮。[24] 桑德伯格對於自己的公眾形象非常執著[25]，《挺身而進》在 2013 年上市時經過詳盡的沙盤推演，但一篇在出版前刊出的攻擊文章[26]，批判桑德伯格是超有錢的高級主管，不知一般女性疾苦。

那篇文章出自《紐約時報》以支持女性主義聞名的作者，所以打擊力道特別大。文章引來了很樂意把桑德伯格貼上菁英主義者標籤的女性主義評論家：「哈佛雙學位，雙倍的股票財富……9,000 平方英尺（約 253 坪）的大豪宅，還有一支小型軍隊幫忙打理家務」，這些都是在誤導女性，讓她們以為真的能兼顧家庭與事業。臉書早期的公關巴克表示：「那篇文章帶動了負面的論述……桑德伯格受到衝擊。」桑德伯格當時請巴克協助宣傳《挺身而進》。

雪上加霜的是，《紐約時報》犀利的莫琳·道專欄

（Maureen Dowd）再補一刀，寫道：「桑德伯格採用社會運動的語言與浪漫情懷，但不是為了推廣崇高目標，而是為了推銷她自己。」[27]《挺身而進》出版後大獲成功，但桑德伯格對於各種嘲諷仍很生氣。「我做這件事，是因為這是該做的事。」桑德伯格告訴我，「和人們見面時，我會談臉書，也幾乎一定會談到女性。有時人們喜歡，有時不喜歡，但我會一直堅持下去。」

臉書在大選中被放大檢視，讓桑德伯格更加在意自身形象。內部人士表示，雪柔世界「的核心動力是公關，公關是重心。桑德伯格的思考角度是：這篇報導會怎麼寫？標題會是什麼？她從公關的角度來掌握每一件事。她自認是全公司最厲害的溝通高手，她的確很擅長。」

然而，桑德伯格的狀態或許大不如前。她霸占部分的政策預算，以據稱每月 3 萬美元的費用（此一數字來自某主管，但桑德伯格的辦公室否認這個數字）雇用外部公關公司 TSD Communications，公司老闆是桑德伯格以前在美國財政部的同事。兩位了解內情的人士表示，TSD 會審查任何有提到桑德伯格名字的內容。如今臉書被詳細檢視，桑德伯格更是仔細插手每一次在媒體上的亮相。有一次桑德伯格向同事透露，她在受訪前的策略是告訴記者她很緊張，希望記者拷問她時能手下留情。

桑德伯格到臉書後一直和政策與媒體公關長史瑞吉關係良好，但在高柏過世後的那幾個月，她似乎和史瑞吉關係生變。桑德伯格身邊的人指出，她的會議室會傳出大聲爭吵（桑德伯格被問及此事時，對這種傳言感到不解。她表示可能是自己在哀悼期的行為被誤解）。

不論實情為何，在大選年間，桑德伯格的精神似乎比較放

在業務面，而不是政策上。「如果你回想當時是誰在負責這些事〔政策〕，誰真正在做決策，」桑德伯格部門的某高階主管說，「其實是卡普蘭與史瑞吉，那些人不歸雪柔管。」（桑德伯格本人否認這種說法。）

假新聞互動超越真實報導

桑德伯格和祖克柏日後會承認，臉書對假新聞問題太慢採取行動。選舉季開始時，平台本身就是理想的假資訊散布機器。由於動態消息的設計和演算法，假新聞基本上是歸祖克柏管的產品問題，但臉書沒興趣投入工程資源解決這個問題。假資訊會一直存在，部分原因就是臉書自祖克柏以降都堅信言論自由，即使是在人們並未說實話時。祖克柏樂觀的相信人性本善，認為民眾自然會判斷真假。此外，祖克柏完全不敢想像臉書要扮演真相仲裁者的角色。

「當時的臉書，並不想實際插手判斷有沒有品質、是不是事實的問題。」2016 年加入臉書負責新聞策略的安克（Andrew Anker）說，「那是非常危險的領域。」

然而，在選戰的最後幾週，假新聞激增，政策團隊的部分成員開始發現，公司的不作為正在導致災難。新聞媒體與研究人員開始質疑，為什麼網路上最受歡迎的貼文居然是造假的謊言，臉書提不出好的答案。

媒體毫無問題就能判斷哪些貼文有問題。造假者最明顯的手法就是捏造假的新聞來源，取個煞有介事的名字，編好攻擊希拉蕊的故事，接著把連結放上臉書。就連沒點連結看內文的人，也會看見標題與簡短摘要。

典型的假新聞工廠就像是《丹佛衛報》（*The Denver Guardian*），網站在 2016 年 7 月 16 日註冊，一開始沒什麼活

動，一直到 11 月 5 日，一則標題是〈涉嫌參與希拉蕊電郵洩密案的 FBI 探員，明顯死於『被自殺』〉的假新聞突然出現，很多人都以為《丹佛衛報》是科羅拉多州首府丹佛的重要新聞來源，但該州真正的大報其實是《丹佛郵報》（*The Denver Post*）。[28]

《丹佛郵報》甚至刊登報導聲明：「不管你在臉書上看到什麼，《丹佛衛報》不存在。」《丹佛郵報》指出，《丹佛衛報》提供的編輯部所在地，其實是某家銀行停車場的一棵樹。儘管如此，那則報導還是被分享超過 50 萬次，標題被瀏覽了 1,500 萬次。

全國公共廣播電台（NPR）的記者後來發現，《丹佛衛報》是一個住在洛杉磯郊區的 40 歲男子捏造的。他支持民主黨，雇用 20 到 25 名寫手專門製造保守派會想看的假故事。「我們也試圖對自由派做類似的事，」[29] 他告訴 NPR，「但不曾成功。你在頭兩則留言就會被揭穿，然後就會慢慢被洗掉。」

選舉前幾週，比率高到驚人的臉書頭條動態，實際上是來自北馬其頓小鎮的假新聞。11 月初，BuzzFeed 新聞追蹤超過一百個最熱門的美國政治網站[30]，其中許多都有規模龐大的臉書粉專，結果一路追蹤到北馬其頓的韋萊斯鎮（Veles），人口只有 45,000 人。這個小鎮的假新聞事業和《丹佛衛報》一樣，動機純粹是為了賺錢。

「臉書上的這些馬其頓人，根本不在乎川普能不能進白宮，」選後造訪韋萊斯鎮的《連線》記者寫道，「他們只想賺錢，提升物質生活，車子、手錶、更好的手機，在酒吧點更多杯酒。」[31] 韋萊斯鎮的家庭代工產業，就是從保守派的部落格抓反對希拉蕊的文章，再放到臉書上流傳。每當有人點進去看

文章，他們就能賺取廣告收入。那些文章通常完全是捏造的故事，但在臉書上看起來像是真的新聞報導。

來自韋萊斯鎮最轟動的文章，就是這樣的例子：〈希拉蕊在 2013 年表示：「我希望像川普這樣的人參選，他們正直、無法被收買」〉。一週內，臉書用戶與那篇文章就有 48 萬次互動，閱讀次數更是多出數百萬次。BuzzFeed 指出，相較之下，《紐約時報》挖出關於川普財務狀況的重量級報導，在臉書上一個月只被點選 17 萬 5 千次。

在美國總統大選的最後三個月，臉書上的假新聞互動已超越主流媒體的報導，也有人開始留意到這種現象。[32]

臉書早期的投資人麥克納米對此現象感到很不滿，他在《The Verge》科技新聞網邀請他寫的社論中抨擊了臉書。麥克納米把文章寄給編輯前，先寄給了祖克柏和桑德伯格看。「我在信上寫：兩位，我真的很擔心這是系統性的問題。這篇是我受邀發表的社論，但我真的很想和你們談這件事，好嗎？」[33] 祖克柏和桑德伯格都回信向麥克納米保證一切都在掌控之中，還把他轉介給臉書的夥伴關係長羅斯，羅斯在大選前和麥克納米談了幾次。麥克納米最後沒有發表那篇社論，但他日後將會再度發聲。

川普勝選最大助攻？

2016 年 11 月 8 日，臉書員工出門投票，他們有充分理由相信，選舉季帶來的紛擾都將在希拉蕊勝選那一刻結束。

然而那一天，負責監測即時通訊及「我投票了」按鈕的臉書政策人員，有人開始察覺結果可能翻盤。「川普在平台上的對話總是領先，人們說：那當然，因為很多是負面評論。」某位監測結果的臉書員工表示，「但佛羅里達的結果出爐時，我

就知道會出現另一個層次的檢驗。」

川普當選美國總統。臉書員工跟很多人一樣，對結果感到震驚與悲傷。但沒有多少公司和臉書一樣，被質疑是否該負起責任。質疑聲幾乎是立刻冒出來的：臉書是否造成了影響？

隔天在辦公室，臉書員工失魂落魄，好像他們在酒吧鬥毆中被人痛扁，醒來時發現皮夾不見。很多人哭了。祖克柏主持全員大會，對著震驚不已的工程師、設計師、公關人員、政策專家說話。臉書的內部專頁冒出各式社團[34]，包括「臉書（公司）完了」或「再次專注於我們的使命」。「再次專注於我們的使命」的介紹寫道：「2016 年的大選結果顯示，臉書沒有達成使命。」

政策部門有人認為一切都是卡普蘭的錯。卡普蘭在過程中一直在保護保守派的目標。卡普蘭不得不回應這件事，他告訴同事，他和所有人一樣，對選舉結果感到訝異。卡普蘭表示自己雖然支持共和黨，他並沒有投給川普，但即使核心領導階層不喜歡川普，臉書現在也必須習慣川普當選的事實。

選舉後兩天，祖克柏在「科技經濟大會」（Techonomy conference）上台受訪。祖克柏底下的人認為趁早面對這件事，臉書就能快點繼續前進，但事情並沒有如此發展。訪談人向祖克柏問起這次的選舉，祖克柏的答案和他平時一樣，從頭解釋起臉書的使命，談論臉書系統是如何運作的，最後才提到假新聞：

> 我看到他們說的和這次選舉有關的報導。我個人認為，臉書上的假新聞占非常少量的內容，所謂假新聞以任何方式影響到選舉，是非常瘋狂的看法。投票者是依據自己親身的經歷做出決定……我們真心相信人

們的判斷力，相信大家懂自己關切的事、懂他們心中重要的事，所以我們打造出能反映出那些事的系統……。宣稱人們決定投給誰是因為假新聞，那樣的看法深深缺乏同理心。

那次訪談我也在現場，祖克柏說那段話時，聽眾的反應其實很鎮定。祖克柏談論的方式感覺上也合情合理。然而，一離開訪談現場，祖克柏的那段回答只剩一句話：臉書執行長表示：認為假新聞影響選舉，是瘋狂的看法。

幾個月後，祖克柏將道歉。後來被挖出來的事實讓他別無選擇。

現在開始補救

臉書亡羊補牢，試圖找出假新聞的源頭。外界也很關注這件事。選舉過後幾週，因為川普勝選大受打擊的人士，紛紛把矛頭指向臉書上的假消息。

即使是臉書的盟友，例如早期的設計師古雷特（Bobby Goodlatte），也認為臉書的演算法助長了假新聞盛行。「很遺憾，動態消息致力於提升互動。」[35] 選舉隔天，古雷特在臉書內部論壇寫道，「而在這次選舉，我們看到人們是如何踴躍參與胡說八道的言論。」忠誠的臉書人，包括博斯在內，都不認同這種說法。政策公關人員留言回應，有假新聞是好事：臉書允許用戶分享假資訊，原因是臉書「是一家謙遜的公司……我們最不需要做的就是界定『事實』。」

即將卸任的美國總統也批判臉書。歐巴馬在投票日前，在希拉蕊的密西根造勢大會上抨擊不該以「全然的謊言」攻擊候選人。「只要放在臉書上，人們就看得見……人們就開始相信

那些事。」[36] 歐巴馬指出，「這掀起一場烏賊戰。」

　　歐巴馬接受《紐約客》（The New Yorker）的雷姆尼克（David Remnick）訪問時，分析問題出在隨著選舉日逼近，臉書無法自圓其說：「一邊是諾貝爾獎物理學家提出的氣候變遷解釋，一邊是收了石化大亨柯氏兄弟（Koch brothers）的錢、否認氣候變遷這回事，兩個說法在臉書頁面上看起來公信力一模一樣。此外，你能在臉書上散布陰謀論的假資訊、極盡抹黑對手，而不會有任何後果，這加速了選民極端兩極化，對話變得極度困難。」[37]

　　選舉結束後，歐巴馬仍持續表達關切。11 月 17 日，他與德國總理梅克爾（Angela Merkel）一起在柏林[38]（他訪問歐洲的卸任感謝之旅，因為選舉結果蒙上陰影），歐巴馬感嘆臉書上的假資訊被「精心包裝」，看起來就像是真的新聞。「如果看起來都一樣，沒有區別，我們就無從知道要保護什麼。」歐巴馬說。他兩度提到假新聞威脅到了民主本身。

　　11 月中，祖克柏預定要到秘魯參加高峰會，美國總統也會出席。歐巴馬要求和祖克柏私下見面，幕僚告訴《華盛頓郵報》，總統希望能「喚醒臉書」[39]，催促祖克柏以更積極的態度處理假新聞。臉書人表示，他們是去向歐巴馬報告假新聞的事，說明臉書採取了哪些（為時已晚的）處理步驟。祖克柏說：「其實是我要求見面，因為他公開說了一些評論，我想確保他知道我們正在努力做的事。」

　　祖克柏的一貫作風是在出事時，把「是我錯了」放在他提出的解決方案裡。11 月，動態消息團隊踏上漫長的問題解決之旅。當時負責動態消息的莫塞里（Adam Mosseri）在他的會議室召開會議，集思廣益。那間會議室叫「丹德米福林」（Dunder Mifflin），就是電視劇《我們的辦公室》（The

Office）中的倒楣公司。

　　臉書抱持平日的工程師心態，試圖靠修改產品來解決問題。團隊想出幾種減少假新聞的方法，例如：協助人們辨識報導來源、查證有問題的報導、更積極地關閉散布有害文章的假帳號。如今選舉已結束，這些做法都是可行的。但他們還是沒有討論到徹底禁止平台上的假消息，因為那違反了祖克柏的核心理念，他認為應該給用戶自由表達的權利。平台一旦開始審查言論，就代表他的夢想破碎。目標是盡量減少謊言，或是讓謊言排名很後面，埋在動態消息串的地下室。

　　臉書團隊在前往秘魯的飛機上擬定祖克柏降落後要在個人頁面宣布的消息。祖克柏承認這是很不尋常的貼文，因為這次不是要宣布臉書的新產品，而是要告訴大家臉書正在計畫的事，也就是在丹德米福林會議室討論出的動態消息調整。「有些將很順利，有些會不順利，」祖克柏寫道，「但我想讓你們知道，我們永遠會嚴肅看待這件事，我們了解這個議題對我們的社群來說有多重要，我們致力於把這件事做對。」祖克柏隔天與歐巴馬見面，雙方有如雞同鴨講。歐巴馬似乎沒留意到祖克柏發表了那則聲明，重申自己在德國提到的幾件事。

　　臉書人都納悶：*如果歐巴馬的團隊之前就知道那麼多，為什麼沒告訴我們？*

外國勢力介入

　　美國投票當天，臉書安全長史塔莫斯人在葡萄牙里斯本，隔天要在一場盛大的網路大會上演講。雖然看開票結果應該滿有趣的，但他想好好睡一覺，所以吞了一顆安眠藥後就關掉手機。隔天，選舉結果令他目瞪口呆，他匆匆在演講內容加上一句話：「我們是來自美西的菁英，我們這群人以對選舉結果感

到訝異出名。」然而，史塔莫斯事後查看收件匣時發現，多數人都是在關切看到假新聞的原因。這一切是否是有人策劃，企圖利用臉書影響選舉結果？

史塔莫斯發誓會調查。

接下來幾星期，史塔莫斯的團隊調查假新聞是從哪裡來的，未來要如何判別假新聞。史塔莫斯發現臉書仍然沒有意識到問題的嚴重性，尤其是祖克柏本人。

史塔莫斯在 12 月完成報告，發現多數的假新聞報導都依循著北馬其頓假新聞工廠的脈絡，用聳動的故事吸引好奇的讀者，目的是靠獲得大量點擊來獲利。那種假新聞很容易追蹤，跟著金錢流向走就可以了。假網站的「登陸頁面」（你追蹤連結時會造訪的網站）看起來不像真正的刊物網站，塞滿了劣質廣告。

不過，史塔莫斯也希望明確傳達，外國的介入也是重大問題，而且臉書尚未查出外國涉入的程度。史塔莫斯的報告詳細提到格魯烏介入此事，承認臉書還未確切掌握俄國人破解密碼、利用臉書散布政治宣傳的程度。報告還附上幾張頁面的螢幕截圖，他的威脅情報團隊認為，那些粉絲專頁的背後應該是俄國，俄國不只介入美國總統大選，也介入之前關於烏克蘭的假消息，甚至還有與奧運有關的政治宣傳。史塔莫斯為了強調這點，在報告上放了俄國情治單位的標誌。

懷有敵意的超級大國發起的攻擊，不是調整動態消息訊號就能解決的事，這需要深入調查，還需要祖克柏直接介入，而那很棘手。由於臉書的組織架構是由祖克柏和桑德伯格分治，擔任安全長的史塔莫斯還未曾與執行長一對一面談過。

因此，史塔莫斯採取非常規做法，帶著他的報告跨出雪柔世界的邊界，直接接觸公司的產品部門。他把報告加進附件，

寄電子郵件給祖克柏的親信團——考克斯、莫塞里、葛蕾特、奧利文。他知道那些大將才是實際掌控公司的人，負責處理祖克柏最關心的事。在每次危機，這些人都是深夜電話的通話對象。史塔莫斯判斷，唯有接觸到這幾個人，才有辦法越過政策團隊的不作為，真正引起祖克柏關注。

幾位主管收到報告後，史塔莫斯在考克斯的會議室裡與他們見面。考克斯是產品負責人，稱得上臉書的二當家，某些內部人士認為他的地位甚至比桑德伯格還高。考克斯很懊惱自己居然是第一次聽說此事，所有人都同意，祖克柏也該知道這件事。

隔天，大約 20 人在祖克柏的水族箱碰面，討論史塔莫斯的報告。祖克柏的反應似乎和考克斯一樣，沒有人向他報告過與俄國有關的事。祖克柏向團隊拋出許多問題，許多問題都沒人有答案。祖克柏要求臉書幹部組成委員會，研究補救方法。他們命名為「P 專案」（Project P）。

P 是指「政治宣傳」（propaganda）。

「我認為當時我們還無法系統性了解這件事。」專案負責人葛蕾特說。在史塔莫斯團隊的引導協助下，他們開始深入分析問題。葛蕾特是祖克柏以外最早加入臉書的元老員工，她覺得好像突然看見了真相。葛蕾特和臉書的成長沙皇奧利文密切合作，與資料科學家合作，提出他們的報告。

然而，一切以數字為尊的思維再次決定了結果。P 專案團隊發現，前 100 名的假新聞報導中，沒有一則源自受到懷疑的俄國團體。他們的結論是假新聞的問題，其實只需要切斷壞人的金流，例如韋萊斯鎮的馬其頓人，就是在玩弄系統。從某個角度來說，他們認為這和臉書過去碰到狂發垃圾動態的開發者，其實是類似的情形。因此處理假新聞的方法，就跟減少

Zynga 負責人平卡斯的過頭行為,沒什麼差別。

「我們知道部分的假消息散布者可以回溯到俄國,〔但〕假新聞的問題看來比較大。」臉書法務長史特雷奇說。因此,P 專案辜負了自己的名字,沒有處理政治宣傳的問題,只專注在打擊靠點閱率牟利的假新聞。

史塔莫斯沒有反駁 P 專案的結論,但仍認為臉書應該要就外國勢力滲透臉書這件事提出警示。史塔莫斯認為大眾應該要知道格魯烏有介入,這是理應持續關切的間諜活動。史塔莫斯和兩位威脅情報團隊的成員一起寫了公開白皮書。[40]

史塔莫斯再次和臉書的政策主管槓上。那份在 12 月提出的報告,放上幾張粉絲專頁的螢幕截圖,史塔莫斯的團隊追蹤到那些粉專背後是俄國。此外,他們還明確提到格魯烏在臉書上的活動。臉書政策主管不希望放上那些資訊,有消息來源指出卡普蘭尤其反對。不論是有意還是無意,這場爭論都帶有政治意涵。當時川普正在大聲否認俄國人在總統選舉期間有協助他。為什麼要挑釁新任總統?

因此,雖然那份長 13 頁的白皮書詳細談到外國勢力如何進行干擾,卻沒有提到俄國。事實上,整份報告裡都沒有出現「俄國」二字。白皮書的作者寫道:「不該由臉書明確指出是誰發起這場行動。」他們也指出,與國家有關的假消息,只是臉書上很小一部分的假新聞。那份白皮書唯一承認俄國涉入之處只有在注腳提到:本白皮書的內容並未牴觸美國國家情報總監(director of national intelligence,DNI)近日的報告。DNI 的報告明確指出俄國人試圖干涉美國的選舉,但你必須眼力極好,還得擁有大量知識,才有辦法看出臉書白皮書上提供的線索。

「我們的妥協就是提到 DNI 的報告,但沒有大喊是俄

國，俄國，就是俄國。」史塔莫斯今日表示。

根據《紐約時報》後來報導，桑德伯格本人批准在這份曝光俄國活動的報告上，省略俄國活動。桑德伯格極力否認這個說法。「我知道有人在寫白皮書，大概知道而已，沒有人問我是否該在注腳提到俄國，」桑德伯格說，「我沒有參與那件事。」

臉書在 2017 年 4 月 17 日公布白皮書。儘管那份報告不敢指出是誰攻擊了臉書（與美國），史塔莫斯不認為那份白皮書是在粉飾真相。「我最終妥協，因為這樣我們才能把事情公諸於世。」他說，「我們必須讓某些事能見光。」他們認為，臉書不像其他被外國勢力介入的受害者（Twitter、YouTube），臉書採取行動，主動提醒大眾與有關單位外國勢力操弄社群媒體的危險。按照這個理論，在報告中省略提及俄國人，只是出於謹慎。

後來我們會發現，那份報告並不完整。儘管史塔莫斯做了調查，儘管成立了 P 專案，臉書依舊不知道普丁（Vladimir Putin）操弄臉書的程度。

他們很快就會知道。

第 15 章

俄國連上最強瘋傳引擎，
引爆國安危機

　　2017 年 2 月 9 日，祖克柏找我到臉書有如飛機棚的總部 20 號大樓，位於前昇陽總部的對街，今日已更名為「經典園區」（Classic campus）。20 號大樓由法蘭克·蓋瑞設計，風格完全展現出這位建築大師「一切即將崩塌」的作品精神，管線外露，遠方牆壁垂掛電線，看起來像是用三夾板暫時湊合（蓋瑞說他的客戶「不想要過度設計」）[1]，牆上貼著類比研究實驗室最新一批的海報作品，包括新的網版印刷口號呼籲「勇於當科技宅」。

　　20 號大樓長 0.25 英里（約 402 公尺），高 22 英尺（約 6.7 公尺）的天花板下，擺放著看似隨機湊成的一堆長桌，年輕人們盯著眼前的螢幕。20 號大樓占地約 43 萬平方英尺（約 1.2 萬坪），有會議中心、免費餐廳，甚至還有可以刷信用卡的頂級咖啡廳，提供印度香料茶和美式咖啡。屋頂覆蓋著草皮，栽種當地植物，彎曲的泥土通道穿越綠葉，工作的休息時間可以來這裡迷你遠足（後來新蓋在隔壁的雙胞胎建築 21 號大樓，給大家更多的漫步空間）。

　　即使已經在這裡工作好幾個月，員工還是得依賴牆上無所不在的螢幕，才有辦法找到下一場會議要去哪裡。大樓裡，兩

條平行的通道穿越這一片矽叢林，臉書員工以連結矽谷和舊金山的美國公路，替那兩條主要通道取了綽號：「280 州際公路」與「101 號國道」。

祖克柏的玻璃牆會議室大約就在 20 號大樓的中心位置。正中央的桌子旁擺放著沙發與椅子，呈現一種隨意的氣氛。白板與顯示螢幕鎮守在會議室角落，你可以在那裡勾勒下一個大產品，或是愈來愈多時候，是在補救捅到社群圖譜馬蜂窩的產品。

就像 20 號大樓的人潮分散在 101 與 280 兩條通道上，臉書本身也在 2017 年踏上了兩條道路。一條是由善良初衷與超強財報鋪成的高速公路，另一條是惡夢般的下坡路，打擊公司的事件層出不窮。昔日的天才少年創辦人，在 2017 年已經成家為人父，躍升億萬富翁，保護與收割著臉書的 20 億註冊用戶。

雖然幾乎沒有用戶會去研究臉書的服務條款檔案，那些條款的數量與易懂程度，已經堪比晦澀難懂的喬伊斯長篇小說《芬尼根守靈》（*Finnegans Wake*）。如今的祖克柏已來到新高度，他試圖靠崇高的理念度過危機。早年的他只會把那些想法寫在私人筆記本裡，如今他就像宙斯，從奧林帕斯山玻璃魚缸落下閃電，將自己的看法放上臉書，供數百萬追蹤者觀看（按讚）。

在討論臉書在選舉與假新聞中扮演的角色，以及 P 專案是否該披露俄國介入時，祖克柏把公司碰上的問題放進更大的脈絡中，暗示美國在近日的選舉中變得更動盪、更分裂，這股趨勢也像動態消息上瘋傳的文章一樣，散布至全球各地。祖克柏認為在接下來的一年，他必須承認臉書的部分缺點，但他向來擅長抓住機會，這個曾經沉迷《文明帝國》遊戲的年輕人，

決定將討論擴張成更大的對話，這些問題不只讓他的公司處境艱難，也是全世界面臨的考驗。

祖克柏在 1 月 3 日公布他新年度的挑戰，他計畫在自己生長的美國展開政治人物式的傾聽之旅。除了他已經待過很長時間的地方，他將在全美走透透，造訪每一州。「我的工作是連結世界，帶給每個人聲音。」[2] 祖克柏寫道，「我想要在這一年親耳聆聽更多聲音。」

祖克柏也準備一份宣言，表達他的想法與分享他的願景。那個 2 月，他找我去談的就是那件事。

過去，臉書遭受的抨擊主要是針對個別的失誤，例如動態消息、Beacon、服務條款的風波。然而，臉書選後遭逢的危機卻直接關係到公司的本質。臉書以追求成長、商業、推廣分享的名義做出種種決定，製造出一個不健康、無力抵抗壞影響的成癮系統。祖克柏每天掛在嘴邊的話，臉書主管們在接下來幾年會不斷複誦的話，就是臉書有很多工作要做。

祖克柏總是樂於分享自己的做事步驟，他下令加強臉書安全團隊的陣容，承諾公司將搶先處理問題，不會等問題浮出檯面後才道歉、解決。祖克柏如今不認為假新聞影響選舉是「瘋狂的念頭」，他承認之前失言了。

我拿到臉書迷你廚房裡庫存充足的飲料（在臉書，提供訪客飲料是正式規矩，就像日本企業界會奉茶一樣），祖克柏告訴我：「那件事我大概搞砸了。」然而，他一一列舉臉書打算如何減少假新聞問題時，把這個議題視為全球走向分裂與敵意的一種症狀，而他認為臉書、他本人，可以做點什麼來改變現況。

「這是我的主要論述，」祖克柏說，「我們需要打造出一個基礎設施，讓我們的社會與文明可以進化到下一個階段，讓

目前的部落主義（tribalism）昇華，從今日的『一堆國家』，變成真的像是世界一家，我們可以齊心合作。」

祖克柏坦承，川普勝選讓臉書內外的人士感到不安，但他將投入的新聖戰，將不會只跟一個人有關，這是一場全球性運動。臉書能以社群打造者的身分，解決這個問題。「社群」將是祖克柏 2017 年的口頭禪。（臉書很早就超越祖克柏在 2007 年的觀點，當時他告訴我和其他記者：「我們完全不是社群／社群網站」。）

我們的對話過了一星期後，祖克柏的 5,700 字論文（閱讀時間：27 分鐘），標題是〈打造全球社群〉（Building Global Community），文中有技巧地默認「連結世界」已不再足夠，無法帶來臉書預期的美好願景。資料已經顯示，事情變得更複雜了。我們該繼續連結，還是該逆轉方向？祖克柏問道。

祖克柏自然選擇繼續連結。如同他先前和我分享的，社群提供了答案，臉書的角色將是讓社群提供支持、安全、充分資訊、公民參與和包容（按此順序）。為了豎起這幾大支柱，臉書有很多工作要做，但祖克柏專注於正面。討論到挑戰時，祖克柏舉例說明臉書是提供協助，而不是幫兇。祖克柏坦言，沒錯，臉書犯了錯，但源頭不是有心為惡或有害的商業模式，而是社群間有不同的價值觀，或「營運規模成長得太快」。祖克柏的宣言以超越那些錯誤的宏觀視野，邀請世界加入臉書，一起打造充滿體諒與友誼的新世界秩序。

祖克柏在論文的最後引用林肯總統 1862 年的演講[3]：昔日安穩日子的教條，不足以應付今日的狂風暴雨。困難情勢正在升高，我們應當挺身而出。由於我們面對的是新局，我們必須有新思考、新作為。

祖克柏並未引用林肯那次演講接下來的話，但其實可以加

上。我們……無法逃避歷史，美國第十六任總統寫道，我們正在經歷的這場烈焰般的大考驗，將使我們流芳百世，或遺臭萬年。

俄國酸民農場大買臉書廣告

2017 年 7 月，莫朗和威脅情報團隊的同事展開另一段令人憂心的發現之旅。法務團隊把來自政府的提示傳給他們：去看廣告。

問題一觸即發。史塔莫斯在那年 4 月公布白皮書後僅過了一個月，《時代》雜誌的封面故事就報導情治人員發現俄國 2016 年的政治宣傳，有一部分是把臉書廣告投放給易受影響的用戶。某「資深情報人員」告訴《時代》[4]：「他們買廣告（上面寫著『贊助廣告』的那種），用和其他人一樣的方式買廣告。」

維吉尼亞州參議員華納（Mark Warner）很憤怒[5]，在那年夏天前往門洛帕克，要求臉書進一步追蹤假消息來源。華納是參議院情報委員會（Senate Intelligence Committee）的成員，對社群媒體的抨擊力道愈來愈大，臉書首當其衝。選舉過後，華納要求臉書仔細檢視俄國的涉入情形，日後告訴《前線》：「我非常失望臉書最初的抗拒，甚至說出：『太瘋狂了，華納不懂自己在說什麼。』」[6]

然而目前為止，臉書試圖找出擾亂選舉的假新聞時，並未徹底追查廣告扮演的角色。臉書省略了廣告這部分，卻先否認指控，即使威脅情報團隊仍在調查。臉書發言人在 7 月 20 日告訴 CNN：「我們沒有看到證據足以顯示俄國人士在臉書上買廣告與選舉有關聯。」[7]

「去看廣告」可不容易，因為臉書當時有五百萬廣告客

戶，每天都產生數億則廣告。莫朗開始篩選，不只是他的團隊加入，廣告部門的商業誠信團隊（Business Integrity）也一起幫忙。他們從 2016 投票日前三個月開始尋找那段期間來自俄國的廣告客戶，或是使用俄國網路供應商、用俄文貼文、用俄國貨幣盧布付費的廣告。團隊利用那些訊號篩選出數十萬則廣告，接著他們開始仔細看那些廣告，判斷哪些廣告有政治內容。他們尋找「川普」或「希拉蕊」等關鍵字，但過程很困難，因為廣告裡出現的部分文字並不是文字檔格式，而是無法搜尋的圖片。儘管如此，他們還是設法再度縮小範圍。

莫朗開始尋找廣告客戶之間的連結，看看廣告本身是否有相似之處或共同的連結。真相如同底片上的影像逐漸顯影（臉書多數年輕人不曾目睹過的暗房現象），莫朗抓到了由二、三十個分散的用戶構成的網絡。那些用戶有一個共通點──他們全部都在俄國聖彼得堡。

莫朗覺得事有蹊蹺，他想起《紐約時報》2015 年阿德里亞・陳（Adrian Chen）的一篇報導，提到聖彼得堡有一座散布仇恨種子的酸民農場 8，名字是「網路研究社」（Internet Research Agency，IRA），目標是為了國土利益顛覆自由國家。陳寫道：「俄國的資訊戰可以被視為史上最大的酸民活動，目標是利用網路這個民主空間。」

莫朗和同事展開調查。他們確認到「網路研究社」花了大約 10 萬美元，登了約三千則的廣告，大部分都用盧布付款，用來推廣與「網路研究社」有關的 120 個專頁。9 那些專頁刊登超過八萬多則內容，觸及 1.29 億臉書用戶。

莫朗發現來自俄國的「網路研究社」在臉書上登廣告後，仔細查看內容，結果令他反胃。數千則聲稱來自新聞媒體的廣告，用荒誕的內容吸引美國公民（例如希拉蕊和撒旦過從甚

密），挑起種族仇恨，利用人們最深層的恐懼。

莫朗想吐的衝動，也傳給其他看到廣告內容的臉書主管，臉書內部有如爆發大腸桿菌感染。俄國人利用他們近年來建立的網絡，不斷散布那些廣告。「我們在會議室看到那些廣告，真的很噁心。」史特雷奇說，「我們覺得被狠狠利用，火冒三丈。」

有一則廣告特別令史特雷奇反感：有一個人拿著噴火器攻擊另一群人，上面寫著辱罵穆斯林的話語，圖片標題是「燒死他們所有人！」「那種程度的暴力、還有那些恐怖的貼文被用來煽動帶有偏見的民眾，實在太糟了。」史特雷奇表示，「那是非常糟糕的內容，被刻意散布給我們所有人看，我認為所有人看了都會感到不舒服，至少我受不了，但我們先前卻都沒發現。」

史特雷奇沒說出口的話是，臉書可以輕易利用人口群組與用戶感興趣的事，把這些廣告投放給會產生共鳴的選民。通常，一個議題的正反兩方都會被瞄準，一組廣告鼓勵川普支持者投票，一組廣告讓民主黨支持者感到心寒，勸導他們留在家不投票。有的廣告則完全是攻擊人權的惡臭炸彈。恐懼移民的用戶會不斷看到非法公民的犯罪報導，進一步分化已經很對立的美國。

臉書旗下的 Instagram 也受到影響。穆勒日後的起訴書上指出，「網路研究社」建立名為「黑人覺醒」（Woke Blacks）的帳號[10]，呼籲非裔美國人在選舉當天留在家，「我們不能投給比較不爛的蘋果，」一則貼文寫道，「完全不投票，是更好的選擇。」另一個帳號「黑人運動者」（Blacktivist）鼓勵選民投給極端自由主義的第三黨候選人史坦（Jill Stein）。「選擇和平，投給史坦。」其中一則文章寫

道，「相信我，這一票不會白投。」

　　特別檢察官穆勒調查俄國涉入情形的團隊，已經在追查「網路研究社」。後來他們發現「網路研究社」內部稱該次行動為「拉赫塔計畫」（Project Lakhta，拉赫塔中心是新的摩天大樓，占據聖彼得堡的天際線。）

　　「網路研究社」基本上就跟其他數千家公司一樣，把臉書當作行銷引擎，監測儀表板上的指標，責罵沒有達標的經理。特別檢察官的起訴書指出，「網路研究社」的某客戶專員建立了名為「邊境管制」（Secure Borders）的臉書社團，還因為「批評希拉蕊的貼文數太少」被指責。在選戰的最後幾週，那個專員被指示：務必加強攻擊希拉蕊。

　　那份起訴書還要好幾個月才會問世。臉書是目前唯一知情的人，數千則廣告與數萬則貼文證實，俄國人把臉書當成攻擊美國選舉的工具。臉書不只允許俄國人汙染臉書平台，還形同默默為那些廣告背書（臉書的廣告標準，比尊重言論自由的用戶文章標準更嚴格）。

　　臉書怎麼會沒發現這一切？原因之一是技術問題：P專案的研究人員在尋找假新聞時，利用的是英文的「分類器」（classifier，用於機器學習辨識演算法的詞彙）。俄國人刊登的廣告一般不會把文字存成文字格式，而是做成圖片。不論是否是刻意為之，此舉讓他們逃過臉書的假新聞搜捕網。

　　另一個原因是俄國的廣告數量相對少。帶領商業誠信團隊的廣告主管戈登曼後來解釋：每天會有數千名俄國廣告客戶，花數萬美元買在俄國以外的地方顯示的廣告。「網路研究社」的廣告總共只花10萬美元，而且是分散在八個月期間刊登。

　　不過戈登曼也明白，那些數字與技術上的盲點，並不能當成監督不周的藉口。戈登曼發現「網路研究社」之後，開始深

入研究俄國情報機構稱為「積極措施」的俄國假資訊宣傳。戈登曼表示：「我變成研究俄國事務的學者。」戈登曼研究歷史以及其他發現，例如閱讀蘇聯國家安全委員會（KGB）叛將卡魯金（Oleg Kalugin）的回憶錄。臉書主管組成自虐式的讀書會，開始了解那些早該留意的事。「俄國人已經做這種事一百多年了，」戈登曼說，「有人知道俄國人會做這種事。1970年代，他們會派特工在紐約的猶太會堂漆上納粹標誌。那基本上和他們 60 年後在臉書廣告上做的事完全一樣。」

由於臉書便宜行事，假設廣告客戶都立意良善，所以他們並沒有尋找那些事後看來很明顯的訊號。戈登曼說：「用盧布帳戶買美國選舉廣告，不尋常嗎？的確是不尋常。」戈登曼提到，臉書已經改變做法，開始會留意這樣的事。然而，臉書在2016 年忙著推廣海外廣告事業，沒有考慮到可能出錯的地方並加以監控。「〔俄國人〕會這樣利用社群媒體，這是很明顯的事，」戈登曼說，「我們卻沒想到這點、找出問題，實在很丟臉。」

讓情況更複雜的是，即使臉書找到來自俄國的政治宣傳，他們還是無從區分「政治宣傳」與「臉書認定可以接受的內容」。團隊標記出三千則廣告與八萬則貼文，主題包括：種族歧視者⋯⋯反希拉蕊⋯⋯LGBTQ⋯⋯槍枝⋯⋯移民⋯⋯，但那些都是臉書允許討論的主題。多數的政治宣傳都符合祖克柏認定的用戶「自由表達」的權利。臉書撤下「網路研究社」頁面的理由是因為背後的人，而不是文章的內容。

「我們一旦了解這些廣告在做的事，接下來的大問題就是該如何處理，」戈登曼說，「我們要如何改變政策，〔處理〕那些廣告？事實上，這些廣告被視為違反臉書政策，是基於很詭異的理由：因為它們是假帳號。如果是真帳號刊登的廣告，

我們將很難阻止。我們沒有一套標準可以規範,例如不能刊登有關移民的廣告,那麼做將嚴重縮限美國人與美國政治人物討論移民的能力。」

換句話說,頁面會被移除,原因是「網路研究社」使用假帳號來刊登廣告。另外,以臉書上的假新聞引發眾怒的程度來看,你可能以為臉書會立刻公布調查發現,但臉書沒那麼做。

演變成重大國安議題

首先,時間點對臉書來說太糟糕。臉書一直對外表示公司有處理假新聞問題,但那是基於臉書認定多數假新聞是為了賺錢。臉書還公布了沒提到俄國人的白皮書。此外,民眾大概也不會相信臉書主張那年 7 月之前都不知道俄國人涉入的程度。因此,臉書的處理方法就是隱瞞大眾,而至於是為了慎重起見,或是故意欺瞞,就看你個人的看法或是你跟誰談論這件事。

臉書沒有公諸於世,但還是有採取行動。莫朗與史塔莫斯追查完最初的格魯烏新聞後,向法務長史特雷奇報告,消息也傳到桑德伯格與祖克柏耳中。臉書的法務團隊通知 FBI 與特別檢察官辦公室。特別檢察官辦公室因此取得傳票,讓臉書能把涉案的廣告交給他們。不過,臉書向國會報告這件事時卻驚訝地發現,能取得機密資訊的部分議員所問的問題,顯示出議員對入侵一事都知情。「聽證會上,每個人都說他們知道這件事,」史塔莫斯說,「如果他們早就知道了,為什麼不協助我們?」

那個夏天,臉書持續蒐集資訊,但仍沒有向大眾公布,後來的新發現已經取代了之前沒有俄國廣告的說法。史塔莫斯後來始終表示,他不認為上司是刻意欺瞞美國民眾,只是針對國

安議題採取謹慎做法。「〔政策團隊〕認為，我們可以低調解決問題。」史塔莫斯說，「公司的做法是發生了不好的事，先不要說，直到非說不可，但那和隱瞞不同。」史塔莫斯用隱私權來解釋，「我們的立場是希望保護用戶內容，我們向來如此。」他說，「我認為就這樣公開並不妥，就像公布你的私訊會令人感到非常不妥，對吧？」

臉書到了 8 月底還是沒把那些廣告交給要求取得的國會委員會。史特雷奇表示這是因為臉書對於把用戶資訊交給政府單位，向來抱持謹慎態度。「一旦你宣布政府當局可以自由索取，誰知道會冒出其他哪些要求。」史特雷奇指出。

不是所有的臉書人都認為這樣的理由是基於善意的考量。某位了解內情的臉書主管表示：「他們在過程中的每一步，都是在保護自己。」

桑德伯格今日堅稱，臉書加班是為了找出問題的嚴重程度。她表示當時她已經完全參與。「有人說我先前跟史塔莫斯不常見面，的確沒錯，但從那之後我開始跟〔他的團隊〕的每一個人保持密切聯絡，親自和每個人談，例如：*哪些是廣告？哪些是自然內容？*試圖找出問題的全貌。我非常擔心我們漏掉太多。」桑德伯格表示她通常 8 月會休假，但 2017 年為了處理此事而取消休假。「我取消了一些預定計畫。」她說。

臉書直到 9 月才準備告訴大眾，臉書被當成俄國假資訊宣傳的舞台，協助川普當選（特別檢察官辦公室與媒體報導指出，川普陣營經常聯絡俄國人，最後出爐的〈穆勒報告〉〔Mueller Report〕還指出川普陣營「歡迎」這樣的干預，讓這個指控變得更具爆炸性）。臉書同意將俄國人的廣告交給國會，但不公開給大眾。桑德伯格表示：「我們最終決定全部交給國會，由國會決定是否要公開。」

臉書內部對於該承擔多少俄國介入，有很多討論。史塔莫斯希望全盤托出，他提議公布網誌，表明臉書也是受害者，這場針對美國的攻擊，政府卻沒有太多回應或根本毫無回應。然而，史塔莫斯的上司沒有採用他擬的草稿，改用溫和許多的版本：一篇不痛不癢的報告[11]，提供了違反公司政策的廣告與頁面數字，指出那些廣告「放大了意識形態光譜上不同的社會與政策訊息」。

　　這種說法沒錯，卻很誤導，畢竟絕大多數的相關廣告都是在幫助川普的選情。報告中提到攻擊來源的文字也同樣含糊：「我們的分析顯示，那些帳號與頁面彼此有關聯，大概是在俄國運作。」完全沒有提到幕後就是俄國的國家機構。接下來，報告重點就轉向臉書採取的改善做法。

　　史塔莫斯雖然認為不妥，還是在那篇淨化版的網誌簽名。史塔莫斯基本上已經要離開了：臉書很快就會重組安全部門，不再設安全長職位，把研究人員和電腦安全科學家轉到其他小組。史塔莫斯答應待到隔年年中，協助臉書為下一次選舉做準備。他從管理 127 人的團隊，變成大約只有 5 人的小組。

　　向大眾公布俄國人介入選舉的消息之前，祖克柏和桑德伯格必須先向董事會簡報，時間是 2017 年 9 月 6 日的每季會議。開會前一天，史特雷奇、史塔莫斯、史瑞吉和董事會的稽查委員會見面，委員會成員包括外部董事鮑爾斯、安德森，以及蓋茲基金會執行長戴斯蒙—赫爾曼（Susan Desmond-Hellmann）。

　　董事們聽完都很驚嚇[12]，不敢相信自己聽到的內容，也不敢相信這是他們第一次聽到這件事。鮑爾斯是政策與國安專家，他立刻知道臉書麻煩大了。他想知道還會不會冒出更多事。史塔莫斯回答有可能。誰知道俄國人還做了哪些事？美國

政府顯然沒有協助臉書把俄國人趕出平台。

　　會議開了約一小時，接著董事與高層就和往常一樣，在開董事會之前先一起吃晚餐。董事聽到的消息令人倒胃口。他們很生氣直到現在才被告知，他們負責監管的公司被俄國人當成影響美國大選的工具。董事也讓桑德伯格與祖克柏明確知道他們的不滿。

　　「我不記得董事會晚餐上大家有大聲吵架過，那次也沒有。」桑德伯格說，「但在場的人相當沮喪，這是大事。我們也覺得茲事體大。我認為我們都很生氣，他們自然也很生氣。我們所有人都是。發現外國勢力或任何人試圖干預選舉，你當然會非常生氣。」

　　隔天在正式董事會議上，董事繼續訓斥祖克柏和桑德伯格，桑德伯格很受打擊。她對於史塔莫斯告訴稽查委員會，之後可能找到更多干預的例子，尤其不滿。隔天，她在約有 20 人的會議上高分貝痛罵史塔莫斯，說自己從來不曾對臉書的任何人如此生氣。雖然桑德伯格吼人並不是不尋常的事，但這是很羞辱人的行為，特別是現場也有史塔莫斯的下屬。桑德伯格發怒幾分鐘後，祖克柏終於示意要她停下。

　　後來的報告也指出，祖克柏本人也責備了桑德伯格，因為她負責管理的部門在她的看管下發生這麼大的問題。祖克柏不願證實是否真有其事。我最後直接問他：你覺得雪柔有讓你失望嗎？

　　祖克柏安靜了一下，但不像他年輕時的那種超久停頓。「我不會那樣想，」祖克柏終於回答，「我們全都沒想到這會是那麼大的問題，我們當初應該多留意。我也認為有些錯誤是我直接造成的，我做出了不正確的決定。」

執行長微服出巡

或許祖克柏犯的一個錯誤，就是挑在臉書名聲一落千丈的那年展開搞不清楚狀況的全國走透透。臉書各團隊忙著調查俄國廣告，和穆勒的部屬開會，祖克柏卻繼續進行下鄉之旅，到各地宣揚崇高理念。原本應該是低調的旅程，預計和真正的美國百姓交流，最後卻變成和媒體玩捉迷藏。媒體突然間對這位年輕執行長很感興趣，祖克柏一方面雄辯滔滔、侃侃而談，一方面他的行程卻又宛如取自老影集《66 號公路》（*Route 66*）或《法網恢恢》（*The Fugitive*）的情節。

巡迴那幾週，他會試圖一次造訪多個相連的州。祖克柏四處拜訪名人與地方政治人物，也會突然造訪美國中心地帶的人們，和他們談論生活上的困難，例如崩潰的教育制度或社會司法體系。

有一天，俄亥俄州紐頓瀑布鎮（Newton Falls，距離克里夫蘭約 55 英里）的居民摩爾（Daniel Moore）突然接到電話，問他某個神祕貴客能否到他家晚餐。摩爾的家人在開飯前 15 分鐘才得知貴客是祖克柏，祖克柏想要找之前投給歐巴馬、2016 年轉投給川普的人。「我們認識了一個很酷的小子，」[13] 摩爾告訴俄亥俄州揚斯敦市（Youngstown）的《辯護者報》（*Vindicator*），「很親切好聊的一個人。」

祖克柏在印第安納州，和市長布塔朱吉（Pete Buttigieg）逛南灣（South Bend），兩人是哈佛同期。祖克柏還和納斯卡（NASCAR）賽車手恩哈特（Dale Earnhardt Jr.）一起賽車。德拉瓦州的預定行程就沒那麼好玩了，等著他的是民事訴訟出庭：因為他試圖改變公司架構，即使他日後出售大量股票或競選公職（咦？），也能保住他在公司的所有權力。不過，臉書在最後一秒鐘放棄那個行程，祖克柏沿著 95 號公路到南費城

吃了牛肉起司三明治。

他拜訪正處於人生危機的人們，跟一群鴉片類藥物成癮者或罪犯坐在一起。祖克柏拜訪北卡羅萊納布拉格堡（Fort Bragg）的現役軍人，還去了羅德島紐波特（Newport）的海軍戰爭學院（Naval War College，祖克柏告訴正在受訓的軍官，他們研究的戰爭遊戲[14]，感覺和他最愛的《文明帝國》很像）。祖克柏嘗試在裝配線上組裝福特卡車，還打斷一群北達科他州鑽油平台工人的行程，臨時到現場和他們聊工作。乳牛場、牡蠣養殖場、風力發電廠，都有祖克柏的足跡。

祖克柏到各地都盡量保持低調，只帶一位助手、一位公關，以及已經成為標配的保鑣（但完成訪問後祖克柏就會貼文告訴全世界）。隨著祖克柏身價超過 400 億美元，他愈來愈關心安全問題。雖然他擔任臉書執行長只領 1 美元年薪，公司為了保護他的安全，光是 2017 年就花費 730 萬美元[15]，隔年的數字更是兩倍。然而，祖克柏定期在臉書上發布的影片，鏡頭裡只有友善的馬克虛心聆聽這次拜訪的主人公的看法。

5 月，祖克柏的行程是到哈佛畢業典禮演講。校長福斯特（Drew Faust）邀請祖克柏時告訴他，先前的演講主題，有像是馬歇爾將軍（Marshall）宣布歐洲重建計畫、大法官蘇特（David Hackett Souter）自最高法院退休後首度演講等等，所以祖克柏不必迴避探討重大主題。

其實不需校長提醒，祖克柏在上台演講前一週再度找我談致詞的內容。「標準的畢業典禮演講主題是『找到你的目標、找到真正重要的事』。」祖克柏告訴我，「但我想說的是，千禧世代直覺就知道這件事。這個世代面臨的更大挑戰是，我們必須創造一個每個人都找到目標與意義的世界。」那就是他要談的主題——目標（purpose）。祖克柏 13 年前推出

Thefacebook 時並沒有崇高的目標，後來卻將臉書視為志業。

　　祖克柏說，回到哈佛演講，等於是完成一場圓滿的旅程。我問他會不會很感慨，他一開始沒有正面回答，幾分鐘後才回到那個主題。祖克柏告訴我，或許人們不會注意到，但他的演講中提到的故事，都圍繞著他自己的人生旅程。「所以說，即使我強調必須創造使命感，談到重大的計畫、貧富不均的問題、全球社群等等，貫串一切的情緒其實是我的一生。」那場演講在傾盆大雨中進行，獲得滿場熱烈掌聲。

　　祖克柏也旋風式拜訪新英格蘭地區，到緬因州小鎮探望失業的工人，當地的工廠被迫歇業。他也到羅德島的普羅維登斯（Providence）拜訪一所中學。

　　祖克柏沒有要選總統，他是社會理論家，手上握有絕無僅有的力量，足以影響 20 億人口的社群。世界上沒有任何國家的人口比得上臉書，當總統反而是降級。

　　祖克柏遊走美國各地，有如科技宅男版的托爾維克（Tocqueville）*，一邊思考著臉書碰上的難題。對一位實證主義者來說，祖克柏正在面對那些挑戰自己核心理念的問題，他認為人與人彼此連結與共享時，世界會更美好。俄國介入美國選舉，推翻了那個看法，祖克柏的確受到打擊。

　　發動攻擊的人知道，原本想推動良善的科技，也可以有效用於毀滅與分裂。「我認為部分的俄國政治宣傳真正帶來挑戰、令人挫折之處，在於他們濫用了這個平台，」祖克柏後來告訴我，「他們基本上是在製造議題的正反兩方社群，支持或反對移民，但他們顯然不在乎移民，只是利用移民議題在製造分歧。」

---

* 　譯注：19 世紀法國哲學家，以遊歷美國的見聞錄聞名於世。

有好幾個月時間，祖克柏都專注在社群上。他的〈打造全球社群〉宣言只是開端，接下來他投入更多心血，到芝加哥參加臉書第一屆「社群高峰會」（Community Summit），全額招待 350 位左右的無薪臉書社團管理員，例如：「黑人爹地」（Black Dads）、「流浪旅行」（Nomadic Travel）、「失能退伍軍人」（Disabled Veterans）、「奧斯汀釣魚地」（Fishing Places in Austin）。大家參加工作坊，交流心得，熱烈歡迎考克斯和葛蕾特等臉書主管到場演講。臉書承諾，會以操作臉書廣告的方式，讓更多人加入臉書社團。

　　祖克柏是驚喜嘉賓，登台時現場為之瘋狂。祖克柏走向半圓形舞台，途中一一和群眾握手，宛如美國總統上台發表國情咨文。祖克柏說：有意義的社團，如同你們管理的社團，是臉書最珍貴的資產。但臉書的 20 億用戶中只有一億人在參與這些有意義的社團，祖克柏希望臉書上的每個人都能加入那樣的社團。

　　接下來，祖克柏分享出乎意料的事。就在這一刻，他改變了臉書的整體使命。[16] 臉書的使命將不再只是連結世界。從這一刻起，臉書的使命是「帶給人們打造社群的力量，團結世界。」這個修正過的使命，幾乎等於是承認臉書一直以來盲目追求成長，集結了一大群人，而群眾很容易被操弄。祖克柏如今要開始形塑這群大眾。

　　「我一直相信人性基本上是善良的，」祖克柏說，「但我也發現我們都需要感到被支持，不想感到恐懼。然而，當我們不滿〔我們〕在家鄉的生活時，就很難關心別的地方的人。社群讓我們屬於一個比自己更大的團體，讓我們感覺自己並不孤單，前方有更美好的事等著我們努力……我們要打造一個世界，人人都有目標、有歸屬的社群，我們將以這樣的方式讓世

界更緊密。」

「我知道我們辦得到！」

換作其他時候，臉書的使命轉換將是大新聞。這代表臉書將變得不一樣嗎？然而，祖克柏這次的發表，影響力遠不及其他正在爆發的臉書醜聞。或許人們對宣言已經疲乏了，也或許是人們已經聽說俄國人事件，認為新願景只是在刻意轉移焦點。

儘管如此，如果你在那場芝加哥的社團管理員大會現場，全場興奮尖叫，祖克柏的話聽起來是誠懇的，甚至啟發人心。無論是否恰當，祖克柏在 2017 年把大量的心智頻寬都用在這些崇高的概念上，他是刻意選擇這條路線的。

高峰會結束後，祖克柏匆忙參觀非裔美國男孩小學，完成伊利諾伊州的行程。

祖克柏在芝加哥社群高峰會上傳遞的樂觀訊息背後，是他了解到臉書必須改變了，或至少必須修正路線。從假新聞到侵入式廣告，有關臉書的抱怨幾乎全部都與臉書最受歡迎的產品有關：「動態消息」。這個 2006 年首度在祖克柏的改變之書中成形的概念，如今已成為決定公司存亡的戰場。動態消息受歡迎的程度，以及祖克柏的野心，他希望讓動態成為最重要的個人化資訊來源，這些因素都為動態消息帶來過多的負擔。

雖然動態消息理論上可以一直往下滑上千則訊息，但人們一次只會看幾則，因此爭奪前面的排名成為惡性競爭，由評分系統來決定，超出個人的掌控。臉書喜歡宣稱他們不會幫用戶篩選，而是由每個人的偏好來決定他們的個人化動態會出現什麼。然而，選擇依據哪些訊號，以及各種訊號的占比，的確是由臉書決定。臉書的 EdgeRank 演算法會判斷哪些貼文獲得最高的排名。

多年來，EdgeRank 演算法不斷演變，系統變得非常複雜，變成由十萬多種訊號組成的數位大雜燴。其中的比重與平衡來自永不間斷的實驗，由動態消息團隊的資料科學家負責。而這些人都向成長團隊報告，想當然他們的績效指標就是成長團隊看重的事：增加與留住用戶。「互動率」依舊是重點。

這類系統的缺點，前 Google 介面工程師哈里斯（Tristan Harris）[17] 曾經說明過。哈里斯過去就曾批評前雇主使用令人成癮的技術。他認為傳統上吸引注意力的方式（電視圈、甚至是系列小說的操作手法），在 21 世紀的數位工具與人工智慧突破的推波助瀾下，抵達了成癮的新境界。

哈里斯認為，動態消息及其他吸引人「無限往下滑」的方法是其中最糟糕的，臉書更是罪魁禍首。美國人花在行動網路的時間，約四分之一是在臉書上，有些國家的時間甚至更長。哈里斯認為，這些使人成癮的產品不只造成分心，更會威脅到人類的生存。雖然電影把人工智慧帶來的威脅描繪成《魔鬼終結者》裡追殺人類的機器人，哈里斯主張我們真正該害怕的其實是祖克柏。祖克柏的演算法正在用我們抗拒不了的數位垃圾食物淹沒我們。假新聞爭議讓事態更嚴重，操弄我們的衝動，引誘我們看有害的聳動內容。

「實際上，我們已經打造出比人類心智更強大的人工智慧，但取了一個掩人耳目的名字，」哈里斯說，「命名為『臉書動態消息』，於是大家都沒發現，我們已經打造出失控的人工智慧。」哈里斯說，使用動態消息就像是和不敗的電腦比西洋棋，電腦知道你的弱點，每次都能擊敗你。過程就像是：我該走士兵嗎？例如跟川普有關的文章，或是我該走「你的朋友出去玩居然沒叫你！」，這一步很有用，所以我把這一步放在你面前。

「我們知道人類和電腦下棋會發生什麼事，我們會輸。」哈里斯說，「有如完全打敗人類演化。」

動態消息團隊每日的工作，被說成是在毀滅全人類，團隊自然不以為然。但美國大選與選後的餘波盪漾，逼團隊不得不面對動態消息有可能真的對用戶有害。「我們一直努力找出並減少會帶來不佳體驗的內容傳播，」動態消息團隊副總裁赫吉曼（John Hegeman）說，「〔但〕我不認為有任何人想得到，這件事會引發如此大的關注，我們發現必須在這裡投入更大量的時間。」

換句話說：我們搞砸了，現在得想辦法補救。

臉書時代的新聞

引發特殊關注的一個領域，就是動態消息如何處理新聞。

大約自 2010 年起，主要是因為祖克柏希望打敗 Twitter、讓臉書更即時，動態消息開始出現愈來愈多新聞報導。葛魯丁（Nick Grudin）表示：「我們開始發現，連結到報社的推薦流量出現自然成長。」葛魯丁曾擔任《新聞週刊》的主管，後來負責臉書的內容夥伴關係。「那不算是刻意的結果，〔但〕經過幾年後，臉書成為相當重要的新聞平台，有 20％或 25％的點選來自臉書。」許多報社的比率更高。那幾年，臉書幾乎是刻意無視於自己對新聞產業的影響力。「你不會在臉書上閱讀新聞，」考克斯在 2014 年告訴我，「你是在臉書上發現新聞。」考克斯指出，與其說臉書是新聞來源，不如說是「你會對新聞投注關愛眼神的園地」。

臉書不希望成為新聞業的重要勢力，也不願意負擔這個角色的責任。臉書和新聞媒體的合作關係主要是協助媒體運用動態消息。臉書沒有想過要改造產品，由臉書來區分高品質新

聞與垃圾新聞。臉書服務報社的第一大產品是「即時文章」（Instant Articles）：將內容儲存在臉書伺服器，加快更新文章的速度（Google 也有類似產品）。

這個功能幫到的其實是臉書，多於協助媒體夥伴，因為「即時文章」會跳過報社網站，而網站是報社可以登廣告與蒐集讀者資料的地方。「以加快提供文章的目標來說，『即時文章』效果很好，」葛魯丁說，「但未如我們預期的受歡迎。」怎麼會這樣？難道報社也想要賺錢喔？

臉書的態度來自祖克柏的影響。祖克柏不認為動態消息應該給歷史悠久的大報社特殊待遇。他不想扮演決定「什麼算是新聞」的角色，祖克柏絕對不想要當仲裁人。讓用戶決定！由資料驅動的新型報社，如 Upworthy 或 BuzzFeed 等新聞網站，在內容上善用動態消息的演算法。祖克柏對這種做法有共鳴。Upworthy（值得傳播）和 BuzzFeed（熱門動態）兩家公司的名字就顯示出他們處理新聞的方式。Upworthy 包裝催淚的勵志故事，讓人不禁分享。BuzzFeed 則專攻人們茶餘飯後忍不住談論的有趣話題。

BuzzFeed 的社群媒體經理挖到某人的 Tumblr 照片，有一件特殊顏色的洋裝[18]，有人看見洋裝是「黑色＋藍色」，其他人則看見「金色＋白色」。那位經理只花了 5 分鐘就寫出故事放上臉書分享。BuzzFeed 是社群媒體高手，那則洋裝故事就像南北戰爭中的薛曼進軍（Sherman's March），一路順暢無阻攻占社群圖譜，一天之內就被閱覽 2,800 萬次。BuzzFeed 還做了數十則跟進報導，攻占所有版面，規模有如當年《紐約時報》報導 911 攻擊事件。這就是臉書時代的新聞。

2016 年，讓 BuzzFeed 的洋裝事件得以瘋傳的相同手法，帶給各種新聞驚人的閱讀量，例如：教宗挺川普、希拉蕊在披

薩店經營雛妓集團。同一時間，真正的新聞堡壘卻無力讓優秀報導被廣傳。那些新聞「吸引用戶互動的程度」不如假新聞或蠢新聞。臉書只是聳聳肩。「臉書絕對在新聞生態系統中扮演了特殊的要角，」動態消息團隊的赫吉曼說，「但同時，那並不是人們用臉書的主要理由。」赫吉曼提供的數據是 5%：動態消息的貼文中，二十則只有一則是新聞連結。

即使是在選舉之前，已經有臉書人認為公司必須做得更好。2015 年，熟悉媒體的高階主管安克（Andrew Anker）加入臉書，他的任務是協助新聞媒體。安克花了幾星期想出一個計畫：增加「即時文章」的付費牆選項。也就是說，為了能繼續看報導，讀者必須成為訂戶。報社一再要求付費牆機制，變現自家媒體在臉書上的報導。安克到祖克柏的水族箱報告這個點子，說明了約兩分鐘，祖克柏就要他停下。「臉書的使命是讓世界更開放、更連結。」他提醒安克，「我不懂訂閱制如何能讓世界更開放或更連結。」

2016 年過後，臉書意識到必須處理新聞，即使目的只是消滅假新聞。選舉過後，莫塞里與安克想出幾個處理假資訊的快速調整方案，其中之一是授權請人做事實查核[19]，追查可能的假故事，並標示出調查結果顯示的確造假的內容（臉書不喜歡「假新聞」一詞，這個詞彙被 2016 年的勝選者挪用普及）。

臉書第一代事實查核產品，結果令人驚訝。臉書標示為「爭議內容」的文章，也就是專業事實查核員認為是造假的文章，人們的互動程度反而提高了！安克指出：「有些人認為，我們標註為造假，反而代表那篇文章說的是真話。」臉書又嘗試其他方法，勸阻人們去看那些想操縱他們的假故事。打擊假新聞最有效的行動，是在動態消息「調低排名」，要滑很久才看得到那些內容。臉書堅持不肯消滅那些內容。只要不按下那

個核武按鈕,臉書就不必負責說出:「這是假的,拿掉!」最好避開那樣的爭議,只要讓披薩門(Pizzagate)報導比較不可能出現在某人的動態消息上就好。

安克離職後,臉書內部繼續爭論。前《紐約時報》數位經理哈迪曼(Alex Hardiman)在2017年接下安克的位置,她說:「有鑑於相關風險,問題出在臉書是否有意願定義與推廣高品質新聞。」

同一年,臉書雇用了前CNN記者布朗(Campbell Brown)擔任臉書與新聞媒體的橋梁。布朗是人脈廣闊的紐約人,先生是小布希總統任內的政府官員。布朗在2016年選戰期間對傳統媒體報導選戰的方式感到失望,尤其是有線新聞。傳統媒體為求收視率而炒作議題。「我認為臉書在選戰期間沒有那麼重要,」布朗說,「我的背景是電視新聞,所以我專注觀察電視新聞。」

布朗上任後,立刻打破人們認為臉書找她來是想要有名人幫公司說好話的說法,正面迎擊臉書的爭議。布朗試圖穿針引線,擔任報社的內部聲音與臉書的外部辯護者。這個角色兩邊都不討好。報社已經因為兩件事而責怪臉書:新聞的可信度危機,以及臉書赤裸裸地搶他們的營收。臉書內部則受祖克柏的影響,依舊認為動態消息不該給媒體特殊待遇。

布朗與動態消息的負責人莫塞里,邀請編輯與媒體撰稿人非正式地吃過幾次晚餐、見過幾次面。這種場合有時會引爆衝突。BuzzFeed的新聞編輯史密斯(Ben Smith)在某次聚會時發飆,質問:這些人在這裡幹什麼[20]?他指的是立場極右的「每日傳訊」(Daily Caller)等網站。史密斯沒給那些人好臉色看,稱他們是垃圾刊物。

臉書的新聞團隊愈來愈難施展拳腳,因為公司得罪右派。

棘手之處在於，最追求高品質的新聞媒體，一般被視為自由派。好幾個熱門的右派媒體則毫不猶豫地捏造內容，編故事支持特定政黨。光是要判斷哪些事是真的，已經讓臉書夠害怕了。當真相還涉及政治時，臉書更不可能採取行動。

「你可能會想做實驗，你說：OK，我們準備好了，但你碰上一個超級保守派的媒體，做了很糟糕的事，應該被處罰，但那個人有講話非常大聲的遊說團體助陣。」一位新聞團隊的主管說，「以目前當家的政府來看，你願意對某類型的選民挑起戰爭嗎？」爭議就在此：我們該試圖做對的事，還是做政治上較合理的決定？

臉書是否有辦法讓動態消息回到墮落前的狀態，再次重回連結親友的美好管道？臉書是那麼希望的。2015 年年底的會議上，帶領臉書影片團隊的西摩（Fidji Simo）提出，希望強化動態消息上的影片，引進專業內容。考克斯與其他幾個人反對，認為動態消息如果變成影片主導，將失去連結人群的獨特優勢。

這個提案進一步引發動態消息品質的討論。博斯沃斯說：「我們開始談把時間用在有意義的事情上。」沒錯，臉書也在使用最嚴厲的臉書批評者使用的詞彙，開始在田納西州的諾克斯維爾市（Knoxville）進行焦點小組研究，請真實用戶談他們想在動態消息看見什麼。臉書的核心資料團隊負責研究「善用時間」（time well spent）的概念。

臉書開始考慮把首要指標從互動率，改成納入品質的指標。「但這件事是以一般速度進行，」博斯沃斯說，「不是當務之急。」臉書在 2019 年改變演算法，試圖放慢病毒式貼文的傳播速度。臉書也再度平衡訊號，特別強調親友發布的內容。新聞網站懊惱地看著自家內容的流量數字往下掉。

年底，臉書再次大轉向，宣布要為臉書挑選的新聞機構內容付費。這個計畫將在和動態消息分開的「News Tab」上運作。然而，業界的興奮被澆了一盆冷水，因為另類右派（alt-right）的布萊巴特新聞網（Breitbart News）也中選了。

投入慈善

祖克柏第一次意識到可以用分享財富的方式幫助別人，是在 2006 年。當時他想到，如果接受雅虎的收購，他個人的身價將達數億美元。祖克柏和當時的女友普莉希拉·陳散步長談。普莉希拉指出，這樣的財富可以用來助人。「那個數字太驚人，你會發現這是一個實在的機會，所以你拒絕之前要想清楚。」普莉希拉告訴男友。不過，兩人都想不出花那筆錢的好方法。「我開玩笑地說，如果他沒有好點子，只好回去上班。」普莉希拉說，「但我想他會說，他有一個改變世界走向的願景，他想推動那個願景。」

普莉希拉進入醫學院之前曾在小學教自然科學，她希望未來的先生也能助人，要求祖克柏也嘗試教學。祖克柏一開始拒絕。「我說：我很忙，我在經營一家公司耶。」祖克柏說，「但她很堅持，所以我開始教課後輔導，我從孩子身上學到很多。」祖克柏教四個孩子，大約一個月見一次面，他很驕傲的是經過五年輔導，每個孩子都進了大學。幾個孩子分別來自不同的家庭背景，讓祖克柏深深相信移民的價值。

那些教學經驗並沒有幫助祖克柏第一次的慈善事業嘗試。2010 年，他上歐普拉節目宣布將捐贈一億美元，支持紐澤西州長克里斯蒂（Chris Christie）與參議員布克（Cory Booker）的紐瓦克市（Newark）教改計畫。[21] 祖克柏希望該計畫能成為改革全國教育的典範，但計畫後來成效不彰，數據顯示學生

表現沒有明顯進步。（普莉希拉認為，長期來看結果或許會不一樣，但紐瓦克基金會仍在 2016 年關閉了。）[22]

　　臉書 IPO 後，祖克柏登上全球富豪榜，身價從百萬等級躍升為百億等級。他和妻子普莉希拉開始更積極探索投入公益的方法，兩人請教朋友蓋茲夫婦。蓋茲基金會很有名，投入數十億美元解決世界上的飢餓、教育與社會正義問題，還邀請超級富翁們簽署「捐贈誓言」（Giving Pledge），這是一份不具約束力的承諾，簽署人答應至少捐出一半財富做公益：祖克柏夫妻也簽了。接下來，兩人以蓋茲夫婦為模範，同樣成立慈善機構，專注於改善健康、教育與社會正義。

　　陳和祖克柏基金會（Chan Zuckerberg Initiative，CZI）與非營利的蓋茲基金會有一點很不同，CZI 是盈利的有限責任公司（LLC），2016 年成立時，批評者曾質疑為什麼要那樣做。成立營利機構算是回饋社會嗎？但曾任歐巴馬選舉操盤手、祖克柏夫婦請來負責基金會政策的普洛夫（David Plouffe）表示，這是為了擁有更多彈性。

　　「我們想從 360 度全面檢視，」他說，「可以從投資、補助、工程、倡議、說故事、政策等面向來著手推動嗎？」CZI 如果能自由採取各種做法，而不必擔心因此失去慈善機構的身分，將能做得更多，特別是普洛夫想開始推薦政策，專注於社會正義領域。

　　CZI 在 2016 年成型，祖克柏與普莉希拉顯然會很投入。祖克柏真的會花時間待在基金會，通常是週五整天，以及其他天偷來的幾小時（近年來由於臉書腹背受敵，祖克柏不得不減少在基金會的時間）。普莉希拉熱愛擔任小兒科醫師，但不得不放棄臨床工作，成為全職的共同執行長。她原本也主持祖克柏贊助的一間學校，但為了管理基金會，只好把學校移交給行

政人員，她的時間幾乎被大型慈善機構綁住。普莉希拉承認：「我很想念照顧病患的日子。」

我到基金會總部拜訪普莉希拉時，她說自己是為了未來的許多個普莉希拉·陳，以及她們的病患。「基金會是很難得的機會，可以改變那些讓我無法在診所、醫院、教室、社區成功的體系。」（CZI 的總部，每個人待在經過精心規畫的工作站，有擺滿點心的迷你廚房，還有免費咖啡廳，有如靜音版的臉書辦公室。）幾分鐘後，普莉希拉回頭談起自己放棄的生活。「我希望能和馬克一起徹底打造基金會的 DNA。這是很難的工作，不如當醫師有成就感。」她表示，「〔但〕我希望能改變我在乎的人的人生。」

2016 年 9 月，CZI 在舊金山占地遼闊的使命灣醫療中心（Mission Bay，旗下有祖克柏舊金山綜合醫院〔Zuckerberg San Francisco General Hospital〕，該院獲得 7,500 萬美元捐款後重建）禮堂，做出基金會最重大的宣布。祖克柏上台承諾，CZI 基金會將捐贈 30 億美元，在他兩個女兒的有生之年，也就是大約在本世紀尾聲之前，「治癒所有的疾病」（祖克柏的第二個孩子奧古斯特生於 2017 年）。

雖然醫療在過去百年確實出現重大進展，治癒所有疾病仍是很驚人的目標。其中一個計畫是成立「生物中心」（BioHub），整合史丹佛、加州大學柏克萊分校，以及加州大學舊金山分校的資源。祖克柏舉行完動土典禮後，普莉希拉上台進行人生第一次大型演講。普莉希拉提到小時候家裡經濟狀況不佳，她讀醫學院是為了服務家庭，照顧病患，她的許多患者是罹患重大疾病的兒童。她在講到自己有時必須告訴家屬壞消息時，流下了眼淚，在台上表現出真摯動人的情感：那是她的先生尚未掌握的能力。

壓軸講者是比爾・蓋茲。蓋茲的演講充滿熱情，但當他提到祖克柏的目標是本世紀末之前根除所有疾病時，話語中有點不以為然，好像他心裡想的是：**我花了數十億對抗小兒麻痺，都還沒完全成功——你出那麼一點錢就要治好所有的疾病？**（幾天後，《華盛頓郵報》評論，每年的健康照護支出高達 7 兆美元[23]，十年捐 30 億其實是滄海一粟。）

　　蓋茲後來解釋：「世界需要振奮人心的目標，也需要具體的目標。」蓋茲表示，「在慈善的世界，人們有時會搞混哪些是具體目標，哪些是振奮人心的目標。或許我有點雞蛋裡挑骨頭，因為我管理的組織非常慎重對待具體目標。但在我們居住的這個世界，絕對需要擁有擺脫所有疾病的理想，來鼓舞我們繼續努力。」

　　說到底，CZI 和臉書一樣，反映出共同創辦人的工程師心態。CZI 的特點是致力於打造數位工具，對抗祖克柏和普莉希拉想處理的問題。CZI 與科技公司（包括臉書在內）搶人才，招募軟體工程師與 AI 科學家。祖克柏的遠大目標是另一項公因數：「我在 2017 年 1 月加入，當時我們有 20 個人。」普洛夫在 2018 年初告訴我，「我們現在是當初的〔10 倍〕大，我會說，臉書成長的經驗對我們也很有幫助。」

　　CZI 的崇高目標，持續與臉書的公共形象形成對比，對基金會來說不是那麼加分。在祖克柏造訪美國各地與沉思的那一年，臉書的形象一落千丈。不論 CZI 的目標有多真誠，永遠有人批評這個事業只不過是在臉書深陷危機時，用來轉移注意力的東西。

　　CZI 與臉書、臉書執行長之間的關聯，不再讓基金會獲得讚賞，就算捐錢也改變不了，一個例子是舊金山市的監督委員要求「祖克柏舊金山綜合醫院」必須拿掉「祖克柏」三個字。[24]

國會的指控

萬聖夜那天，臉書法務長史特雷奇與來自 Twitter 和 Google 的代表，在參議院司法委員會的聽證會上，舉手發誓誠實作證，主題是「網路上的極端主義者內容與俄國假消息：與科技業合作找出解決方案」（Extremist Content and Russian Disinformation Online: Working with Tech to Find Solutions）。

那是連續兩場聽證會的第一場；史特雷奇和其他兩位代表，將在隔天熬過另一場類似的眾議院聽證會。經過激烈協商後，參眾兩院同意聆聽企業法務長為科技公司的辯護。但委員會其實希望最高階主管出席：以臉書來說，應該派祖克柏或桑德伯格。聽這些律師講話無法令委員會滿意。

參議員有備而來，準備好生動的證據，指出臉書放任俄國間諜的行為。參議員華納用貼著螢幕截圖的硬紙板（參議院的科技水平還停留在 1950 年代的科展），指出俄國人在聖彼得堡的 IRA 網路研究社計畫 2016 年 5 月要在休士頓的伊斯蘭中心舉行可能涉及暴力的集會。「德州之心」（Heart of Texas）這個俄國粉專，動員反移民的追蹤者舉行抗議活動。另一個自稱「美國穆斯林大團結」（United Muslims of America）的專頁又呼籲穆斯林為同胞站出來。現場質詢很犀利，挖出史特雷奇坦承臉書上的俄國活動觸及超過 1.2 億美國人，史特雷奇不得不承認，臉書仍不確定是否已經找出所有的 IRA 行動。

史特雷奇律師風格的謹慎說話方式，讓各州議員倍感挫折。只要是稍具挑戰性的問題，他一律以感謝議員發問作為回答。聽證會結束後，史特雷奇的太太告訴他：「親愛的，我不確定有沒有人告訴你：你不必回答每一題都要感謝議員。」史特雷奇告訴太太，那只是在爭取時間，思考要怎麼回答。他的回答通常都是某種版本的「我了解情況後，再向各位報告。」

參議員表明，這次的聽證會只是開頭，臉書和其他科技公司將面臨新的現實，都將受到嚴格檢視，但臉書尤其應該緊張。代表臉書母州的參議員范因斯坦（Dianne Feinstein）直接挑明：「你們打造出這些平台，這些平台如今被濫用，你們得負責想辦法，」范因斯坦說，「要不然就是我們自己動手。」

　　史特雷奇作證時，祖克柏人在七千英里之外。祖克柏每年都會拜訪北京，他是清華大學經濟管理學院顧問委員會成員，美國其他商業領袖也會出席那場活動，例如蘋果執行長庫克（Tim Cook）、高盛的貝蘭克梵（Lloyd Blankfein）。中國自2009年開始禁臉書，祖克柏多年來一直努力和中國領導人打好關係，希望想辦法繞過禁令。如果有十億中國人被封鎖，臉書怎麼可能連結全世界？

　　祖克柏2010年的年度挑戰是學中文，每天學一小時，他2014年造訪清華大學時就用普通話演講。大略的翻譯是：我很高興能來到北京。我愛這座城市。我的中文講得不好，但我每天都學著說中文。[25]

　　紐約的八卦專欄「第六頁」（*Page Six*）更指出，祖克柏甚至請習近平幫他當時未出世的女兒取中文名（據說習近平拒絕了。[26] 臉書否認這篇報導的內容。祖克柏夫婦自己為女兒麥西瑪取了中文名字陳明宇）[27]。然而，不論祖克柏做了多少努力，中國希望審查網路言論、不需循正當程序就能取得個資，祖克柏無法提供這種版本的臉書。

　　祖克柏在臉書上談他的2017年中國之旅：「每年到中國一趟，可以跟上中國的創新與創業腳步。」[28] 或許那不是繼續研究中國創新最好的一年。隨著臉書碰上的危機愈來愈多，祖克柏一度想讓臉書進入中國的夢想，並沒有進展。

踏上修補臉書之路

祖克柏全美走透透時，我加入他的最後一段旅程，地點是堪薩斯州的羅倫斯市。時間是 11 月，臉書鼻青臉腫的一年即將進入尾聲。祖克柏在堪薩斯大學主持市民大會式的會議，受邀的學生必須通過金屬探測器安檢。

當時離我們的非洲之行才過了 14 個月，但感覺是上輩子的事。祖克柏或許還維持在非洲時的氣質，一個穿 T 恤的友善男生和你打招呼：「嗨，我是馬克。」然而，祖克柏散發的那股輕鬆活潑，曾經令人覺得謙虛有魅力，如今人們卻開始認為，祖克柏是否活在自己的世界，不肯承認發生的問題。媒體不斷痛批祖克柏，甚至在祖克柏的臉書留言也不放過他，但奇怪的是，祖克柏似乎不受影響。自從那場令他滿身大汗的 D: All Things Digital 科技大會之後，祖克柏很堅持活動開場前，休息室的冷氣要是冷凍肉櫃的水準。低溫似乎可以凍住射向他的敵意。

「我不會回頭看我們做過的事，」堪薩斯學生問起他的態度時，祖克柏回答，「我就是這樣，我不會滿足。永遠有更多事要做。當你擁有這樣的平台，你有責任幫助更多人。你犯錯時，人們會批評你，痛罵你，但樂觀主義者才能打造未來。」

那些話並不完全符合祖克柏幾週前發的文。祖克柏在猶太人最神聖的贖罪日，對著數百萬追蹤者分享他對贖罪的看法：「我在這一年傷害的人，我乞求原諒，我會試著做得更好。我打造的東西被用來分化群眾，而不是連結彼此，我乞求原諒，我會努力改進。願我們在來年都能更好，願你在神的生命冊上有份。」[29] 祖克柏在大學演講的前一晚，我在後台訪問他，為什麼寫下那段話？

祖克柏回答：「嗯，我當天禁食，接著去猶太會堂，在那

裡反省自己。」他小口吃著提供給臉書團隊的外燴肋排晚餐。
「回家路上，我在手機上寫好那段話，然後貼出來。贖罪日的
重點是反省你犯的錯、你有意或無心傷害到的人，然後希望明
年能做得更好。的確，我們希望有正面用途、協助人們連結彼
此的東西，被用來分裂人們，尤其是我們現在知道，俄國人就
在這麼做。我對此的確很難過，那是我在反省的事。」

祖克柏說，他在造訪美國各州期間發現，人們不是那麼關
心國家議題，反而比較關心貼近日常生活的事，其實不必因為
鄰居之間政治立場不同就造成疏離。祖克柏說，喜歡哪種狗、
支持哪個運動隊伍，每個人可能不同，但那不代表人們之間沒
有共通點，那些就是團結社群的黏著劑。這也是為什麼外人闖
入煽動分裂，令人感到不安。

然而，臉書不就是提供那些麻煩製造者作惡的平台嗎？我
問。

「我們有很多工作要做。」他說。

1 月初，祖克柏會宣布他的 2018 年新希望 [30]：投注全部時
間，努力重建臉書的聲譽。他將領導臉書更保護用戶，遠離傷
害與仇恨，抵擋外國勢力介入，重新打造臉書。祖克柏再度脫
口而出設計倫理學家哈里斯的話：用戶待在臉書上的時間，將
是善用時間。他承諾：「如果我們這一年成功了，那麼在 2018
年的尾聲，我們將踏上更美好的道路。」

修補臉書的問題將是一大挑戰，遠比打領帶、學中文困難。

第 16 章

劍橋分析，史上最大隱私災難

　　一天，我在紐約中央公園南邊的星巴克和寇根（Aleksandr Kogan）見面。我以為會看見一個長相深邃、散發神祕氣息的斯拉夫人。然而眼前的人高瘦、傻氣，蜂蜜色頭髮，穿著運動衫和牛仔褲，完全是個美國人，看起來比 32 歲更年輕。

　　我們走進公園，坐在長椅上，寇根和我分享一些科技宅的統計網絡理論。要到我們下一次的訪談，他才會說起為什麼他把 8,700 萬臉書用戶個資交給一家可疑的政治顧問公司，那家公司又用那些資料協助川普當選。新聞在 2018 年 3 月傳開後 [1]，臉書在大選過後一直累積的負評，如同無人看守的彈藥庫突然爆炸，燃燒成巨大火球，堪比漫威（Marvel）電影的精彩片段。

　　那家顧問公司將聲名狼藉：劍橋分析。

　　這場鬧劇源自臉書多年前做的幾項決定：與開發者分享臉書平台上的資訊；改造動態消息，加速傳播譁眾取寵的內容；日夜蒐集用戶資料，累積成龐大檔案，並允許廣告客戶依個資精準投放。更別提臉書一直以來是優勢也是負擔的執著：不惜代價追求成長。

　　寇根於 1986 年生於東歐的蘇聯附庸小國摩爾多瓦

（Moldova），夾在羅馬尼亞與烏克蘭之間。寇根的父親在軍校教書，全家人為了逃離反猶太主義，帶著 7 歲的寇根移民布魯克林，後來又搬到北紐澤西。寇根的成長過程和普通的美國孩子沒什麼不同。

寇根進了柏克萊，原本想讀物理，但幾位朋友得到憂鬱症，他充滿幫不上忙的無力感，開始對心理學感興趣。他接觸到心理學教授凱特納（Dacher Keltner）的實驗室，凱特納是著名科學家，專門研究憂鬱症的另一面：快樂、友好與正面情緒。寇根對這個領域很有共鳴，加入凱特納的實驗室，專長是定量資料。寇根表示：「如果實驗室需要學新的統計技巧，就會交給我。」寇根 2011 年在香港大學拿到博士學位，接著在多倫多大學當博士後研究員，最後在劍橋大學找到工作。那是無明確任期的教職，可以轉終身職。

寇根說：「當上終身職教授是我當時的計畫。」當時他26 歲。

免費心理測驗瘋傳

劍橋的心理系教授一般有自己的實驗室，招募博士後研究員與學生做研究，理想上薪水來自獎助金。寇根的實驗室叫「劍橋利社會行為與幸福實驗室」（Cambridge Prosociality and Well-Being Lab），他招募到幾名研究生與博士後研究員，「那就像是我的小型大學。」寇根形容。

但不到幾個月，寇根又被系上另一個實驗室吸引，那就是魯斯特（John Rust）教授創辦的「心理統計中心」（Psychometrics Centre）[2]。魯斯特和太太一起到劍橋，因為他的太太是學術界超級明星，劍橋為了延攬她，也答應給魯斯特一間實驗室。他的實驗室接了很多業界工作，包括測驗製作。

心理統計中心有一位波蘭裔研究人員寇辛斯基（Michal Kosinski）[3]，寇辛斯基的研究是設法從少量資料中擷取有用資訊，這對於長期缺乏資金的計畫很有用，基本上就是想辦法「無中生有」。有一天，寇辛斯基碰巧看到一個網路心理測驗「我的性格」（myPersonality），設計者是諾丁漢大學（Nottingham University）的研究生史帝威爾（David Stillwell）。測驗被放在臉書上，在當時是相當不尋常的學術研究做法。研究本身沒什麼特別，用標準的問題集判斷用戶屬於七種性格的哪一種，例如：內向、外向、神經質等等，定義取自著名的「五大人格特質」（OCEAN）性格判定系統。

史帝威爾研究的新鮮之處，是使用臉書動態消息大量傳播人們有興趣參與的貼文。史帝威爾的心理測驗設計得很聰明，大家都會想玩。人們做了測驗（誰會放過更了解自己的機會？）就會和朋友分享結果，朋友會留言回應測驗準不準，有沒有說中你的性格。接下來，那些朋友自然也會想做測驗。這就跟 Flixster 與其他投機的開發者利用的網路瘋傳技巧一樣。

寇辛斯基發現這種做法會改變一切。在過去，社會科學家很難找到人做問卷，不只要付錢請人填答，過程中還會碰上各種麻煩。有了臉書之後，你只需要把測驗放在人們面前，大家就會迫不及待去測，還會主動和朋友分享。動態消息用來促進分享的 EdgeRank 演算法，讓這個過程非常易於傳播。

由於當時還是臉書平台剛推出的年代，臉書來者不拒，放任病毒式邀請在動態上到處亂竄，包括遊戲邀請、丟綿羊，以及小測驗。寇辛斯基說：「臉書毫無節制地分享任何事。」曾經有一度，每個月有 10 萬人在臉書上與「我的性格」互動，最後共有 600 萬人做過那個測驗。

寇辛斯基聯絡史帝威爾，詢問他能否分享資料。兩人很快

開始合作。寇辛斯基拜託魯斯特教授把史帝威爾帶到劍橋，他們馬上就變成心理統計實驗室的成功典範。然而，他們一直無法複製「我的性格」的成功，製作出下一個爆紅測驗，因為臉書已經變更動態消息設定，打擊垃圾 app，不論是 Zynga 遊戲或性格測驗都一樣。

你透露的遠比想像的多

兩位心理統計學家發現，其實根本不必找很多人做測驗，因為臉書愈來愈對外暴露用戶資訊（聯邦貿易委員會日後將把這種做法視為侵犯隱私），大量資料隨他們抓取。此外，臉書近日推出的「按讚」（2009 年開始），對所有人開啟數據的新世界。你甚至不需要註冊臉書也能取得資料，只需要在臉書的 API 輸入指令，就能拿到。這種資訊和問卷上的答案不同，資料不會受到汙染，不必擔心人們記錯或口是心非。寇辛斯基說：「不需要找人填寫性格問卷了，**你的行為**就是我的性格問卷。」

寇辛斯基的這種研究方法有受到質疑。「當時的資深學術研究人員沒用過臉書，所以他們會相信那種故事，40 歲的人會突然變成獨角獸或是 6 歲女孩。」寇辛斯基說道。然而，寇辛斯基知道人們在臉書上做的事，反映出他們真正的自我。此外，寇辛斯基愈來愈常利用臉書的按讚，他發現「讚」其實透露了非常多資訊。寇辛斯基開始認為，不必做五大人格特質測驗，也能深入了解一個人。你只需要知道他們在臉書上按讚哪些東西。

寇辛斯基、史帝威爾，與一位研究生合作，利用按讚統計資料預測約 6 萬名自願者的人格特質，再比較這些預測與受試者實際做「我的性格」測驗的結果。結果很驚人，他們多次確

認，擔心是弄錯了。寇辛斯基說：「研究結果出爐後，我整整過了一年才有信心發表，不敢相信真的有可能做到這種事。」

他們把研究結果發表在 2013 年 4 月的《美國國家科學院院刊》（*Proceedings of the National Academy of Sciences, PNAS*），那是具權威性、經同儕審查的期刊。論文標題〈人類行為的數位紀錄可預測私人特質與屬性〉（Private Traits and Attributes Are Predictable from Digital Records of Human Behavior），讓人看不太出研究發現令人毛骨悚然的程度。[4] 寇辛斯基和論文共同作者聲稱，只要研究某個人按的「讚」，就能找出他們的祕密，從性向到心理健康無所不包。

論文作者寫道：「個人特質與屬性能依據用戶的按讚紀錄，做出高度準確的預測。」他們光是靠分析「讚」，就以 88％ 的準確度成功判斷某人是異性戀或同性戀。二十次中有十九次，他們可以判斷某人是白人或非裔美國人。預測個人支持的政黨也有 85％ 的正確率。即使只是點選無關緊要的主題，人們也在赤裸地曝光關於自己的一切：

> 舉例來說，高智商的最佳預測指標包含「大雷雨」、「荷伯報告」（*The Colbert Report*）、「科學」、「炸薯圈」，較低智商指標包括「Sephora」、「我愛當媽粉專」、「哈雷機車」、「懷舊女郎樂團」。男同性戀的良好預測指標包含「無仇恨運動」（NO H8 Campaign）、「MAC 彩妝」、「女巫前傳音樂劇」（*Wicked The Musical*），男性異性戀的強烈指標是「武當幫樂團」、「俠客歐尼爾」、「午睡醒來神智不清社團」（Being Confused After Waking Up From Naps）。

論文結尾提到，「讚」使人能夠表達偏好與改善產品服務，但這些好處有可能被抵消，因為這個功能無意間暴露了個人祕密。「企業、政府機構，甚至是某人臉書上的朋友，都能用軟體來推測一個人的智商、性向或政治觀點等特性，而這些資訊是當事人不一定想分享的。」論文作者寫道，「你可以想像這樣的預測，即使預測結果不正確，也可能對個人的幸福、自由，甚至是生命造成威脅。」

接下來幾個月，寇辛斯基與史帝威爾改善他們的預測法，發表論文，宣稱研究人員光靠「讚」就能了解一個人，程度超越那個人的同事、一起長大的同伴、甚至是配偶。他們寫道：「電腦模型只需要 10 個讚就能比一般同事懂你、70 個讚就能超過朋友或室友、150 個讚就能超越家人、300 個讚就能超越另一半。」[5]

寇辛斯基與史帝威爾發表按讚論文前一直與臉書保持良好關係，寇辛斯基說臉書還招募他們兩人，也因此出於禮貌，他在論文刊出前幾週，和他們的臉書聯絡窗口分享那篇論文。臉書的政策與法務團隊因為 2011 年的聯邦貿易委員會合意判決罰款事件，已經非常警覺，兩個團隊立刻判定那篇論文會是威脅。

寇辛斯基表示，臉書致電給《美國國家科學院院刊》試圖阻止出刊，還聯絡劍橋大學，警示他們校內有研究人員涉及違法抓取資料。然而，如同寇辛斯基所言，他們根本不需要違規，因為臉書對外公開每一個人的「讚」。臉書當時甚至沒有可以設定隱私的選項。

「我認為臉書的人是到這一刻才發現：嘿，我們做的事，對人們的安全與隱私來說，可能不是完全沒影響。」寇辛斯基說。然而，臉書一向知情，公司甚至在 2012 年申請專利[6]：

「自社群網絡系統通訊與特質，判斷用戶的個性特徵」，基本上就是在做寇辛斯基與合作對象做的事。由於臉書的研究早於「讚」按鈕，臉書的研究人員一直在用人們的貼文尋找關鍵詞，找出提供用戶私人特質的線索。

臉書資料團隊建立了名為「實體圖譜」（Entity Graph）[7]的祕密資料庫，畫出每一個臉書用戶的關係，不只是人際關係，還包括他們與地點、品牌、電影、產品與網站的關係，有點像是地下版的「按讚」。臉書的專利申請書寫道：「推導出來的人格特質，與用戶的個人檔案一起儲存，可用於瞄準、排名、挑選產品版本及其他目的。」

寇辛斯基的論文出刊後，臉書改變「讚」的預設值，除非用戶選擇與更多人分享，否則只有朋友看得見。臉書自己是例外，他們看得見每個人的「讚」，可以繼續使用那些按讚資料來瞄準、排名、挑選產品版本，以及其他各種目的。

寇根也是心理統計中心的成員，因此結識史帝威爾與寇辛斯基，成為寇辛斯基的論文審查人。寇根對史帝威爾的初步發現感到驚艷，臉書會成為蒐集社會科學資料的革命性方法。「那是先進者優勢，」寇根讚賞地說，「當時臉書上還沒有很多性格測驗，結果現在有十億個。」

寇根自己想做這種研究，請史帝威爾讓他使用「我的性格」資料，開始分析。寇根的研究生開始探索如何把研究應用在解決經濟學問題：國家之間的人際接觸，如何影響貿易與慈善捐款等行為？

回答那個問題需要更多資料，因此寇根打電話給導師凱特納，解釋自己的計畫，他希望研究全球所有的友誼，按國別來分析。凱特納是臉書的顧問，他願意協助寇根，聯絡全球唯一能幫上忙的機構。

「所以他把我介紹給臉書的保護關懷團隊〔Protect and Care team〕。」寇根說，「他們說：沒問題，我們會提供你資料集。」

操弄十億人情緒的力量

寇根與臉書開始合作時，臉書的資料科學團隊已經大幅成長，成為成長團隊旗下百無禁忌的成員。團隊雖然有雇用社會科學家與統計人員，目標卻不是單純做研究，而是研究臉書用戶的行為，協助成長團隊達成目標：拓展新用戶，留住目前用戶。研究主題包括做實驗找出分享機制，寫下前文提過的〈祝你健康！〉論文，解釋文章如何引發瘋傳。另一個實驗則是關於分享社群動態如何影響人們的行為。資料科學團隊的論文大多沒有對外發表，他們與產品團隊合作，研究每一代新產品。

資料科學團隊有時的確會發表研究。對社會科學家來說，臉書握有上帝等級的資料集。你的培養皿裡有二十億人，你可以調整數十萬人在臉書上的使用功能，再與同樣龐大的控制組比較結果。

大量使用資料的論文，通常只會在社會科學界流傳，但偶爾也曝光在一般大眾面前，引發道德問題，或是揭曉臉書令人不安的力量。例如由加州大學聖地牙哥分校與臉書共同進行的投票研究，那篇研究引發爭議，批評者關切臉書可以挑選誰能看見「我投票了」按鈕，進而影響選舉。

不過，資料科學團隊的研究史中，爭議最大的研究與寇根的專長有關[8]：情緒健康。2014 年，《美國國家科學院院刊》刊登〈社群網絡引發大規模情緒感染的實驗證據〉（Experimental Evidence of Massive-Scale Emotional Contagion Through Social Networks），提出 689,003 名臉書用戶的實驗結

果。用戶的動態消息被調整，讓他們會優先看到少數幾則訊息。一組看到的訊息是正向內容（**看我的狗多可愛！**）；另一組看到負面內容（**我的狗昨天死了**）；控制組則看到未受操控的訊息。

諷刺的是，這個研究的目的不是要了解動態消息是否會讓人沮喪，而是為了協助臉書推翻那樣的批評，這樣才能確保人們繼續使用臉書。有人討厭臉書，是因為某些人會利用動態消息炫耀自己的生活多美好，不論是否是事實。每一次假期都超級美好，每個嬰兒每天 24 小時都超可愛，每一場勇士隊籃球賽都是親自到場邊看的。這個理論認為，看見朋友如此快樂，讓大家感覺自己過得很糟。

臉書不認為美好的事會讓人沮喪，因此資料科學團隊研究員克萊默（Adam Kramer）要證明沒有這回事。他日後寫道：「我們應該研究這個現象，有人覺得看見朋友發布正面內容會導致自己產生負面情緒或感到被遺忘，」此外，「我們也關切暴露於朋友的負面情緒文章，將導致人們避免造訪臉書。」[9]

克萊默請康乃爾大學的漢考克教授（Jeff Hancock）協助設計這項研究。漢考克之前研究的主題是「情緒感染」。他在過去的實驗利用極端的方式觀察人們的情緒，例如給人們看《蘇菲亞的選擇》（*Sophie's Choice*）中的可怕畫面：梅莉·史翠普（Meryl Streep）被迫選擇要讓納粹殺自己的哪一個孩子。相較於這些實驗，臉書的實驗似乎很溫和，只不過是調整原本就出現在人們動態消息佇列上的訊息，突出或減少其中某幾則。

克萊默、漢考克，以及漢考克的博士後學生，在 2012 年的某一週，調整近 70 萬用戶的動態消息。他們發現操弄帶來的影響極小，看到實驗篩選出的掃興消息，用戶貼出負面文章

的比率只有微幅增加。但由於實驗的規模夠龐大，這樣的效果仍可以被測量，在統計上顯著。臉書得到好消息：別人發布的正面內容不會讓人心情低落。別人分享的壞消息的確會使人不開心，但程度也只有一點點。

那次的研究結果似乎是臉書的勝利。如漢考克所言：「臉書說：你看，不論有多輕微，那和人們的說法正好相反。人們原本說，聽見朋友發生好事，你會不開心。親愛的，我猜我誤會臉書了。」

然而，這並不是人們看到研究結果的反應。研究在2014年6月刊登在《美國國家科學院院刊》。質疑始於某位部落客：「許多人擔心的事已經成真：臉書把我們當成實驗室白老鼠，不只是為了找出我們會被哪些廣告吸引，還實際上改變我們的情緒。」[10] 媒體注意到那篇網誌，也紛紛開始報導，最後成為媒體口中的「情緒研究」。《石板》（*Slate*）雜誌綜合大家對那場實驗的觀感，寫道：「臉書刻意讓成千上萬人心情不好。」[11]

臉書承認不該隱瞞實驗動機，但堅稱臉書的服務條款允許他們進行實驗。漢考克也認為那樣的理由並不充分：「沒有人會把服務條款當成同意書，因為沒人會讀服務條款。」漢考克自己也得向康乃爾校方解釋研究的正當性，因為學院的研究標準比企業界嚴格。《美國國家科學院院刊》不得不刊登道歉啟事。整件事讓人更加擔心，全球最大的社群網站正在操控十億人能看見什麼東西，而臉書當然有在做這件事。

從那時開始，臉書對於研究變得更加謹慎。「那次事件讓我們列出大量的敏感話題，」臉書研究主管西瑟（Lauren Scissors）說，「我們認為有些主題並不適合我們的用戶。」他們仍持續進行研究，畢竟研究會帶來成長！然而，臉書不希望

再被誤解。馬洛說：「我不認為他們有停止做實驗，只不過是不再公布結果。」馬洛曾帶領資料科學小組，但在那篇情緒報告刊出的前夕就已經離開。「那對社會來說是好事嗎？大概不是。」不過，我在臉書園區 2019 年舉辦的資料科學大會上私底下聊天時發現，大部分的研究人員都留了下來。他們認為自己的工作很重要。

用戶資料唾手可得

寇根自 2013 年起定期造訪臉書園區，吃了許多頓免費午餐，做過一場簡報，最終提供臉書顧問服務，在門洛帕克短暫工作過一陣子。「臉書的 20 號大樓我很熟。」他說。同一時間，寇根的實驗室成長至 15 人。來自德州的博士後研究生錢瑟勒（Joseph Chancellor）加入他的實驗室，一樣對統計與臉書很感興趣，兩人一起和臉書的保護關懷團隊密切合作。

寇根的研究需要愈來愈多資料。他想到可以自己寫另一種版本的「我的性格」測驗，抓取自願參與者的資訊。寇根為了獲得最多資料，利用臉書提供給開發者的方便之門，不但能取得 app 使用者的資料，連用戶的朋友資訊也能一併打包。

2013 年 秋 天 ， 寇 根 寫 出「 這 是 你 的 數 位 生 活 」（thisisyourdigitallife）應用程式。他從大學時代就在寫程式，況且臉書為了讓大家輕鬆寫出簡單的應用程式，利用 Facebook Connect 就能蒐集服務資料。寇根只花了一天。

「那不是真的會跑任何東西的 app，只是到處都看得到的那個臉書登入按鈕。」寇根說。

靠臉書 app 探勘用戶資料的確不難，甚至簡單到荒謬的程度。寇根利用的是臉書登入協定（Facebook Login protocol）。如同臉書日後解釋，該協定允許開發者存取資料，「無需經過

臉書的審查與同意」。此外，臉書當時的平台版本還是 Graph API V1，就是在臉書內外都引發爭議的開放圖譜。有人稱之為「朋友 API」，因為開發者不只能存取某個人的資訊，連他們朋友的詳細資料都能拿到，包括詳盡的按讚與興趣。臉書的「即時個人化」功能就是用同一個技術。前文提過，該技術被稱為「瘋狂的隱私權設定」，連臉書內部都反對，但祖克柏駁回眾人的意見。寇根認為那是天上掉下來的禮物。「他們直接把資料寄給你，」他說，「就大功告成了。」

寇根談的資料，不是人們在他的問卷上填寫的東西。寇根透過亞馬遜經營的自由業者眾包網路「土耳其機器人」（Mechanical Turk）雇用付費的受試者。一小時只要付幾美分，那些「土耳其工作者」（turker）就願意幫忙填寫問卷，還允許寇根存取他們的臉書數據（連帶也奉上朋友的資料，在朋友沒同意的情況下）。

寇根為這種做法辯護，他說填寫問卷的人，被告知的資訊甚至比商業 app 的使用者還多。「你知道業界做法吧，他們會顯示服務條款，通常沒人會真的點進去看那些條款，然後就按同意了？」寇根說，「在學術界，那是最重要的東西，第一頁就是服務條款，我們真的努力寫得讓人看得懂。需要解釋的東西我們都有清楚解釋。」

然而，那是做測驗的當事人才有的待遇，他們的朋友沒有機會同意或不同意，甚至不會知道自己的個人資訊被曝光。由於每一個知情的使用者、也被稱為「做種者」（seeder），大約有 340 個朋友（臉書當時的平均數字），寇根的資料中顯然多數人都不知道自己被納入他的計畫。

臉書沒有允許開發者取走那些資訊，用於其他用途。臉書的條款向來規定不得留存、移轉或出售資料，但臉書並沒有採

取太多規定步驟。此外，儘管臉書多次承諾會約束開發者，確認開發者不會留存或散布資料，但資料一旦離開臉書，臉書其實無從得知發生什麼事。臉書的員工與開發者都承認，如果有人蒐集臉書資訊，帶著資料庫就跑了，臉書能做的不多。

寇根說臉書完全知道他在做什麼：「沒有人覺得有問題。我們通常會蒐集人口資訊、按讚頁面、朋友資訊。」他又想了一下，「我們或許還有蒐集塗鴉牆上的文章。」他補充說明。

事情很順利，寇根有十篇論文等著問世。接下來，寇根的某個心理系學生提到，自己正在替一家 SCL 公司提供服務。寇根有興趣見見他們嗎？學生說那是政治顧問公司。「我對他們感興趣，是因為他們有很多大數據，或許能和我的實驗室分享。」寇根說。

學生替寇根安排一場會面，對方的名字是懷利（Christopher Wylie）。

劍橋分析公司成立

懷利是加拿大人，精通資料科學，18 歲跨過美國邊境，協助歐巴馬選戰做廣告瞄準。他在 2010 年移民倫敦，攻讀法律與時尚預測（fashion forecasting），不過他日後告訴《衛報》（*The Guardian*），他真正的熱情其實是政治與數據。懷利興奮地追蹤寇辛斯基等人做的性格預測研究，2013 年認識 SCL 公司的主管尼克斯（Alexander Nix）。38 歲的尼克斯家世顯赫，伊頓公學（Eton）畢業，2003 年加入 SCL 前是財務分析師。SCL 註冊為軍事承包商，實際上卻是顧問公司，提供服務給候選人、企業與政府。

SCL 的豐功偉業聽起來像是美國政治祕辛小說家湯瑪斯（Ross Thomas）筆下的情節：在印度北方邦、肯亞、拉脫維

亞、千里達等地幕後運作,影響當地人民的投票行為與態度。SCL 的廣告文案寫道:「我們的服務協助顧客找到與瞄準人口中的關鍵族群,有效影響他們的行為,帶來期望的結果。」[12] 尼克斯說服懷利加入。「我們會給你完全的自由。」[13] 他承諾,「你可以做實驗,測試你所有的瘋狂點子。」當時 24 歲的懷利,一夕成為 SCL 集團的研究總監,後來才知道前任總監不明原因死於肯亞飯店房間。[14] 這或許是 SCL 存在黑暗面的一個提示。

不久後,懷利與極度保守派的戰將班農(Steve Bannon)見面。班農當時是惡名昭彰的極右翼新聞網站「布萊巴特」的編輯。一個是同性戀怪才,一個是白人至上民族主義者,不知為何一拍即合。懷利日後寫下這段邂逅:「好像在調情。」

很快的,他們就開始策劃 SCL 進軍美國。班農安排與右派金主默瑟(Robert Mercer)會面。默瑟靠對沖基金致富前曾是有名的 IBM 研究人員,因此 SCL 改變投票行為的承諾說動了他。他答應贊助 SCL 的子公司。2013 年 12 月,「劍橋分析」在德拉瓦州註冊,命名者是班農[15],他喜歡這個暗示與劍橋大學有關的名字。

劍橋分析開始擬定計畫,把服務賣給共和黨候選人,當中的旗艦計畫是懷利的「里彭計畫」(Project Ripon)。計畫需要動用含有選民個性檔案的大型資料庫,再比對關鍵州的選民名冊,投放廣告給他們,觸發民眾之前沒察覺的心理地雷,或者理論上是如此。

懷利為了替計畫找資料,從倫敦出發去找寇根,他們在劍橋一間餐廳碰面。寇根對懷利印象深刻。懷利日後將以顯眼造型出現在世人面前(一頭極短粉紅色頭髮、戴耳環),但他和寇根見面時穿著保守。懷利先告訴寇根自己是如何幫助歐巴馬

的選戰[16]，蒐集各種很酷的資料。懷利說，他目前的公司也想做類似的事，也坦承那是一家與右翼有關的公司。寇根本身政治立場偏左，但不代表不能合作。「雖然我是歐巴馬的粉絲，但我不會大喊：共和黨是一群邪惡的人。」他說。

寇根表示兩人第一次見面時，懷利提議一起合作，分享資料。「他們一開始只想請我當某種顧問，」寇根說，「甚至不是與臉書有關的顧問，只是教他們『如何寫出更好的問卷問題』。」寇根很興奮。他開始夢想成立自己的資料科學所，不必研究大學生或「土耳其機器人」上的志願者，他可以蒐集到更廣的資料。懷利喜歡這個點子，兩人開始聊打造電腦化的社會，世上的每個人都帶著龐大的資料。

懷利的短期目標仍是為 SCL 尋找性格方面的資料。寇根開始他的大計畫，他將利用他的臉書 app 產生資料，寇辛斯基與史帝威爾再用他們的個性預測技術，把個性分數寄給 SCL。懷利很愛這個點子。「這有點像是我原本就在做的事。」寇根說。

由於有酬工作與大學活動不可以混合並存，寇根成立「全球科學研究」（Global Science Research，GSR）公司，提供顧問服務，研究同事錢瑟勒則擔任合夥人。懷利教導寇根開公司的流程。

在英國，所有會使用個資的應用都須向「資訊委員會辦公室」（Information Commissions Office）註冊。寇根在 2014 年 4 月註冊。同月，祖克柏在臉書的 F8 大會上宣布臉書將關閉漏洞，不再允許開發者未經允許存取 app 使用者的朋友資訊。Graph API V1 進入尾聲[17]，開發者將改用第二版。臉書的動機其實是要開發者「互惠」，卻說成是保障更多用戶隱私權。

祖克柏第一段演講集中在給開發者的新規定，限制開發者

能自臉書取走的用戶資訊，但限制得不夠多，臉書並未立刻封鎖朋友的朋友資訊存取，現存的 app 不受新規定影響，可以在一年寬限期內繼續侵犯用戶隱私。這個決定會讓臉書後悔莫及。

臉書的新規定包含「應用程式審查」（App Review），開發者必須取得允許才能存取部分用戶資料。寇根送審沒有通過，但因為他有之前的 app，臉書允許他在一年內繼續存取用戶資料。臉書當初要是立即執行新規定，GSR 與劍橋分析的合夥關係將會破局。少了在寬限期取得的朋友資訊，寇根將無法提供先前承諾的人口資料，數量不會足以瞄準大量投票者。

寇根沒有成功把寇辛斯基與史帝威爾帶入計畫，他表示部分問題出在懷利不斷修改條件，原本說好由劍橋分析付款給心理統計中心，但懷利又突然改變，把錢直接給寇根的公司，再由寇根付給中心，而且金額只有 10 萬美元，之前談的是 100 萬美元。

寇辛斯基與史帝威爾認為寇根做事不老實。「他利用我們的名聲，取得理論上要資助大學研究的贊助，」寇辛斯基說，「他突然把給大學的贊助，轉到他的私人公司，然後再付我們錢。我們說：首先，10 萬連請一個博士後研究員一年都不夠，錢根本不夠。第二：這件事完全違反道德，離譜至極。」

寇根表示自己也開始對 SCL 公司起疑。他和尼克斯見過幾次面，認為對方油嘴滑舌，像賣二手車的推銷員。「他對產品不是很懂，只是在試圖賣一個夢。」寇根說。

結果懷利自己也不喜歡尼克斯。「懷利談到尼克斯的時候，就好像尼克斯是世上最大的白痴，」寇根說，「懷利開始談要自己開公司的計畫。」

2014 年夏天，懷利真的離開了，自己另起爐灶，但他離開

前先幫寇根處理了臉書的服務條款：該條款禁止寇根這種公司販賣或授權臉書提供給開發者的用戶個資。

按寇根的說法，懷利自稱是法律與資料隱私權專家，由他負責處理這個問題。他建議寇根提供新版的服務條款同意書，要求受測者允許他把資料無條件交給 SCL。懷利開始草擬新協議。「他幫我寫好服務條款，」寇根說，「他說：你只需要填上你的名字。」懷利證實此事，他說自己是上 Google[18] 搜尋到簡單的服務條款同意書樣本，寇根說他看到那份文件中有很多法律用語，懷利特別帶他看其中一條。「懷利說：這一條說你可以轉讓與販售。我認為他刻意指出那點讓我放心，認為我們有提供適當的授權。」

「當時感覺不是什麼邪惡的事。」懷利說。

然而，他們做的事明顯違反了臉書的服務條款，相關條款不允許寇根轉讓資料。寇根日後堅稱自己有把新版條款提交給臉書。然而，臉書沒同意的話，他和懷利自己寫的新版條款就沒有意義。他們就像是房客自行重寫租約，自己決定房租變成現在的一半就好，再把新租約扔在房東的門口，就認為以後都不必繳那麼多房租了。臉書裡到底有沒有人看到過那份新條款已不可考。

大規模濫用個人資料

史帝威爾和寇辛斯基不參加[19]，寇根就無法利用他們的預測系統研究他幫劍橋分析蒐集到的資料。寇根因此修改自己的 app，替 SCL 蒐集資訊。他沒有使用來自「土耳其機器人」的資料，改從 Qualtrex 公司取得做種者。Qualtrex 是提供問卷軟體與幫忙找填答人的公司，他們答應幫忙募集 20 萬人填問卷，一個人費用 4 美元。SCL 付了這筆錢。問卷填答者也同意

分享臉書資訊，包含他們朋友的資料。

據說寇根接著要求自己的團隊模仿寇辛斯基與史帝威爾的系統，分析預測特質的資料。寇根 5 月寄給懷利的電子郵件上[20]建議劍橋分析可以為個人檔案製作二十多種標註，包括政治傾向，以及從槍枝一直到「黑魔法」等各式各樣的「感官」興趣。

資料蒐集過程大約花了四星期。寇根猜測這 20 萬名問卷調查者大約會有 5,000 萬個朋友，但這些人不全是美國人。寇根與 SCL 在 6 月 4 日簽的合約僅限美國 11 州的臉書用戶，因此他只交出 200 萬份個人檔案，包括姓名與人口資訊，以及他預測的個人特質。「後來他們來找我，他們說：嘿，你有很多資料，剩下的也能交給我們嗎？」寇根說，「我們說：好啊……」就這樣，他們又交給 SCL 好幾百萬份個人檔案。

寇根說，如果當時他認為這些行為有違反臉書條款，他就會停止。「聽著，在我的世界，我和臉書有著不可思議的特殊關係，能和臉書維持良好關係、得到臉書分享的資料，這可不是許多學者都能有的。我怎麼可能笨到會去做惹惱臉書的事？」

寇根坦承自己的確有錯。「如果我有時光機，可以回到過去，有幾件事我會有非常不同的做法，」他說，「例如我會做更多的盡職調查：SCL 到底是什麼樣的公司？」

寇根與 SCL 的協議惹惱了寇辛斯基。寇辛斯基認為寇根複製了他和史帝威爾開創的研究，如今還為了個人利益，加以販售。寇辛斯基寫信給心理統計中心的魯斯特，指控寇根不道德的行為。

魯斯特教授同意這的確是問題。他現在說自己從來就不喜歡寇根，認為寇根「愛出鋒頭」。實驗室的研究人員平日

會幫自己取綽號，寇根自封為「受愛戴的指揮官」（Beloved Commander，這是詭異的巧合，令人想起年輕時代的祖克柏在第一版臉書上的自我介紹）。

雪上加霜的是，寇根還公開吹噓他打造的資料庫，他答應要在新加坡國立大學 12 月 2 日的午餐研討會上談「一份 5,000 萬人以上的樣本，我們能預測幾乎所有人的任何特質。」[21] 想到寇根有可能把那個樣本賣給政治組織，魯斯特嚇壞了，他說：「我們不做這種事。」他告訴寇根，複製寇辛斯基與史帝威爾的研究是不對的，他應該收手。他們是你的同事，魯斯特告訴寇根，他們做這個研究好幾年了，你何不繼續做你自己發想的研究？

寇根不接受。魯斯特提議應該把這件事移交仲裁。大學不願意出 4,000 美元的仲裁費，魯斯特和寇根同意各出一半。仲裁人展開調查，但寇根突然拒絕接受調查，宣稱有簽保密協議，無法配合。

魯斯特只好在 12 月 8 日寫信給學院院長。

> 我愈來愈擔心寇根的行為。從一開始的傳聞顯示，他完全無視於我們的書信往來，持續在大學內經營他的公司……再強調一遍，他建立資料庫的方式，不只來自臉書 10 萬人的按「讚」中得出預測。網路目前的設定，讓他得以取得那 10 萬人的所有臉書朋友的資訊（沒有任何朋友有同意的機會）。臉書用戶平均有 150 個朋友，也就是說這是 1,500 萬人的資料庫，而他們還打算拓展至全美人口，用於選舉宣傳。

吹哨人爆料

事實上，那個資料庫蒐集了遠超過 1,500 萬人的資料，甚至比寇根估算的 5,000 萬人更多。依據臉書的計算，有可能多達 8,700 萬人，但全世界還要再過兩年多才會得知這件事。

寇辛斯基很氣憤沒有人採取行動，他以自己的方式回擊。幾個月後，他與研究人員戴維斯（Harry Davies）見面，戴維斯當時正在進行一系列的採訪，訪談後來成為戲劇作品《隱私權》（*Privacy*）的靈感來源。那齣戲的媒體宣傳手冊上寫道：「本劇探討政府與企業如何蒐集我們的個資，以及這件事對個人與社會代表的意義。」

2014 年 11 月，寇辛斯基成為吹哨人，把寇根與 SCL 的關聯告訴已經在《衛報》找到研究工作的戴維斯，並把手上所有文件都交給戴維斯。戴維斯聯絡 SCL，詢問 SCL 與寇根的關係，但沒有得到答案。（劍橋分析的主管日後解釋，團隊當時正要去華府參加派對 [22]，他們隨機派一個員工留守辦公室，那個人掛了戴維斯的電話。）戴維斯只好先擱置這則報導。

然而，2015 年秋天，戴維斯讀到《政客》（*Politico*）的一篇報導 [23]，其中解釋了 SCL 與劍橋分析的關係，以及與金主默瑟的關聯。那篇報導還提到克魯茲（Ted Cruz*）的總統選戰就有利用那些資料。戴維斯回頭挖出寇辛斯基提供的文件，並在報社的研究工作之餘開始拼湊整件事：寇根是如何替研究計畫蒐集資料，接著違反臉書規範，把資料賣給劍橋分析。克魯茲陣營堅稱一切合法。發言人表示：「就我的了解，所有的資訊都是合法取得，合乎道德，用戶在申請使用臉書時已經同意。」

---

* 譯注：克魯茲曾參加 2016 年美國總統大選，日後退選改支持川普。

戴維斯懷疑這種說法。在刊出接下來的報導前,戴維斯先寫電子郵件給寇根,提供報導摘要(基本上是在指控寇根不道德的行為),並告訴寇根他有 12 小時可以回應。寇根嚇壞了。「那是我人生中壓力最大的時刻,」寇根說,「我從來不曾因為負面消息登上媒體。」寇根聯絡大學公關辦公室,一起商討回應。寇根也向合夥人錢瑟勒通風報信,錢瑟勒當時已離開劍橋大學,到資料科學團隊工作,他的雇主就是⋯⋯臉書。

問題燒回臉書

2015 年 12 月 11 日,戴維斯的報導登上《衛報》,指出臉書遭竊的個資[24] 如何被用於克魯茲的選戰。臉書的政策主管措手不及。臉書華府辦公室沒有人聽過寇根,也沒聽過劍橋分析,不過他們的確聽過克魯茲的事。克魯茲的選戰有可能利用臉書開發者不法探勘的個資,精準投放廣告,這樣的事實將是一場惡夢,給人的感覺就像臉書在選舉中支持特定政黨。團隊瘋狂想了解到底是怎麼回事,派人蒐集資訊,那個人就是開發者業務的政策負責人艾莉森・亨德里克斯(Allison Hendrix)。

結果,好幾個月以來[25],「平台」那邊的人已經在想辦法處理資料被政治組織挪用的問題,劍橋分析的情節尤其重大。亨德里克斯也參與了討論。9 月 22 日,華府某家政策顧問公司請臉書釐清在選戰中運用相關資料的規定。那家公司會提出問題,就是因為競爭對手似乎違反了相關規定。「情節最重大的〔違規者〕就是劍橋分析。那是一家不誠實的(最客氣的講法)資料分析公司,已經非常深入市場。」那家公司寫道。

接下來幾個月,臉書開發者營運部的幾位人員很從容地蒐集資訊,沒有特別調查劍橋分析,而是探索政治顧問

公司抓取資料的整體現象。他們找到一個叫「為了美國」（ForAmerica）的右翼網站，網站的臉書頁面很受歡迎，正在抓訪客的按讚資料。大家起初不太確定這算不算違反臉書政策，後來幾位員工確認的確違規了。某員工在 10 月 21 日寫道：「我確實懷疑，有很多不好的行為正在發生。」然而那次調查，如果稱得上調查的話，並不是很深入。

《衛報》刊出那篇重量級報導之後，搞清楚劍橋分析這家公司突然變成當務之急。一名員工在臉書內部密密麻麻的電子郵件往來中，找出令人不安的事實：「看來臉書的保護關懷團隊，的確和這個叫『亞歷山大·寇根』的人合作過。」

某位臉書人說：「當時這個領域就像沒有法治的美國舊西部，這個人有抓資料的權限，而我們根本不知道他拿去做了什麼。」

臉書聯絡寇根，寇根回想亨德里克斯當時指示他刪除資料。他認為那次的對話很和善。雖然寇根想留著資料做研究，他仍同意刪除。「到了這時候，臉書仍是強大的盟友，」寇根說，「我當然不希望臉書不開心，我們當時還有十五篇合作中的論文！」事實上，就在幾週前，寇根還到臉書園區繼續提供顧問服務，協助臉書做問卷調查。

亨德里克斯也聯絡劍橋分析，也就是 SCL[26]，開始和他們的資料主管泰勒（Alexander Tayler）信件往來。泰勒起初宣稱沒有任何有問題的地方。郵件來回幾次後，2016 年 1 月 18 日，泰勒宣稱已經刪除劍橋手上所有的臉書資料。[27] 亨德里克斯感謝他。亨德里克斯先前的信都會簽上全名，這次只寫上暱稱「艾莉」（Ali）。

非正式的承諾顯然不夠，臉書開始和各方商談具約束力的協議，各方發誓的確刪除了資料，不再使用。臉書把這件事交

給外包顧問，並未實際確認各方是否真的刪除資料，但老實說，這種事很難確認。要是寇根把資料存進隨身碟，塞進包包，臉書怎麼會知道？臉書平台沒有放行寇根的 app，卻也沒有對寇根關上大門，也沒有封鎖劍橋。寇根認為這件事久了就會被淡忘，他將和臉書重修舊好。

整個過程中，這件事似乎從來不曾報告給桑德伯格或祖克柏。

個資被用於數位選戰，臉書卻無作為

2016 年，選情開始增溫，劍橋分析積極與共和黨候選人合作。克魯茲退選後，劍橋分析開始為川普陣營效力。劍橋分析的副總裁班農成為川普本人的最高顧問。劍橋分析聯絡加拿大公司 AggregateIQ（據說是懷利牽線），利用劍橋的選民資料庫執行一整套的軟體服務，其中包括由寇根提供、顯然並未刪除的個人檔案與性格摘要。

臉書得知劍橋分析濫用資料後，整整一年多都沒採取行動，沒有要求劍橋分析正式確認刪除了資料（藉口是臉書委請外包的法律事務所負責協調）。寇根一直到該年 6 月才回傳數據刪除確認書，劍橋分析在整個選戰過程都不曾回傳，主管尼克斯甚至向目前與未來的潛在客戶吹噓，他手上握有龐大資料庫。同時，臉書算是劍橋分析的夥伴，劍橋分析是臉書的重要政治廣告客戶，還享有臉書廣告團隊的支援與輔導。

在選舉期間，臉書隨時都能表態，如果尼克斯與劍橋不願證實已經刪除以不當手法取得的 8,700 萬臉書用戶資訊，臉書將封鎖劍橋的臉書平台存取權。或者臉書可以要求稽查，但臉書都沒那麼做。臉書只有收下劍橋分析的數百萬廣告費，沒有確認那些錢是否來自未經授權利用個資。臉書收下廣告費，也接

受劍橋分析宣稱的說法，即使劍橋分析遲遲不肯簽署確認書。

　　劍橋分析並未正式確認已經刪除臉書資料，直到 2017 年 4 月 3 日，尼克斯才終於確認。當時劍橋分析協助的候選人，早已入主白宮好幾個月。臉書再次相信劍橋分析，並未進行稽查，確認是否屬實。一年後，英國的資訊委員會搜索劍橋分析的電腦，發現劍橋分析依然在使用運用臉書資訊的資料模型。一直到今天，我們都不知道劍橋分析是否在選舉過程中利用臉書的個人檔案，但《紐約時報》指出，他們在劍橋分析的檔案裡有看見原始資料，[28] 前劍橋分析主管凱瑟（Brittany Kaiser）也表示，選舉時的瞄準投放確實包含那批資料。

　　此外，在 2016 年與 2017 年，臉書不曾通知成千上萬的用戶，他們的個資已被利用（他們的動態消息被操弄），而且是用於政治目的。

　　人們仍在激烈爭論，劍橋分析的資料操弄是否影響了選戰結果。川普當選前，克魯茲陣營的結論是那些資料沒有用。川普的選戰操盤手帕斯凱爾日後告訴《前線》[29]，川普選戰付給劍橋分析的 600 萬美元中，100 萬美元用在電視上，帕斯凱爾表示，他把劍橋分析員工當幕僚用，是因為看重他們的才能，不是他們的資料。然而在選戰期間，執行長尼克斯吹噓握有「祕密武器」[30]，還在川普勝選時得意地表示劍橋分析「以資料驅動的公關戰」[31]，在川普勝選扮演「密不可分」的角色。

　　臉書內部對政治角力有經驗的人士認為，劍橋分析是在吹牛，就像無數想提供顧問服務的人，都號稱自己握有數位黑魔法。「他們是選戰世界的 Theranos*。」臉書華府辦公室的某位主管表示，「川普勝選後出現詭異的兩極態度，有人把他們

---

* 譯注：被踢爆不實的血液檢測公司。

當成邪惡天才，華盛頓的人則認為他們是跳梁小丑。」

不管是不是小丑，臉書在選舉期間沒有掌握到重要事實：劍橋分析握有成千上萬臉書用戶的個資，而且尚未證實已經刪除。臉書並未追查寇根的資料庫可能被交給 SCL ／劍橋分析，用於川普的選戰。臉書一心想增加與留住用戶，因此製造出劍橋分析得以完美利用的漏洞：利用人們分享的資料，找出會引發他們激烈情緒的地雷，接著在臉書上以操弄過的廣告瞄準用戶，引爆地雷。那就是俄國人之前的方法。某位臉書政策人員告訴我：「我可以向你保證，能協助你操縱臉書打贏選戰嗎？不行。但你能否利用民眾的恐懼、憂慮、關心的議題、盲從，挑起情緒與爭端？絕對可以。」

美國總統選舉的結果，讓記者開始追查《衛報》2015 年的報導中揭露的事，臉書當時的回應具有誤導性 [32]：「我們迄今的調查並未發現任何不法跡象。」臉書顯然知道發生了不法情事，發言人卻在 2017 年那樣告訴《攔截報》（*The Intercept*）。[33] 臉書知情，所以才在 2015 年後要求寇根、SCL 與懷利刪除來自臉書的個人檔案。此外，臉書也向記者提到尼克斯的話：劍橋分析「並未取得臉書的個人檔案或按讚資料」，即使臉書知道劍橋的確拿到了寇根的資料。有鑑於劍橋分析並未證實刪除了資料，臉書引用尼克斯的話看起來絕對像在誤導。

懷利日後會宣稱，他在 2015 年就刪掉資料卻遲遲沒有確認，是因為他一直到 2016 年中才看到臉書的要求。臉書用平信把表格寄到他父母家中。「臉書只寄來一封信，上面寫著：『你能否證實你沒有持有資料？』」懷利說，「那個表格只有讓你填寫空白處，接著簽名。那封信提醒了我已經快要忘掉的往事，我已經很久沒聽到寇根的名字。」可真是緊急事件。

英美兩大報齊聲揭露

懷利當時有一位新的筆友：《衛報》與《衛報》的週日版《觀察家報》（*Observe*）*的記者卡蘿・卡瓦拉德（Carole Cadwalladr）。卡瓦拉德是專題報導作家與調查記者，以深入調查出名，通常還會親身參與調查事件（例如實際到亞馬遜的倉庫工作）。

卡瓦拉德新的目標，是大型科技公司的有害影響，她自2016 年開始調查劍橋分析，寫下一系列報導：劍橋分析與英國脫歐的關係、劍橋分析的手法、公司與右派金主默瑟的關聯，以及與支持川普的極端保守運動的關係。她也談到寇根在2015 年 12 月被爆出持有臉書資料的事件。

卡瓦拉德指出，懷利是故事的關鍵。她在 2017 年 3 月首度聯絡懷利，懷利很小心，但最終還是交出文件，提供她報導資訊。但卡瓦拉德想要懷利的故事。懷利要是願意配合，從他的觀點談劍橋分析，報導會更令人信服。「我擱著那些文件超過一年，」卡瓦拉德說，「少了個人故事，公布文件還不夠。」

卡瓦拉德是按稿件計酬的約聘作家，但她推掉其他工作，繼續追查劍橋分析，最後終於說服懷利公開故事。

除了懷利，卡瓦拉德還有另一件擔心的事。卡瓦拉德先前在一篇報導中提到，有一位實習生最早向尼克斯建議 SCL 應該利用資料。卡瓦拉德寫道，這位年輕實習生就是蘇菲・施密特（Sophie Schmidt），前 Google 執行長施密特的女兒。

依據卡瓦拉德的說法，某位大牌英國律師代表施密特聯絡《衛報》，並未否認該項資訊，但要求報導中刪除施密特的名

字，因為那屬於私人事務，不涉及公共利益。「我們的律師研究這件事，然後說：對，她贏不了。」卡瓦拉德說，「但我們如果不拿掉名字，辯護官司可能得花兩、三萬英鎊。」《衛報》與《觀察家報》拿掉了施密特的名字。「這件事讓我們意識到在英國報導這件事的麻煩。」卡瓦拉德說。

卡瓦拉德的總編輯想到或許能減少麻煩的點子：何不與《紐約時報》等美國大報合作，比較不會吃上報導不實的誹謗官司？卡瓦拉德不喜歡這個點子，她認為這是她的報導。最後她沒有其他辦法，只好接受。《紐約時報》同意依據卡瓦拉德的調查與原始報導，寫自家的報導，兩大報預計同時刊出，《紐約時報》還會把卡瓦拉德的名字一起放進作者欄。

卡瓦拉德的報導，把如今頭髮染成粉紅色、穿鼻環的懷利，描寫成勇敢的吹哨者。這就像是說查爾斯・曼森（Charles Manson）吹哨揭發謀殺莎朗・蒂（Sharon Tate）的兇手一樣。懷利積極策劃了這椿醜聞，慫恿 SCL 創辦劍橋分析。他還引誘寇根違反道德，將臉書的用戶資料轉交給從事祕密活動的政治顧問公司。

卡瓦拉德描述故事裡這位人格可疑的主角時寫道：「要當吹哨者，你必須置身於黑暗的中心。」懷利日後表示，他會改變心意是因為他不能接受川普當選。對一個和默瑟、班農等人合作，還成立劍橋分析的人來說，這種說法太奇怪了。懷利日後告訴國會：「我對於自己在這件事扮演的角色感到良心不安，我應該早一點發現錯誤，」他說，「但木已成舟。」

《衛報》預定在星期六刊出報導，卡瓦拉德在當週稍早先聯絡了臉書。卡瓦拉德一直無法取得臉書媒體公關部門的回應。她在門洛帕克沒有認識的人，必須透過英國辦公室提出她的請求。臉書沉默幾天之後，副法務長葛瑞沃（Paul Grewal）

終於回應，他抗議卡瓦拉德的用詞，因為她把五千萬的臉書個人檔案被移交給寇根，又交給 SCL，描述成「資料外洩」（breach）。卡瓦拉德認為這是在威脅要提告。（臉書否認，這只是大公司的副法務長提供句法上的建議。）

雖然臉書對於「外洩」一詞的理解是對的，這仍是很怪的抗議。「外洩」暗示了因為疏忽，而被濫用於做壞事。以這件事來說，臉書沒有取得充分的用戶許可，就把個資「交給」寇根。提供開發者社群資料，基本上是 2007 年的「平台」就確立的規定，後來「即時個人化」等功能的開放圖譜仍繼續沿用。多年來，臉書用戶數量不斷增加，相關規定被視為能促進成長，所以一直留了下來。終於在 2014 年，臉書承認這些規定有瑕疵，宣布關閉隱私漏洞，但一年後才會關閉。那段期間就讓寇根得以建立他的數百萬用戶資料庫，接著賣給劍橋分析。

臉書試圖先發制人，搶在週六報導出刊前，在週五股市收盤後發布新聞，解釋自《衛報》2015 年的報導後，臉書就已經要求劍橋分析公司、寇根與懷利刪除資料，那些人也表示資料皆已刪除。臉書繼續指出：「幾天前，我們收到的報導指出，跟我們得到的保證不同，並非所有的資料都被刪除。」[34] 臉書為了持續「改善每個人的安全與體驗」，將禁止劍橋分析、寇根與懷利的不法行為。如果只讀到上面那段話，臉書好像被描寫成警覺心很強的用戶個資保護者，但《紐約時報》與《衛報》、《觀察家報》刊出報導後，人們很快就會以不同的方式解讀臉書這則公告。

兩篇報導從同一個爆炸性角度切入：臉書允許數百萬用戶個資在選戰期間落入川普顧問之手。雖然許多細節在 2015 年 12 月早已被披露，但這次的報導更緊急，也更駭人。

「整整有 12 小時，我們好像是搶先採取措施阻止劍橋分析，接著炸彈掉下來，」臉書的華府辦公室員工說，「臉書在那段期間贏得的好感瞬間消失。」

雖然臉書已經在一週前就知道報導即將刊出，而且自從《衛報》2015 年的報導之後，大致的故事早已成型，但報導一出，臉書仍像被隕石擊中般震撼。或許是因為臉書各組織彼此很獨立，完整的劍橋故事一直沒有傳到桑德伯格耳中，更是沒傳到祖克柏那裡。祖克柏將多次聲稱他在那個星期之前從來沒聽過劍橋分析、寇根，或刪除的資料。

臉書高層措手不及

臉書遇過幾次大災難：動態消息、Beacon、合意判決，每一次祖克柏都迅速以兩步驟的訊息回應：先道歉，再提出行動方案。

但這次沒有方案。

「我不確定如果當時我們說：『我們正在處理，會再向大家報告』，是否會有用。」桑德伯格回顧那段糟糕的日子時說道。從公關的角度，那幾天臉書起火燃燒，而且高層似乎被吸入黑洞。「大家只會說：他們甚至還不知道發生了什麼事！」那似乎是事實。「我們試著確認我們了解問題，」桑德伯格說，「我們試著面對真正的問題，擬定實際步驟，我們還沒掌握發生了什麼事。現在回想起來，那不是最好的決策，那是糟糕的對策。」

祖克柏日後也認同這樣的說法。「我覺得我想錯了。我應該在還不清楚所有的細節之前，先快點告訴大家：嘿，我們正在查這件事。然而我沒那麼做，我的直覺反應是站出去講話前，我想先知道實情到底是什麼。」

臉書的基層員工甚至比一般大眾還想聽見解釋。有好幾個月，臉書員工不斷面對親朋好友的質疑，追問他們究竟在什麼樣的公司工作。臉書內部的一般看法通常都是，他們的雇主立意良善，只是犯了一些錯，他們可以理直氣壯，但如今他們也不敢確定了。此外，臉書的股價與員工的身價，在週一開市時暴跌。他們想聽見領袖出來說話。

然而，公司指派向內部所有員工解釋劍橋分析的人，卻是副法務長葛瑞沃，就是幾天前寫信威脅《衛報》的同一個人。桑德伯格與祖克柏都沒出現，軍心大亂。「我理解員工的心情，」葛瑞沃表示，「不論我有多清楚實情，我無法突然變身成馬克或雪柔。」

臉書高層閉關五天後（大部分的時間都在爭論要採取哪個公關做法），桑德伯格與祖克柏終於露面，選中幾家新聞媒體，展開類似道歉之旅的行程。兩人在某種程度上搞清楚這次出了什麼問題，承擔責任：「我們在兩年半以前就該這麼做。」桑德伯格在《今日秀》（Today）節目上表示，「我們以為資料已經刪除，這點我們應該要確認。」至於究竟有多少資料外洩，內容又是什麼，他們仍無法確定。祖克柏告訴《連線》的談話內容，點出較多出事原因：「不只是這次的事，這些年來人們告訴我們，相較於經由把朋友的資料分享到其他地方，更方便地獲得社群體驗，他們更重視減少能取得他們個人資料的管道。」[35]

祖克柏在過去 12 年，一直搞錯人們心中的排名。

從比較廣的層面來說，臉書高層「還沒掌握發生了什麼事」，借用桑德伯格的說法。如今，劍橋分析象徵著臉書更大的信任問題。臉書在人們心目中的缺點，在這次事件中全數到齊：不在乎用戶隱私、貪婪操弄，以及人們直覺懷疑這個社群

網站把川普送進白宮。每一個缺點都源自過去十年所做的決定，目的是刺激分享、擴張臉書、打敗競爭者。對大眾來說，劍橋分析就像是搬起石頭，底下恐怖的大量害蟲開始急忙逃竄。

超過十年的時間，臉書一路上有驚無險，從一個危機過渡到下一個危機，不曾碰上嚴重後果。臉書快速行動，不太在乎一路上翻倒什麼東西。臉書後來的確改過座右銘，但還是不斷「打破」東西。祖克柏原本打算在新的一年，重新建立信任，結果一開始就出師不利。

親上國會

美國國會一直強力要求祖克柏出席公聽會。劍橋分析事件過後，祖克柏再也無法無視於這個要求。臉書的遊說人員與律師展開協商，但顯然居於劣勢，臉書最後同意讓執行長接受整整兩天的訊問，一天是「商務」與「司法」兩個參議院小組委員會的聯合公聽會，隔天要面對眾議院的「能源與商務委員會」（House Energy and Commerce Committee）。

臉書派出的協商人員的確討到一個讓步：祖克柏將不必宣誓，因此不會出現經典畫面：祖克柏加入菸商高層與黑手黨老大的行列，在作證前舉手宣誓。副法務長葛瑞沃說：「除了不會出現那個象徵性的畫面，馬克實質上有義務說出實情，任何的虛假陳述顯然會對他很不利。」葛瑞沃將負責指揮這次的公聽會準備。

在那之前，祖克柏上法庭的經驗只有一年前為臉書收購虛擬實境公司 Oculus 作證。「馬克說話通常不會被打斷，也不會被斥責，更是不會在公開的法庭上碰到那種事。」葛瑞沃談到那次準備 Oculus 出庭的挑戰，「所以他需要了解那是什麼

感覺、也要明白律師只是在做他們的工作。馬克很能接受指導與建議。」

臉書鉅細靡遺準備祖克柏的德州出庭計畫，連後勤都顧到：如何讓祖克柏進出大樓，不會像遊街示眾一樣曝光在相機與媒體面前？「我當過聯邦法官，我記得每一棟法院大樓永遠有第二套電梯，用來把囚犯從關押的地方送上樓。」葛瑞沃和美國法警討論，請他們通融，「馬克最後是搭乘監獄電梯上樓進法庭。」

臉書連日排演，把祖克柏帕羅奧圖住家的客廳改造成虛擬聽證會場。這位很會流汗的執行長，當天將無法控制室溫，所以工作人員把超強燈光打在他身上事先預演。一組政策人員扮演各州議員，舉行「謀殺委員會」（murder board）*，拋出一個個祖克柏可能被問到的問題。

2018 年 4 月 10 日，哈特參議院辦公大樓（Hart Office Building）的聽證會場擠得水泄不通。抗議者戴著紙板剪成的臉書執行長面具，在外面舉行像殭屍大軍的遊行。旁聽席的民眾舉著「保護我們的隱私權」抗議牌。還有人戴寫著「禁止偷看！」的搞笑眼鏡，數十位攝影師圍住祖克柏即將坐下的桌子，祖克柏的律師與訓練有素的政策主管將坐在他身後。最後，祖克柏僵硬地入場，身穿深色西裝，鬆鬆地繫著天藍色領帶。《紐約時報》後來有一整篇報導在檢視祖克柏這次一改平時的帽 T 裝扮。[36] 祖克柏唸出事先準備好的聲明：

> 臉書是一家樂觀的理想主義公司。[37] 我們多數時間都
> 專注於連結人們能帶來的好事……但顯然我們做得不

---

* 譯注：即接受質詢前的模擬練習。

夠，未能防止這些工具被拿來傷害人們，出現了假新聞、外國勢力介入選舉、仇恨言論，以及開發者與資料隱私權的問題。我們對於自身的責任未能採取更寬廣的視野，那是很大的錯誤。那是我的錯，我很抱歉。我創立臉書，我管理臉書，我替臉書發生的事負起責任。

提問時間。從天才少年變身億萬富翁，祖克柏如今被關在公共柴棚裡，全身僵硬，但就連批評臉書的人士，也受不了國會議員得意洋洋，亂問一通。參議員如果一針見血，直接把問題對準祖克柏，會議會比較有收穫，但多數議員選擇把自己的五分鐘提問時間用在教訓祖克柏，或是強調一些稀鬆平常的科技議題。有幾位議員甚至把時間用在幻想臉書裡支持自由派的科技人員寫出演算法，壓制保守派陣營的內容。甚至終於問到隱私權相關問題時，議員還是在作秀。一位議員問祖克柏：「你昨天晚上住哪間飯店？」祖克柏明顯表現出猶豫時，議員就露出勝利的表情。相較於劍橋分析暴露的複雜隱私權問題，這是相當微弱的類比。

聽證會還暴露出部分參議員對科技無知的程度。整體而言，隔天眾議院代表的問題更犀利，也較有重點，但還是有些例外。猶他州議員海契（Orrin Hatch）很困惑臉書竟然不向用戶收費：那你們是怎麼賺錢的？他問。

「議員先生，我們有廣告。」祖克柏回答。臉書人後來會製作寫著那句口號的 T 恤。

不論問題有多愚蠢或多不友善，祖克柏從頭到尾都以謙遜恭敬、有點像機器人的態度回應。他面前擺著回答各種問題的詳細小抄[38]，像一條一條的幸運餅乾籤詩，為國會的輪番攻擊

做好準備：違背信任，我們很抱歉讓那種事發生……沒有事先防範濫用情形……我們犯了錯，正在努力修補錯誤……如果有議員直接攻擊祖克柏，祖克柏會回到事先寫好的法庭聲明：本人謹此提出異議，我們並沒有那麼做。祖克柏要是不確定手邊資訊足以清楚回答問題，他就會承諾團隊晚一點將提供答案。《連線》細數祖克柏以那樣的回應答題了 46 次。[39]「請注意，」《連線》寫道，「這還不包括祖克柏表示不知道答案，但沒有承諾後續會找出答案。」

兩小時後，祖克柏有機會休息片刻，但他說：「我們繼續吧。」

「就是在那一刻，我知道我們過關了。」葛瑞沃說。

祖克柏談劍橋分析：「劍橋分析回應我們，說並未使用資料，而且已經刪除。我們就以為這件事已經結案。現在回想，那顯然是個失誤。」

祖克柏回到門洛帕克，在公司的全員大會上充滿氣勢地登場，就像是他小時候學習拉丁文時學到的那些古代征服者一樣，但振奮的情緒只維持了一下子，劍橋分析的相關調查將持續數年之久。幾個月內，其他單位也展開調查，但祖克柏後續只派部屬代表出席，讓那些單位很挫折。官員在質詢時，不會對著被派去當沙包的臉書代表說話，而是轉身對著為臉書老闆預留的空位講話，犀利地詢問劍橋分析的每一個細節，以及那些事與臉書公司做法的關聯。

幾乎像是反高潮一樣，2019 年 9 月，控告臉書的劍橋分析集體訴訟揭露的文件顯示，劍橋分析濫用開放圖譜，並非單一事件。臉書調查後發現超過 400 名開發者以類似方式違反臉書規定。6.9 萬個 app 被停用[40]，其中一萬個可能不當使用臉書用戶資料。這些駭人的數字沒獲得多少關注，因為臉書的醜聞

此時已經多到人們已經見怪不怪。

　　洪水閘門大開，各種怪事一件接著一件來，在劍橋分析全面爆發。寇根的幸福測驗讓臉書陷入困境。這將不是祖克柏最後一次面對滿屋子的憤怒議員。

第 17 章

連結（醜惡）世界，
官宣補救途徑

　　2019 年 3 月 15 日，一名澳洲白人至上主義者闖進紐西蘭基督城的努爾清真寺（Al Noor Mosque），帶走現場五十一條人命。他手持多樣自動武器，隨身喇叭播放著軍樂，在臉書上直播血洗現場的畫面。[1] 事件後一週，莫妮卡・畢克特（Monika Bickert）在華府燈光昏暗的雞尾酒館，大口吞薯條，努力止住眼淚。

　　畢克特的工作是為臉書上的內容制定標準。臉書內部支持言論自由的啦啦隊，與臉書為確保平台安全所做的努力，兩者之間向來關係緊張。不過在大選過後，臉書更是被用放大鏡檢視。畢克特不認為這是個人的挫敗，她的使命不是連結全世界，而是避免臉書摧毀世界。劍橋事件過後，全世界都在看，這份工作變得更加困難。每次她的團隊未能完成不可能的工作，畢克特就會遭受批評。

　　畢克特在南加州長大，熱愛運動，一邊上大學先修課程，一邊打排球。她的高中歷史老師負責指導模擬法庭隊，老師鼓勵畢克特加入，她加入後也很喜歡，擬定策略、分析，特別是在虛擬法庭上發言。畢克特進入萊斯大學（Rice University）修經濟學與打排球，大三那年因為受傷無法再打校隊，累積到畢

業學分數後就直攻哈佛法學院，畢業後擔任聯邦書記，加入美國檢察署，先是在華府，接著到芝加哥分部。

畢克特處理過的案件，包括起訴米奇眼鏡蛇（Mickey Cobras）的 47 名成員，那個街頭幫派被指控在迪爾伯恩國宅（Dearborn Homes housing project）販售海洛因與鴉片類藥物吩坦尼（fentanyl）。畢克特把許多貪汙的政府人員和兒童色情犯送進監獄。後來，她愛上美國檢察署芝加哥分部的頂尖律師關塔特（Philip Guentert）。關塔特是鰥夫，領養了兩個年紀還小的女兒。2007 年，兩人為了讓在中國出生的女兒體驗亞洲生活，全家搬到曼谷，仍繼續在美國司法部任職，畢克特專心打擊性販賣案件。

全家在發現關塔特罹患腎臟癌之後就搬回美國，讓關塔特在美國就醫。畢克特聽說，臉書在找有政府與跨國經驗的人才，「我丟了履歷，參觀園區，對工作內容仍不清楚。」畢克特說。不論做了多少準備，誰也想不到畢克特最終在臉書的工作性質。

畢克特在 2012 年接受面試，對臉書人的活力印象深刻，更重要的是，她對於史上最大全球社群網站將帶來的複雜法律議題，感到躍躍欲試。那是從來沒有人處理過的問題。

畢克特在臉書的第一個任務，是回應政府要求取得用戶資料。她因此感受到人們在臉書上分享資訊的威力。過了約六個月，公司利用畢克特的法律長才，要求開發者遵守臉書的資料政策。

畢克特專門負責棘手的開發者，有一次她和臉書的政策人員一起思考如何處理某款含有仇恨言論的電玩遊戲，大家在討論那款遊戲是否違反了臉書規定。畢克特的分析讓主持臉書華府辦公室的勒文留下深刻印象。臉書當時有一個內容政策裁決

人的職缺，勒文認為畢克特或許是理想人選，畢克特在 2013年接下那個職務。

畢克特原本擔任的是科技公司裡的低調職務，最後卻變成最被公眾檢視的職位：她成為全球權力最大的言論仲裁者，在透明魚缸裡做事，每一個決定都會受到嘲弄，引發憤怒，還得執行因為規模過於龐大而注定失敗的決策。

那些都是會帶來後果的失敗，尤其是在海外。臉書總是快速進入新國家，沒有先了解該國的文化，也沒有建好能夠應付濫用的基礎設施。有組織的團體、甚至是政府單位，會瞄準異議者或勢力薄弱的少數族群，在臉書上發表仇恨言論與煽動性的假資訊。相關問題曝光前，或甚至曝光之後，臉書即使收到警訊，通常也置之不理。

中東發生阿拉伯之春運動時[2]，臉書被譽為自由的力量。經營臉書專頁的用戶協助組織了 2010 年的突尼西亞革命。臉書也在埃及推翻政府的運動上扮演重要角色，埃及一名電腦程式設計師被警方殺害後，臉書上的「我們都是薩伊德」（We Are All Khaled Said）專頁引發大規模抗議運動，最終推翻政權。「臉書感覺具備不可思議的力量，而且是站在善的那一方。」[3]前臉書政策主管史巴拉潘尼告訴《前線》，「我很振奮，看見人們運用這個工具，這個自由的工具，做到以前不可能成真的事。人們組織起來，與自己的世界分享，讓世界看到政府試圖鎮壓運動、強加在他們身上的暴力……一切再真實不過。」

多年來，這個幫助正義活動的神聖光環，讓臉書無視於在其他國家可能發生的濫用情況。門洛帕克的臉書人很難想像臉書解放人民的政治魔力，同樣也能讓當權者輕鬆分裂與掌控人民。

成長團隊計畫把臉書帶到全球各地，認為臉書只需要某種團結的氛圍，把問題交給群眾外包，這個巨大的自由言論平台就可以突然出現在完全不熟悉這種科技的地區，引發的任何不良後果都可以自然解決。

　　菲律賓記者雷莎在 2016 年報導臉書上的假資訊與仇恨運動，她以第一手的方式目睹一切。菲律賓強人領袖杜特蒂整合勢力後，他的追隨者仍持續利用臉書妖魔化對手與雷莎本人。雷莎不斷催促臉書採取行動，她和臉書所有的關鍵政策人員都談過，包括公司政策與媒體公關長史瑞吉、畢克特、成長團隊的舒茲與桑德伯格。她甚至還在 2017 年 5 月的年度 F8 大會上參與了祖克柏的小型會面，當時祖克柏告訴開發者，假新聞的確是問題，需要花時間想辦法解決。但問題現在就正在發生！雷莎認為臉書沒有任何主管理解她在說什麼：「很長一段時間，我覺得他們不只否認問題，有時甚至麻木毫無反應。」雷莎表示。一直到 2018 年，臉書才明確回應。

緬甸危機

　　臉書在緬甸的情形更糟（英文國名原為 Burma，後來更名為 Myanmar）。臉書沒有雇用會說當地語言的人，就魯莽進入各國市場，緬甸就是其中一例。在問題出現之前，考克斯甚至在 2013 年的談話中告訴我這種做法有多棒。「隨著擴張，各國都有〔臉書〕。在我們不了解語言與文化的世界各地，全都有臉書。」考克斯指出，臉書當時的方法不是雇用數十個懂當地文化的人，而是加強演算法，計算有多少人使用臉書。互動程度愈高表示效果愈好！

　　考克斯承認，全球各地的人用臉書的方式都不同，要處理相應而生的問題很具備挑戰性，例如：人們是在哪裡看新

聞。考克斯告訴我，一個「緬甸」（Burma，他仍使用緬甸的舊稱）的朋友告訴他，臉書是當地人獲得新聞的管道。「我們總是得從某個地方弄到新聞吧！」（這裡還是要幫考克斯說句話，他日後會致力於下架冒犯性內容，還經常為了這件事與祖克柏起衝突。）

在考克斯炫耀臉書進軍緬甸的當下，緬甸當地已經有人開始濫用臉書。「過去五年，就像是緬甸全國在同一時間連上網。」負責處理動態消息內容安全議題的莎拉・蘇（Sarah Su）表示，「從某方面來說，能參與那個過程真的很神奇。但另一方面，我們發現當地的數位素養相當不足，面對病毒式瘋傳的假資訊，當地人並沒有抗體。」

新聞報導與聯合國的人權報告都指出，緬甸總統及其支持者把臉書當成[4]對付穆斯林少數族群羅興亞人（Rohingya）的暴力武器。例如，2012 年 6 月 1 日，總統的主要發言人在臉書上發文，呼籲大家採取行動對抗羅興亞人。他要民眾提防危險的武裝「羅興亞恐怖份子」。[5]基本上就是在請大家支持政府進行大屠殺，而屠殺也在一星期後成真。「軍隊已經在殲滅他們〔羅興亞人〕，」那篇臉書貼文指出，「我們不想聽見任何人道主義或人權的藉口。我們不想聽你們的道德優越感，或是所謂的和平與慈悲。」

2013 年 11 月，當時參加史丹佛獎助計畫、研究緬甸的澳洲記者卡倫（Aela Callan）造訪臉書[6]，和史瑞吉見面，提醒臉書這種情形。卡倫得知臉書懂緬甸語的內容審核員只有一個人，工作地點在都柏林。卡倫告訴《連線》，她認為臉書「對於連結的機會比較感興趣」，勝過關心暴力議題。

2014 年，有女性為了錢而誣指羅興亞人強暴自己，那篇貼文在臉書傳開，引發群眾暴動，最後造成兩人死亡。大約在那

段期間，畢克特接待公民社會團體時，其中有一位來自緬甸的人士，開口尋求協助。此外，澳洲的一名臉書政策人員開始關注這個問題，臉書了解到公司需要更多會說當地語言的員工，不過也承認公司雇用這樣的內容審核員速度很慢。另一個問題是，緬甸語在網路上出現的形式，有時用國際標準 Unicode，有時是用很難在臉書系統上讀取的特殊字型。臉書到 2015 年才把公司的社群守則手冊翻譯成緬甸文。

雷莎發現，臉書在緬甸碰到的問題，和她的家鄉菲律賓的情況很像。「我認為他們花很長時間才了解緬甸，」雷莎表示，「因為他們刻意否認有問題，以及缺少背景知識。這是非常不一樣的世界，臉書人並不住在脆弱的國家。我眼睜睜看著臉書允許的那些事，把我的人生毀掉。臉書是以矽谷視角在看問題。」

2016 年 6 月，臉書在緬甸推出「免費基本網」，讓規範仇恨言論變得更困難。暴力程度上升後，臉書無力制止。畢克特指出，臉書自認已經雇用足夠的母語工作者，但碰到暴力事件發生，就有更多人使用臉書、出現更多挑釁內容。「情勢不利於我們，」畢克特表示，「發生暴力時，我們手上缺乏能找出內容的工具。我們那時候正在處理字型問題，回報的流程也不對，我們在語言上的專業也不足。」

臉書一直到 2018 年 8 月才採取重大措施[7]，開始在緬甸下架內容，移除十八個臉書帳號、一個 Instagram 帳號、五十二個臉書粉專。臉書還封鎖了二十個個人與組織，包括軍方總司令與軍方經營的電視網。儘管如此，仇恨言論與暴力挑釁仍然持續。祖克柏在國會作證時，參議員雷希（Patrick Leahy）質問之前的事件：有人在臉書上號召大家殺死一名記者。很多人要求移除文章後，臉書才採取行動，雷希表示。

「參議員先生，緬甸發生的事是可怕的悲劇，我們需要做更多。」祖克柏回應。

WhatsApp 在緬甸成為市場龍頭，這也帶來特殊的挑戰，因為 WhatsApp 的內容經過加密，除非收到訊息的人寄送解鎖後的資訊給臉書，否則臉書無從得知訊息內容。WhatsApp 的創辦人決定把加密機制深植於產品，認為無法破解應該是絕對的優點。

「科技本身沒有道德與否的問題，人才會賦予科技道德問題。」WhatsApp 的共同創辦人艾克頓在 2018 年回顧這起爭議時告訴我，「科技人員不該擔任裁判。我不喜歡當一家保母公司。人們在印度、緬甸或任何地方利用產品犯下仇恨罪、恐怖主義或做出其他事。別再把目光聚焦在科技上，應該要了解的是人。」

艾克頓說出多數公司不敢公開說、只敢偶爾私下抱怨的心聲。暴力在許多地區已經持續數個世紀，早在臉書出現之前。臉書等通訊平台的出現，自然會被黑暗勢力利用，就跟收音機、電話、汽車等技術問世時一樣。從這種角度來看，臉書只不過是屬於今日的媒介。

然而，這種說法在緬甸這樣的地方並不適用。有人利用臉書獨特的瘋傳機制，散布有關於少數族群的謊言，煽動大眾迫害他們。臉書把調查緬甸活動的工作外包給 BSR 公司[8]。BSR 發現，臉書匆促進入一個嚴重缺乏數位素養的國家：大多數網路使用者甚至不知道如何開啟瀏覽器、設定電子郵件帳號，或閱讀網路內容。然而他們的手機都已預先裝好臉書。BSR 的報告指出，臉書上的仇恨言論與假消息，壓過緬甸最弱勢用戶的發文，更糟的是「臉書成為試圖煽動暴力、造成傷害的人的實用平台。」聯合國的報告也得出類似的結論。

BSR 的報告在 2018 年 11 月公布，畢克特在記者會上宣布：「我們更新了政策，現在我們能夠移除可能立即造成暴力或身體傷害的假資訊。在緬甸與斯里蘭卡團體的建議下，我們做出這個改變。」

現場每位記者腦中想的大概都和我一樣：你的意思是說，在 2018 年之前，做這種事是被允許的？

臉書直播亂象

「快速行動」造成的負面效果，不只限於臉書的國際擴張，臉書推出產品時也不顧後果。Facebook Live 即時功能的出發點是提供好心情，但這個產品完全低估了人類惡作劇、自我毀滅與作惡的能力。

Facebook Live 的目的是讓名人利用臉書變得更有名。大約在 2014 年，負責 Mentions 功能（名人專用的與粉絲接觸的影音功能）的小團隊開始研發即時串流影片，並說服經理西摩（Fidji Simo）支持他們的計畫。西摩工作非常認真，臉書的員工都很敬畏她，回想西摩之前懷孕過程很辛苦，必須臥床休息時，工作進度還是沒有落後，直接把團隊找到家中開會。西摩決定讓團隊轉向專心做影片功能。

Facebook Live 在 2015 年 8 月問世時，Twitter 已經有自家的網路直播產品 Periscope，新創公司 Meerkat 也竄紅。臉書和其他公司的不同在於，影片直播完畢後還會留在頁面上，用戶可以繼續在下方留言。這個設定讓影片得以瘋傳數小時或數天，帶來最多的互動。臉書起初只把直播功能開放給認證過的名人，也就是 Mentions 團隊的合作對象，但祖克柏發現反應很好——喜劇演員賈維斯（Ricky Gervais）的串流獲得近百萬關注——就決定開放給全世界。

Facebook Live 從一開始就產生巨大影響，主因是公司調整動態消息的演算法，讓影片比較容易被看到。剛推出時，一名37歲德州女性直播戴著星際大戰人物丘巴卡的面具，觀看次數超過一億，一時成為網路紅人。新聞與類新聞媒體也抓住機會，依附在動態消息演算法下生存的 BuzzFeed，在 2016 年時直播西瓜爆炸的影片[9]引發全國熱潮，有 80 萬人收看那場直播。無傷大雅的小樂趣。

　　然而，直播不是真的無害。

　　「我們真的沒料到人們會如何使用，」協助打造這項產品的史沃普（Allison Swope）表示，「我們想說：人們本來就能上傳可怕的影片了，直播和〔預錄〕影片真有那麼大的不同嗎？我們試著設想所有的情境，但我仍不明白為什麼有人會想在臉書上直播自殺。」

　　臉書信任與保護團隊（Trust and Protect）的西爾弗（Ellen Silver）堅稱，臉書的確有預作準備。「我們絕對有讓團隊從政策與執行的觀點，設想可能發生的濫用情形。」西爾弗表示，「真的很不幸，Facebook Live 上真的發生了那些行為。」

　　即使如此，臉書的準備依舊不足。直播功能推出沒多久就出現自殺影片，Live 團隊「閉關」三個月處理問題。「網路上出現自我傷害與自殘的影片熱潮，」[10]公共政策團隊的波茲（Neil Potts）告訴科技網站《主機板》（Motherboard），「我們發現公司缺乏處理那些事的程序。」

　　自殺很棘手，但臉書已經在想辦法處理，鼓勵用戶留意警告訊號，並利用人工智慧偵測有自殺意圖的文章。一旦出現有問題的動態，臉書就會派出協助者，例如：臉友、地方相關單位或熱線。（日後會有批評者攻擊臉書採取的行動，指控臉書通報自殺是逾權介入醫療領域的行為。這就是「臉書怎麼做永

遠都不對」的完美例子。）[11] 影片讓事情更加複雜。影片內容令人不舒服，但可以讓人們留意。有人甚至指控那些自殺是 Facebook Live 的錯，認為公開離開人世的誘惑導致人們真的採取行動。

謀殺的問題，臉書也無力處理。2016 年 6 月，28 歲的帕金斯（Antonio Perkins）在臉書直播時[12] 被人朝頭部與頸部開槍，他因此死亡，但由於鏡頭沒有照到血，臉書表示未違反政策，因此沒有撤下影片。就在這起謀殺事件發生的前一天，法國有一名年輕人在殺害兩名員警之後在 Facebook Live 上嗆聲了 13 分鐘。臉書員工開始感到不安。博斯沃斯也用他著名的內部備忘錄談這件事，他想要開啟對話，但最後的內容比較像是一份宣言。他的標題是「醜陋」（The Ugly）[13]：

> 我們經常討論工作上的好事與壞事，這次我想討論醜陋的事。
>
> 我們連結人群。
>
> 如果人們用來做正面的事，那就是好事。有人可能找到真愛，我們甚至可以挽救自殺者的生命。
>
> 所以我們連結更多人。
>
> 如果人們用來做負面的事，那就是壞事。或許有人因而死於槍下，或許有人死於用我們的工具策畫的恐怖攻擊。
>
> 然而，我們仍在連結人們。
>
> 醜陋的事實是，我們深深信仰著連結人們，任何讓我們能更常連結更多人的事，就「自動」被當成好事……我們在做的只有這件事。我們連結人們。
>
> 那就是為什麼，我們為了成長而做的所有努力都有正

當理由。一切有問題的聯絡人匯入做法，所有讓人們
持續被朋友搜尋到的隻字片語，所有我們做的帶來更
多交流的事……
我知道很多人不想聽這些。我們之中大部分的人，有
幸過著美好的工作生活，在溫馨的氣氛裡，打造著消
費者熱愛的產品，但毫無疑問，我們能走到今天靠的
是成長策略……
我們擁有優秀的產品，但要是少了以超越極限的方式
追求成長，我們不會有今日一半大的規模。

「醜陋」一文有數百則臉書員工留言，多數人對於臉書成
長會帶來的附帶傷害，竟可能包含有人死亡，感到震驚。不
過，內部的反對意見相對溫和，BuzzFeed 在 2018 年外洩那份
備忘錄，引發的回應就不只如此。祖克柏還被迫發表聲明：
「我們從不認為應該為達目標不擇手段。」[14] 他寫道。祖克柏
在國會證詞上也否認博斯的備忘錄，說明那種爭議文章是臉書
開放內部自由討論的傳統。

就連博斯本人也畫清界線：「我只是在拋磚引玉。我們對
於成長的理念，那只是最簡潔、最極端的一種講法。」博斯拋
出那些話，只是要開啟關於成長的對話，只是為了進行思想實
驗，而刻意過分強調對目標的感受。

我告訴他，或許備忘錄會引發那麼多爭議，是因為備忘錄
的確說出了醜陋的事實。對於尚未準備好迎接大量海嘯分享的
人來說，帕利哈皮提亞一心想搶下全球網路人口的執著，難道
沒有帶來極大的危機嗎？

博斯沃斯不贊同那個結論，成長團隊的關鍵成員也不認
同，但另一位臉書高層提供了不同觀點。「2007 年，也就是

在出現第一起綁架案、第一樁強暴案、第一次的自殺事件後，馬克意識到事情將會有後果，」那位主管表示，「這個世界充滿壞人，史上沒有任何公司跟臉書一樣，必須為世上的壞人負擔那麼多責任。40％的離婚和臉書有關！」[15]（他的數字出處不詳，但 2012 年的研究顯示，有三分之一的離婚過程中有提到臉書。）

2016 年的美國大選過後，臉書無法無視於那些後果，或是輕描淡寫地說那只占平台總內容很小的百分比。臉書被迫面對醜陋面，在 2017 年成立「風險與回應小組」（Risk and Response），試圖搶在危機發生前解決問題。「人們愈來愈關心，也更仔細檢視臉書對內容做的決策，」風險與回應小組負責人米歇爾（James Mitchell）表示，「在那樣的環境下，你能做的事就是告訴大家：我們內部要做得更好，試著找出這些弱點。」

如果真是如此，紐西蘭基督城發生的大屠殺，臉書理應能處理得更好。Facebook Live 是這次兇手的主要社群媒體策略，這名恐怖份子模仿高效品牌顧問平日的做法，在犯案前利用 8chan、Reddit 等論壇網站，以及較隱祕的白人至上主義者基地，四處宣傳他的殺人直播。他知道一開始不需要有太多人看，因為接下來絕對會有成千上萬的人，轉貼他的死亡自拍。那些人是追蹤者、酸民、偷窺狂，甚至只是好奇的網友。那場大屠殺震驚世界。在醜聞不斷爆發的時期，這對於這家名聲似乎已跌落入谷底的公司來說，是又一次的重擊。

臉書的工作、畢克特的工作，是確保臉書用戶不會看到那支駭人的影片，愈少人愈好。畢克特的工作讓她必須完整觀看整支影片，不論她有多不願意。

畢克特出席完在首府的言論自由討論會後，告訴我這些

話。畢克特先前前往華盛頓特區，在各種委員會露面，替臉書的內容辯護，引用那些只有在門洛帕克或 K 街（K Street）*聽起來合理的規定。

我們坐在畢克特的開會地點不遠的雞尾酒吧，她談到基督城的事。那段拍下屠殺過程的 17 分鐘影片，內容包括兇手從第一間清真寺跑到第二間，當時只有約兩百人觀看直播。[16] 臉書大約是在直播結束 12 分鐘後獲知並撤下影片，但即使臉書利用數位指紋阻止上傳，影片仍繼續在臉書上散布。

臉書封鎖那段影片時展開大規模的貓抓老鼠遊戲，但不肯放棄上傳的用戶更改檔案、逃過審查。24 小時內，用戶試圖上傳那段影片達 150 萬次，臉書封鎖了 120 萬次嘗試，卻仍有 30 萬漏網之魚出現在平台上。一星期後，還是有人回報找得到那支影片。

為什麼有成千上萬人當下與事後想上傳那段影片，仍是個謎。「連結世界」有其陰暗面，這是另一個證據。

畢克特描述她看那段影片的經歷時，聲音嘶啞，眼角開始泛淚。即使是她，這位曾在曼谷追查性販賣犯罪的檢察官、追捕過芝加哥販毒街頭幫派、身負 25 億人的可靠言論仲裁者、那個在張牙舞爪的國會議員面前冷靜替臉書辯護的人，這次經歷仍令人無法忍受。

平台清潔大軍：最難做的工作

畢克特的前線人員是臉書在 2009 年開始雇用的內容審核員，第一個國際審查中心在都柏林。他們是臉書早期客服人員的繼任者，客服人員在過去負責封鎖派對裸照、處理母乳行

---

* 譯注：華府的遊說團體聚集地。

動的議題，以及瘋狂尋找新同事，因為工作不斷爆增。臉書原本有數千位內容審核員，選後增加超過三倍，2019 年達到 15,000 人。畢克特表示：「增加人力是因為我們發現之前投資不足。」內容審核員在全球工作，篩選數百萬則內容，有的是用戶舉報為不恰當，有的是人工智慧系統辨識出潛在違規。內容審核員必須迅速判斷那些貼文是否確實違反臉書規定。

然而，絕大多數的審核員很少會接觸到臉書的工程師、設計師，甚至不會見到為審查制定規範的政策人員。多數審核員甚至不是臉書員工。自 2012 年起，臉書在菲律賓馬尼拉與印度成立中心，把雇用審核員的工作外包給其他公司。審核員無法參加全員會議，也拿不到臉書紀念品。

臉書不是唯一聘用內容審核員的公司：Google、Twitter，甚至是 Tinder 等約會 app 都需要監測平台上發生的事，不過臉書的用量最大。

全球的內容審核員慢慢累積到數萬人，這個現象起初不為人知。學界第一個發現此事。[17] 當時還是研究生的羅伯茲（Sarah T. Roberts）和多數人一樣，以為內容審核工作是由人工智慧執行，直到念電腦科學的同學解釋當時的人工智慧還太原始。

「那讓我發現問題所在，」羅伯茲說，「唯一的審核辦法是一大群下層勞工。2010 年，那些公司還不承認自己在做這種事。」羅伯茲及其他開始了解這個現象的人士，發現一種新型勞工，那些工作者沒有科技公司偏好的學歷與工程師背景，但公司運轉卻少不了他們。他們也提醒世人，21 世紀的網路已經從先前的年代轉向，不再是理想主義的象徵。祖克柏成立臉書時或許期待靠很少的人力就能搞定，但輔助他的下屬很早就發現，要保護大量用戶不會接觸到冒犯或違法內容，只能靠

人力日日夜夜篩選內容。最後，自然而然演變成工廠模式，這些人成為數位版的工友，暗中替動態消息收拾善後。公司真正重視的員工晚上在家睡覺時，工友悄悄地掃地。那可不是美好的畫面。此外，這種清潔工作是精神上的折磨，工作人員每天不得不面對強暴、非法手術與無窮無盡的生殖器影像。所有令人反胃的內容，對臉書來說是坐立難安的事實，所以他們刻意把清潔工大軍放在看不見的地方。

一種新興的報導類別開始出現[18]，揭露內容審核中心的工作情形。即使臉書指出相關報導過於誇大，部分的細節卻被數篇新聞報導與學術研究交叉證實：審核員的雇主通常都是埃森哲與高知特（Cognizant）等外包公司，薪資偏低，時薪約 15元。審核員必須快速判斷數量驚人的可怕內容。他們用來判定哪些內容可以留著、哪些必須下架的規則，看似簡單，實則很困難。此外，這份工作還影響到這些人的精神狀態。《The Verge》的記者牛頓（Casey Newton）在系列報導中提到狄更斯筆下的悲慘工廠[19]：骯髒的辦公桌上有不明的陰毛與指甲，員工得排隊上廁所，有人甚至開始想相信臉書上永遠不缺的陰謀論。

我造訪審核員的鳳凰城辦公室時，沒看到陰毛，不必排隊就上到廁所。辦公空間乾淨，員工進門時會看到五彩繽紛的牆壁彩繪。那裡絕對沒有臉書辦公室的活力，但也沒有某些報導所暗示的早期電話詐騙中心的昏暗壓迫感。長排的黑色桌子上擺放著螢幕，審核員沒有被分配固定座位，所以工作站上沒有個人物品，又因為是無紙化辦公室，整個空間有一種空蕩蕩的感覺。我得知，最忙碌的尖峰時間會有四百位審核員在那裡工作，每週七天、二十四小時輪班。

帶我參觀的人是外包公司高知特的高階主管，當初是他負

責成立這間辦公室。他的專長是外包，不是內容政策。他們執行的所有規定都來自「客戶」，那是他稱呼臉書的方式。

我與一些自願跟我談談的審核員見面。大約一半的人讀過大學，他們都考量過，認為這份工作勝過當時的其他選項。我們聊他們的工作細節。臉書期待審核員一天大約要做到四百次「下一則」（jump），意思是他們約有 40 秒的「平均處理時間」來判斷一則可疑的影片或文章，該留著或下架，或是碰到罕見的情形是上報給經理。經理會把最難判斷的決定報告給門洛帕克總部的政策高層。

臉書表示，他們並未限制每個決定必須在多少時間內完成，然而記者的報導及深入研究過審核流程的幾位學者都指出，如果每一則內容都仔細考慮去留，你大概保不住這份低薪工作。我訪談的一位審核員似乎正在挑戰這個非明文規定的審核則數：他的個人目標是一天跳兩百次。「速度太快，你會錯過小細節。」他表示。如果被質疑工作產出時，他希望自己的高準確率可以彌補他平均較長的處理時間。

出錯數量有多少？很難說，但可參考的指標是用戶申訴成功的次數增加。2019 年的前三個月，臉書移除 1,940 萬則內容[20]，其中用戶上訴 210 萬次，近四分之一申訴成功，也就是說最初的判斷有錯。另外有 66.8 萬則被移除的內容未經申訴就被恢復。換句話說，雖然多數時候判斷正確，仍有數百萬用戶因為審核員分秒必爭的壓力而受到影響。

審核員面臨的挑戰是確認有問題的內容違反了規範中的哪一條。規範來自在臉書早期負責管理顧客支援的詹澤參考的一頁文件，日後威爾納繼續擴充，最後變成臉書的「社群守則」。審核員先於在職訓練中學習如何解釋那份指南，接著跟著前輩工作一陣子，才會獲准獨立作業。那份指南的部分內容

被外流很多次，後來臉書乾脆在 2018 年完整公開。

臉書社群守則證明了這份工作有多困難。一套原則就要適用於全球各地，無法顧及文化差異。相關規定適用於臉書所有的應用，包括動態消息、Instagram、個人檔案頁面時間軸、WhatsApp 與 Messenger 私訊。

相關規定可能模稜兩可，讓審核員無所適從。有的則直接了當。規定試圖定義出某些主題不同程度的嚴重性，例如看得見人類內臟的畫面。某些類型的身體暴露沒關係，其他則需要「插入式警語」（interstitial），也就是電視節目開始前螢幕上會出現的提醒畫面，以下畫面可能出現臀部。血腥畫面不行。大屠殺則需要靠主觀判斷才有辦法正確歸類。

「如果你倒帶回臉書很早期的時候，我想很多人不知道我們是整個團隊在辯論該如何定義裸露，或什麼是圖像化的暴力呈現，有非常多超級細節的東西。」誠信團隊的羅森表示，「這是肉眼可見的內臟嗎？還是燒焦的屍體？」

可以確定的是，27 頁的文件不可能納入每一種例子。因此臉書建立了不對外公開的大量補充文件，來探討特定例子。這些補充之於臉書官方社群守則，就像是用來解釋猶太經書《妥拉》（Torah）的《塔木德》（Talmud）注釋。《紐約時報》記者表示他搜集了一千四百頁的此類詮釋。[21] 科技網站《主機板》取得臉書外流的內部訓練文件上，有各種難堪的畫面[22]，例如肛門被合成到泰勒絲（Taylor Swift）雙眼的位置。訓練投影片上寫著，這種惡作劇可被允許，因為泰勒絲是名人，但對同學這麼做就算是霸凌，不被允許。儘管如此，有一張照片是金正恩的嘴巴被換成肛門，上面還塞著性愛玩具，那張照片就被移除了。

仇恨言論最難判斷。臉書不容許仇恨言論，但低估了精確

定義仇恨言論的難度。畢克特表示：「仇恨言論是我們最難執行的政策，因為缺乏上下文脈絡。」同樣的幾個字，如果是用來和好友開玩笑，跟用在無辜陌生人或認識的人身上，就非常不同。媒體報導的例子中，某位喜劇演員說：「男人都很渣」[23]，這句話就讓她被停權，因為臉書規定不可以對受保護的族群做整體適用的侮辱，而性別算是受保護的群體。

畢克特和團隊了解，「男人都該死」跟「猶太人都該死」完全不同，但他們認為如果要區分誰是弱勢團體，誰是特權團體，又會過於複雜。因此依據臉書的說法，審核員很難區辨什麼算是仇恨言論。

舉例來說，要是臉書上有人提到，某位名人說了種族歧視的話。如果用戶寫的是：「某名人說了這句話，太離譜了吧？」畢克特表示，這樣的文章，臉書會放行。這可以算是協助人們評估該人性格的資訊。然而，如果用戶引用同一句話，但說的是「這就是為什麼我喜歡這傢伙！」臉書將移除那則訊息，理由是用戶表示認同種族歧視。「然而，如果我只是引用那句種族歧視的話，接著說那是『某名人說的』呢？」畢克特表示，「我是認同那位名人講的那句話，還是在譴責他？意思並不清楚。」

仇恨言論太複雜，臉書不得不分級。第一級包含說男人是人渣，以及比喻某個族群是細菌、性侵犯，或是「在文化中被視為智力或體能較為低等的動物」。第二級是具備次等意涵的侮辱，例如說某人／某群體精神有問題或沒用。第三級是政治或文化侮辱，例如呼籲種族隔離、表達種族歧視，或是直接辱罵。處罰依據情節輕重而定。

我在 2018 年參加臉書的「內容標準論壇」（Content Standards Forum）會議，仇恨言論是其中一個討論主題。畢克

特每兩週都會在那棟蓋瑞設計的建築附近的大樓開這場會，討論規則變動。會議室裡大約有二十人，還跟都柏林、華府，及全球臉書各分部視訊連線。

大家討論「要小心」（heads-up）的議題，找出潛在問題，判斷是否該調查。另一種則是「推薦」（recommendation），團隊會針對調查作出決策。此類調查通常會徵詢特定領域（人權、心理學、恐怖主義、家庭暴力等）的專家意見。這次的會議談到與「男人都很渣」類似的仇恨言論議題。現場討論的問題是痛恨「優勢族群」（例如：男性、億萬富翁）的意見，是否該嚴格處置，視為和誹謗「受保護的族群」（性別、種族）一樣嚴重。結論很有趣：報告指出最理想的結果，是採取「另當別論」的做法，允許人們發洩對優勢族群的怨氣。但這樣的做法被否決了，因為要下這樣的判斷對審核員來說太過複雜。

審核員準備好承擔重大責任了。約聘員工們當然希望能升格成正式員工。我拜訪鳳凰城的審核員前，和一位幸運轉正的臉書人聊過（我被允許稱他為「賈斯汀」）。賈斯汀證實，要成為正式員工不容易，因為審核員具備的技能與負責製作或行銷臉書產品的人員並不一樣。

賈斯汀提到一點，有點出乎意料，他說在審查有問題的內容時，比較麻煩的不是不良行為，而是用戶過世。臉書的演算法經常會讓過世用戶的帳號再度出現在親友的動態消息上，有時帶來的震撼如同溺水的屍體浮上水面。臉書今日為已過世的用戶制定了詳細的「紀念」（memorialization）規範。「懷念帳號真的令人壓力很大。」賈斯汀表示。

不過，懷念帳號不是壓力最大的內容。「我審查過最糟的內容，是一個男子拿鋸齒刀割下自己的老二，」賈斯汀說，「那可不好笑。」賈斯汀在 2016 年左右看到那段看過就忘不

了的影片，當時臉書已經開始提供諮商服務（他 2015 年入職時公司尚未提供輔導）。賈斯汀現在一週看一次諮商師。

鳳凰城的審核員似乎認為，檢視令人不舒服的影像的確不好受，但還算工作可以忍耐的環節。偶爾看見承受不了的事，就去找諮商師。一位審核員告訴我，某次讓他「衝擊很大」的動畫影片，是動物與人性交，接著被屠宰，糞便跑出來等畫面。那位審核員表示：「那個影片大概讓我過了兩星期都還有心理陰影。」不過他表示接受輔導後，就走出來了。

臉書定期檢視審核員下的判斷，錯誤數量過高時會做事後檢討。但公司提供給審核員的時間與薪水都不足，經常出錯是必然的。被稱為「賈斯汀」的前審核員曾告訴我：「如果每個人一天只需要檢視一件事，我們應該不會漏掉東西。」

臉書陷入關鍵的兩難：臉書不斷雇用審核員，但審核員必須看的內容數量依舊驚人，不得不以超快速度不斷看下一則，出錯難免，而用戶會注意到出錯。用戶的照片被錯誤移除時，會上社群媒體抱怨。用戶要是檢舉別人的內容，但該內容沒被下架，也會抱怨。媒體也虎視眈眈，隨便就能找到類似證據，指出臉書誤判了現在看來很糟糕的事，但實情大概只是內容審核員過勞，可能還有心理創傷。祖克柏也知道這件事，他表示：「我們見報的事，十次有九次不是因為我們定下大家不同意的政策，而是處理時不小心搞砸。」

儘管有時間壓力，儘管每天要看人性最糟的一面，我訪談的人表示幫臉書做審查工作並不糟。他們把自己視為無名英雄，他們是第一線的應變人員，保護數十億的臉書用戶不受傷害。詹德拉（Arun Chandra）表示：「我碰過曾經拯救人命的審查員，有用戶試圖自殺，他們向執法單位通報。」臉書在 2019 年雇用詹德拉，負責管理審核工作。「這份工作帶來的

滿意度與成就感算是意外的驚喜。」

　　學者羅伯茲告訴我，她研究內容審核員時發現，審核員的成就感通常會被澆熄，當他們發現自己只不過是小齒輪，雇主（或是把工作外包給雇主的公司）並不在乎他們的想法。羅伯茲表示：「他們很少會被納入意見回饋的流程。」有一次，一位審核員告訴她，他某次碰上有人要自殺的危機，最後圓滿解決了。「我們會停下來自問，」那位審核員說，「人們在我們的平台上看見多少不健康的東西，程度多到導致他們想要自我傷害。」

　　我訪問的鳳凰城審核員，在我訪問的幾個月後突然接到壞消息。高知特公司在 2019 年 10 月決定 [24] 不再接臉書的審核外包工作。臉書宣布關閉鳳凰城辦公室，這群數位版的第一線應變人員即將失業。

人工智慧大戰

　　臉書不想在園區雇用數萬名審核員，一人一天檢查四百則內容。臉書有一個長遠的解決辦法，可以改善臉書過去的形象，並減少那些看了臉書用戶發布的影像後，需要接受心理治療的低薪員工人數。如果說，臉書可以在有人看到之前，就存取與移除一切有問題的內容，不必等人檢舉再行動呢？

　　他們認為人工智慧就是答案。

　　「在這方面，我們一直思考如何讓處理內容的方式，可以是搶先預防，而不是事後再回應。」誠信團隊的羅森表示，「我們如何持續打造更多人工智慧系統，搶先找到更多的這類內容？」

　　人工智慧是看似棘手的審核議題的長期解決辦法。祖克柏不斷提醒，內容問題永遠不會消失──這種說法讓某些人很生

氣，他們認為即使臉書的失誤率很低，仍代表有數十萬則沒處理的不實或有害貼文。祖克柏相信，問題永遠存在，但機器人才是解方，像友善的地方警察一樣，隨時在動態消息的大街小巷巡邏。

臉書多年來不斷累積 AI 實力，但不是為了審核內容。臉書早期就雇用數名 AI 專家，動態消息與廣告競價的背後都有「學習演算法」。然而，在 2015 年左右起，「機器學習」開始累積出驚人成果，AI 突然多了許多實務運用。超級版的機器學習被稱為「深度學習」，原理是訓練人工神經元網絡快速辨認事物（就像人類的神經網絡），例如快速辨識出畫面中的物體，或是人類說的話。

祖克柏認為，這就像世界轉移到行動裝置上一樣，未來擁有最優秀機器學習工程師的人將是贏家。祖克柏當時沒有想到可以用於內容審核，他想的是改善動態消息排名、更精準的廣告競價，以及靠臉部辨識技術，讓用戶更容易在照片中找到朋友，增加用戶與相關貼文的互動。然而，聘請 AI 高手的競爭很激烈。

在多倫多工作的英國電腦科學家辛頓（Geoffrey Hinton）是深度學習的教父。辛頓有如新型人工智慧的蝙蝠俠，他的助手是三位傑出羅賓，每一位都做出重大貢獻。巴黎人楊立昆（Yann LeCun）是其中一人。楊立昆開玩笑地說辛頓掀起的運動是「大陰謀」（the Conspiracy）[25]，但深度學習的潛力，對大型科技公司來說可不是笑話。科技龍頭認為 AI 可以大規模執行許多工作，從臉部辨識到即時翻譯，無所不包。雇用「陰謀人士」（conspirator）將是第一要務。

祖克柏和追求 Instagram 與 WhatsApp 一樣，積極延攬楊立昆，2013 年 10 月，祖克柏打電話告訴他：「臉書即將過十

歲生日，我們需要思考下一個十年。」祖克柏表示，「我們認為 AI 將扮演超級重要的角色。」他說，臉書想成立研究實驗室，不是研究怎樣優化廣告投放，而是開發驚人產品，例如能理解這個世界的虛擬助理。「你能幫我們嗎？」祖克柏問。

楊立昆列出一張要求清單，臉書如果要他成立實驗室，就得照辦。新實驗室將是獨立組織，與產品團隊沒有關聯。實驗室的研究成果將成為能造福所有人的開源成果。還有，楊立昆將繼續在紐約大學教書，實驗室只是兼職，而且新實驗室的地點要設在紐約市。

沒問題！祖克柏一口答應。今日，「臉書人工智慧實驗室」（Facebook Artificial Intelligence Lab，簡稱 FAIR）[26] 以紐約市為據點，位於紐約大學格林威治村校區旁，成為臉書「應用機器學習團隊」（Applied Machine Learning team，AML）探索地平線的夥伴，用旗下的 AI 研究指導產品。

楊立昆表示，雙方的整合很完美，應用團隊讓機器學習深入產品，研究團隊則負責推動「自然語言理解」（natural-language understanding，NLU）與「電腦視覺」（computer vision）研究的整體進展。實驗室的進展通常能幫上臉書。「如果你問臉書的技術長施洛或馬克本人，FAIR 實驗室對產品有多大的影響，他們會說，遠超出他們的預期。」楊立昆表示，「他們告訴我們：你們的使命是大幅推進最先進的技術，做研究。有研究結果時，如果能對產品有影響那很好，但眼光要放得更遠大。」

這是楊立昆在 2017 年底形容的美好狀態，「臉書人工智慧實驗室」與「應用機器學習團隊」關係融洽。但才過幾週，技術長施洛普夫就設立新職位，宣布日後將改由「人工智慧副總裁」同時負責領導臉書人工智慧的研究單位與應用

部門。新職位交給曾待過 IBM 的法國科學家佩森提（Jérôme Pesenti）。楊立昆表示對這個異動感到開心，他以後就不必再負擔管理職，可以專注於科學。

然而，群眾在美國大選過後開始攻擊臉書，臉書需要在 AI 領域向前跨一步，以能力遠勝過人類的演算法與神經網來負責抓出不當內容、違規內容、仇恨言論與國家贊助的假資訊。目標是搶先行動，在有人檢舉通報前找出不理想的內容，甚至在有人看到之前就處理。

佩森提表示，應用機器學習團隊今日有專門負責「誠信解決方案」（Integrity Solution）的團隊，協助處理有害內容議題。不過，目前的技術遠遠落後祖克柏的承諾，臉書需要實驗室產出更多成果。FAIR 實驗室的科學家必須發明出突破性技術，處理仇恨言論等內容的能力要和人類一樣，或更勝一籌。但由於楊立昆當初將 FAIR 設為研究機構，臉書無法命令科學家專注研究特定領域。「我們的難題是把產品碰到的問題帶進研究，」佩森提表示，「我們尚未解決這個問題。」

部分成果已經出爐。恐怖主義內容對 AI 系統來說相當好辨識，臉書宣稱下架相關內容的成功率超過 99％，甚至是搶在用戶有機會看到之前。但 AI 目前的進展仍不能處理仇恨言論等複雜議題。連人類都很難只靠單一規則，在文化差異極大的世界各地，處理二十億人的言論。

「我們花很多力氣在建立與訓練這些 AI 系統，理解系統碰上不同語言的表現。」羅森表示。羅森舉的例子是臉書 2017 年的緬甸計畫，協助處理仇恨言論的系統在當地運作，搶先封鎖仇恨言論（在出現任何檢舉前）的百分比自 13％上升至 52％。批評者指出，這代表在那個危險區域，用戶還是看得到約半數的仇恨言論貼文。

臉書也在研究如何利用 AI 處理另一個老問題：數量驚人的假帳號。不意外地，假帳號是造假、仇恨言論與假資訊的主要來源。臉書透露在 2019 年 1 月至 3 月封鎖了二十億個試圖開假帳號的嘗試[27]，這個消息令民眾吃驚，因為這個數量幾乎等同臉書上的真用戶。多數嘗試是一次性、以拙劣手法大量建立假身分。成長團隊的舒茲告訴《紐約時報》：「我們撤掉的帳號多數來自天真的對手。」[28] 然而，不是所有對手都那麼天真。儘管有 AI，儘管臉書嘗試各種解決方式，臉書承認仍約有 5% 的活躍帳號是假的，代表仍有一億個假帳號。

　　那就是臉書的兩難：臉書的規模太龐大，即使有所進步，沒解決到的範圍依舊驚人。此外，臉書一出招，試圖散布問題內容的人就見招拆招。舉例來說，臉書在 2018 年自豪地宣布，AI 團隊已經能讀取嵌在圖片內的訊息內容[29]，先前的系統只能讀取文字檔格式。這就是為什麼俄國間諜得以逃過臉書的數位偵測，散布和移民與種族歧視有關的煽動性廣告，以及散播希拉蕊是撒旦化身的訊息。

　　換句話說，臉書想出辦法，再次迎擊上一次輸掉的戰爭。誰知道臉書的敵人未來將變出什麼新招？

　　在新技術純熟之前，臉書仍要靠 15,000 名內容審核員在 40 秒內人工判斷哪些內容越線。我訪問鳳凰城的內容審核員時，詢問他們是否認為，AI 有一天將能做他們的工作，引發哄堂大笑。

平台難以卸責

　　臉書最難處理的內容判斷，是當按規定處理時，結果顯然大錯特錯。碰上這種情形，內容審核員會往上回報給全職員工，有時會移交給內容審核會議與會者。最困難的決定，偶爾

會上到聖母峰，也就是桑德伯格與祖克柏的工作桌。即使如此，決策還是很難。有時候，處理冒犯性內容的規定，會讓臉書處於尷尬位置。例如與政治有關的決定，正反兩方都有有力支持者。不論臉書怎麼做，終將兩面不是人。

　　臉書面對這個問題和其他許多問題一樣，直到 2016 年選舉過後才真正面對。那年 9 月，挪威作家艾格蘭（Tom Egeland）在臉書[30]放上寫好的故事，附上六張「改變戰爭史」的照片。其中一張是經典照片，只要在越戰期間住過美國，熟知越戰悲劇的人們，都對那張照片不陌生。那是 1972 年的普立茲獎得獎照片，被稱為「戰爭的恐怖」（Terror of War）或「燒夷彈女孩」（Napalm Girl）。照片上一群被燒夷彈燒傷的孩子痛苦尖叫，衝到路上，後方是穿著制服的美國士兵。位於照片正中央的孩子金福（Kim Phúc）渾身赤裸。

　　對臉書的審核員來說，這是很簡單的判定，尤其因為是在美國以外的地區處理，也就是在人們都不熟悉這張照片的地區。除非是嬰兒，否則臉書的規則明確禁止出現孩童裸照，因此臉書迅速移除那張照片。艾格蘭很生氣，試圖再上傳一次，結果臉書停用他的帳號。這件事傳到門洛帕克，畢克特的團隊得知臉書刪除了一張具有歷史價值的照片，但仍支持拿下照片。一旦放行一個裸體的孩子，其他的要如何制止？

　　這件事很快傳開。艾格蘭為挪威最受歡迎的報紙寫文章，他的編輯生氣地寫了頭版社論，用大字寫著**親愛的祖克柏先生**……，指出臉書這個「全球最有勢力的編輯」正在審查言論。挪威首相再度貼出那張照片，結果再度被臉書拿掉。其他新聞媒體也跟進報導，臉書的公關人員被轟炸。

　　這件事帶給臉書政策大危機。多年來，臉書面對人們抱怨臉書沒下架的內容，一直避不處理。一年前，臉書沒有撤下川

普反穆斯林的貼文。這次，臉書則是因為下架內容而遭受嚴厲批評。裸體的孩子能不能有例外？許多人覺得，不論是否得過普立茲獎，金福的恐懼都不該出現在臉書上。

　　臉書的政策世界亂成一團。某位參與討論的人指出：「我們所有人一起努力想解決這件事，但我們不知道該如何處理。」這件事對臉書的嚴重性，不是來自那個下架決策本身，而是因為臉書堅守公司規定的行為引發了公憤。寫規則時感覺很有邏輯的解釋，在大眾眼裡經常很荒謬。

　　「那張照片很多人上傳。」已經跳槽到 Airbnb 做內容審核的威爾納表示，「但如果你不知道那張未經當事人同意的孩童裸照，起因是當事人碰上戰爭，要不是那張照片得過普立茲獎，如果沒有這些前提，而臉書沒有撤下那張照片，每個人都會抓狂。」另一個支持下架的人是博斯沃斯。「我會說：嘿，如果你想留著那張照片，那就修改你國家的法律。聽著，老兄，我也認為這是非常重要的歷史照片，但我不能讓它出現在網站上，因為那是違法的。你去修法啊！」

　　但祖克柏不那麼想。他和桑德伯格最後取消最初的決定。從現在起，判斷通則的例外時，也要納入「新聞性」這個因素。令人震撼的裸體燒夷彈女孩又回到臉書。

　　臉書的政策主管史瑞吉與卡普蘭視這件事為分水嶺。「那是在內部最明顯的例子，我們在美國的影響力已經改變，」史瑞吉表示，「臉書不再是分享有趣與實用資訊的平台，我們也形塑更廣的文化對話。」

　　畢克特從不同角度看事情。「我們學到，為求忠於政策的精神，字面上的意思可以變通。」她表示。

　　從那時起，「事件曝光、承受壓力、臉書修正」的三部曲將不斷上演。最引發注目的例子，是極右翼內容似乎違反臉書

規定時，臉書的處理方式引發的批評。幾乎每一次臉書代表要在國會作證，共和黨議員就會訴諸陰謀論，說門洛帕克的自由派在壓制保守派言論。議員不只抱怨臉書偶爾下架極端份子的文章，共和黨還認為臉書私下調整演算法，偏好自由派的內容。數據並未證實此事，甚至連議員是否相信真有其事都很難說，只是看能不能混淆視聽。

右派的垃圾話挑釁因此讓臉書焦頭爛額。當白人種族主義者的陰謀論販子瓊斯（Alex Jones），重複張貼看起來已經違反臉書禁止仇恨言論的規定，臉書也不願意封殺他。讓事情更複雜的是，瓊斯算是個人，但他的臉書專頁「資訊戰」（InfoWars）是由多名員工一起經營。

事情一發不可收拾。瓊斯雖然不算主流，但他有廣大追隨者，甚至包括美國總統。總統還當過「資訊戰」的電台節目嘉賓。瓊斯的報導價值是否和美國總統層級一樣，應該發給他發表仇恨言論的特別通行證？

2018 年夏天，爭議持續延燒，記者不斷引用仇恨貼文。最後臉書終於頂不住壓力，在蘋果下架瓊斯的播客幾小時內，祖克柏親自關掉「資訊戰」粉專。[31] 瓊斯被停權 30 天，最後被臉書標記為「危險人物」。[32] 臉書也一併驅逐了言詞犀利的伊斯蘭國度（Nation of Islam）領袖法拉汗（Lewis Farrakhan），被視為明顯是在平衡輿論。

我在 2018 年初追問祖克柏，臉書在處理共和黨的抱怨時，為什麼萬分小心、極度尊重他們的觀點，卑躬屈膝到很誇張的程度。祖克柏告訴我：「如果你的公司九成員工都是自由派（灣區的組成大概就是這個比例），我的確認為你有責任確認你建立的機制不會無意中帶有偏見。」祖克柏總是想著平衡，他還提到臉書應該監督自家的廣告系統，是否會歧視弱

勢。臉書也的確有委託研究相關領域。

　　祖克柏的為難，部分來自他偏好監督愈少愈好。祖克柏雖然承認臉書內容可能有害，甚至可能致命，但他認為言論自由帶有解放的力量。「這是我們公司的基本理念，」祖克柏表示。「如果你給人們聲音，他們將能分享經驗，增加世界的透明度。給人們分享體驗的個人自由，有一天將帶來正面的結果。」

　　話雖如此，祖克柏顯然不想攬下責任，負責監督二十多億人的言論。他希望找到脫身的辦法，不必決定瓊斯的仇恨言論怎麼處理，不必判斷疫苗是否會造成自閉症。「我的願景是打造協助人們連結的產品，」祖克柏說，「我不認為我自己或我們的公司高高在上，有權定義哪些言論是可接受的。我們現在可以預防性尋找內容，但誰有權力定義什麼是仇恨言論？」祖克柏急忙補充，他不是在撇清責任，臉書將持續監督內容。「但我認為比較合理的做法是，要有更多的社會辯論，有時甚至要有明確規則，約定哪些東西能放在這些平台上，哪些不行。」

　　祖克柏已經在擬定計畫，減少相關決定為臉書帶來的爭議。他打算成立外部監督委員會，把重大決策交給委員。這個委員會將超越祖克柏銀河級的地位，像是臉書的最高法院，祖克柏將得遵守委員會的決議。

　　要成立這樣的機構並不容易。如果臉書自己決定，新機構會被視為受制於成立者的傀儡，因此臉書徵求外部建言，召集新加坡、柏林、紐約市等數百位領域專家，舉辦工作坊。聽完所有專業人士的發言後，臉書將採用合適的建議，成立委員會，再賦予一定程度的自主權與權力。

　　我在紐約市熨斗區（Flatiron）的諾瑪德酒店（NoMad

Hotel），加入一百五十多位的工作坊參加者。地下室舞會大廳的桌旁，坐著律師、遊說人員、人權支持者，還有幾名跟我一樣的記者。兩天的會議中，我們多數時間在研究案例，評論相關決策，其中一個例子就是媒體報導過幾次的「男人都很渣」事件。

有趣的是，隨著我們深入探討「自由表達」與「有害言論」之間的緊張關係，我們一度也迷失了界線。我們忘記了，判定內容去留的臉書社群守則，其實不是詳述線上版言論自由的《大憲章》，而是拼湊出來的文件，最早出自大學才剛畢業的臉書客服人員的手寫筆記。

臉書打算建立的委員會，將有權推翻臉書手冊的內容，視個別情況而定。然而，臉書並未提供協助我們畫出界線的北極星，只有崇尚「安全、聲音與公平」（Safety, Voice, and Equity）的模糊標準。臉書的價值觀是什麼？這些價值是靠道德來評斷，還是依據商業需求？

臉書政策團隊的部分人士私下向我坦承，他們很懷疑這個計畫能否成功。

我懂他們的疑慮，首先是這個機構的成員數：由臉書指定的兩個人來挑選 40 人。這樣的人數只能處理非常少量的爭議判斷（2019 年第一季就有約兩百萬人向臉書提出關於內容處置的申訴）。臉書會遵守委員會對個別案例的決議，但委員會的決議會成為慣例，或只適用於該次判定，這是由臉書決定。這樣做的原因是出於方便，以及萬一委員會做出了糟糕的判決。

有一件事似乎免不了：臉書最高法院要是做出不受歡迎的判決，被砲轟的程度可能不亞於祖克柏親自做的決定。內容審核工作或許能外包，但發生在臉書自家平台上的事，臉書就無法外包責任。祖克柏說得對，他本人或他的公司不該擔任世界

的言論仲裁者，但他做出來的東西把世界連結在一起，讓他必須待在那個令人不舒服的位子上。

都是他的責任。基督城和一切，都是他的責任。

第 18 章

營收屢創新高，
聲譽股價跌谷底

　　臉書的「M 團隊」（管理團隊）包括四十位左右最高階主管，這些人替公司做最重大的決定，也負責執行。他們一年會在臉書經典園區的大會議室見幾次面。2018 年 7 月的會議是劍橋分析事件後第一次開會。

　　開場時一如往常，M 團隊的高階主管會先簡單分享近況，談最近的工作和生活，有時候也會分享充滿情緒的事：我孩子病了……我的婚姻結束了……。祖克柏總是最後一個發言，輪到他時，他的分享令人吃驚。

　　祖克柏最近在讀創投家霍羅維茲（Ben Horowitz）的書，霍羅維茲是臉書董事安德森的合夥人，他提出 CEO 有兩種[1]：戰爭時期與和平時期的 CEO。霍羅維茲寫道，優秀 CEO 會審時度勢，決定要當哪種 CEO。「在戰爭時期，公司要抵抗眼前的生死威脅。」戰時的 CEO 必須無情擊退那些威脅。

　　由於臉書在過去兩年一直處於被圍攻的情勢，祖克柏對霍羅維茲的理論印象深刻。祖克柏告訴團隊，過去他很幸運可以當和平時期的 CEO（這是祖克柏自己的定義，其他人不一定這麼認為。這位領袖平日會引用羅馬政治家西賽羅的話，還會閉關策劃如何對抗 Google、Snapchat、Twitter 帶來的挑戰），

他告訴團隊，以後他就是戰爭時的 CEO。

祖克柏特別強調一個改變。霍羅維茲寫道：「和平時期的 CEO 會盡量避免衝突。戰時的 CEO 則不會執著於建立共識，也不會忍受異議。」祖克柏告訴管理團隊，他身為戰時的 CEO，必須下指令告訴人們該做什麼。

聽在現場人士耳裡，祖克柏的意思是從現在起，他們該扮演的角色是閉上嘴、聽命令行事。我問起這件事時，祖克柏說他不是那個意思。「我是在告訴大家，這就是我們現在的處境，」祖克柏澄清，「我們必須快速下決定，不能再用你一般會期待或喜歡的做法，在決策過程中讓每個人都參與。我認為現在的決策流程必須是那樣。」

我問祖克柏，扮演戰時的 CEO 是壓力比較大，還是比較好玩。

祖克柏典型的沉默，魔戒裡的索倫之眼又出現了。

「你認識我很久了，」祖克柏終於開口，「我不會為了好玩而全力以赴。」

祖克柏的內部宣布，反映出他花很多時間在思考臉書該如何面對困境，他和桑德伯格如今已經打開道歉的滅火水注。祖克柏認為除了認錯，他們還必須推出大量的新產品與系統，能處理缺點與弱點，不再讓假資訊與選舉操控有機可乘，保護資料隱私。臉書已經在 2017 年的法國選舉做出改變，讓法國免於承受先前在美國與菲律賓發生過的最糟情況。臉書也展開人力密集策略，撐過美國 2018 年的期中選舉。

祖克柏雖然宣布他現在的主要工作是修復臉書的問題，但他不會放下野心，任憑對手宰割。臉書還是必須快速前進。

2018 年 5 月的 F8 大會前夕，我和祖克柏聊到他即將宣布的新產品，以及他宣布任何事背後的思考過程。祖克柏知道他

有義務表達歉意、談論補救方法，但臉書也必須繼續推出新產品。「一方面，保護人們安全的責任，例如選舉誠信、假新聞、資料隱私，這些所有的議題都是重點中的重點。」祖克柏表示，「另一方面，我們也對社群有責任，要持續打造人們期待我們能創造的體驗。」

祖克柏運用他的工程師邏輯，演講將以 15 分鐘談建立信任，再以 15 分鐘談打造新產品，也就是「前進」的部分。

臉書在某些面向很謹慎地推進。公司開發的新產品「Portal」，是配備相機和麥克風的平板螢幕，使用者可以和親友視訊。然而，比較深思熟慮的主管想到，幾週前才剛發生劍橋分析的災難，如果此時推出，民眾很容易把 Portal 聯想成家庭監控裝置。祖克柏在 F8 大會上的確還有另一個要公布的產品：「Dating」（約會）將為臉書用戶創造極度個人化的全新檔案。

我問祖克柏，在人們對臉書的信任降到最低點時，推出涉及高度私密資訊的產品是否是好主意。

祖克柏回答，臉書專注於經營有意義的關係，還有什麼人際關係會比你的約會對象更有意義？祖克柏也提到，新功能有提供隱私上的保護。對話接著就轉到其他話題，但他突然又回到我先前關切的 Dating：「顯然是你問了這個問題，」祖克柏說，「但你認為，這時候向大家介紹這個產品，時機很糟嗎？」

是啊。我回答。

「這其實貫穿了我們一直在談的事，」祖克柏說，「我想知道，你會認為我們快速推出新產品，會讓我們看起來像是沒有積極處理其他應該做的事嗎？因為我的第一要務，是確保我們有確實傳達，我們很認真看待這些事。」

祖克柏不會自欺欺人。贏回人們的信任將是很冗長的過程，可能要花長達三年，但祖克柏認為重建已經開始起步。

儘管媒體反應不佳，Facebook Dating 該年先在幾個小市場推出後，於 2019 年 9 月在美國本土上線。

臉書在 2018 年底開始販售 Portal。評論者認為那是很好的產品，但建議大家別買[2]，理由是沒人能信任臉書。

屋漏偏逢連夜雨

祖克柏的確該擔心用戶與開發者的反應。2018 年，也就是祖克柏決定贏回信任的那一年，人們對臉書的信任跌入谷底。即使臉書努力改善產品，不斷冒出的新聞標題仍不斷打擊臉書的信譽。首先被揭穿的是，臉書承諾要減少資料蒐集（理論上從 2014 年的一年寬限期過後，開發者就無法繼續搜集用戶資料），但並未統一辦理。Airbnb、Netflix、Lyft 等大公司仍在許可名單上[3]，可以繼續存取資訊（「辣不辣」網站也在安全名單上，就是祖克柏 2003 年 Facemash 鬧劇的靈感來源）。特別尷尬的是，這件事會曝光，部分原因是 Six4Three 公司控告臉書，而這家公司是臉書有確實封鎖的黑名單。臉書這次採取的措施是正確的，他們禁止 Six4Three 公司的 Pikinis 蒐集用戶資訊。這個 app 的功能是讓用戶搜尋朋友穿泳衣與衣衫不整時的照片。然而，臉書得到的獎勵卻是有很多打擊公司形象的電子郵件被披露。

事情一一曝光，Six4Three 的訴訟只是一例。大報紙或慈善機構贊助的調查單位的數十位記者，每天早上醒來就開始挖臉書的醜聞，而這個任務並不難。

要揭露臉書有問題，有時簡單到只需要用臉書的廣告產品，就能找到令人瞠目結舌的漏洞，例如指定把廣告投放給

「仇恨猶太人的用戶」。[4] 臉書的自助式廣告產品靠演算法得出許多有問題的投放分類,「猶太仇恨者」只是其中一項。你只需要輸入「猶太」一詞,演算法就會幫你展開流程。非營利新聞 ProPublica 的調查記者發現,臉書找出 2,274 名用戶可能符合那個項目。臉書提供超過 26,000 種類別,包括「猶太仇恨者」。臉書顯然從來不曾檢視那張清單。

「我完全明白為什麼會發生這種事。」協助推出這項功能的前臉書產品經理馬丁尼茲(García Martínez)表示,「臉書餵一堆用戶資料給演算法,你在哪些頁面按過讚、個人檔案資料等等。我以前都叫它『西班牙香腸計畫』(Project Chorizo),因為那個過程就跟灌香腸一樣。你把所有的資料丟進去,然後就會跑出各種主題。」基本上,臉書要大規模運作,就必須打造 AI 系統。AI 不懂哪些事會冒犯到人類,而 AI 有能力產生各種類別,例如,痛恨猶太人的用戶。臉書後來移除相關項目。臉書負責廣告誠信的高階主管列瑟(Rob Leathern)表示:「我們知道還有更多工作要做。」

其他醜聞則來自臉書在慌亂下試圖挽回岌岌可危的信譽。2018 年 11 月,《紐約時報》揭露臉書的政策團隊雇用「定義公共事務」(Definers Public Affairs)公司[5],負責抨擊臉書的對手,甚至中傷在達沃斯(Davos)演講中批評臉書的金融家索羅斯。雪上加霜的是,索羅斯也是反猶太的仇恨言論最愛攻擊的目標,他在臉書上也會被攻擊。(這真是奇怪到極點,這家由猶太人執掌的公司,卻時常捲入反猶太人事件。)

臉書的政策主管史瑞吉公開宣布負起責任,他自己的家族也在納粹猶太人大屠殺中受難。觀察者認為,史瑞吉在幫上司桑德伯格背黑鍋,桑德伯格堅稱完全不知情,但被挖出來的電子郵件顯示桑德伯格的確知道一些事。這整件事其實被過分渲

染，雇用外人攻擊對手是企業經常在做的事，而「定義公共事務」也未隱瞞自己與臉書的關聯。然而在 2018 年，沒有人會幫臉書講好話。

臉書其他的傷口則完全是自找的。你可能會以為臉書的全球政策長最不想做的就是拖累公司，讓公司和引發軒然大波的爭議扯上關係。當時美國的最高法官提名人卡瓦諾（Brett Kavanaugh）被控年輕時犯下性侵案，而卡瓦諾的憤怒回擊讓全國分裂成兩派。然而就電視上，坐在卡瓦諾後方的人竟然是臉書的卡普蘭。卡普蘭特別請一天假去支持他在聯邦黨人學會（Federalist Society）交到的朋友。臉書人都氣炸了。卡普蘭被迫在一星期後的全員會議上公開道歉，但道歉原因不是他支持朋友，而是沒有事先告知公司。那天在場的人，有人後來告訴《連線》，卡普蘭看起來很訝異，好像「有人開槍打爆他家小狗的頭」。[6] 然而，僅僅過了一天，卡普蘭道歉的真誠度就遭受質疑，因為他替卡瓦諾舉行慶祝派對，參議院依舊把這位法官送進最高法院。

那場災難過後幾週內，臉書宣布發現駭客利用臉書的基礎架構漏洞取得 5,000 萬用戶的資訊，桑德伯格與祖克柏也是受害者。這次的事和劍橋分析性質不同，是真正的資料外洩，駭客利用了一年多前就被揭露的臉書漏洞。[7] 幾個月前，祖克柏在他的劍橋分析道歉之旅踏出重大的第一步：「我們有責任保護你們的資料，」[8] 他寫道，「如果我們辦不到，我們就不配服務你們。」然而種種指標都顯示，祖克柏違背了諾言。祖克柏在罕見的電話記者會上二度被問到他是否認為自己該下台。祖克柏兩次都回答，不認為。

桑德伯格與臉書的十年

桑德伯格也在奮力回擊，不只為了臉書，也是為了她至今打造出的個人品牌。桑德伯格除了要領導公司重建，還要花時間支持成長茁壯「挺身而進」組織（來自她的第一本著作）。桑德伯格相信自己有幫助到女性族群，並引以為榮。然而，臉書的危機也影響到挺身而進運動，蜜雪兒·歐巴馬（Michelle Obama）在布魯克林的巴克萊中心（Barclays Center）演講時表示：「光是挺身而進還不夠，那套鬼玩意不是每次都有用。」[9] 桑德伯格聽到應該很難過。不過她仍低頭默默努力，目標是再次拿到 A+。

桑德伯格每隔一陣子會以脫口秀的形式，在 20 號大樓舉辦「Facebook Live」時間。她是以「挺身而進」運動的領導人身分主持，而不是她白天的正職。桑德伯格會和來賓分坐桌子兩方，來賓上節目通常是為了宣傳剛出版的勵志新書，桑德伯格會和來賓一起喝咖啡，進行和善的訪談，馬克杯上印著「挺身而進」logo。看得出來，那是桑德伯格平日生活中最美好的時刻。在他們後方，從桑德伯格的會議室玻璃牆看出去，可以清楚看見臉書人匆忙走來走去，其中幾個人一定是在忙著救火當天的危機。在這間名為「只想聽好消息」（Only Good News）的會議室中，桑德伯格會問每一位受訪者的最後一個問題是：如果你毫無畏懼，你會做什麼？

2019 年，我問桑德伯格，如果妳被問到這個問題，會如何回答。那是我們最後一次訪談，時間長達兩小時，我拜託了很久才得到機會。先前幾次訪談好不容易漸入佳境、即將談到一些重要議題，所以我特別爭取。「如果我毫無畏懼，我會一邊作為臉書營運長，幫助公司成長，一邊大聲說，我是女性主義者。」桑德伯格回答。她解釋，人們已經忘記，她寫《挺身而

進》的當時，女性企業領袖自稱是女性主義者，是多危險又不受歡迎的一件事。

桑德伯格近日在國會露面，和 Twitter 執行長多西一起參加會議，委員會希望 Google 執行長皮蔡（Sundar Pichai）也能出席，但皮蔡拒絕了。氣惱的參議院委員故意留一席空位，在桌上擺寫著皮蔡的名牌。

桑德伯格拿出平日的活力，準備好接受拷問，特別空下好幾天預演。每一個細節都考慮到，甚至包括她該如何和一同出席的人互動。桑德伯格決定，她和多西最好不要和平常一樣友善擁抱，以免被當成有私下合作。她還決定不要批評皮蔡，因為攻擊不在場的人顯得沒風度。

桑德伯格的作證十分順利，議員沒有和先前刁難祖克柏一樣，問她住在哪間飯店。桑德伯格在政府的工作經驗，讓她熟知如何恭敬地對待愛作秀的政治人物。桑德伯格已經提早幾天拜訪過幾位議員，親自說明她的狀況。

除了多西的嬉皮舉止之外，其他令人分心的事也讓人沒空注意到桑德伯格回答中的任何漏洞。剛被臉書封鎖的陰謀論者瓊斯在聽證室內滿場跑，大喊：「嗶—嗶—嗶—嗶——我是俄國機器人。」[10] 目睹這個場景的人應該都會認為，任何社群網站關閉他製造分裂的迷因機器，都是正確的決定。

冗長的會議中，桑德伯格否認了大家的假設：她想競選公職。桑德伯格回答絕無此事，但她會願意接受派任的公職。桑德伯格一直無法離開臉書。臉書 2012 年首度公開募股後，她原本可以順勢離開，她答應祖克柏會待五年，2013 年剛好屆滿。然而，臉書努力了超過一年才爬回 IPO 時的價格，當時並不是離職的好時機。

桑德伯格表示，先生過世是另一個重大打擊，是她人生中

的「劇變時刻」。經歷先生之死，桑德伯格沒有任何計畫，只想繼續照顧孩子，努力回到臉書的工作。接著在 2016 年，「我達成〔在臉書〕的十年里程碑，」桑德伯格說，「但我知道，在選舉與俄國的事情爆發、還有假新聞的問題，我們處於很辛苦的階段。我覺得自己有責任要留下，確保臉書走出難關。我和馬克是最可能修復問題的人。」

我問起最近大概最令人不舒服的一次會議：她在 2017 年 10 月與國會黑人委員會（Black Congressional Caucus）見面。[11] 桑德伯格和臉書的全球多元主管（global diversity officer）威廉斯（Maxine Williams）一同出席。委員會斥責桑德伯格，氣憤臉書讓俄國人進行政治宣傳，煽動對黑人的歧視。臉書還違反人權，允許廣告客戶歧視非裔美國人。臉書雇用太少非白人員工，董事中也沒有黑人。委員還質疑威廉斯的頭銜，為什麼她是多元「主管」（officer），而不是更高的 C-level 多元長？臉書後來有處理這兩件事，威廉斯的職稱改成「多元長」，他們也聘請美國運通的前執行長錢納特（Kenneth Chenault）擔任臉書董事。

委員輪流砲轟桑德伯格時，桑德伯格不斷重複著「我們會努力改進」，承諾會給出答案。會後，紐澤西州議員佩恩（Donald Payne）表達不滿，他告訴《紐約時報》，他的叔叔最討厭別人說「以後」會改進。「我叔叔總是說：不要說『以後』。我也告訴桑德伯格，不要當那種一直說『以後』的人。」

「那是最難熬的一場會議，」桑德伯格表示，「我從頭認真聽到尾，仔細做筆記，我在結束時說：我，還有我們，有很多工作得做。接下來兩個月，我打電話給每一位出席的委員，沒有出席的人我也致電，現在我親自領導我們的民權工作。」

那次會議對桑德伯格打擊特別大，因為攻擊她的人都是她的同志，民主黨人、人權支持者、正義鬥士。「我大力支持改革，我捐很多錢，贊助很多資金。人們很氣我們沒做好，我們也很氣我們沒做好。」

　　桑德伯格回想起那場會議時，情緒起伏很大，需要花幾秒鐘冷靜。接下來，她的回答都伴隨著眼淚。「大家都不知道這有多困難」的那股挫折，還有過去兩年的痛苦程度。桑德伯格先前相當睿智地說過，失去先生之後，處理臉書的麻煩能有多糟？但桑德伯格連番遭受打擊，人們嚴詞批評臉書，質疑她個人的信譽。桑德伯格今天在自己的會議室中吐露心聲，沒有筆記，也沒有講稿提示。

　　「我是說，這很重要，」桑德伯格說。她的聲音裡仍充滿情緒，「這家公司是馬克、我，由我們所有人一起打造的，因為我們真的相信公司的價值。我深信人們應該擁有聲音。我職涯剛開始時，在印度對抗痲瘋病，我拜訪過沒有電力的村莊與家庭。我看著印度負責痲瘋的長官踏過病患，當那個女人不存在。我知道當人們沒有彼此連結時，會發生什麼事。」

　　「所以對我來說，來到臉書，我們連結人群，賦予人們聲音，那包含每一個人的聲音，從希拉蕊到川普，⋯⋯到各地的所有人。但有人卻拿那些工具來⋯⋯」

　　桑德伯格控制呼吸，她沒說完的句子，似乎是我們在臉書使用的工具，卻被拿來作惡。

　　「我還記得阿拉伯之春發生時，我們感到不可思議，」桑德伯格接著說，「運動不是我們發起的，臉書只是工具，但人們真的在串連，臉書讓這件事變得可能。我們的選舉一直是重要的大事，不只是其他人很生氣，我認為或許我們沒能好好表達，或許是因為我不夠誠實，不夠公開，今天大概是我分享最

多的一天，或許我沒在論壇中這樣分享過，但我也感到很挫折。我不需要董事會來告訴我……我已經很生氣了。我跟董事厄斯金感情很好，他很氣，我也很氣，所有人都很不高興。」

現場充滿情緒，這場會議的公關人員（剛進臉書的生力軍，取代離職的人）不斷打字的手終於停下。公關保母通常在會議上是全程打字記錄，但此時她的眼睛瞪得大大的，看起來就像 Messenger 上的眼球貼圖。「我知道這將會是臉書特別艱困的時期，而我在這裡滿十年了。」桑德伯格表示，「但我還在這裡，我會承擔起困難的任務。」

在這段士氣低迷的日子，哭泣似乎成為臉書工作的一部分。技術長施洛普夫接受《紐約時報》訪問時 [12]，談到臉書的 AI 無力阻止紐西蘭基督城的大屠殺影片被散布，他的眼眶開始泛淚。我聽見二手消息，有臉書員工說（我未能證實這件事），在某些日子，臉書的女廁被哭泣的員工占滿，想躲去廁所哭還得排隊。

我和桑德伯格分享這則故事，桑德伯格說：「真的很慘。」「我是說，我也哭了，還在你的桌子前面哭！」

墜入谷底

臉書曾是矽谷最主要的挖角者，如今對手開始挖臉書的人。臉書員工認為這是跳槽到新創公司的好時機。某大型人工智慧學校的電腦科學老師告訴我，臉書以前是班上的就業第一志願。今日他猜學生出於道德考量，大約有三成不會考慮到臉書上班。

臉書內部也有動搖。臉書定期做員工調查，《華爾街日報》設法取得 2018 年 10 月、29,000 臉書員工的心聲調查結果 [13]（這項調查結果會被洩漏，也是員工想離開的跡象），

只有些微過半的員工對公司感到樂觀，比前一年少了 32 個百分點。過去一年，數千名員工不再相信臉書對世界有益，僅 53％的員工這樣認為，勉強過半。

連最高層主管也出現疑慮。某高階主管告訴我，公司最高階的領袖（綽號是「小團體」）大約在 2018 年中召開會議。祖克柏告訴他們：「我不認為大家對我們做的事有信心。」祖克柏要大家在紙上寫下臉書最大的產品成果，接著用 1 到 10 打分數。

分數結果令人喪氣。

「基本上，大家是在說：*我們做的每一件事都不是好事。*」那位高階主管表示，「*到底為什麼我們要試圖用 Search 和 Google 拚搜尋？為什麼要弄 Watch 影音？幹麼要有 Oculus？*」（在場的另一個人主張不是全都那麼負面，但也證實有這件事。）祖克柏不為所動。他告訴團隊，所有偉大事業一開始都會遭受質疑。他向來不管質疑的聲音。

到當時為止，祖克柏總是有辦法做出正確的決定。祖克柏在哈佛的同學勒辛，後來也是臉書的高階主管，兩人一直是好友。他多次提到，他曾幾次在現場目睹祖克柏做出和所有人意見相左的決定。祖克柏的意見最終會獲勝，日後也會證明他是對的。這種事一遍又一遍發生。一段時間後，大家就會開始接受這個模式。

如今看來，那些決定有些不太理想。或許就連戰爭時期的 CEO，也會更認真看待反對意見。「領導者都有權下令，」參與多次祖克柏決策過程的某人表示，「然而，領導者要是相信，大家都反對他的時候，反而證明他是對的，那這個領袖就會失敗。」

祖克柏的忠實支持者不離不棄。他過 33 歲生日時貼出慶

祝照片 [14]，上面是他最要好的二十個工作上的友人，大家送他造型蛋糕，甜點做成各種肉的形狀。大家圍在他們的領袖身旁，臉上掛著大大的笑容。這二十人依據他們與祖克柏的關係排列，依序是桑德伯格、博斯沃斯，以及祖克柏比較有同理心的分身考克斯。

然而，有愈來愈多的前支持者開始提出異議。投資人麥克納米在 2016 年為了假新聞的事寫信給祖克柏與桑德伯格。他是第一個站出來大聲批評的人。一群不再支持祖克柏的人，暫停他們光鮮亮麗的美好人生，跳出來公開批評讓他們致富的公司。

帕克在費城的國家憲法中心（National Constitution Center）公開受訪時，批評臉書使人成癮的設計。「以臉書為首的這種應用程式，背後設計的思考流程……都圍繞著一件事：我們如何占據你最多的時間與注意力？」[15] 帕克表示，「那些發明者、創造者，包括我、馬克、Instagram 斯特羅姆，所有的人都心知肚明，但我們還是做了。」一起發明出「讚」按鈕的羅森斯坦，今日也譴責那個拇指向上圖示帶來的是「假性的快樂」。[16]

最令臉書灰頭土臉的批評，大概來自帕利哈皮提亞。2017年 12 月，負責臉書成長的帕利哈皮提亞在史丹佛商學院說道：「我認為我們創造出的工具，瓦解了讓社會運轉的社會結構。」[17] 帕利哈皮提亞引用印度發生的事件，WhatsApp 上的謠言工廠散布假的綁架案消息，導致氣憤的民眾因此對七個人動用私刑。臉書是有帶來一些好事，帕利哈皮提亞補充，但他個人不想使用，他的孩子更是「不准使用那個垃圾」。

這太超過了。桑德伯格因此聯繫帕利哈皮提亞，雙方都不肯透露溝通內容，但帕利哈皮提亞公開撤回自己的那些話。[18]

媒體形象與財報數字的平行宇宙

臉書儘管遭逢連續重創，公司業務表現卻屢創佳績。臉書的核心廣告策略業界無人能出其右：整合臉書自內外部蒐集而來的巨量資訊，協助廣告客戶觸及最可能被打動的受眾。憑著多年開發自家技術，以及計算有效指標，臉書無疑是「個人可識別資訊」（personally identifiable information，PII）之王。

寶僑公司品牌長普里查回憶，他多年前與桑德伯格聊過cookie，就是那個你造訪網站時，網站會在你的電腦裡植入的小小數據標誌。「我記得非常清楚，」普里查表示，「桑德伯格說：Cookie 會不見，未來將是 PII 資料的天下。差別在於，PII 資料可以做的事遠多過 cookie。Cookie 是匿名的，未來的確屬於 PII。」

隨著記者與監管單位開始揭露臉書了解用戶的程度，以及他們善於包裝資訊投放廣告的程度，公司的確有在透明度上做出小幅的讓步，但整體的動能沒有慢下來。首先，臉書的廣告系統極度複雜，連祖克柏也不清楚全部的細節。他在國會作證時，對於關於臉書的廣告業務提問，都說要再回去了解，他完全沒準備到那些題目。

「我還以為到國會作證，主要會問劍橋分析的事，或許還會問到一些俄國勢力介入的問題。」祖克柏在作證結束後告訴我，「我以為其他關於產品的問題，我基本上有辦法回答，因為是我打造了產品。」祖克柏沒回答的那些問題，他搭機回家時保證一定會親自了解答案，「我們的廣告系統是如何利用外部資料，我事實上不了解全部的細節，那樣不行。」祖克柏說。

祖克柏發現系統上的資訊之龐大，連看似大型的更動，基本上也不會對系統整體造成多大影響。在祖克柏到國會作證前

夕，臉書終止了「合作夥伴類別」（Partner Categories）這項最具爭議的做法。[19] 在那之前，臉書會把自家的資訊，與艾可飛（Equifax）與益博睿（Experian）等資料仲介商蒐集的大量消費者檔案配對，讓廣告客戶得以更精確地瞄準個人。舉例來說，如果有刊物想在臉書上觸及自家或是競爭者的訂戶，刊物有辦法利用配對好的綜合數據直接觸及這些人。

幾個月後，我詢問廣告高層主管，這項改變是否對業務造成任何影響，那位臉書主管大笑回答：**完全沒有！**臉書雖然不再向仲介商購買資料，但臉書政策明確聲明「企業仍可以繼續自行與資料商合作。」臉書讓廣告客戶可以很方便地把購買來的資料放進系統，其實就跟以前一樣，唯一的差別是廣告客戶現在是直接付錢給資料仲介商。[20]

除了歐洲的隱私規定相對嚴格，臉書在其他地區都可以繼續自由挖掘「網路追蹤」的寶藏。網路追蹤相當常見，人們造訪過的每個網站、搜尋過的每一個詞，全都有被定期記錄，再用來賣東西給他們。美國的立法者不斷在討論要減少這種行為的隱私法規，卻不曾通過任何法條。臉書是最大的網路追蹤利用者，因為臉書自己的隱形像素（pixel）存在於數百萬網站。如果你點開某品牌的運動鞋網頁、查看某款車，或是檢視某個成藥的資訊，那麼你剛才在查的東西很有可能將出現在你的動態消息上，真是令人不寒而慄。

這種現象讓很多人開始懷疑，臉書會監聽人們的對話。參議員皮特斯（Gary Peters）在作證時間，代眾多美國人發聲，詢問祖克柏這件事：「我一直聽說，包括我自己的幕僚都在講，」皮特斯指出，「你只要回答有沒有就好：臉書有沒有蒐集來自手機的語音資料，增加臉書所蒐集的用戶資料？」

「沒有。」祖克柏回答。

事實上，臉書不需要監視人們的語音紀錄，臉書已經擁有所有必要的 PII 資料，可協助廣告客戶精確投放，不只能接觸想接觸的受眾類型，而是能直接接觸到受眾裡的每個個人。

　　隨著數位廣告占全美所有廣告支出的比率愈來愈高，在 2019 年超越傳統廣告 [21]，廣告客戶一定會在臉書登廣告。臉書唯一的競爭對手只有 Google，尤其是在臉書稱霸的行動領域；兩家公司就占所有數位廣告的約六成 [22]，更吃下超過三分之二的行動市場。[23]

　　一切就發生在臉書失寵的同一時間。不論新聞如何大力報導臉書的各種問題，臉書的財報公布會議完全是另一個世界：桑德伯格或臉書財務長魏納（David Wehner）會說：「我們這一季很精彩。」營收通常再度創新高。祖克柏用同學的一千美元成立的公司，如今一年賺進超過 500 億美元，臉書在華爾街的價值更超過五千億美元。

　　然而，有一次的財報公布不是很順利，那是 2018 年 7 月的第二季財報公布。[24] 一如往常，祖克柏、桑德伯格、魏納在收盤後走進園區會議室，報告財報，接受分析師發問。這一次他們有壞消息。

　　連續幾個月，祖克柏承諾增加數千名負責平台安全的人員，而這項決定正在影響獲利。那已不是新聞。「我在之前的會議上提過，」祖克柏唸出講稿，「我們大力投資安全，這件事將影響我們的獲利。」臉書指出，真正造成影響的其實是目前的廣告模式動力減弱：未來，動態消息上的動態贊助可能不再是主流，不過臉書有替代方案：在「限時動態」（Stories）中插播廣告，這是 Instagram 最先採取的做法，現在臉書、WhatsApp、Messenger 也會開始做。公司尚未想好如何讓這幾個平台的獲利能力一樣強，廣告客戶也還在學習如何使用那種

廣告，不過臉書有信心，一切會朝這個方向走，只是不會馬上發生。這個空檔將影響數季營收。

祖克柏的話就像有人在擁擠的夜店大喊：失火了！投資者開始恐慌，在盤後交易拋售股份。祖克柏和團隊離開會議室後，臉書股價就暴跌兩成，市值縮水 1,200 億美元。祖克柏的身價則在財報會議的一小時之間少了 170 億美元。[25]

「聽說我們是全球史上最大的股價暴跌，」祖克柏後來告訴我，「那是非常大的修正，我們在重新設定預期，將以不一樣的方式讓公司運轉。」

不過，即使遇上一時的挫敗，臉書的用戶沒有離開，臉書的營收也沒消失。「人們顯然繼續使用臉書與 Instagram，」寶僑的普里查表示，「也繼續在臉書與 Instagram 登廣告。」

移除、減少、告知

臉書開始投入努力解決問題，由來自成長團隊的誠信團隊領頭。依據羅森的說法，這個安排背後的邏輯是，成長團隊讓臉書擁有超過 20 億用戶，所以成長團隊也是大規模修正安全問題的最佳人選。「成長團隊對於如何行動、如何評估，都很分析導向。」羅森說。

誠信團隊有一句關於流程的座右銘：「移除、減少、告知」（Remove, Reduce, Inform），而且似乎開始出現成效。2016 至 2018 年間，三份研究臉書的獨立報告結論指出，臉書打擊假新聞的確有進展。密西根大學做的研究估算，「不誠實的內容」（iffy content）大約減少一半。

就算引用這樣的統計資料，也不太能改變民眾的觀感，因為新聞頭條依舊在談臉書之前犯的錯，監管單位繼續窮追猛打，尤其是聯邦貿易委員會（FTC）。如今看來，臉書並未遵

守 2011 年的合意判決，其中一項是如果要移交用戶資料給其他公司，臉書必須事先通知用戶。劍橋分析事件中至少有五千萬用戶就是碰上這種事，臉書很難解釋為什麼沒通知相關用戶。此外，劍橋分析利用臉書投放廣告時，臉書也沒有採取行動。那些廣告有可能就是靠寇根的個人性格檔案來瞄準用戶。

按照先前的判決，臉書必須從兩方面遵守 FTC 命令。第一是向 FTC 報備：臉書推出新東西時，必須向 FTC 委員簡報，解釋產品或功能具備的隱私保護。委員有時甚至會建議如何修改產品的設計，進一步保護用戶。此外，依據 FTC 的命令，臉書必須聘請外部稽核員，臉書請了四大會計師事務所之一的 PwC（更名自 PricewaterhouseCoopers）。臉書聘請 PwC 時，卡普蘭的太太還在擔任 PwC 的公共政策長合夥人 [26]，她一直任職到 2016 年。PwC 團隊會定期聽臉書的律師與政策人員報告公司遵守命令的情形，再回辦公室準備給 FTC 的報告。[27] 稽核員顯然沒有發現臉書沒有通知五千萬用戶，而且有開發者違反臉書服務條款，把用戶資料交給由極右派贊助的政治顧問公司。人們是從記者口中發現此事，而不是臉書。

臉書的行為自然激怒了 FTC。新調查發現，臉書違反 2011 年的協議 [28]，罪名包括「欺騙性的隱私設定、未把關第三方的資料存取、把用戶為了保障帳戶安全而提供的電話號碼轉用於廣告，以及對部分用戶謊稱面部辨識技術的原始設定是關閉，實際上卻是開啟的。」這份殺傷力極強的控告，詳細描繪出這家被英國國會在 2019 年 2 月稱為「數位黑幫」的公司的行為。雪上加霜的是，這一切的隱瞞與欺騙，都發生在臉書理論上已經改過向善的期間。

相關發現開啟了曠日費時的和解協商，那是一場複雜的膽小鬼遊戲，委員會試圖祭出最重的處罰，並且不容臉書拒絕和

解，或是上法庭。如果拖到打官司，多年都不會有明確的結果。爭議的關鍵點是祖克柏與桑德伯格該負的個人責任。許多觀察者預期兩人的名字會被提及，因為先前的和解理應由他們負責執行，但他們完全沒做到。

最後是 FTC 先認輸，7 月 24 日宣布和解，沒有提到祖克柏或桑德伯格的名字。兩人甚至不需要依循此類調查的正常程序，宣誓說實話。FTC 一如預期對臉書開罰 50 億美元，那是 FTC 當時開出的史上最大張罰單（過去的最高金額是一億美元）。即使如此，五位委員中仍有兩人不同意這個處罰，認為太過輕放。臉書的股價也證實兩位委員的看法沒錯。處罰結果出爐後，臉書的股價幾乎文風不動。和解過後沒多久，臉書召開財報會議，當季營收為 170 億美元。[29] 相關報導經常把這次的和解形容為「輕輕放下」。

公關換新血

2018 年 6 月，長期擔任媒體公關與政策副總裁的史瑞吉辭職（他繼續在公司當顧問）。桑德伯格尋找繼任人選，力邀前英國政治人物克萊格（Nicholas Clegg）接這個位子。克萊格當過副首相，後來二度在選舉中慘敗，先是失去內閣職位，接著丟掉議員席次。自此之後，他開始關注科技界。克萊格表示：「我看著大家對科技的嚴厲批評，尤其是對社群媒體，愈來愈擔心這樣的反彈聲浪，有點像是因噎廢食。」他的看法顯然引發臉書的共鳴。

臉書如今是科技界的眾矢之的。克萊格不願意因為代表臉書，再度成為公眾攻擊的對象，但桑德伯格說服他飛到加州，和祖克柏夫婦見面。「桑德伯格有一個目標時，絕不會輕易放棄，絕對會說服到你答應。」他說。克萊格事先提醒桑德伯

格，他會有話直說。克萊格見到臉書執行長時也的確告訴他：「你的問題是，大家認為你權力太大，而你根本不在乎。」[30]

祖克柏回答：「對啊，完全可以理解，我懂。」克萊格說這個回答令他驚訝。但當時祖克柏已經被攻擊長達兩年了，他那雙不太會眨的眼睛，不曾流下眼淚。克萊格得到那份工作。

克萊格加入時，正值臉書內部緊張氣氛的最高點，任何似乎能喘一口氣的事都受到歡迎。無論是疲乏，或者是確實有改善，臉書內部的士氣穩住了，克萊格的確有貢獻。幾個月前，祖克柏下了幾道符合他戰時 CEO 身分的命令，以後不會有 C-level 頭銜（祖克柏表示這個決定沒有「涉及公司很多人」，是因為奧利文等高階主管沒有得到 C-level 職稱，其他權力沒高過他們的人卻有）。執行這個命令出乎意料地簡單，因為除了桑德伯格，大部分有這種頭銜的人：安全長、行銷長，以及 Instagram、WhatsApp、Oculus 的執行長，早就離職或在準備離職了。另一道命令是，臉書不會配合任何臉書主管的媒體人物報導。克萊格寬鬆解讀這項命令，允許《浮華世界》（*Vanity Fair*）詳盡報導臉書的內容審核，文章著重介紹畢克特扮演的角色。

同年稍晚，克萊格是全員大會上最後一名講者，前面是祖克柏向大家保證公司有進展了，以及羅森報告公司目前如何處理誠信議題。克萊格有話直說與鼓舞士氣的風格獲得迴響。他事後告訴我：「我告訴大家，〔雖然〕有的報導不公平，真的發生的事也無法造假。」克萊格說，好消息是，臉書雖然搞砸了，但現在已經踏上補救的道路。「是真的，公司正在試著改進自己的優秀產品與發明，加上汽車穩定器與安全帶等東西。」

大會上一名幾個月前才批評過公司的自家員工，似乎比

較安心了。「那些報導已經變得太誇大，到達諷刺漫畫的程度。」那名員工說，「即使是心中對公司有疑慮的人也覺得：等一下，不是這樣，我們沒有這麼誇張。」「那場全員大會是我見過最好的一場。我聽到很多人分享那場會議讓他們感覺好多了。」

公眾對臉書的看法依舊不留情面，但公司正在改變，新的公關團隊承諾至少不會把事情弄得更糟。

「大家一致認為，我們已經度過最難的時刻，我們現在有自信不只能解決冒出來的問題，未來還能系統性地防患未然。」博斯沃斯在 2018 年末告訴我。

顯然不是所有的難關都過了。

與蘋果立場分歧

臉書批評者眾多，但有一個人特別讓祖克柏無法釋懷：蘋果的執行長庫克。臉書的問題在大選後更加被討論，庫克開始表達對社群媒體的疑慮，臉書首當其衝。庫克一有機會就提到，蘋果的商業模式是直接的交換：你為產品付錢，然後使用產品。庫克指出，臉書的商業模式提供看似免費的服務，其實不然。你付出的代價，是你的個人資訊，以及必須不斷暴露於廣告中。庫克用微帶著阿拉巴馬的家鄉口音說：「如果你不是顧客，你就是產品。」[31] 他暗示蘋果的模式比較有道德。

蘋果在傳奇執行長兼共同創辦人賈伯斯過世多年後，依舊在矽谷享有菁英光環。祖克柏和賈伯斯相當處得來，祖克柏虛心受教，賈伯斯認可祖克柏的聰穎，也欣賞他的膽識。兩人經常一起散步，年長的執行長會分享許多一針見血的洞見。

庫克與祖克柏的關係比較冷淡。庫克不認同祖克柏對隱私權的看法[32]，自己也不使用臉書。基本上，庫克似乎不把祖克

柏當成可信任的夥伴，也沒有特別隱藏這個看法。更麻煩的是，媒體與政府的態度突然轉向，民眾也同樣感到不安，發現科技巨頭逐漸掌控了大家的日常生活。內部人士稱這種情緒為「科技抵制」（Techlash）。美西的科技龍頭被抨擊時，臉書是最大的嘲弄與關切目標，祖克柏也被視為是讓科技業光環黯淡的害群之馬。

如同世界強權即使對彼此有敵意，還是會召開高峰會，祖克柏與庫克通常也會特別挪出時間，在年度舉辦的亞倫公司夏季聚會上談話。2017 年，祖克柏對於庫克在畢業典禮上的致詞感到不滿。蘋果執行長告訴畢業生們，不要用讚數來衡量自己的價值[33]，祖克柏認為那是在故意針對他。

庫克的演講其實不是在針對祖克柏。當時庫克正在宣傳，隱私權是蘋果與顧客關係的重要支柱。庫克的確同時嘲諷到 Google 與臉書，但 Google 才是蘋果的直接競爭者，祖克柏算是遭受池魚之殃。劍橋分析事件過後[34]，人們問庫克，如果他是祖克柏會怎麼做。庫克回答：「我不會碰到那種事。」祖克柏在不久後的訪問表示，庫克的那句回答「極度圓滑」。[35]

2018 年年中，祖克柏到蘋果形狀如太空船、吸引眼球的總部「蘋果園區」（Apple Park）與執行長會面。祖克柏再次抱怨庫克的評論，庫克再次不理他。

祖克柏說，他無從改變庫克的想法，但很失望沒能說服蘋果的領導者，臉書的商業模式其實和蘋果一樣正當。「許多人都了解，許多資訊或媒體事業都是靠廣告支撐，確保內容能觸及最多人，提供最大價值。」祖克柏表示，「其中當然有某種形式的交易，你能免費使用服務，也會有成本，你支付的就是你的注意力。廣告客戶希望把廣告投放給使用各式服務的人。」

2019 年 1 月 30 日，蘋果與臉書之間的緊張升高到真正的戰爭等級。一切始於蘋果開始調查「Onavo Protect」這個 app，那是以色列間諜軟體公司 Onavo 的應用後來的化身，而臉書在 2013 年收購了 Onavo。「Onavo Protect」按照 Onavo 公司原本的計畫，提供消費者免費服務，趁機抓取消費者資料再用於商業分析。「Onavo Protect」承諾提供用戶安全的網路連線，還靠臉書的招牌來增加信任度。用戶一旦安裝，就能保護自己的資訊不被任何人拿走，除了臉書。臉書蒐集 Protect 用戶的所有資料，了解人們用手機的一切行為。

這種做法違反了蘋果的服務條款。蘋果認為「Onavo Protect」是監視工具，卻把自己說成是安全的 VPN，這會傷害到用戶。蘋果要求臉書自行撤回 app，否則蘋果就會下架。

臉書的確在 2018 年 8 月撤回 app[36]，但不打算放棄那些資料。事實上，臉書已經有另一個工具可以利用類似的 VPN 技術監測用戶活動：「Facebook Research」。臉書付費請人使用這個 app，也明說臉書會蒐集資料。那種做法其實還是違反了蘋果的條款，但這一次臉書想好要如何迴避規定。由於「Facebook Research」會付錢給 app 使用者，儘管金額很小，臉書就認定使用者的身分是「包商」（「Facebook Research」的使用者包含數千名青少年[37]，法律保護未成年人的隱私，所以臉書仍有觸法嫌疑）。既然是包商，臉書就能把「Facebook Research」歸在蘋果的「企業」計畫。由於企業計畫的 app 不提供給一般民眾（通常是正式版推出前的原型，或只限員工使用的功能），那種 app 無需通過一般的蘋果審查。

蘋果抓到臉書重新包裝過的 app，判定這是在濫用蘋果的企業計畫，決定全面禁止臉書使用企業計畫，而且他們沒有事先預警。從內部應用程式的角度來看，這就像是切斷一家公司

的電力。現在，臉書不只不能用 Onavo 的 app，所有開發中的測試版也停擺。此外，臉書員工平日使用的數個實用服務也完全不能用，例如數間臉書園區咖啡廳的菜單。此外，臉書員工大量使用接駁車穿梭於幅員廣大的園區，搭車也需要內部app，那個 app 同樣也不能用了。

蘋果出手斷電的那個瞬間，臉書正在開季度財報會議。祖克柏、桑德伯格、財務長魏納走進會議室主持會議，他們有好消息，過去一年（2018 年）是臉書史上表現最佳的一年。魏納宣布：「臉書 2018 年的全年營收成長 37％，達 560 億美元，自由現金流超過 150 億。」[38]

祖克柏大談臉書如何努力地達成他的信任挑戰。「我們從根本上改變了我們如何經營這家公司，」祖克柏說，「我們改變了打造服務的方式，更專注於避免傷害，投資數十億美元改善安全，那方面的努力影響了我們的獲利率。我們採取實際行動，減少 WhatsApp 的互動率，防堵假資訊，減少臉書上的瘋傳影片，每日的減少量超過 5,000 萬小時，以改善健康……我覺得我們在 2018 年，不只是在重要議題上有實質的進展，也更清楚意識到，我們的信念是正確的道路。」

祖克柏說這些話的同時，臉書園區無法測試新產品了，員工還因為搭不到接駁車而取消會議。

那是臉書的分割畫面時刻，象徵著「臉書名譽受損」與「業務欣欣向榮」的兩極情況。臉書園區瞬間停擺，因為公司採取了危險的隱私權做法，但錢照樣滾滾而來。

臉書與醜聞畫上等號

那樣的斷裂說明了臉書在 2018 年碰上的困境。臉書領導者覺得公司有進步，但在難以量測的聲譽市場，臉書的「股

價」跌至谷底。人們將記得臉書在 2018 年爆發劍橋分析事件，發生名符其實的大型資料外洩，或許還犯下其他數百個錯誤與違規。然而，臉書希望大家記得的是臉書「選情室」（Election War Room）。

選情室是臉書在 2018 年的夏秋兩季，特別替數場公民投票挪出的會議室，主要包括美國的期中國會選舉。我參觀過選情室兩次，一次是經過多次拜託後，被允許在選民投票當天，在選情室待上幾分鐘。不過，選舉日來臨前的幾週，臉書選情室經常有參觀團。事實上，臉書對於選情室的自豪程度，令人開始懷疑整件事只不過是在演戲，和 2016 年總統選舉中俄國人成立的粉絲專頁一樣假。

發言人告訴我，選情室裡有 24 名員工待命，由臉書今日雇用的兩萬名安全人員在背後支援（一年後，臉書將公布更高的數字：35,000 個員工！）。選情室裡看起來像安全版本的東京銀座，數百個螢幕上顯示的儀表板報告著即時結果。其他螢幕上則是誠信團隊人員與全球各地視訊，包括正在舉行選舉的巴西。即使有 AI 助陣，選情室是昂貴、人力密集的解決方案，但不論是否真的需要實體設備，或基本上是給媒體看的樣品室，臉書安然度過了 2018 年期中選舉。臉書的公民參與長表示，這套系統真的擋下操弄，其中一例是成功擋下巴基斯坦瞄準懷俄明州選民的假資訊攻擊（也可能是來自北馬其頓，他記不太清楚是哪裡）。

選舉結果沒有因為臉書被操弄，今日居然被視為社群網站的勝利。

「我們當然希望我們在 2018 年選舉的表現，如果 2016 年也是這樣就好了。」桑德伯格告訴我，「2016 年，我們不曾想到會有這種形式的干預，我們不知道，政府裡沒人知道，沒

有任何機構的任何人告訴我們那件事，不管是事前或事後，完全都沒有。」（事實上，菲律賓的雷莎提醒過臉書。）

即使如此，臉書的確有進展，不過看報紙（如果這年頭還有任何人看報紙的話）或看網路新聞，你永遠不會聽說這件事。臉書醜聞依舊層出不窮，已經變成記者之間的玩笑。工廠會擺出「已經多少天沒發生工安事故」的牌子，理想天數至少要達三位數。換作臉書，沒出事的天數很少達到二位數，通常一、兩天就又要從頭算起。記者不斷挖（或是寫下不費吹灰之力就得知的事），監管單位不斷調查，法庭上不斷有人宣誓作證，民眾依舊在考慮是否該「#deletefacebook」。

人們似乎在說：**不必再搞那些花招了**。真正的問題是，下一次的危機是否足以毀掉臉書，以及祖克柏是否真的打算從根本上改變。

事實上，祖克柏正有此意。

第 19 章

中央集權，IG、WhatsApp、Oculus臉書化

　　2019 年 3 月 6 日星期三，祖克柏從他宛如奧林帕斯山的魚缸，下達另一道旨意。臉書在選後逐步做出調整，民眾依舊持續關切安全議題，祖克柏終於採取大動作，發表「注重隱私的社群網絡」（A Privacy-Focused Vision for Social Networking）一文。[1] 分享之王如今要重新調整方向，重視最初讓 Thefacebook.com 與眾不同的功能：隱私權。

　　祖克柏以戰時執行長模式下決策：他說了算。「我發現，我有可能耗費數年和團隊一起內部討論，還是無法讓大家看法一致。」祖克柏表示，「有時我們需要直接做決定。」

　　祖克柏觀察網路行為，認為人們漸漸轉而靠向其他服務，那些服務沒有動態消息的缺點。「私訊、限時動態、小群組，是目前成長最快的線上通訊方式，」祖克柏寫道，「很多人偏好一對一的私密通訊，或只有幾個朋友。人們對自己分享的東西會留下永久紀錄更加小心了。」

　　祖克柏的一貫作風，是把下一個典範轉移視為機會，所以他現在要讓臉書開始改變，抓住那個機會。「我思考網際網路的未來，」他寫道，「我相信相較於今日的開放平台，重視隱私的通訊平台將變得更重要。」

然而，最重要的開放平台就是藍色商標的臉書本身，這樣的轉型對祖克柏來說可能是個問題。幸好（對祖克柏來說），他除了藍色 app，還有其他三個通訊平台。此外，祖克柏也擁有他認為將在本世紀第三個十年成為主流的平台：虛擬實境公司 Oculus。祖克柏打算更嚴密地掌控這些平台。

　　事實上，祖克柏過去一年都在準備這次的轉向。當所有頭條都在談醜聞、選舉與營收時，祖克柏正悄悄地改變公司。

　　首先，被收購的幾家關鍵公司，是時候拿走所有創辦人的兵權了。

　　幾週後，祖克柏在 2019 年的 F8 大會說明他的願景，再三保證這次的轉向不代表舊臉書的終結。轉型後，會有祖克柏稱為「市政廳」的公共論壇，不管是立意良善的人，或者是糟糕的網民，都能一起在這個空間參與二十億人的對話。不過，人們愈來愈想保護私下談話的空間，因此我們也會需要「客廳」，在這裡對話不是公開的。臉書認為，客廳將比市政廳受歡迎。少了各種假資訊、仇恨言論與各種無意義的分心干擾，客廳不會像一切公開市政廳那樣，帶給臉書那麼多問題。有了強大加密功能，沒人能看到目前公開的各種糟糕內容。

　　演講過後，我告訴祖克柏，他在演講中一次也沒提到動態消息。

　　短暫的沉默。「沒錯，或許是那樣，」祖克柏終於開口，「但動態消息還是很重要。」

　　只是那已不會是網際網路的未來。

　　在後動態消息的世界，祖克柏對未來能如此自信，原因是他在 2012 年至 2014 年間買下與建立的子公司獲得空前勝利，其中 Instagram 的表現更是劃時代的成功。IG 的成長率遠超過臉書，而且在小心起步後，廣告營收也源源不絕。雖然 IG 也

被用來散布俄國假資訊，這個以照片為主的社群媒體網站，卻沒有沾上被外國勢力入侵的汙名。IG 執行長斯特羅姆被奉為矽谷大師，和他的老闆相反，以正直、一絲不苟的設計與同理心出名。套用臉書高階主管的話來說，IG 成功到「餘興節目變成主秀」了，這對祖克柏來說是問題。

我在 2017 年初造訪 IG 的新總部，一切看似都很完美。相較於臉書 20 號大樓的時髦倉庫風，IG 的新宮殿呈現極簡風美學，大大的窗戶透著自然日光，場景就像 IG 上的照片。賣給臉書五年過去，斯特羅姆依舊牢牢掌控著 IG。

「我們加入〔臉書〕時，我認為當前最重要的問題就是：我們能維持獨立嗎？」斯特羅姆告訴我，「因為你創辦事業之後，那就是你的孩子，你會想照顧它，呵護它。IG 的特別之處就是社群，我不希望 IG 成為某個大品牌的功能之一。」

斯特羅姆與共同創辦人克瑞格，基本上是以獨立子公司的方式經營 IG，但受益於臉書的基礎設施、行銷，甚至是臉書的人工智慧研究。例如，IG 近日利用臉書的機器學習把動態從按時間排序，變成按排名。斯特羅姆的直屬上司是臉書技術長施洛普夫（很快就會改成考克斯），他仍和祖克柏保持直接的聯絡。兩人大約一個月共進一次晚餐，互動比較像同儕一起吃飯討論工作，而不是下屬和大老闆見面。

斯特羅姆當時很確定地告訴我，祖克柏沒有干預 IG 的經營。他提到 IG 最近才重新設計 logo。原本的圖案是寫實的 1960 年代寶麗萊拍立得相機，左上角有一塊彩虹顏色。雖然重新設計 logo 聽起來沒什麼，實際上是很大的改變。時代不同了，現在的 IG 已經成為全球事業。這個 app 不只提供有趣、復古風的分享方式，還是人們表達自我的重要管道，也因此 logo 應該揚棄寫實風，也就是軟體界所說的「擬真化設計」

（skeuomorphic），走向較抽象的符號，由象徵著相機的長方形與圓形構成。原本的彩虹被暖色調漸層取代，讓 logo 呈現閃閃發亮的視覺效果。由於這個變動非常大，斯特羅姆在某次晚餐拿給祖克柏看的時候有點不安。快吃完時，斯特羅姆做好要進行冗長討論的心理準備，告訴祖克柏：「喔對了，我忘了提，我們要重新設計 logo。」但祖克柏只看了一眼，就說很不錯，雖然他可能沒有很愛彩虹漸層。

甚至在某個潛在爆發點，斯特羅姆也達成妥協：在 IG 的貼文串裡插入廣告。斯特羅姆認為，臉書的動態消息充斥過多廣告，他不希望 IG 跟進。斯特羅姆堅持（至少一開始堅持），動態要設置廣告上限，還希望有權批准實際放上 IG 的廣告。如果那代表 IG 將損失營收，錯過把動態開放給數百萬企業的機會，沒能和臉書一樣靠自助流程觸及鎖定投放的顧客，那也沒關係。斯特羅姆親自批准出現在 IG 上的每一則廣告，確保是由他，而不是某種演算法，來決定廣告是否符合美學標準。

「我們在這裡做的與產品相關的每一件事，都非常獨立。」斯特羅姆告訴我，「我們有點像是朝類似目的地前進，但抵達的方式十分不同。」

我和斯特羅姆當時不知道，那場 2017 年的對話將是斯特羅姆最後一次能炫耀他擁有的自由。接下來幾個月，控制 IG 的鏈子愈來愈緊，鏈子的另一頭就繞在穿著灰色 T 恤的男人手上。

還有另一個改變。2018 年，斯特羅姆升格當父親。他會利用臉書全體員工都享有的慷慨育嬰假，然後在假期即將結束前辭職。

虛擬實境之路崎嶇顛頗

臉書與 Oculus 的磨合顯得跌跌撞撞。祖克柏對於 Oculus 十年後的潛力感到興奮，理論上虛擬實境將成為主流，就跟智慧型手機問世後的行動世界一樣，但那一天來臨前，Oculus 基本上是賣硬體的遊戲公司，而那是臉書不熟悉的事業。

為了讓一家遊戲公司存活，臉書得投下數十億美元，在一個自己不太在乎的產業裡競爭。Oculus 碰上雞生蛋、蛋生雞的問題。理想上，最好要有大量優質的軟體可以在 Oculus 的旗艦產品 Oculus Rift 上運作，但 Oculus Rift 本身就要價不菲：500 美元的價格，還不包含支援軟體的高階電腦，最後整套的價格上看 1,500 美元，超過多數人能負擔的數字。由於用戶數一直很小，大型遊戲開發商因此不會為了 Oculus Rift 投入數百萬美元打造看板遊戲大作。

臉書只好付錢請人開發，成立 Oculus Studios 部門，負責撥款給開發 Rift 內容的公司。同一時間，務實的軟體大師卡馬克則在研發較便宜、可以吸引較多使用者的行動產品。Oculus 和三星合作售價 100 美元的頭戴式裝置 Gear，可以靠智慧型手機提供影像。那是便宜版的虛擬實境。Gear 的銷售量遠超過 Rift，但那是較為次級的體驗。

祖克柏在 2017 年的 Oculus 開發者大會演講上，提到他的目標是虛擬實境使用者要達到十億人。Oculus 高層是在大會排演時才第一次知道這個目標。

祖克柏一心將虛擬實境視為社群科技，然而 Oculus 的遊戲商認為這是未來才會發生的事。卡馬克表示：「我認為在我的 VR 重要用途清單上，社群大概只排第四。」（他補充說明，這可能是因為他個人『不愛社交，屬於隱士性格』。）

臉書的社群虛擬實境團隊甚至不在 Oculus 組織內，工程

師團隊是向祖克柏報告，從這點就能看出端倪。祖克柏希望馬上就有社群虛擬實境功能，為了滿足老闆的願望，團隊開始打造「Facebook Spaces」這項產品（不是「Oculus」），人們可以戴著 Rift 在虛擬實境中互動。由於 Rift 為數不多的用戶主要都是死忠遊戲迷，他們對捕捉孩子的第一步毫無興趣，尤其是祖母根本沒有頭戴式裝置能看寶寶走路。Spaces 很難找到受眾。產品示範看起來很酷，祖克柏親自做了盛大示範，全家人化身為卡通人物，出現在他家的客廳實景，只是視覺上總覺得有點怪怪的。

臉書 2017 年 F8 開發者大會上的示範就沒那麼溫馨了。臉書近日捐款給紅十字會救助被颶風重創的波多黎各 [2]。祖克柏為了說明這件事，和社群虛擬實境長法蘭克林（Rachel Franklin）示範了一場在受創島國上的虛擬實境之旅。畫面上，兩人的卡通化身帶著不合宜的輕佻感，看著滿目瘡痍的畫面，擊掌歡呼臉書慷慨解囊。祖克柏事後道歉，如果那稱得上道歉的話，算是某種版本的「如果有人覺得不舒服我很抱歉」。這件事沒能協助臉書推廣虛擬實境。

祖克柏把希望放在 Oculus 在西雅圖的研究機構，雇用頂尖科學家，協助設計低成本裝置，解決長期的虛擬實境問題，帶來「擴增實境」（augmented reality, AR）體驗，把電腦圖像重疊在真實世界上。祖克柏有耐心，他相信實驗室主持人亞伯拉什召集了最優秀的科學家在推進這個領域。Oculus 需要他們，因為蘋果、微軟及其他公司也在投入公司資源開發類似產品。

祖克柏的耐心並未用在 Rift 的表現，在財報會議上指出 Rift「令人失望」。

創辦人拉奇被登出

　　此外還有拉奇的問題。[3]Oculus 的創辦人有參與產品研發，例如 Rift 的手部控制器，但他的時間愈來愈多是在擔任臉書的虛擬實境大使。拉奇為 Oculus 研發的「玩具箱」遊戲（Toy Box）舉辦名人的示範會，兩個人可以分享虛擬空間，一起從事打乒乓球等活動。《時代》雜誌在 2015 年盛大報導虛擬實境，封面是拉奇戴著頭戴式裝置，影像重疊在熱帶海灘的背景。「拉奇專心當虛擬實境代言人，接受媒體採訪，四處推廣。」Oculus 的共同創辦人兼執行長艾瑞比表示，「這原本很好，直到發生『聰明美國』（Nimble America）事件。」

　　拉奇的政治立場是保守派，他大力支持右派的熱情，就和他投入速食、與女友拍 cosplay 照片，以及焊接手工電腦外部裝置是一樣的。他還是狂熱軍事迷。艾瑞比回憶，有一次他接到電話通知，拉奇開著坦克車進入臉書園區，有人報警。拉奇的那輛悍馬是軍用車輛改造的，車體還有裝設玩具機關槍。然而，那對臉書員工來說等同核彈。拉奇大事化小，最後上傳和警方的合照，但這件事已成為汙點紀錄。「在臉書，你不能開著一台有槍的悍馬，一台軍用車輛，進入停車場，還引來警方，」艾瑞比表示，「那些不是我們關注的事。」

　　2016 年夏天，拉奇在 Reddit 子論壇「The_Donald」認識一群志同道合的川普支持者，一起「即時發廢文」。他們自稱是「聰明美國」，拉奇匿名捐出一萬美元，協助這個團體在匹茲堡刊登告示牌廣告，放上醜化希拉蕊的卡通大頭圖，用大寫字母寫上「大到不能進監獄」（TOO BIG TO JAIL）。拉奇後來向《每日野獸》（Daily Beast）的記者證實自己有參與此事，他以為那只是私下閒聊，但記者可不認為[4]，在 2016 年 9 月 22 日刊出報導〈身價近 10 億的臉書富翁私下贊助川普

的迷因機器〉（The Facebook Near-Billionaire Secretly Funding Trump's Meme Machine）。

拉奇在臉書徹底黑掉，媒體群起圍攻。拉奇堅稱自己被誤解了。他捐錢給「聰明美國」只是為了買告示牌廣告，或許再印幾件 T 恤。網路上的酸民言論、迷因、迷因製作、張貼種族歧視言論，都不是他動員的。

儘管如此，臉書員工多數都是自由派，他們都很不能接受，還有聲音要求拉奇辭職。諷刺的是，同一時間，臉書的政策高層正在放任真正的川普迷因機器在平台上猖獗。雪上加霜的是，部分 Oculus 開發者因為拉奇的行為而表示要放棄這個平台。[5]

拉奇草擬了一封信，向同事解釋情形，但臉書堅持要他為另一封信簽名畫押。臉書副法務長葛瑞沃寫電子郵件給拉奇：「我必須告訴你，這是馬克親自擬的，上面的細節很關鍵。」拉奇讀到那篇以他的名義發表的內容，感到吃驚。上面宣稱他支持第三方總統候選人強森（Gary Johnson）。整體而言，那封信讀起來和被挾持的人質聲明一樣假，沒有人被說服。

臉書沒有開除拉奇（還沒有），但從此開始冷凍他，要他在選舉結束前不得進園區，不准與同事聯絡或上社群媒體發言。拉奇原本都會在 Oculus 的年度開發者大會出席，行程也被取消。

拉奇的待遇與另一位公開支持川普的人有著天壤之別：臉書董事和原始投資人彼得・提爾。提爾宣布將捐 125 萬美元支持川普時，臉書員工也要求趕走他。祖克柏在內部替提爾說話，同時卻禁止拉奇進入臉書園區。「我們很在乎多元性，」[6]祖克柏寫道，「為你同意的看法站出來很容易。如果你必須替觀點與你不同的人站出來，維護他們說出他們關心的事的權

利，就很難了。」

拉奇還以為選舉結束後，爭議自然會被淡忘，沒想到發生了意想不到的事，川普勝選了。這代表他大概回不去臉書了。儘管如此，臉書因為某些理由而沒有在 2016 年開除他。2017 年 1 月，拉奇將在智慧財產權訴訟中出席作證，那是 Oculus 出售給臉書引發的官司，公司需要他一起辯護。拉奇乖乖準備，說出證詞，希望能回到公司，因為 Oculus 就像是他的生命。

然而，臉書不讓 Oculus 創辦人回 Oculus。艾瑞比表示：「我能說，內部非常努力在想，發生這樣的情形後，拉奇還能扮演什麼角色。」Oculus 的每一個技術部門負責人都被問，他們那邊需不需要拉奇，當初因為有拉奇的發明，才有他們的部門，但沒有任何一個人回答，他們那邊有位子給他。基於上述所有理由，拉奇被解雇了。

幾天後，臉書替 Oculus 找了空降的新負責人：來自 Google 的巴拉（Hugo Barra）。艾瑞比被降職，他會在 2018 年離開。祖克柏找到人同時接掌 Oculus、社群虛擬實境團隊，以及臉書的所有硬體業務，例如 Portal 顯示器。新任硬體副總裁出爐了：就是人稱「博斯」的博斯沃斯。祖克柏派出信任的心腹，因為他還是認為虛擬實境注定成為下一個大趨勢。每次談到虛擬實境，他的聲音就會高八度。

然而，從 Oculus 目前為止的糟糕表現與龐大虧損來看，祖克柏為虛擬實境定的「十億用戶」這個近期目標，似乎不切實際。「我們都認為到現在，應該要有更進一步的進展，」卡馬克表示，「我們揮霍了大量資源，獲得奢侈贊助，有太多計畫展開後就棄置，為了內部方向雇用一大堆人，燒了好多錢，接著為了不管是好的或壞的理由而放棄計畫，有大量的專案沒

被好好管理。」

博斯沃斯接手了 Oculus 的突破性產品，這個獨立式的頭戴式裝置可以提供幾乎所有 Rift 令人驚豔的體驗。價格是 400 美元，而且不需要購買專用的電腦，那將是虛擬實境領域的重大突破。Oculus 成功推出產品，就連愈來愈憤世嫉俗的遊戲媒體也紛紛讚賞新產品。

Quest 不是人們常用的產品，也不會完成祖克柏的虛擬實境或擴增實境夢想，成為社群互動新平台。要達成那個目標，就得拋棄笨重頭戴式裝置，創造出讓人類成為某種「半人類半臉書」的人機混合技術。祖克柏希望在負責長期計畫的西雅圖實驗室「Oculus Research」的努力下，這件事將會成真。實驗室「隨時戴著的擴增實境眼鏡」已有進展。此外，臉書正在探索如何讓臉書產品「進入」人們的大腦，雇用神經科學家團隊研發不需打字、介於「意念」與「動作」之間的介面。2019 年，臉書買下 CTRL-Labs 公司，可以自腕部接收腦部訊號，「用想的」就能控制 app。每次媒體報導這個計畫，人們就會開玩笑：喔，臉書現在想進入你的腦袋[7]，但真的是如此。

從 Snapchat 偷來的限時動態

2016 年對臉書的動態消息而言是選舉年的大慘敗，IG 卻在同年推出最成功的功能，將會永遠改變臉書。令人沒想到的是，那個功能來自 Snapchat。

Snapchat 在 2013 年拒絕被祖克柏收購的幾個月後，斯皮格就發現 Snapchat 缺少一樣功能。有時人們會拍照、錄影片，想寄給一群朋友。但 Snapchat 是一對一的服務，要給一群朋友看同樣的內容，就得一個一個分別寄送，每一個朋友都重複同樣動作。Snapchat 如何讓大家能與朋友分享每天的生活

故事，又能守住 Snapchat 看過就會消失的精神？

「我們真的認為必須好好做。」斯皮格表示。那句話的意思是：不能像臉書一樣。斯皮格覺得臉書鼓勵人們以不真實的方式呈現自己，刻意扭曲自己真實、有趣、好笑的那一面。更糟的是，動態上呈現的內容是以倒序方式呈現，最新的在最前面。除非你是劇作家品特（Harold Pinter），劇本總是從結局寫起，否則這並不是大家說故事的方式。這是人類的直覺：你回到家，告訴家人今天發生的事，你不會從結尾說起。你不會用倒敘手法述說你生日那天發生的故事！

斯皮格想出的功能，是用戶可以用圖像來分享一天發生的有趣故事，從頭說起。定義 Snapchat 的「閱後即焚」功能現在更重要了，用戶可以向朋友群分享，不再只傳給一個人。斯皮格表示：「每天早上醒來又是新的一天，你不會被昨天的你定義，那真的令人樂觀與振奮。」

那個功能的名字呼之欲出：故事／限時動態（Stories）。

Stories 將是動態消息的相反。

斯皮格在「布魯之家」（Blu House）召集團隊，他的公司現在在威尼斯市區有幾處據點，「布魯之家」是其一。他們打造的產品讓用戶可以放上一系列的照片或短片，還能加上一般產品提供的五花八門貼圖和虛擬面具。用戶可以滑到 Stories 頁面，看一連串的故事，24 小時後就會消失。斯皮格覺得棒透了。

但沒有人在用。「真的，根本沒人知道那是做什麼的，」斯皮格表示，「這個 Stories 到底是什麼啊？」

斯皮格沒有因此驚慌。Snapchat 首度推出時也表現不佳。「新點子總是會碰上這種挑戰，」斯皮格說，「人們需要一些時間才會改變行為。」Stories 的確是那樣。幾個月後，圖表顯

示採用率從底部開始上揚，出現令人滿意的 S 曲線。

臉書注意到 Stories 的好表現，但這次不是祖克柏試圖模仿 Snapchat 產品，而是 IG 的斯特羅姆。那對斯皮格來說是天大的壞消息。

斯特羅姆不曾否認 IG Stories 功能，基本上和 Snapchat 產品的點子是一樣的，但不認為他的團隊是直接偷別人的概念放到 IG 上。「你可以從兩方面看，」斯特羅姆說。第一種是 IG 雖然在成長，當其他人在用競爭產品改變世界時，公司就必須靠模仿那項產品來回應。另一種說法則是，他認為 IG 本身的成功超出了原本預期，也因此自然產生了需要被填補的空隙，就是由 Stories 來填補。

IG 一開始是讓人們能以視覺方式分享生活中的亮點，但隨著 IG 愈長愈大，龐大的規模讓 IG 不再那麼個人。愈來愈多人在用 IG，對有些人來說，IG 不再是早上起床第一個上網造訪的地方。斯特羅姆說：「這個世界需要一個園地，人們可以在那裡與最親密的朋友分享好玩有趣的事，而不用怕被評論。」聽起來好像斯皮格在講話。

斯特羅姆承認，第一個滿足這個需求的是 Snapchat，但現在 IG 也必須滿足這個需求。「那是我們的生態系統中空著的一塊，」斯特羅姆表示，「我們想讓人們能分享〔與〕強調生活中的重要時刻，如果我們鼓勵他們〔也〕分享一天中的搞笑時刻，人們也會樂於那麼做。」

IG 把這項計畫當成第一要務，Snapchat 的概念很快就被做成 IG 版。接下來的問題是如何命名。大家都把那個功能想成「stories」，而 Snapchat 已經把產品命名成 Stories。「我們發現，沒必要叫別的名字，」IG 當時的工程長威爾（Kevin Weil）表示，「我們就接受這個名字吧，這會是之後很多 app

與服務的共通格式，不只是 Snapchat 與 IG，所以我們稱之為 Stories，就跟 Snapchat 一樣。」[8]

IG 十分有信心，或許也是不成功不行，他們毫無保留地推出新功能。一反臉書過去幾年的風格，創新會被謹慎整合進產品，有時甚至以分開的實驗性 app 釋出。臉書習慣漸進式推出新產品，通常會先小心地在沒人會關注的遙遠國家，以極小的用戶群來測試。Stories 的推出完全不一樣，IG 幾乎同步在全球釋出，像暴雨一般直攻用戶。Stories 的位置在螢幕最上方，顯示了它的地位比下方的貼文還重要，而貼文可是從 IG 還叫做 Burbn 的年代以來的核心產品。

斯特羅姆原本做好新功能需要一段時間才會起飛的心理準備，要等人們習慣新格式，但用戶馬上擁抱 Stories，就像他們在無人島上，有起司漢堡從天而降。「我一直沒發現，需要填補的真空地帶原來那麼大。」斯特羅姆說道。（或者，是因為 Snapchat 已經把用戶訓練好了。）

從某種角度來說，IG 已經變成名人與網紅的展示櫃，IG 的世界屬於明星，剩下的群眾只是生活在其中。但突然之間，這個新用途讓你可以與朋友分享某個平日的瞬間，沒有壓力，24 小時後故事就會消失。IG 突然變得有趣又親近……幾乎就跟 Thefacebook.com 的大學時代一樣，可以輕鬆搞笑。當時「錯失恐懼症」（FOMO）還未引發大眾長期焦慮，人們也尚未染上社群媒體新年代的疾病。

此外，Stories 並沒有侵蝕到平日的貼文，用戶仍在拍照上傳。斯特羅姆在 2017 年告訴我：「人們還是喜歡用一張照片炫耀超棒的假期，但他們也喜歡拍下 15 張不希望永遠都能被看到的度假照。」

Snap 執行長斯皮格（Snapchat 在 2016 年把名字縮減成

Snap）不願評論自己的點子被直接挪用，但他底下的人氣炸了。某位 Snap 高階主管當時表示：「這就像是炸彈爆炸。」斯皮格有一段時間不願評論，甚至連在公司內部也不講話，不過他未來的妻子、澳洲超模米蘭達・寇兒（Miranda Kerr）不會忍氣吞聲：「我受不了臉書。」[9] 她告訴倫敦的《電訊報》（*Telegraph*）：「直接抄襲一個人，不是創新。不要臉……他們晚上怎麼睡得著？」

他們顯然睡得很好。祖克柏在財報會議上讚嘆 Stories，說 Stories 會比動態消息還成功，但斯特羅姆與克瑞格如果以為這次的大功將獲得祖克柏的獎賞，那就錯了。

WhatsApp 也漸漸變調

在祖克柏收回權力的過程中，WhatsApp 是最棘手的挑戰。WhatsApp 的文化與世隔絕，員工在山景城連招牌都沒有的辦公室，默默努力，沒有遵循傳統的成功指標。WhatsApp 的使命不只是連結人們，還要讓人能夠無拘無束自由連結，不受行動服務或甚至是政府控制。

WhatsApp 依循自身的使命，追求所有的訊息都是預設加密。共同創辦人艾克頓尤其認為 WhatsApp 的用戶在通訊時，應該要能阻擋政府竊聽，政府永遠無法取得用戶和親戚、朋友、事業夥伴分享的祕密。

2013 年夏天，艾克頓開始為 WhatsApp 打造端對端加密模式（end-to-end encryption，E2EE），為十億多人打造密碼系統，保護他們的通訊，抵擋攻擊，從高手駭客一直到經驗豐富的國家情報單位，全都一籌莫展。那是最高層次的「別在家嘗試」。艾克頓有幸認識馬林史派克（Moxie Marlinspike），馬林史派克是加密行動主義者與密碼大師，他相信加密是數位時

代最重要的自由元素。

　　馬林史派克獲得資金贊助，打造出能輕鬆加密的大眾市場工具「TextSecure」。艾克頓說服他，協助把 TextSecure 技術內建在 WhatsApp。雖然發送者與接收者不一定有發現，他們之間的每一則訊息皆有間諜通信等級的保護。私家偵探、間諜、駭客與離婚律師或許有辦法攔截訊息，但他們將永遠無法讀取，因為自按下「傳送」一直到訊息被指定的人讀取的那一刻，內容都經過「攪亂」（scramble），連臉書也讀不了。

　　這樣做的風險很大。FBI 與美國國家安全局都對俗稱「變黑」（Going Dark）的訊息加密發出過警示：在這種情況下，無法擷取訊息內容將可能危及安全與保安。遇到這種情況，臉書會被罰款，萬一加密的訊息涉及殺人攻擊計畫，公司可能被關閉，甚至面臨更糟的情況。

　　艾克頓告知祖克柏此事時，臉書收購 WhatsApp 的流程尚未完成，艾克頓刻意在此時告知，就是沒有要徵詢同意，WhatsApp 無論如何都要採取端對端加密。祖克柏接受了，以他一貫高深莫測的方式表達同意。「我們說：馬克，我們在打造端對端加密。」艾克頓說，「他說：好，好，你們繼續吧，我不在乎。」

　　事實上，祖克柏一直在思考這個主題。2014 年，當他從史諾登（Edward Snowden）＊外流的資料得知，美國政府有從臉書的資料中心抓通訊紀錄時，祖克柏非常生氣。此外，祖克柏對加密也有個人情感，要是他早期的通訊有加密（哈佛時期與 ConnectU 有關的即時訊息與電子郵件），他就可以免去很多的尷尬與羞辱。

＊　譯注：曾任職於 CIA 與 NSA，近日揭發美國政府的竊聽行為。

祖克柏的確對加密持保留態度，但他關切的不是與執法有關的問題，而是臉書的利潤。2017 年年中，臉書對訊息 app 實施新的財務策略，將先前的「個人對個人」通訊服務，開放給「企業對顧客」。Messenger 早就開始那麼做了。依據艾克頓的說法：「馬克一直在問：如果我們有端對端加密，是不是等於該賺的錢不賺？」問題不是企業與顧客之間的訊息會受阻，而在於臉書本身無法看到訊息內容，再利用那些資訊提供更理想的用戶體驗，甚至是提供用戶更好的廣告或附加服務。艾克頓表示：「大家是從商業價值的角度，在質疑要不要端對端加密。」

WhatsApp 守住加密設計，但是靠 WhatsApp 獲利的衝突開始愈演愈烈。

收購案完成不久後，創辦人與祖克柏開始討論 WhatsApp 是否該停止收取一美元年費。對臉書的財報數字來說，那筆營收有如滄海一粟。艾克頓反對停收年費，他認為那筆錢是一種保險。「馬克說：砍掉、砍掉、砍掉。」艾克頓說，「〔如果〕老闆說要砍，部屬說不要，你等於輸掉了這場爭論。」

下一個妥協更血淋淋。庫姆與艾克頓設計 WhatsApp 時，在蒐集資料方面完全與臉書相反，WhatsApp 刻意讓公司只知道用戶的電話號碼。兩位創辦人 2014 年把公司賣給臉書時，透過 WhatsApp 的部落格和用戶溝通，當時還以為能維持先前的運作：

> 尊重隱私深植於我們的 DNA，我們打造 WhatsApp 時的目標就是，你們的資訊，我們知道的愈少愈好。不必給我們名字，我們也不要你們的電子郵件地址。我們不知道你的生日，不知道你家住址，不知道你在

哪裡工作，不知道你喜歡什麼，不知道你在網路上搜尋什麼，也沒蒐集你的 GPS 位置。那些資料全都不會被蒐集與儲存在 WhatsApp，我們無意改變那一點。[10]

然而，祖克柏可不會花 200 億美元買一個違反他的核心商業模式的服務。2016 年年中，祖克柏提出主張，而他是擁有完全表決控制權的執行長，他不會輸：臉書應該要可以拿 WhatsApp 的部分資料，合併至臉書的其他服務。其中一項尤其引人注目：將 WhatsApp 用戶的電話號碼整合至臉書資料庫。臉書將能把這個最寶貴的個人身分識別，連結至數百萬過去不願意提供電話的臉書用戶。

這代表 WhatsApp 必須重寫與用戶之間的服務條款合約。用戶很少會去讀冗長又難懂的服務條款合約，但監管單位會，尤其是在重視隱私權的歐盟。監管單位會仔細研究那些法律天書，因為那是最可靠的線索，可以得知公司究竟拿用戶資料做了什麼。

麻煩在於臉書買下 WhatsApp 時，明確承諾過不會把 WhatsApp 的資料整合進臉書。要讓愛挑剔的歐洲官僚允許這樁併購案，就一定得做出那個承諾。美國的聯邦貿易委員會也獲得臉書相同的承諾。

更改服務條款合約似乎違反了協議。尤其過分的是，這項變更將是「選擇退出」，而不是「選擇加入」。也就是說，如果用戶沒有採取行動，資料就會自動被分享。只有最精明、最認真的用戶知道合約改了，並且找方法阻止自己的 WhatsApp 資料被合併至臉書的龐大資料庫。艾克頓日後告訴《富比世》的奧爾森（Parmy Olson）：「我認為大家都在賭，他們認為

歐盟可能已經忘記這個承諾，因為已經過了一段時間。」[11]

　　WhatsApp 部落格 2016 年 8 月 25 日的文章上，從正面的角度看待這個更動，庫姆與艾克頓雖然不喜歡這個變動，仍有簽名。那篇網誌寫著：「將你的電話號碼連至臉書系統後，如果你有臉書帳號，臉書就能提供更好的朋友建議，讓你看到更多相關的廣告。」

　　歐盟沒有被騙。這項變動不符合臉書當初申請併購時的保證，歐盟罰臉書一億歐元（約 1.22 億美元）。[12] 臉書宣稱：「我們 2014 年的申報錯誤是無心之過。」

衝突愈演愈烈，創辦人相繼離開

　　祖克柏步步進逼，2017 年初他堅持 WhatsApp 必須搬到門洛帕克園區。這件事果然如艾克頓與庫姆所擔心的，嚴重破壞了 WhatsApp 的文化。WhatsApp 的員工不習慣臉書熱鬧活潑、大家擠在一起的宿舍精神。把 WhatsApp 較為低調的氣氛帶進門洛帕克，也造成摩擦。祖克柏允許 WhatsApp 員工保留他們的大桌子，甚至為了他們重新整修廁所，注重隱私的 WhatsApp 員工希望廁所的隔間門跟地板之間不要有空隙。

　　不過，《華爾街日報》的報導指出，其他臉書員工並不喜歡這些新來的人獲得特殊待遇。[13] 有的資深臉書員工對這些新人發出噓聲，受不了 WhatsApp 的人這麼沒禮貌，居然分發海報，要求到他們辦公室的人「把噪音減到最低」。《華爾街日報》寫道，他們會一再叮嚀：「歡迎來到 WhatsApp，閉上你的嘴！」

　　艾克頓和祖克柏不太熟。兩人見面時，艾克頓會努力聊起雙方的孩子，他們都有年紀還小的孩子，還是由同一位婦產科醫師接生的。艾克頓覺得每次聊天，祖克柏總是會轉移話題。

「他變得相當擅長保持距離，」艾克頓表示，「這個人住的地方離我家才大約一英里！」

艾克頓也試圖向桑德伯格談他碰上的問題，但同樣沒什麼用。艾克頓認為桑德伯格是政治動物，也感受到她沒有視自己為同儕。有一次，兩人在開會時談到一半，桑德伯格瞄到有訪客是自己認識的人，就中斷會議去和那位訪客聊天。艾克頓回想：「那個人好像是 ESPN 聯播網的名人。」

桑德伯格經常主張，WhatsApp 應該要放廣告，還會拿WhatsApp 和 IG 比。IG 已經接受刊登廣告，為臉書賺進大把鈔票。艾克頓告訴桑德伯格，他不同意臉書提議的「變現計畫」，甚至引用他的合約條款，要是臉書以他不同意的方式利用 WhatsApp 獲利，他就不必繼續待在臉書。桑德伯格告訴他，這些決定已經超過她的權限層級。

2017 年春夏交接時，艾克頓不斷告訴庫姆：兄弟，我做不下去了。他知道庫姆也想走，建議兩個人一起離開。

然而，庫姆打算待久一點，分階段離開：先退出董事會，再待一段時間，法律上依舊受雇於臉書，等熬到合約時間到了，才可以拿走絕大多數屬於他的錢，再完全離開。20 億美元大約還有四分之三沒落袋。

艾克頓等不下去了。他沒有先行使合約上的變現條款，就衝動地告訴祖克柏自己要走。「我沒講任何難聽的話，例如：這是個鬼地方，廣告的事讓我煩透了。」艾克頓說，「我有點後悔，我覺得沒有對馬克完全坦承我的想法，但我不覺得我們之間感情有好到足以把這些事告訴他。」

艾克頓還以為，由於合約條款中提到變現的事，即使他要離開，他不必待到期滿就能拿到股票選擇權。然而，他沒有主動提及這件事，害自己有可能拿不到 10 億美元。艾克頓與祖

克柏見面大約過了兩週後，寫了一封信要求行使合約條款，兩人再度見面，這次臉書的副法務長葛瑞沃也在。祖克柏告訴艾克頓，這大概會是兩人此生最後一次講話。艾克頓表示，他要把話說清楚，這件事就是與變現有關。「那是我對他講的最後一件事，」艾克頓說，「我就是不想要在產品裡放廣告。」

雙方試圖談定和解方式，但艾克頓受不了，一走了之，連10億美元也乾脆不要了。他離開的事在2017年9月公開。

八個月後，2018年4月30日，臉書宣布庫姆也離開了。庫姆的部落格文章寫道：「我要休息一段時間，做科技以外的事，例如蒐集稀有的氣冷式保時捷，好好寶貝我的車，玩終極飛盤賽。」[14] 庫姆如今身價估計上看90億美元，保時捷市場看起來比較有趣。他在臉書任職的最後一天是2018年8月。

艾克頓離開時雖然不愉快，仍拿到安慰獎30億美元。我和艾克頓在帕羅奧圖市區進行了很長的訪談（他答應說：「你想知道什麼我都可以告訴你。」）。訪談的最後，我問起這件事。艾克頓說：「也算是有好結果啦。」他從那筆錢拿出五千萬美元，成立「訊號基金會」（Signal Foundation），把馬林史派克的加密工具應用在使用簡單、無法破解的大眾通訊服務。艾克頓覺得這是在贖罪，因為他把事業交給了祖克柏，差點可能連靈魂都一起交出去了。

「我有一套原則，甚至公開對我的用戶承諾：**我們不會賣掉你的資料，我們不會賣你廣告，然後我轉身就賣掉我的公司**，」艾克頓說，「那是我犯的罪，我的懺悔就〔是〕得替那個罪付出代價。我每天都要承受這個事實。我希望能靠訊號基金會彌補過錯。」

臉書讓艾克頓變成自我厭惡的億萬富翁。他對著這家公司開了最後一槍。2018年3月20日，劍橋分析的新聞爆發後，

他也放上已經在 Twitter 流行一陣子的主題標籤：是時候了。
#deletefacebook。

那則推文最熱門的留言是馬斯克回的。馬斯克寫道：「臉書是什麼東西？」他甚至沒用表情符號緩和一下力道。

艾克頓的前同事馬可斯是臉書訊息 app 的負責人。他在公開的臉書貼文中憤慨回應。「我認為攻擊讓你變成億萬富翁、還一直保護與容忍你多年的人和公司，是一件沒水準的事。」馬可斯寫道，「這真是無比的沒水準。」[15]

馬可斯的貼文獲得臉書高階主管大量按讚，但艾克頓（不論是《富比世》的訪談，或是幾週前接受我的訪問）斥責臉書與祖克柏的同時，也在嚴厲斥責自己。「我第一個承認，」艾克頓告訴我，「我是個叛徒。」

庫姆也走了之後，由臉書老臣丹尼爾（Chris Daniels）接掌 WhatsApp。丹尼爾先前負責替風波不斷的 Internet.org 計畫擋子彈。丹尼爾不太能贏得 WhatsApp 部屬的心，幾位忠心員工相繼離開。他開始執行創辦人長期反對的事。2018 年 11 月，WhatsApp 開始放廣告。[16]

丹尼爾接下新職務不久後，在小組會議報告進度。祖克柏說：「我想講一件事。」他罕見地評論過去：「庫姆的確帶來一些很好的產品，但我也明白他妨礙了我們前進。」祖克柏接下來說，這讓他開始思考公司的其他幾個領域，或許也該考慮做同樣的事。IG 的創辦人當時也在場，祖克柏的發言顯得很奇怪。

2019 年 3 月，祖克柏宣布他要合併所有的服務，包括 WhatsApp，丹尼爾也離開了。祖克柏派另一名高階主管取代他，那個人有出現在祖克柏的生日大合照：凱斯卡特（Will Cathcart）。

金雞母 IG 也難逃「被轉型」

Instragram 從 Snapchat 偷來的 Stories 限時動態大獲成功，連祖克柏也要搶。他向內部宣布：臉書 app 也要加上限時動態。

臉書在一個微妙的時刻啟用 IG 的功能。臉書的藍色 app 已經成長趨緩，在北美市場甚至是衰退。同一時間，Instragram 用戶超越十億大關，達成的速度甚至比臉書當年更快。不只如此，大家都愛 IG，臉書早已失寵。臉書愈來愈像繳稅：令人不愉快，但不論你喜不喜歡，人生就是逃不了這件事。相反地，大家很享受使用 IG 的經驗。年輕人尤其喜歡 IG，幾乎完全不上臉書。我在 2018 年和幾個班級的高中生聊天，我問全班有多少人用臉書，大約只有一、兩個人舉手，但我問誰有用 IG 時，幾乎所有人都舉手。

祖克柏的確可以對自己的眼光感到自豪，但公司內部有人覺得，祖克柏還想要把功勞據為己有。祖克柏談起 IG 的成功時，特別指出共同創辦人雖然做得不錯，但他們能成功，臉書的支持一樣重要。祖克柏在財報會議上宣布 IG 突破十億用戶大關時，特別指出臉書有一半功勞。有一天下午，我和祖克柏一起走在 20 號大樓屋頂的人造疏林草原上，他再度強調此事。對話的開頭是祖克柏再次說起 2016 年他拒絕把臉書賣給雅虎，他很慶幸當初做了這個艱難的選擇。祖克柏告訴我，他現在會建議年輕創業者，要是認為公司有可能靠自己成功，就別屈服於賣公司的壓力。

我忍不住想到某家崛起中的公司的兩位共同創辦人，也接受了一模一樣的提議。「你的意思是，斯特羅姆與克瑞格把公司賣給你，是做了錯誤決定？」我問祖克柏。

祖克柏愣住，好像西洋棋特級大師突然被無名小卒將了一

軍。他不願意說兩位大功臣的壞話,不過某種程度上還是講了。「一方面,我認為他們靠自己可以做得很好。他們非常有天分,有能力打造價值超過 10 億美元的事業。」祖克柏告訴我,「另一方面,我的確認為要是沒有臉書幫忙,我不認為他們能有今日的一半規模,我認為這方面我們是世界上最優秀的。」

2017 年年底,祖克柏與 IG 的關係顯然變質了。「我可以怎麼幫你?」變成「你可以怎麼幫我?」接著,祖克柏開始實踐戰時執行長身分:或許你該直接聽從我的指示。

一開始,祖克柏似乎只是希望 IG 的營收能增加。斯特羅姆一直很關注系統上的廣告數量,祖克柏之前會贊同他的論點:目光要放遠,不要在照片串裡塞進一堆廣告,或是更近日的不要在限時動態放大量的廣告。然而,祖克柏現在下令要增加廣告,感覺就像祖克柏希望增加 IG 上的廣告,這樣才能減少臉書的廣告,讓臉書變得更具吸引力。

IG 在 2018 年初突破十億用戶,IG 的員工發現祖克柏愈來愈常拒絕他們要求資源的請求。祖克柏下令要成長團隊的領導人奧利文[17]列出臉書提供給 IG 的所有好處,基本上就是方便他刪減那些項目。

其中一個衝突,是斯特羅姆為 IG 的內部傳訊服務「IG Direct」擬定的計畫。斯特羅姆與克瑞格打算做獨立的 app,和臉書當初的 Messenger 做法一樣。新的 app 將能和 Snap 競爭。和 Snap 的服務一樣,訊息會在收訊人讀取一天後消失。由於臉書的訊息服務不曾像 Snap 一樣在年輕市場成功,IG Direct 有可能是臉書的最佳機會,協助攻占那個寶貴的族群。

曾經有一度,斯特羅姆與克瑞格只要在事後向祖克柏順道一提就好了。然而祖克柏開始思考統一臉書後,獨立的日子已

經過去。IG 擬定 2018 年的預算時，分配了一定數量的員工給接下來研發 IG Direct。祖克柏拒絕那個請求。拒絕已經成為一種模式。雖然 IG 是臉書 2017 年成長最快的應用，祖克柏還是消減 IG 2018 年的雇人預算。

IG 開始在幾個國家測試新的 app，效果好到可以拓展測試，但祖克柏叫他們停下，說他必須先評估一下對其他應用的影響，接著便正式喊卡。幾個月後，臉書宣布 IG 上所有的訊息服務將由 Messenger 團隊接手。

奧利文的清單上，臉書帶給 IG 的另一項好處是交叉宣傳。用戶在動態消息上分享 IG 照片時，動態消息上會註明照片來自 IG，小小協助把 IG 曝光給臉書用戶。

那個好處也沒了。

對 IG 來說，影響比較大的其實是祖克柏再度考慮減少讓 IG 使用臉書的朋友圖譜，不再提供 IG 最重要的成長工具：原本，新用戶註冊就可以立刻連結所有臉書朋友，馬上就能上手。IG 的領導者可以忍受增加廣告、減少宣傳，但不能失去朋友圖譜。祖克柏答應過 IG 團隊，他永遠不會做那種事，但幾個月後，臉書便限制 IG 存取圖譜，不久後祖克柏更是開始完全禁止。

模式很明顯：祖克柏要扭轉 IG 的方向。IG 的規模原本有可能超越臉書，這下子成為繞著臉書運轉的大型衛星。斯特羅姆身邊的人注意到，他變得意志消沉，一遍又一遍忍受著各種小羞辱。斯特羅姆是資深主管，但不曾被納入臉書實質的統治團隊。臉書召開緊急危機會議時，例如俄國入侵或劍橋分析，通常不會叫上斯特羅姆。祖克柏甚至不曾造訪過 IG 總部：一次也沒有。

斯特羅姆主持的最後一項 IG 重要業務，將是推出

Instagram TV（IGTV）。IG 廣受名人與網紅歡迎，IGTV 希望能利用這點，和 YouTube 一較高下——不管是分享真實的自我（還是假裝的），YouTube 是這些人在連結數百萬粉絲的首要平台。IG 首先必須說服抱持疑慮的祖克柏，證明這項產品真的不會侵蝕臉書的影片服務。臉書已經在西摩的帶領下，砸下數十億打造「Facebook Watch」服務[18]，甚至自製節目。祖克柏最後放行 IGTV 計畫，但要求 IG 同意，IGTV 影片的預設值是放在臉書，最後才得以問世。

IGTV 的上市活動出師不利。門洛帕克的總部，現場連線聚集在臉書紐約東村（East Village）辦公室的記者與網紅。IG 請了頂尖的活動公司操刀，打造華麗的旋轉舞台，結果卻因為故障而無法開始介紹新產品。等臨時的版本弄好之後，多數記者都已經離開了。

接著斯特羅姆就去休育嬰假了。

中央集權的臉書機器

2018 年 5 月，祖克柏重組高階主管團隊。人人都知道臉書的第一把交椅會是考克斯，他一直以來都擔任產品長。成千上萬的新員工進臉書時，都會先聽到考克斯歡迎大家。臉書人常常告訴考克斯，他的迎新演講帶給他們多大的鼓舞，他們到今天還會想起。萬一祖克柏在全國巡迴時不幸在納斯卡賽車時出意外，聰明人就會賭接班人是考克斯。

祖克柏重新安排高階主管的職位[19]：奧利文升官、成長團隊交給舒茲、增加施洛的管轄範圍。接著，他給了考克斯一個新的角色：負責掌管所有 app 的集合「家族」（Family），成員 app 加起來比臉書本身還大。臉書公布財報時，從「每月平均用戶」改成「至少使用一項家族服務的總人數」。這種做法

的好處是可以展現公司動能，即使臉書本身的 app 成長普通。2020 年的總用戶數預估將達到驚人的 30 億人。

考克斯接下新職務不久後試著解釋給我聽：「我會專注於確保我們能保住不同產品的獨特文化與價值觀，但又能為所有的〔app〕打造出一個很強大、很穩固的基礎建設。」他說，關鍵就是確保臉書為藍色 app 開發的安全指標，同樣也內建於臉書旗下的訊息 app。

但那不符合祖克柏的設想。或許讓臉書旗下不同子公司的文化自由發展，一度是恰當的做法，但如今是時候讓那些應用都成為臉書機器裡的齒輪，畢竟它們屬於臉書。有一陣子，祖克柏一直向內部溝通這個概念，起初還有點拐彎抹角，但他採取的動作就是在進一步中央集權。如果你退一步觀察，就會看出來，例如去掉員工電子郵件地址裡每一項服務的名字：不再有 instagram.com、whatsapp.com 或甚至是 oculus.com。大家都用母艦的域名 fb.com。此外，應用的名稱也不再只是「IG」，而是「臉書的 IG」（至少祖克柏沒和當年一樣，還加上「祖克柏出品」）。

考克斯擔任尷尬的中間人，卡在意見相左的創辦人與祖克柏之間。斯特羅姆與克瑞格的不滿尤其明顯。兩人顯然很不開心，但祖克柏仍持續進逼。

斯特羅姆與克瑞格辭職時，祖克柏八成不意外。兩人告訴直屬上司考克斯這個消息，沒有親自去找祖克柏，以免祖克柏有機會慰留。

IG 創辦人走了，該年稍早成為 IG 營運長的莫塞里將負責帶領 IG。他也出現在祖克柏的生日大合照裡。

斯特羅姆與克瑞格離開後，我直接問祖克柏，我從 IG 團隊聽到的事：你是不是嫉妒 IG？

「嫉妒嗎……」祖克柏說。

沒錯，我說。還有你希望成長的是臉書 app，而不是 IG ？

祖克柏否認傳言，向我解釋他的想法。之前，臉書是主力產品，而 WhatsApp、IG、Messenger 才剛起步，因此最好讓創辦人自由發揮，讓他們打造最好的產品。「那種做法非常成功，」祖克柏說，「此外，那樣做在最初五年很合理，但現在所有產品都已經很大、很成功，我不想要打造很多個版本的相同產品，應該要有更統一、整合的公司策略。」

如果因此而損失創辦人，那也沒辦法。「我能了解，身為創業者，打造出非常成功的東西。然後有一天起床時決定：『OK，我為自己做到的事感到驕傲，但我以後不想做這件事了。』我是那樣看待這些變化的，我們正朝著正確方向前進。」

然而，斯特羅姆身邊的人認為，要不是祖克柏想拿走 IG，斯特羅姆會繼續在 IG 待二十年。

斯特羅姆與克瑞格離開時 [20] 沒有說雇主的壞話，也沒有「#deletefacebook」，兩人優雅地和大家說再見。一般來說，這麼重大的消息會在臉書每週的全員大會上引發很多追問，但那週剛好碰上卡普蘭嘲笑臉書的自由派同事，公開露面支持性侵案纏身的大法官提名人卡瓦諾。此外，臉書也在同一週被抓到五千萬用戶的個資外洩，碰上公司史上最大的資安災難。IG 創辦人離去，只能排到當週大事件的第三名。

斯特羅姆對外一直保持沉默，到 11 月出席《連線》大會 [21] 時才透露自己剛取得飛行執照，十分興奮。他也在照顧剛出生的女兒。斯特羅姆不願提及離開臉書的細節，不過也沒有假裝是好聚好散。「你不會因為一切都很順利而離職。」他說。

成為反托拉斯最大目標

祖克柏宣布臉書的新面貌，所有子公司將整合在單一的龐大基礎設施之上，聽起來是考克斯大展身手的機會，負責指揮這次的整合。然而，考克斯對這個轉型沒興趣。他不同意祖克柏提出的「隱私導向的願景」（Privacy-Focused Vision），尤其是祖克柏堅持產品都要強式加密保護。祖克柏想這麼做，部分是因為自身慘痛經驗：如果他早期的通訊都有加密，或是會和限時動態一樣自動消失，那些即時通訊與電子郵件就永遠不會曝光。此外，用隱私權當作「接下來的臉書」（Next Facebook）核心，就能強力反駁外界的批評，認為臉書是監控用戶的「老大哥」。

考克斯看見的卻是另一面。加密所有的訊息服務內容，連臉書都無法讀取，除了技術挑戰之外，公司也無法打擊仇恨言論與假消息。

IG 兩位創辦人離開一週後，考克斯也辭職了。考克斯依舊熱愛臉書，也和平日一樣歡迎新人加入，即使他已經準備好辭呈。他只是不同意新的策略。

考克斯在動態消息貼文上寫道：「如同馬克所言，我們的產品方向展開新的一頁，專注於互通的加密訊息網路，」考克斯附上一張他和祖克柏的合照，兩人都露出大大的笑容，他們是最要好的朋友。「這是一個大計畫，我們會需要充滿幹勁的領袖，帶領大家朝新方向邁進。」

換句話說……那個領袖不會是我。考克斯 36 歲，在臉書待了 13 年，他並不想花接下來的兩年投入不符合自身理念的整合。

「這些年來，公司一直在努力做市政廳產品，所以當你說，現在我們要改用客廳產品領軍時，一定會有衝突。」祖克

柏告訴我，「公司裡有些優秀人才認為：『我不是為了做這個才待在這裡。』這是很深層的文化轉型，過程多會碰到多少複雜的問題，我也沒有答案，但這是要花很多年的努力。」至少祖克柏已經在各種服務裡安排好心腹，整合的過程不會被占有欲強的初始創辦人阻撓。

然而，更急迫的障礙出現了。批評者與監管單位質疑，臉書為什麼一開始有辦法將那些應用全部納入旗下。他們開始提出未來幾年注定會在臉書的標籤雲上不斷變大的一個詞彙：「反托拉斯」。

參議員葛蘭姆（Lindsey Graham）在 2018 年問祖克柏，他的競爭者是誰。臉書執行長有點結巴，最後他回答：有八個大型社群 app，但沒提到他本人就擁有其中四個。

長達好幾個月，反臉書的行動主義者不斷催促聯邦貿易委員會（FTC）、司法部與州檢察長對臉書採取反托拉斯行動。有些臉書反對者猜測，祖克柏的整合策略，目的是在技術上把所有應用緊密結合，如此臉書就能阻撓出售一個或多個子公司的命令，宣稱這些事業已經不可能分割。

吳修銘（Tim Wu）是哥倫比亞大學的法學教授與反托拉斯專家，曾經擔任 FTC 顧問，他和紐約大學法學院的韓菲爾（Scott Hemphill）共同製作 39 頁的投影片簡報，指控臉書收購新興的競爭者是「為了維持社群媒體服務提供者的優勢地位」，此舉違反了《休曼法》（Sherman Act）與《克萊頓法》（Clayton Act）這兩條反對不公平競爭的法案。兩人帶著簡報，向聯邦與各州單位和檢察官報告。

2019 年 5 月，吳修銘與韓菲爾的努力又獲得第三方生力軍：休斯。這位臉書最早的共同創辦人，是祖克柏目前為止話鋒最犀利的前友人。休斯經營一個小型的社會正義非營利

組織，很後悔當年參與打造臉書，他認為臉書對世界造成負面影響。（他還沒有自責到歸還他因為臉書股票賺進的 5 億美元。）《紐約時報》刊出休斯的長篇社論[22]，標題是〈是時候拆分臉書了〉（It's Time to Break Up Facebook）。休斯承認祖克柏是「和善的好人」，但他分享的故事讓這位老同學聽起來有如社群媒體的黑道老大。休斯在社論中請求立法與監管單位，把 IG 和 WhatsApp 從臉書拆分出來。《紐約時報》還製作了關於休斯的 5 分鐘迷你紀錄片，頭版主題也是對反托拉斯行動的呼籲。

其實用不著休斯呼籲。2019 年年中，國會、州級與聯邦級的單位，都積極針對臉書進行反托拉斯調查，蘋果與亞馬遜也在調查之列，但臉書似乎是最大的目標。10 月，美國已有四十六州加入調查，華盛頓特區也入列，FTC 與司法部也各自展開調查。眾議院發出全面傳票，要求交出個人電子郵件在內的一切文件，只要與臉書的新創收購目標有關，一律得上繳。同時，總統候選人也在調查臉書。在民主黨支持者中領先的華倫（Elizabeth Warren）[23] 也計畫要把 IG 與 WhatsApp 從臉書分拆出去。

臉書的反駁包括警告大家，要是臉書的力量被削弱，中國的科技龍頭就會趁虛而入。但譴責臉書的人士似乎沒人相信那種說法，臉書依舊籠罩在政府監管的烏雲底下。

祖克柏被挑戰時，從來不會退縮。他如果會退縮，臉書可能永遠無法連結全球近一半的人口。祖克柏在公開場合表示，拆分臉書不是好事。四分五裂的臉書將無力管控內容，他也一再指出中國企業將威脅入侵社群圖譜。私底下，祖克柏再度引用古羅馬老加圖的話，在臉書 2019 年的全員會議上表示（員工會把會議紀錄洩漏出去，是另一個忠誠度下降的跡象），萬

一華倫成功入主白宮，仍堅持實現她的主張，臉書會採取「激烈手段保住」旗下的應用。

加密貨幣 Libra

不過，比防守更重要的是進攻。臉書需要新計畫，讓未來的臉書能跟今日一樣，因此 2019 年年中，祖克柏在為公司的存亡奮鬥的同時，也即將揭曉公司自動態消息以來最大膽的計畫。

臉書要打造「貨幣互聯網」（the Internet of money）。

十多年來，臉書一直試圖將交易功能內建到產品中，這可以回溯到臉書和 Zynga 之間的貨幣之爭。現在祖克柏要把旗下所有的應用結合在一起，他想像企業可以使用多個祖克柏服務，促進貿易活動。然而，處理服務之間的支付問題重重，在開發中國家尤其麻煩，因為當地很多人沒有銀行帳戶或信用卡。

解決方案（以及在網路典範轉移中占有一席之地的機會）出現在祖克柏的信箱，寄件人是他最喜愛的主管馬可斯。馬可斯是 Messenger 團隊的負責人，他在 2017 年的聖誕節假期和家人到多明尼加共和國度假。那時候馬可斯正在思考加密貨幣，對這位前 PayPal 高階主管來說很自然。新的區塊鏈技術有望解決數位貨幣的安全性問題，但目前為止流通的電子貨幣仍偏向投機，而不是交易。馬可斯覺得臉書可以改變這件事。

如果臉書創造全球數位貨幣呢？馬可斯馬上把點子寄給祖克柏。

祖克柏對密碼學很感興趣，覺得這個點子太好了。臉書旗下事業整併後，這將派上大用場。他們可以擺脫麻煩，不必再處理全球數百種不同國家的貨幣。建立全球通用的全球幣

（global coin），臉書將能在各地變現。

馬可斯立刻把 Messenger 移交給部下，自己開始著手建立團隊。他的兩名工程師大將來自 IG。團隊在接下來一年規模變大，工程師努力解決最棘手的問題，把數位貨幣的規模擴大到能處理上百萬筆交易。此外，政策團隊則在研究該如何定價、解說這個龐大的計畫，準備在該年夏天發表白皮書。那份白皮書聽起來非常像 Internet.org 的行銷方式，指出這個計畫是為了服務全球貧窮區域的民眾。Internet.org 試圖提供寬頻，這次的新使命則承諾提供經濟力量給全球 17 億無法使用銀行的成年人。

臉書將自家貨幣命名為「Libra」[24]，這個字代表三件事：古羅馬的計量單位、代表正義的天秤座符號、唸起來像法文的「自由」（libre）。「金錢、正義、自由」。「Libra」的價值將大約等同 1 美元或 1 歐元。

Libra 的行政計畫非常複雜，主要是為了解決人們的疑慮，因為這是現前全球最不值得信任的企業做出來的全球貨幣。臉書將把管理權交給外部機構「Libra 協會」（Libra Association），協會有一百位合作夥伴，每一個夥伴都是區塊鏈上的一個「節點」（node），可以直接進行交易。臉書也會是其中一個節點，只有一票，協會的會長也來自外部。此外，臉書將透過開放原始碼軟體提供 Libra 程式。沒有祕密。

交出掌控權反而會讓 Libra 對臉書來說更有價值，臉書不持有 Libra，能讓 Libra 在懷疑臉書的人士眼中更具吸引力，那幾乎等於是每一個人。

當然，臉書擁有打造出 Libra 技術的獨特地位。在 Libra 協會召開會議、制定正式規章（臉書將協助草擬），或是雇用理事之前，臉書就已經發明出推動數位貨幣的第一個工具

「Calibra」。臉書宣布 Libra 計畫時，也同時揭曉 Calibra「錢包」的螢幕截圖，電子錢包裡裝著尚不存在的貨幣。

臉書在 7 月宣布計畫，有 27 位夥伴企業加入新生的 Libra 協會。名單很不簡單，包括支付龍頭 Visa、Mastercard、PayPal。引人注目的是，其他科技龍頭沒有加入，讓此計畫免除了和某公司密切相關的汙名。

無論如何，臉書的 Libra 計畫確實值得被討論。臉書嘗試解決棘手問題，也提出創新的方法，面對崛起中的加密貨幣重大議題。然而，在相關議題能被認真看待之前，必須先面對房間裡的大象：這是臉書提出的計畫。那個臉書！

馬可斯在 2019 年 5 月第一次告訴我 Libra 計畫[25]，我是第一個聽到計畫簡報的記者。馬可斯承認，挑戰在於「試著……在一家廣受質疑的公司打造公用事業，因為這來自臉書。」但臉書仍沒有想到 Libra 對外發表後引發的劇烈反應。監管單位、議員，及臉書無數的批評者都在攻擊這個構想，指出貨幣單位不該取名為「Libra」，應該叫「祖克幣」（Zuck Bucks）才對。

祖克柏不為所動，他向來是所有人都反對的時候，唯一投贊成票的人，不管是當年的動態消息，或是現在的 Libra，他認為一旦人們開始使用就會愛上。祖克柏顯然對於自己的「隱私導向的願景」也是這樣認為，即使這個策略在公司不受歡迎，甚至連他最珍貴的人才都寧願離職。

2019 年 7 月，馬可斯在心存懷疑的參議院銀行委員會面前作證。[26] 他的證詞未能改變人們的看法。接下來幾週，數個夥伴紛紛退出 Libra 協會，包括 Visa、Mastercard、PayPal。臉書試圖阻止退出潮，承諾不會在未獲監管單位同意前執行計畫。2019 年 10 月 23 日，祖克柏親自到華盛頓，到眾議院金融服務

委員會回答有關於 Libra 的問題。一星期前，祖克柏才造訪過那一區，在喬治城大學分享他對言論自由的看法，祖克柏是在為臉書近日宣布的「不會對政治廣告進行事實審查」的政策辯護。臉書的立場是，不會限制動態贊助上明顯的假資訊。對一家耗費大量心力清除或減少平台上有害內容的公司來說，這是很奇怪的立場。

聽證會的開頭對祖克柏來說很刺耳。[27] 要求凍結 Libra 計畫的眾議員沃特斯（Maxine Waters）在開場的主席致辭上指出，祖克柏的提案太嚇人，使她開始覺得應該分拆臉書。沃特斯告訴祖克柏：「你顯然非常積極在擴張公司的規模，為達目的願意踩過與跨過任何人，包括你的對手、女性、有色人種、你自己的用戶，甚至是我們的民主。」

少數幾位議員似乎在替祖克柏說話，認為不該扼殺創新（主要是共和黨議員，臉書平日不斷安撫他們假意抱怨臉書偏心，似乎令他們相當滿意）。然而，多數議員強攻祖克柏。不過三年前，祖克柏還是美國精神的傑出模範。臉書過去的案件一再被提及，紐約眾議員維拉貴絲（Nydia Velázquez）提到劍橋分析，也提到臉書違背承諾，把 WhatsApp 資料併入臉書資料庫。祖克柏在這場 6 小時的作證中被圍攻，多數時候看起來看是該去檢查有沒有被打到腦震盪。祖克柏表示這是一個重要的問題。「我們的確必須努力建立信任。」他坦承。

「你學到不該撒謊了嗎？」維拉貴絲問。

沉重的時刻接連出現。眾議員比提（Joyce Beatty）責備臉書的公民權表現令人失望：「你毀了美國人的生活。」眾議員奧卡西奧—科特茲（Alexandria Ocasio-Cortez）緊咬祖克柏對政治廣告的立場。

經過 4 小時後，祖克柏要求短暫休息，他需要去洗手間。

他晃了晃手上的水瓶，暗示需要去廁所的緊急程度。主席希望在投票前能再問一輪問題，指示祖克柏必須再回答一位議員的提問，才可以暫時離席。下一位發言的是眾議員波特（Katie Porter），她先是開祖克柏新髮型的玩笑，最後要求他一週要挪出一天體驗內容審核員的工作。

聽證會結束後，主席與祖克柏私下討論，接著接受提問。我請教主席，聽證會的內容，是否讓她對 Libra 有好感，她說沒有。

Libra 的根本問題，就是臉書本身：臉書擁有最有才華的工程師，無人能比的幹勁，銳利的產品眼光，這家公司的確有能力打造出最好的數位貨幣，打敗數十種沒那麼好的前輩。但最終，品質的重要性不如「打造者是誰」。判斷的依據將是：祖克柏到底帶給世界什麼東西。他連結了一個或許尚未準備好的世界，先做再說。

Beacon 事件後，劍橋分析後，動態消息在數個國家引發暴力事件後，在臉書因為侵犯公民權、提出不實的隱私權陳述、資料外洩，被聯邦貿易委員會、證交委員會、歐盟、英國國會罰款後……一切的一切之後，人們想知道：有誰會信任臉書，把自己的錢交給臉書掌控？

正向力量還是邪惡機器？
臉書仍在創造歷史

　　祖克柏的 7 月 4 日國慶日假期之前，行事曆上的最後一件事，是接受這本書的最後一次訪談。我抵達帕羅奧圖老區，踏上小徑，走進祖克柏家花木扶疏的前院，那是一棟具有百年工匠氣質的優美宅邸，不是想像中氣勢逼人、全球首富會住的豪宅。我心中想起溫瑞奇。

　　如果各位還記得，溫瑞奇是律師與創業家，他是第一個想出我們今日熟知的線上社群網絡將串起全世界。我在想，如果當初是溫瑞奇、而不是祖克柏完成那個願景，今日不知會是如何光景。要是當年是溫瑞奇成功，我和這位六度網站創辦人大概會在巨大的總部建築物中會面，但我們是在他在 WeWork 租的一間小會議室見面。溫瑞奇談到六度網站太超前時代時，我們看得見玻璃窗後方，千禧世代與 Z 世代正在施展拳腳，努力希望成為下一個祖克柏。

　　50 歲的溫瑞奇身材保持良好。我問他，別人實現了他的點子，他會不會耿耿於懷。溫瑞奇立刻回答：不會。我又問，在看見臉書發生的事件後，他是否仍認為連結世界是一件好事。這一題，他同樣毫不遲疑。他仍如此認為。不過，如果換成他坐祖克柏的位子，他會更早發現警訊。

祖克柏一定會告訴溫瑞奇，事情沒那麼容易。祖克柏帶著他的牧羊犬「野獸」迎接我。野獸太活潑好動，祖克柏不得不把牠趕進一間開窗的起居室。

目前為止，我們已經為了這本書進行了長達三年的訪談。今日，我感覺到祖克柏以最坦白的程度在進行訪談。祖克柏改變很多。從我 2006 年第一次見到他時，不太愛和人溝通，到今天的他，已經可以把訪談視為溝通的好機會，可以強調他的想法，也可以知道別人是如何看他。在這次的見面，以及幾星期前的訪談，祖克柏坦誠面對檢討自己是否有過失的問題，態度介於悔改與桀驁不馴之間。（由於那兩場訪談像是一次深入訪談的上下集，這裡同時收錄那兩次的對話）。

的確，臉書沒能注意到平台變成散播假新聞、假資訊與仇恨的地方，他有責任，不過祖克柏的認錯是有條件的，他重申那些問題會出現，以及臉書沒注意到那些問題愈滾愈大，是因為過度樂觀，而不是因為自滿或貪婪。

祖克柏表示：「過去幾年，我們學到重要的一課：我們太過理想主義與樂觀，認為人們會把科技用在好的用途上，沒料到人們可能以哪些方式濫用科技。」

他也認為，把公司的關鍵部門交給其他人，也讓問題變得更複雜。

「或許這件事需要交給比我厲害許多的人，」祖克柏說，「我 19 歲開始，在這些領域都沒有過人生經驗，至少對我來說，我不可能內化治理公司會碰上的全部問題。雪柔非常擅長做這件事，所以或許交給她比較簡單。」不過，祖克柏今日已經被迫變得更擅長。「過去 15 年，我的人生經歷就是在學習在經營公司的每個部分多承擔起一些責任。」

這個說法確實有道理，開創百無禁忌的全球自由言論與商

業平台，會帶來哪些史無前例的後果，很多的大學生大概無法處理。誰能料到這個平台將以如此龐大的規模連結人群？你能責怪一個人想凝聚世界的理想嗎？

然而，天真與理想主義，無法為臉書全部的行為辯護。臉書難道沒有忽視問題，不擇手段追求成長嗎？臉書的商業模式，導致公司成為高速運轉的超級機器，處理著前所未有的龐大個人資料庫。臉書的確是從學校宿舍起家，但一年之內就獲得矽谷經驗最豐富的企業家與投資人指點，還有葛蘭姆等受人尊崇的執行長的指導。更不用說，臉書擁有業界最頂尖的主管擔任營運長，依然出現問題。

我相信祖克柏所說的，他還是相信自己十年前對於分享與自由言論的看法。然而過去 15 年，他做的所有決定都反映出他還有第二套目標：成長、競爭優勢、尋求龐大獲利。執行這些次要目標，能協助臉書達成連結世界的最高目標，次要目標不可避免地和使命本身糾纏在一起，祖克柏做的決定要是單獨被檢視，通常完全看不出理想主義的蹤影。

我分享這些想法時，祖克柏反駁。

「我認為〔我們的問題〕，你可以看成是理想主義帶來的結果，或是你可以說是憤世嫉俗，」祖克柏解釋，「我認為認識我的人會知道，我並不是唯利是圖的人。我從來不曾在管理公司時說：我要把產品做到最好，讓我賺到最多錢，所以衝吧。我認為我們的確忽略了可能的濫用，因為我們對科技可以帶來的好處，太過理想主義了。」

又是「理想主義」。

「認識你的人，的確沒人說你唯利是圖。」我告訴他，「但他們說你好勝心極強。」

祖克柏的招牌當機出現了幾秒鐘。「我想的確是那樣，沒

錯。」他坦承。

祖克柏還承認了其他事。我說，動態消息學習 Twitter，結果帶來意想不到的後果，例如假資訊流竄與造成分心成癮。祖克柏同意：「現在回想起來，我們不該做到那麼極端，」祖克柏指出，臉書近日的大掃除，在一定程度上反轉了那種情形。「不論如何，我們學到重要的一課。」他說。

祖克柏對於隱私權也抱持類似的樂觀看法。我們談到幾週前，臉書剛以 50 億美元的代價與 FTC 和解，公司還被迫接受一系列監管規定。然而祖克柏認為，臉書雖然犯了錯，但公司被冠上的壞人角色被誇大了。「如果你現在問人們對臉書與隱私權的看法，我們確實名聲不佳，」祖克柏說，「人們認為我們是破壞〔隱私〕的主謀或共犯，但事實上我會說，我們帶來隱私的創新，提供人們有隱私或半隱私的新型空間，讓他們能夠聚在一起表達自己。」

我問他關於成長這件事，他造就了一支團隊，唯一的任務就是增加與留住用戶，理論上是為了完成臉書的使命（連結世界、讓世界更美好），但這難道不是把成長本身當成公司的北極星嗎？「我同意你說的很多東西，但不是全部。」祖克柏回答：「我認為你從唯利是圖的角度看這件事，說我們要成長是為了自私的目的，〔然而〕人們使用社群產品就是為了與他人互動。我們能為人們做的事情中，最寶貴的就是確保他們關心的人也在使用相同的服務。」

或許他當初不該閃躲帶給臉書這麼多麻煩的政策議題；或許他讓動態消息 Twitter 化做過頭了；或許他太專注成長，太晚才了解管控內容的重要。然而，祖克柏認為裹足不前，才是更糟糕的錯誤。

「我認為很多人比較保守，他們會說：我認為應該這樣

做，但我不會去碰這些事，因為我太害怕打破現狀。但是相較於害怕打破現狀，我更害怕沒有盡力、放手去嘗試。我只是抓住更多機會，所以錯誤率也比較高，回想起來，我們的確在策略上、執行上犯了許多錯誤，但如果你不犯錯，也就不會活出你的潛力，對吧？人就是從錯誤中成長的。」

祖克柏承認有些錯誤帶來了可怕的後果，但他仍抱持前述的看法。「有的壞事真的非常糟糕，人們會生氣也情有可原，如果有國家試圖干預選舉，如果緬甸軍方試圖散播仇恨與支持大屠殺，這些事怎麼可能是正面的？但如同歷史上的工業革命，或是社會上顛覆性的大改變，我們可能很難理解，長遠來看，正面的影響會超過那些負面的痛苦，如果你有好好面對、處理那些負面的事。」

「雖然發生了這一切，我還是沒有喪失那樣的信念。我認為我們是網際網路的一部分，是更大的歷史脈絡的一環，但我們的確有責任要處理網路被用在負面用途。而我們一直到最近之前都不夠專注於這一塊。」

要在祖克柏這個人身上找到突破點，是徒勞無功。他就是他。臉書或許必須改變，但祖克柏不認為自己需要改。

「我在經營這家公司時，一定會去做我認為會協助推動世界向前的事。」他說。有人認為，說這句話的人就和其他商人一樣，在世界上造成許多破壞。然而，他直視著我的眼睛，顯然真心相信自己的說法。

離開的時候到了。祖克柏把「野獸」從日光室放出來，送我到門口。我站在屋外最上層的樓梯，祖克柏突然提到他的筆記本。先前在訪談時，我提到我手中有他在 2006 年寫下的「改變之書」。他告訴我，他真希望那本筆記還在他手裡。還能再看到那些筆記，會很酷，他說。我恰巧有掃描到手機上，

於是我打開檔案，拿給他看。

祖克柏凝視著照片中筆記本的封面，上面寫著他的名字與地址，還寫了如果遺失，幫忙尋回的獎金是 1,000 美元。祖克柏的臉亮了起來。「沒錯，那是我的字！」他證實那本筆記是真的。

我發現從某種角度上來說，我做的事很像 22 歲的祖克柏懸賞的事：找回已經回不去的珍貴寶藏。

祖克柏滑過一頁又一頁，臉上露出大大的笑容，好像他突然回到過去：他是稚氣未脫的創業家，還不認識監管單位、網路上的酸民，身邊也沒有保鑣。他開心地與團隊分享自己的使命，團隊依據做出軟體，以最好的方式改變世界。

祖克柏幾乎像是不願離開那段往日時光，捨不得歸還手機，但當然，他還是回到了現在，交給我手機之後，就轉身進屋，關上了門。

謝辭

企業要允許記者採訪，實在冒很大的風險，我很感謝臉書決定分享員工的寶貴時間與心力，接受我的訪談。我尤其感謝即使在這本書顯然將寫出我和臉書都不曾料到的主題時，臉書並沒有退卻。史瑞吉與馬魯尼（Caryn Marooney）是答應公司接受採訪的關鍵人物，他們把我的請求轉告給祖克柏和桑德伯格。湯普森（Bertie Thomson）與門斯（Derick Mains）是我在臉書的嚮導，他們以高超手腕支持這個寫作計畫，沒給他們的雇主帶來麻煩。我也要感謝臉書其他公關人員，盡全力提供我資訊與訪談，包括後來才加入的皮內特（John Pinette）。臉書遵守承諾讓我採訪，甚至超出原先的承諾，鼎力相助，最重要的是讓我採訪到馬克與雪柔，最後幾個月，兩位最高層還特地空出時間與我互動，最後幾次的會面，出現特別有幫助的採訪（我這樣覺得！）。感謝兩位，也感謝數百位過去與現在的臉書人與我談話。

臉書從誕生就是眾所矚目的焦點，我感謝所有的記者同仁與作家的相關研究。柯克派崔克的《facebook 臉書效應》是尤其寶貴的資料，提供了臉書最初五年的重要歷史。特別感謝漢普（Jessi Hempel）與我分享她的訪談，也感謝她提供的看法

與評語。電腦科學副教授齊默（Michael Zimmer）建立無與倫比的資源庫「祖克柏檔案」（Zuckerberg Files），試圖建立全面性的檔案庫，蒐集祖克柏的每一場訪談，幫助我非常多。牛頓（Casey Newton）的電子報《The Interface》協助我隨時跟上每天大量的臉書新聞。

過去三年，我花很多時間在加州工作，深深感謝收留我與支持我的人，我很常待在強納森與凱洛琳・羅斯（Johnson and Caroline Rose）的小屋，後來又打擾馬克夫（John Markoff）與泰瑞桑（Leslie Terizan）。海夫納（Katie Hafner）與瓦曲納（Bob Wachter）是舊金山的傑出東道主。柏林（Leslie Berlin）大方借我她兒子的車，直到他上大學。我也要感謝美國東西岸的朋友：Bradley Horowitz、Irene Au, Brad Stone、Kevin Kelly、Megan Quinn、M. G. Siegler、Steve and Michelle Stoneburn。

我在東岸有另外兩個寫作之家，曼哈頓的寫作室（Writers Room）是很好的閉關地點，麻州奧的斯圖書館（Otis Library）在缺乏寬頻的西麻州（不過將有光纖了！）提供寶貴網路，殷勤好客。

穆斯卡托（Lindsay Muscato）是一絲不苟、什麼細節都不放過的研究人員，也是事實查核團隊的重要支柱，團隊成員包括才能出眾與不怕辛苦的羅斯瑪莉・何（Rosemarie Ho）與帕里（Rima Parikh）。（當然，文中有錯全是我的責任，但多虧他們耗費大量心血，已經避開許多錯誤。）盧昭（Lu Zhao）提供大量注釋協助，超級聽寫員羅伊（Abby Royle）花無數小時聽著臉書人的聲音。

新聞系學生賽琳娜・卓（Serena Cho）研究祖克柏的埃克塞特中學時期，協助我調查該中學的背景。

感謝我在 Backchannel 與《連線》的同仁，兩份刊物在本書的寫作過程中合併了。湯普森（Nick Thompson）耐心等我寫完書，重返工作崗位。編輯巫普森（Sandra Upson）與提蒂努（Vera Titinuk）明白平衡報導的道理。《連線》負責報導臉書的拉普斯基（Issie Lapowsky）無私分享看法與人脈。

我的經紀人布洛菲（Flip Brophy）一如往常大力支持，提供建議，任何作家有他鼎力相助，將別無所求。

我要感謝 Dutton 出版社團隊。帕斯里（John Parsley）耐心等待原稿，精彩編輯。莎區（Cassidy Sachs）負責後勤調度。感謝曼迪克（Rachelle Mandik）銳利的編輯雙眼。達瑞波（Alice Dalrymple）厲害地指揮生產流程。本書最初由 Blue Rider Press 的羅森賽（David Rosenthal）簽下──嘿，大衛，終於寫完了！

最要感謝的是我的家人，我和姊妹、姻親、姪女，利用沒受到假新聞與俄國假資訊宣傳影響的臉書私密群組保持聯絡。因為有李維（Max Levy）與卡本特（Teresa Carpenter）的支持與愛，我才能做到這一切。

注釋

本書主要取材自超過三百場前任與現任臉書員工的訪談，以及曾與本書提及的人物與事件直接互動的外部知情人士（除另行附註，本書的直接引用取自相關訪談）。柯克派崔克在臉書的早期歲月，記錄下一錘定音的公司史《facebook 臉書效應》，我獲益良多。其他的寶貴資料來源包括「祖克柏檔案」（zuckerbergfiles.org），此全面性資料庫收錄超過一千場訪談與影片，由齊默管理。此外，牛頓的每日報《The Interface》讓我隨時跟上臉書故事的最新發展。

前言

1. Hillary Brueck, "Facebook Boss Still Tech's Most Popular CEO," *Fortune*, February 26, 2016.
2. 此一 2016 年美國總統選舉過後對臉書辦公室的描述，取自與桑德伯格的訪談。
3. David Kirkpatrick, "In Conversation with Mark Zuckerberg," Techonomy.com, November 17, 2016.
4. Brian Hiatt, "Twitter CEO Jack Dorsey: The Rolling Stone Interview," *Rolling Stone*, January 19, 2019.

第 1 章

1. 六度網站的資訊，取自個人訪談，以及 Julia Angwin, *Stealing MySpace: The Battle to Control the Most Popular Website in America* (Penguin, 2009). 揭幕活動影片請見 YouTube。

2. 「六度」問題的討論，取自：Duncan Watts's influential book, *Six Degrees: The Science of a Connected Age* (W. W. Norton, 2003).

3. 卡林西的〈鏈結〉這篇 1929 年的短篇故事英文版已經絕版，但 https://djjr-courses.wikidot.com 存有 Adam Makkai 翻譯的版本。

4. Jeffrey Travers and Stanley Milgram, "An Experimental Study of the Small World Problem," *Sociometry* 32, no. 4 (December 1969), 425–443.

5. Teresa Riordan, "Idea for Online Networking Brings Two Entrepreneurs Together," *New York Times*, December 1, 2003.

6. 除了個人訪談外，我參考了數篇精彩的祖克柏早期故事，包括他父母的說法。尤其珍貴的資料來源包括：Matthew Shaer, "The Zuckerbergs of Dobbs Ferry," *New York*, May 4, 2012. 艾德·祖克柏和鎮長接受地方電台 WVOX 訪問時，談到許多細節。請見：Associated Press story: Beth J. Harpaz, "Dr. Zuckerberg Talks about His Son's Upbringing," Associated Press, February 4, 2011. 祖克柏早期歲月的其他實用資料，包括兩篇《紐約時報》的人物介紹：Jose Antonio Vargas, "The Face of Facebook," *The New Yorker*, September 13, 2010; 以及：Evan Osnos, "Can Mark Zuckerberg Fix Face-book Before It Breaks Democracy?" *The New Yorker*, September 10, 2018. 此外，也可參考：Lev Grossman, *The Connector* (TIME, 2010), ebook of *Time* magazine's 2020 Person of the year; 以及 Kirkpatrick, *The Facebook Effect*.

7. Shaer, "The Zuckerbergs of Dobbs Ferry."

8. Ed Zuckerberg, WVOX radio interview.

9. Mark Zuckerberg at Y Combinator Startup School, 2011, *Zuckerberg Transcripts*, 76.

10. Shaer, "The Zuckerbergs of Dobbs Ferry."

11. 同前。

12. Lev Grossman, *The Connector*, 98.

13. Bill Moggridge, "Designing Media: Mark Zuckerberg Interview" (MIT Press, 2010), *Zuckerberg Videos,* Video 36.

14. Interview with James Breyer at Stanford University, October 26, 2005, *Zuckerberg Transcripts*, 116.

15. Matt Bultman, "Facebook IPO to Make Dobbs Ferry's Mark Zuckerberg a $24 Billion Man," *Greenburgh Daily Voice*, March 12, 2012.

16. Jessica Vascellaro, "Facebook CEO in No Rush to 'Friend' Wall Street," *Wall Street Journal*, March 3, 2010.

17. Michael M. Grynbaum, "Mark E. Zuckerberg '06: The Whiz Behind Thefacebook.com," *Harvard Crimson*, June 10, 2004.

18. Mark Zuckerberg, Menlo Park Town Hall, May 14, 2015, Accessed via Facebook Watch.

19. Randi Zuckerberg made her comments on *The Human Code with Laurie Segall* podcast, February 2, 2018.

20. *Masters of Scale* podcast, September 2018.

21. Phillips Exeter Academy explained on one of its web pages "The Exeter Difference."

22. "A Greek Schoolmate Uncovers Zuckerberg's Face(book) and Its Roots," Greek Reporter, May 14, 2009.

23. 沛倫透過電子郵件與我分享有關於祖克柏的回憶。

24. 沛倫透過電子郵件與我分享有關於祖克柏的回憶。

25. Vargas, "The Face of Facebook."

26. David Kushner, "The Hacker Who Cared Too Much," *Rolling Stone*, June 29, 2017.

27. Todd Perry, "SharkInjury 1.32," *Medium* posting, April 4, 2017.

28. 本則故事請見：Todd Perry in Alexandra Wolfe, *Valley of the Gods* (Simon & Schuster, 2017), 109–10.

29. Grynbaum, "Mark E. Zuckerberg '06: The Whiz Behind Thefacebook.com."

30. 通訊錄的螢幕截圖與提勒禮的線上版本，請見：Steffan Antonas, "Did Mark Zuckerberg's Inspiration for Facebook Come Before Harvard?" *ReadWrite*, May 10, 2009.

第 2 章

祖克柏的哈佛歲月有大量文獻，但著眼點各有不同。除個人訪談，持續派上用場的實用資料來源包括《facebook 臉書效應》、ConnectU 一案的書面證詞、《哈佛緋紅報》的精彩報導，以及在 Zuckerberg Files 檔案中，祖克柏本人在不同訪談中的大量回答。

1. *The Human Code with Laurie Segall* podcast, February 4, 2019.

2. Zuckerberg shared the video on Facebook 5 May 18, 2017.

3. The *Ceglia v. Zuckerberg* 法庭文件提供 1,000 元費用的資訊。該案被駁回的原因是切格利亞被控偽造他宣稱擁有臉書的文件，切格利亞逃至厄瓜多，逃避起訴。一直到 2019 年 6 月，美國尚未能引渡他。請見：Bob Van Voris, "Facebook Fugitive Paul Ceglia's Three Years on the Run," *Bloomberg*, November 10, 2018; and David Cohen, "Ecuador Won't Return Fugitive and Former Facebook Claimant Paul Ceglia to the U.S.," *Adweek*, June 25, 2019.

4. Dan Moore 談機器學習與 MP3，請見：*Slashdot*, April 21, 2003.

5. S. F. Brickman, "Not-So-Artificial Intelligence," *The Harvard Crimson*, October 23, 2003.

6. Friendster 的最佳介紹是 *Startup* 播客節目 2017 年 4 月 21 日與 28 日的兩集節目。Seth Feigerman 的 "Friendster Founder Tells His Side of the Story" (*Mashable*, February 3, 2014) 提供亞伯拉罕的觀點。此外，Angwin 的 *Stealing MySpace* 與 Kirkpatrick 的 *The Facebook Effect* 提供精彩摘要。

7. "Friendster 1: The Rise," *Startup*, April 21, 2017.

8. "AIM Meets Social Network Theory," *Slashdot*, April 14, 2003.

9. 除了個人訪談，休斯說出自己的故事，請見：*Fair Shot: Rethinking Inequality and How We Learn* (St. Martin's Press, 2018).

10. Interview with Sam Altman, Y Combinator, "Mark Zuckerberg: How to Build the Future," August 16, *Zuckerberg Transcripts*, 171.

11. Interview with Y Combinator, "Mark Zuckerberg at Startup School 2013," October 25, 2013, *Zuckerberg Transcripts*, 160.

12. S. F. Brickman, "Not So Artificial Intelligence," *Harvard Crimson*, October 23, 2003.

13. 此處引用的線上日誌，首度公開於 Luke O'Brien 的線上哈佛校友日誌 *02138*

"Poking Facebook"，日後成為電影《社群網戰》的著名情節，但電影中的分手情節完全是編劇艾倫・索金（Aaron Sorkin）的創作。

14. Luke O'Brien 與我分享法庭文件。

15. "Put Online a Happy Face," *Harvard Crimson*, December 11, 2003.

16. Nadira Hira, "Web Site's Online Facebook Raises Concerns," *Stanford Daily*, September 22, 1999.

17. David M, Kaden, "College Inches Toward Campus-Wide Facebook," *Harvard Crimson*, December 9, 2003.

18. Interview with Y Combinator, "Mark Zuckerberg at Startup School 2013," October 25, 2013, *Zuckerberg Transcripts*, 160.

第 3 章

1. 有一整個子類別的報導（與電影！）都在談祖克柏與同學之間的糾紛。最可靠的部分說法取自經過宣誓的證詞。首度挖掘出相關資料的人士是 Luke O'Brien 在 "Poking Facebook," *02138* magazine, November–December 2007. Ben Mezrich 的著作 *The Accidental Billionaires: The Founding of Facebook* (Doubleday, 2009) 中，有幾份第一手文件。Nicholas Carlson 的《商業內幕》（*Business Insider*）報導，揭曉先前無人知曉的即時訊息與電子郵件，帶來珍貴報導。柯克派崔克的《facebook 臉書效應》永遠提供立論紮實的議題探討。

2. Shirin Sharif, "Harvard Grads Face Off Against Thefacebook.com," *Stanford Daily*, August 5, 2004.

3. Nicholas Carlson, "At Last—The Full Story of How Facebook Was Founded," *Business Insider,* March 5, 2010; and "EXCLUSIVE: Mark Zuckerberg's Secret IMs from College," *Business Insider*, May 17, 2012.

4. 除了個人訪談，葛林斯潘的故事取自他的著作：*Authoritas: One Student's Harvard Admissions and the Founding of the Facebook Era* (Think Press, 2008); John Markoff, "Who Founded Facebook? A New Claim Emerges," *New York Times*, September 1, 2007.

5. Matt Welsh blogged, "How I Almost Killed Facebook," February 20, 2009.

6. Alexis C. Madrigal, "Before It Conquered the World, Facebook Conquered Harvard," *The Atlantic*, February 4, 2019.

7. Interview with Y Combinator, "Mark Zuckerberg at Startup School 2013," October 25, 2013, *Zuckerberg Transcripts*, 160.

8. Interview with Y Combinator, "Mark Zuckerberg at Startup School 2012," October 20, 2012, *Zuckerberg Transcripts*, 161.

9. 薩維林的故事取自：Kirkpatrick, *The Facebook Effect*; Mezrich, *The Accidental Billionaires* (Saverin cooperated with the book); and Nicholas Carlson, "How Mark Zuckerberg Booted His Co-Founder Out of the Company," *Business Insider*, May 15, 2012.

10. Alan J. Tabak, "Hundreds Register for New Facebook Website," *Harvard Crimson*, February 9, 2004.

11. Seth Fiegerman, " 'It Was Just the Dumbest Luck'— Facebook's First Employees Look Back," *Mashable*, February 4, 2014. 該資料提供豐富的早期員工訪談。

12. Harvard University, "CS50 Guest Lecture by Mark Zuckerberg," December 7, 2005, *Zuckerberg Transcripts*, 141.
13. Interview with Y Combinator, "Mark Zuckerberg at Startup School 2012," October 20, 2012, *Zuckerberg Transcripts*, 9.
14. Interview with James Breyer at Stanford University, October 26, 2005, *Zuckerberg Transcripts*, 116.
15. Phil Johnson, "Watch Mark Zuckerberg Lecture a Computer Science Class at Harvard—in 2005," ITworld, May 13, 2015.
16. Christopher Beam, "The Other Social Network," *Slate*, September 29, 2010. 此外，哥倫比亞大學的《觀察家報》（*Spectator*）提供 CC Community 與臉書互別苗頭的大量報導。
17. Zachary M. Seward, "Dropout Gates Drops in to Talk," *Harvard Crimson*, February 27, 2004.
18. Sarah F. Milov, "Sociology of Thefacebook.com," *Harvard Crimson*, March 18, 2004.
19. Adam Clark Estes, "Larry Summers Is Not a Fan of the Winklevoss Twins," *The Atlantic*, July 20, 2011.
20. Another IM from the Carlson *Business Insider* collection.
21. Email from Zuckerberg to John Patrick Walsh, February 17, 2004.
22. Nicholas Carlson, "In 2004, Mark Zuckerberg Broke into a Facebook User's Private Email Account," *Business Insider*, March 5, 2010. 額外細節取自個人訪談。
23. Claire Hoffman, "The Battle for Facebook," *Rolling Stone*, September 15, 2010.
24. 這段即時訊息來自葛林斯潘。他在 2012 年 9 月 19 日，在自己的部落格 aarongreenspan.com 公布 "The Lost Chapter"，附有他與祖克柏之間新挖出來的即時訊息對話。
25. *Adweek* staff, "Facebook Announces Settlement of Legal Dispute with Another Former Zuckerberg Classmate," *Adweek*, May 22, 2009.
26. Deposition in *ConnectU Inc. v. Zuckerberg, et al.*
27. Grynbaum, "Mark E. Zuckerberg '06: The Whiz Behind Thefacebook.com."

第 4 章

1. 帕克的背景取自數個資料來源，包括我在 2011 年貼身採訪他一星期。Joseph Menn 提供優秀的迷你自傳。此外，柯克派崔克除了《facebook 臉書效應》一書，也寫過帕克的人物介紹，請見：*Vanity Fair*（ "With a Little Help from His Friends," November 2010). 亦請見：Steven Bertoni, "Agent of Disruption," *Forbes*, September 21, 2011. *Valley of Genius* 是 Adam Fisher 編纂的矽谷口述史，其中的臉書章節，提供精彩的帕克與其他早期臉書員工的第一手說法
2. Hoffman, "The Battle for Facebook."
3. Adam Fisher did a series of podcasts based on his *Valley of Genius* interviews.
4. Zuckerberg deposition, *The Facebook v. ConnectU*, April 26, 2006.
5. Ellen McGirt, "Facebook's Mark Zuckerberg: Hacker, Dropout, CEO," *Fast Company*, May 1, 2007. 該文是首度有大型雜誌報導這間年輕公司。
6. Personal interview with Zuckerberg, June 23, 2019.
7. Sarah Lacy, *Once You're Lucky, Twice You're Good* (Avery; reprint edition, 2009), 154.

該書是臉書早期歲月的另一項寶貴資料來源。

8. 關於早期的臉書人如何利用電影台詞，《facebook 臉書效應》一書提供大量描述，請見：97–98。
9. M. G. Siegler, "Wirehog, Zuckerberg's Side Project That Almost Killed Facebook," *TechCrunch*, May 26, 2010.
10. Kevin J. Feeney, "Business, Casual," *Harvard Crimson*, February 24, 2005.
11. Mike Swift, "Mark Zuckerberg of Facebook: Focused from the Beginning," *Mercury News*, February 5, 2012.
12. Feeney, "Business, Casual."
13. Nicholas Carlson, "EXCLUSIVE: How Mark Zuckerberg Booted His Co-Founder Out of the Company," *Business Insider*, May 15, 2012.
14. 該和解被廣為引用的數字。請見：Brian Solomon, "Eduardo Saverin's Net Worth Publicly Revealed: More Than \$2 Billion in Facebook Alone," *Forbes*, May 18, 2012. 證券交易委員會 2012 年 3 月 17 日的申報顯示，在 IPO 前，薩維林依舊持有 53,133,360 股，接近公司 IPO 前 2% 的股份。
15. Alex Konrad, "Life After Facebook: The Untold Story of Billionaire Eduardo Saverin's Highly Networked Venture Firm," *Forbes*, March 19, 2009.
16. Zuckerberg deposition, The Facebook v. ConnectU, April 25, 2006, 214.

第 5 章

1. 相關數字取自：Kirkpatrick, *The Facebook Effect*, 125.
2. James Breyer/Mark Zuckerberg interview, Stanford University, October 26, 2005, *Zuckerberg Transcripts*, 116.
3. 這則故事首見於：Kirkpatrick, *The Facebook Effect*, 122–23.
4. Karel M. Baloun, *Inside Facebook* (Trafford Publishing, 2007), 22.
5. Rolfe Humphries 1953 年的翻譯。Robert Fitzgerald 1983 年的著名翻譯幾乎一樣，只有「even」（甚至）與「this」（這個）兩字的順序顛倒。
6. Matt Welsh blogged, "In Defense of Mark Zuckerberg," October 10, 2010.
7. James Glanz, "Power, Pollution and the Internet," *New York Times*, September 22, 2012.
8. Ryan Mac, "Meet New Billionaire Jeff Rothschild, the Engineer Who Saved Facebook from Crashing," *Forbes*, February 28, 2014.
9. Katherine Losse, *The Boy Kings: A Journey into the Heart of the Social Network* (Free Press, 2012), 71.
10. 崔大衛此次的經歷，請見：*The Howard Stern Show*, February 7, 2012.
11. Interview with Y Combinator, "Mark Zuckerberg at Startup School 2013," October 25, 2013, *Zuckerberg Transcripts*, 160.
12. 奎爾沃談那次的事。
13. 「稱霸天下」的口號，經常被臉書的早期歲月故事引用，但首見於：Jessica E. Vascellaro, "Facebook CEO in No Rush to 'Friend' Wall Street," *Wall Street Journal*, March 3, 2010.
14. Katherine M. Gray, "New Facebook Groups Abound," *Harvard Crimson*, December 3, 2004.

15. Michael Lewis, "The Access Capitalists," *New Republic*, October 18, 1993.
16. Zuckerberg deposition, *The Facebook v. ConnectU*, April 25, 2006, 214.

第 6 章

1. Josh Constine, "Facebook Retracted Zuckerberg's Messages from Recipients' Inboxes," *TechCrunch*, April 6, 2018.
2. Interview with *Huffington Post*, "Mark Zuckerberg 2005 Interview," June 1, 2005, *Zuckerberg Transcripts*, 56.
3. 考克斯近日的精彩介紹,請見:Roger Parloff, "Facebook's Chris Cox Was More Than Just the World's Most Powerful Chief Product Officer," *Yahoo Finance*, April 26, 2019.
4. "Daniel Plummer, Cycling Champ, Scientist, Killed by Tree Branch," *East Bay Times*, January 4, 2006.
5. Noah Kagan, "The Facebook Story." 該評論首見於卡根日後的 *How I Lost 170 Million My Time As #30 at Facebook* (Lioncrest, 2014) 的早期版本(2007 年)。
6. Kagan, "The Facebook Story," 24. 前臉書財務長 Gideon Yu 也曾於 Nick Carlson, "Industry Shocked and Angered by Facebook CFO's Dismissal," *Business Insider*, April 1, 2009,討論赫希的離去。
7. Sarah Lacy, *Once You're Lucky, Twice You're Good* (Avery; reprint edition, 2009), 165.
8. 取自祖克柏 2017 年 5 月 25 日的哈佛畢業典禮演講。
9. 全文請見:Facebook/notes, September 6, 2006.
10. Adam Fisher, *Valley of Genius* (New York: Twelve, 2018).
11. 斯捷茲曼的話,請見:Rachel Rosmarin, "Open Facebook," *Forbes*, September 11, 2006.

第 7 章

1. 賈伯斯 2005 年 6 月 12 日的史丹佛畢業典禮致詞全文,請見 Stanford News 網站。
2. 不是五人全都來自微軟;五人組中的切沃是替另一間西雅圖公司 Amazon 工作。
3. 我訪問祖克柏,寫下 *Newsweek* 封面報導,請見: "The Facebook Effect," August 7, 2007.
4. Mark Coker, "Startup Advice for Entrepreneurs from Y Combinator," VentureBeat, March 26, 2007.
5. 柯克派崔克(David Kirkpatrick)寫下臉書 Platform 最可靠的報導: "Facebook's Plan to Hook Up the World," *Fortune*, May 29, 2007.
6. Eric Eldon, "Q&A with iLike's Ali Partovi, on Facebook," *VentureBeat*, May 29, 2007.
7. Eric Eldon, "Q&A with iLike's Ali Partovi, on Facebook," VentureBeat, May 29, 2007.
8. Kirkpatrick, *The Facebook Effect*, 225.
9. Zynga 的最佳資料來源,請見:Dean Takahashi, *Zynga: From Outcast to $9 Billion*

Social-Game Powerhouse (VentureBeat, 2011).

10. *SF Weekly staff*, "FarmVillains," *SF Weekly*, September 8, 2010.

11. Partovi deposition, *Facebook v. Six4Three* (October 10, 2017).

12. Michael Arrington, "Scamville: The Social Gaming Ecosystem of Hell," *TechCrunch*, November 1, 2009.

13. Michael Arrington, "Zynga CEO Mark Pincus: 'I Did Every Horrible Thing in the World Just to Get Revenues,'" *TechCrunch*, November 6, 2009.

14. Email from Sam Lessin to Mark Zuckerberg, October 26, 2012. 取 自 "Note by Damian Collins MP, Chair of the DCMS Committee: Summary of Key Issues from the Six4Three Files"。該批封存的文件,由臉書在開發者 Six4Three 發起的訴訟中交給法庭。英國國會自 Six4Three 執行長手中取得文件,他恰巧去倫敦時隨身帶著。Collins 在 2018 年 12 月釋出部分內容。

15. "Exhibit 48—Mark Zuckerberg email on reciprocity and data value," November 19, 2012, "Summary of Key Issues."

16. Six4Three 手中的另一批文件,約有 7,000 頁。文件被洩露給記者鄧肯·坎貝爾(Duncan Campbell),坎貝爾在 2019 年 11 月公開。臉書告訴路透社(Reuters),那些文件「被對臉書不利的有心人士斷章取義」。

17. 臉書高階主管伊米·亞奇邦(Ime Archibong)2013 年 9 月 9 日的電子郵件,顯示祖克柏與拒絕 Xobni 有關。取自 Six4Three 檔案。

18. June 2013 email exchange described in Six4Three files.

19. Ilya Sukhar chat, October 15, 2013. From Six4Three files.

20. 這個名字似乎是蘇哈爾在 2014 年 1 月 31 日的聊天中,替這個 API 轉向取的。資料來源:Six4Three 檔案

21. "Exhibit 97—discussion about giving Tinder full friends access data in return for the use of the term 'Moments' by Facebook," March 13, 2015, "Summary of Key Issues."

第 8 章

1. "Facebook Privacy," Electronic Privacy Information Center website. 該網頁提供臉書隱私權失誤的實際時間線。電子隱私資訊中心(Electronic Privacy Information Center, EPIC)追蹤臉書超過十年,向各單位與立法機構提出最重大的臉書申訴。

2. Kirkpatrick, *The Facebook Effect*, 242.

3. Kara Swisher, "15 Billion More Reasons to Worry About Facebook," *AllThingsDigital, September 25, 2007.*

4. "5 Data Breaches: From Embarrassing to Deadly," *CNN Money*, December 14, 2010.

5. Ellen Nakashima, "Feeling Betrayed, Facebook Users Force Site to Honor Their Privacy," *Washington Post*, November 30, 2007.

6. Josh Quittner, "R.I.P. Facebook?" *Fortune*, December 4, 2007.

7. Dan Farber, "Facebook Beacon Update: No Activities Published Without Users Proactively Consenting," ZDNet, November 9, 2007.

8. Juan Carlos Perez, "Facebook's Beacon More Intrusive Than Preiously Thought,"

PCWorld, November 30, 2007.

9. Juan Carlos Perez, "Facebook's Beacon Ad System Also Tracks Non-Facebook Users," *PCWorld*, December 3, 2007.

10. Brad Stone, "Facebook Executive Discusses Beacon Brouhaha," *New York Times*, November 29, 2007.

11. Jessica Guynn, "Facebook Adds Safeguards on Purchase Data," *Los Angeles Times*, November 30, 2007.

12. 祖克柏的話在 2007 年 12 月 5 日公布於臉書。

第 9 章

1. Sheryl Kara Sandberg, "Economic Factors & Intimate Violence," Harvard/Radcliffe College, March 20, 1991.

2. 桑德伯格的精彩背景介紹，請見：Ken Auletta, "A Woman's Place," *The New Yorker*, July 4, 2011.

3. Sheryl Sandberg, *Lean In: Women, Work, and the Will to Lead* (Knopf, 2013), 20.

4. John Dorschner, "Sheryl Sandberg: From North Miami Beach High to Facebook's No. 2," *Miami Herald*, February 26, 2012.

5. Quote from Adam J. Freed, in Brandon J. Dixon, "Leaning In from Harvard Yard to Facebook: Sheryl K. Sandberg '91," *Harvard Crimson*, May 24, 2016.

6. Sandberg, *Lean In*, 31.

7. Auletta, "A Woman's Place."

8. 同前。

9. Kirkpatrick, *The Facebook Effect*, 258.

10. Dan Levine, "How Facebook Avoided Google's Fate in Talent Poaching Lawsuit," Reuters, March 24, 2014.

11. 除了個人訪談，以下的按「讚」鈕起源報導，也十分有幫助：Clive Thompson, *Coders: The Making of a New Tribe and the Remaking of the World* (Penguin, 2019); Julian Morgans, "The Inventor of the Like Button Wants You to Stop Worrying About Likes," *VICE*, July 6, 2017; Victor Luckerson, "The Rise of the Like Economy," *Ringer*, February 15, 2017; and Jared Morgenstern's TEDxWhiteCity talk, "How Many Likes = 1 Happy," November 9, 2015. 值得一提的是，在不同的報導中，按「讚」鈕的發明人，有可能是莫根斯騰、皮爾曼或史提克。

12. 博斯沃斯 2014 年 10 月 16 日在 Quora 上，張貼有注釋的時間線回答問題：「臉書的『太棒了』（Awesome）按鈕（最後成為按『讚』鈕）的歷史是什麼？」

13. Arnold Roosendaal, "Facebook Tracks and Traces Everyone: Like This!" *Tilburg Law School Legal Studies Research Paper Series* No. 03/2011. Later published as Arnold Roosendaal, "We Are All Connected to Facebook . . . by Facebook!" in S. Gutwirth et al. (eds.), *European Data Protection: In Good Health?* (Springer, 2012), 3–19.

14. Riva Richmond, "As 'Like' Buttons Spread, So Do Facebook's Tentacles," *New York Times*, September 27, 2011.

15. 同前。

第 10 章

1. 帕利哈皮提亞談過好幾次自己的背景與他在臉書的日子。最實用的資料來源為：“How We Put Facebook on the Path to 1 Billion Users”（a lecture for a Udemy course on growth hacking); 亦可見：*Recode/Decode* podcast August 31, 2017. 另一個精彩資料來源為：Evelyn Rusli's *New York Times* profile, “In Flip Flops and Jeans, an Unconventional Venture Capitalist”（October 6, 2011）。「成長圈」其他成員的發言也帶來協助，尤其是：Alex Schultz's talk at the Y Combinator/Stanford Startup School course. Growth 的簡介請見：Harry McCracken, “How Facebook Used Science and Empathy to Reach Two Billion Users,” *Fast Company*, June 27, 2017; 亦見：Hannah Kuchler, “How Facebook Grew Too Big to Handle,” *Financial Times*, March 28, 2019. 此外，相關的成長實用資料資訊，請見：Mike Hoefflinger's *Becoming Facebook: The 10 Challenges That Defined the Company That's Changing the World* (Amacom, 2017).

2. Palihapitiya, “How We Put Facebook on the Path to 1 Billion Users.”

3. 同前。

4. 該主管是舒茲，他很快就會加入 Growth 團隊。

5. Noah Kagan, *How I Lost 170 Million Dollars: My Time As #30 at Facebook* (Lioncrest, 2014), 63.

6. Toby Segaran and Jeff Hammerbacher, *Beautiful Data: The Stories Behind Elegant Data Solutions* (O'Reilly Media, 2009). Hammerbacher's essay is called “Information Platforms and the Rise of the Data Scientist.”

7. PandoMonthly interview with Sarah Lacy, “A Fireside Chat with Cloudera Founder Jeff Hammerbacher,” *San Francisco*, March 22, 2015.

8. Ashlee Vance, “This Tech Bubble Is Different,” *Bloomberg BusinessWeek*, April 14, 2011.

9. Moira Burke, Cameron Marlow, Thomas M. Lento, “Feed Me: Motivating Newcomer Contribution in Social Network Sites,” *CHI '09 Proceedings of the SIGCHI Conference on Human Factors in Computing Systems*, 945–54.

10. 希爾的「你可能認識的朋友」精彩報導，包括：“Facebook Figured Out My Family Secrets and Won't Tell Me How,” *Gizmodo*, August 25, 2017; “Facebook Recommended This Psychiatrist's Patients Friend Each Other,” *Gizmodo*, August 25, 2017; “How Facebook Figures Out Everyone You've Ever Met,” *Gizmodo*, November 7, 2017; and “People You May Know: A Controversial Facebook Feature's 10-Year History,” *Gizmodo*, August 8, 2018.

11. “House Energy and Commerce Questions for the Record,” June 29, 2018. 祖克柏 2018 年在委員會作證後，臉書回應後續的問題。

12. 他在 2010 年 7 月 7 日，在「工程與應用數學會」（Society for Industrial and Applied Mathematics）談到「你可能認識的朋友」。analysis.org 目前還能找到當時的投影片。

13. Robin Dunbar explains his theory in *How Many Friends Does One Person Need?* (Harvard University Press, 2010).

14. Lisa Katayama, “Facebook Japan Takes the Model-T Approach,” *Japan Times*, June 25, 2008.

15. 統計資料引自全球分析公司 Statcounter。

16. 除了個人訪談，臉書計畫的關鍵資料來源包括：Jessi Hempel, "Inside Facebook's Ambitious Plan to Connect the Whole World," *Wired*, January 19, 2016; her follow-up, Jessi Hempel, "What Happened to Facebook's Grand Plan to Wire the World?," *Backchannel*, May 17, 2018; and Lev Grossman, "Mark Zuckerberg and Facebook's Plan to Wire the World," *Time*, December 15, 2014. 漢普也大方與我分享她的訪談。

17. The white paper, "Is Connectivity a Human Right?," was posted to Facebook on August 12, 2013.

18. "Zuckerberg Explains Facebook's Plan to Get Entire Planet Online," *Wired*, August 26, 2013.

19. Casey Newton, "Facebook Takes Flight," *The Verge*, July 21, 2016.

20. Grossman, "Facebook's Plan to Wire the World."

21. Hempel, "What Happened to Facebook's Grand Plan."

22. 該備忘錄取自：Michael Arrington, "Facebook VP Chamath Palihapitiya Forms New Venture Fund, The Social+Capital Partnership," *TechCrunch*, June 3, 2011.

第 11 章

1. Arden Pernell, "Facebook to Move to Stanford Research Park," *Palo Alto Online*, August 18, 2008.

2. 背景取自個人訪談，其他資料來源請見：David Cohen, "A Look at the Analog Research Lab, the Source of All of Those Posters in Facebook's Offices," *Adweek,* February 6, 2019; "Ben Barry Used to be Called Facebook's Minister of Propaganda," *Typeroom*, June 26, 2015; Steven Heller, "The Art of Facebook," *The Atlantic*, May 16, 2013; and Fred Turner, "The Arts at Facebook: An Aesthetic Infrastructure for Surveillance Capitalism," *Poetics*, March 16, 2018.

3. 我的《黑客列傳》（*Hackers*）一書，協助推廣此一定義：*Hackers* (Anchor Press/Doubleday, 1984).

4. Mark Coker, "Startup Advice for Young Entrepreneurs from Y Combinator," *VentureBeat*, March 26, 2007.

5. Jessica E. Vascellaro, "Facebook CEO in No Rush to 'Friend' Wall Street," *Wall Street Journal*, March 3, 2010.

6. Kirkpatrick, *The Facebook Effect*, 270.

7. Nick O'Neil, "Facebook Officially Launches Questions, a Possible Quora Killer," *Adweek*, July 28, 2010.

8. Kirkpatrick, *The Facebook Effect*, 133.

9. Kate Losse, *The Boy Kings*.

10. Brad Stone, "New Scrutiny for Facebook over Predators," *New York Times*, July 30, 2007.

11. 《時報》報導的作者布萊德・史東（Brad Stone）表示，他不記得自己是如何審查指控來源。

12. Benny Evangelista and Vivian Ho, "Breastfeeding Moms Hold Facebook Nurse-In Protest," *SFGate*, February 7, 2012.

13. Patricia Sellers, "Mark Zuckerberg's New Challenge: Eating Only What He Kills

(And Yes, We Do mean Literally⋯)," *Fortune*, May 26, 2011.

14. Michelle Sherrow, "Mark Zuckerberg Only Eats Those He Kills," *PETA,* May 27, 2011.

15. 除了個人訪談，Twitter 與臉書的會面取自：Nick Bilton, *Hatching Twitter* (Portfolio/Penguin, 2013); and Biz Stone, *Things a Little Bird Told Me: Confessions of a Creative Mind* (Grand Central, 2014).

16. 在 2018 年的 F8 大會上，臉書的桑維與阿里‧史坦伯格（Ari Steinberg）解釋動態消息演算法（News Feed Algorithm，請見：Jason Kincaid, "EdgeRank: The Secret Sauce that Makes Facebook's News Feed Tick," *TechCrunch*, April 22, 2010）。Jeff Widman 也依據兩人的說法，在 edgerank.net 解釋該演算法。

17. 我的首度報導，請見："Inside the Science That Reports Your Scary-Smart Facebook and Twitter Feeds," *Wired*, April 22, 2014.

18. Eric Sun, Itamar Rosenn, Cameron A. Marlow, and Thomas M. Lento, "Gesundheit! Modeling Contagion Through Facebook News Feed," Proceedings of the Third International ICWSM Conference (2009).

19. Ryan Singel, "Public Posting Now the Default on Facebook," *Wired*, December 9, 2009.

20. Facebook posted an announcement, "Welcome to Facebook, Everyone," September 26, 2006.

21. cwalters, "Facebook's New Terms of Service: 'We Can Do Anything We Want with Your Content. Forever," *Consumerist,* February 15, 2009.

22. Rafe Needleman, "Live Blog: Facebook Press Conference on Privacy," *CNET*, February 26, 2009.

23. Donna Tam, "The Polls Close at Facebook for the Last Time," *CNET*, December 10, 2012.

24. Bobbie Johnson, "Privacy No Longer a Social Norm, Says Facebook Founder," *Guardian*, January 10, 2010.

25. Emily Steel and Geoffrey Fowler, "Facebook in Privacy Breach," *Wall Street Journal*, October 18, 2010. Steel followed up with, "A Web Pioneer Tracks Users by Name," October 25, 2010.

26. RapLeaf 的早期報導請見：Stephanie Olser, "At Rapleaf, Your Personals Are Public," *CNET*, August 1, 2007; and Ryan Faulkner, "Can Auren Hoffman's Reputation Get Any Worse?" *Gawker*, September 18, 2007. Auren Hoffman responded on his company blog, "Startups, Privacy and Being Wrong," September 17, 2007.

27. Liz Gannes, "Instant Personalization Is the Real Privacy Hairball," *GigaOm*, April 22, 2010.

28. Kara Swisher and Walt Mossberg, "D8: Facebook CEO Mark Zuckerberg Full-Length Video," *Wall Street Journal,* June 10, 2010.

29. Ian Paul, "Facebook CEO Challenges the Social Norm of Privacy," *PCWorld*, January 11, 2010.

30. FTC Staff, "Facebook Settles FTC Charges That It Deceived Consumers by Failing to Keep Privacy Promises," November 11, 2011.

31. Caroline McCarthy, "App Verification Comes to Facebook's Platform," *CNET*, November 17, 2008.

第 12 章

1. Pete Cashmore, "STUNNING: Facebook on the iPhone," *Mashable*, August 4, 2007.
2. Joe Hewitt blog, "Innocent Until Proven Guilty," August 27, 2009.
3. Christian Zibreg, "Facebook Developer: 'Apple's Review Process Needs to Be Eliminated Completely,'" Geek.com, August 27, 2009.
4. 臉書早期的原生型應用經歷，最佳介紹請見：Evelyn M. Rusli, "Even Facebook Must Change," *Wall Street Journal*, January 29, 2013.
5. AllFacebook, "Mark Zuckerberg, Sarah Lacy SXSW Interview," March 10, 2008, *Zuckerberg Transcripts*, 16.
6. 麥可‧葛蘭姆斯（Michael Grimes）的背景介紹取自：Evelyn M. Rusli, "Morgan Stanley's Grimes Is Where Money and Tech Meet," *New York Times*, May 8, 2012.
7. Nicole Bullock and Hannah Kuchler, "Facebook Chiefs Considered Scrapping 2012 IPO," *Financial Times*, August 9, 2017.
8. Ari Levy and Douglas MacMillan, "Morgan Stanley Case Exposes Facebook to Similar Challenges," *Bloomberg*, December 19, 2012.
9. 最佳概述請見：Khadeeja Safdar, "Facebook One Year Later What Really Happened in the Biggest IPO Flop Ever," *The Atlantic*, May 20, 2013.
10. Sharon Terlep, Suzanne Vranica, and Shayndi Raice, "GM Says Facebook Ads Don't Pay Off," *Wall Street Journal*, May 16, 2012.
11. Safdar, "Facebook One Year Later."
12. Hoffman made the remark to Sarah Lacy at a Pando Fireside Chat, posted online August 12, 2012.
13. Rosa Price, "$19bn and Just Married . . . I Hope Mark Zuckerberg Got a Prenup, Says Donald Trump," *Telegraph*, May 20, 2012.
14. Losse, *The Boy Kings*, 51.

第 13 章

1. Instagram 的早期歲月段落引用了數個資料來源。我本人訪談了斯特羅姆、克瑞格與其他人，潔西‧漢普（Jessi Hempel）大方與我分享相關訪談，大幅增色。公開的關鍵資料來源請見：Kara Swisher, "The Money Shot," *Vanity Fair*, May 6, 2013; Somini Sengupta, Nicole Perlroth, and Jenna Wortham, "Behind Instagram's Success, Networking the Old Way," *New York Times*, April 13, 2012; and Mike Krieger, "Why Instagram Worked," *Wired*, October 20, 2014. IG
2. Antonio García Martínez, *Chaos Monkeys: Obscene Fortune and Random Failure in Silicon Valley* (HarperCollins, 2016), 287–89. Martinez 談到的臉書經歷，犀利看待公司文化。
3. Instagram 的交易背景資訊，請見：Kara Swisher, "The Money Shot," ，以及 Shayndi Raice, Spencer E. Ante, and Emily Glazer, "In Facebook Deal, Board Was All But Out of Picture," *Wall Street Journal*, April 18, 2012.
4. Background on Zoufonoun in Mayar Zokaei, "Lawyer and Musician Amin Zoufonoun Closes $1 Billion Instagram Merger for Facebook," *Javanan*, March 15, 2011.

5. Josh Kosman, "Facebook Boasted of Buying Instagram to Kill the Competition: Sources," *New York Post,* February 26, 2019.

6. 除了訪談，我引用 Billy Gallagher 最可靠的著作：*How to Turn Down a Billion Dollars* (St. Martin's Press, 2018). 同樣珍貴的資料包括：Sarah Frier and Max Chafkin, "How Snapchat Built a Business by Confusing Olds," *Bloomberg BusinessWeek*, March 17, 2016; J. J. Coloa, "The Inside Story of Snapchat: World's Hottest App or a $3 Billion Disappearing Act?" *Forbes*, January 6, 2014; and Sarah Frier, "Nobody Trusts Facebook, Twitter Is a Hot Mess, What Is Snapchat Doing?" *Bloomberg Business Week*, August 22, 2018.

7. Brad Stone and Sarah Frier, "Evan Spiegel Reveals Plan to Turn Snapchat into a Real Business," *Bloomberg BusinessWeek,* May 16, 2015.

8. Alyson Shontell, "How Snapchat's CEO Got Mark Zuckerberg to Fly to LA for a Private Meeting," *Business Insider*, January 6, 2014.

9. Gallagher, *How to Turn Down a Billion Dollars*, 84.

10. Ingrid Lunden, "Facebook Buys Mobile Data Analytics Company Onavo, Reportedly for Up to $200M . . . And (Finally?) Gets Its Office in Israel," *TechCrunch*, October 13, 2013.

11. Georgia Wella and Deepa Seetharaman, "Snap Detailed Facebook's Aggressive Tactics in 'Project Voldemort' Dossier," *Wall Street Journal*, September 24, 2019.

12. 除了個人訪談，WhatsApp 的背景介紹取自數個資料來源。WhatsApp 被臉書買下前的公司史，最理想的資料是 Parmy Olsen's 的《富比世》（*Forbes*）報導："EXCLUSIVE: The Ragsto-Riches Tale of How Jan Koum Built WhatsApp into Facebook's New $19 Billion Baby," February 19, 2004; and "Inside the Facebook-WhatsApp Megadeal: The Courtship, the Secret Meetings, the $19 Billion Poker Game," March 4, 2014. 其他珍貴報導包括：David Rowan, "The Inside Story of Jan Koum and How Facebook Bought WhatsApp," *Wired UK*, April 2014; and Daria Lugansk, "WhatsApp Founder: Most Startup Ideas Are Completely Stupid," *RBC*, September 8, 2015. 庫姆多次上台受訪時，也分享他的故事，全部都能在 YouTube 觀看。其他寶貴資料來源包括他 2016 年與 2014 年在 DLD 登場；以及他在 YC 新創學校（Y Combinator Startup School）的兩堂課（"How to Build a Product," April 28, 2017; and with Jim Goetz on October 14, 2014); and with Alex Fishman at Startup Grind, March 1, 2017. 此外，WhatsApp 事業長 Neeraj Arora 在 2015 年 2 月 18 日接受的 Indian School of Business 訪談，也上傳至網上。

13. "Why We Don't Sell Ads," WhatsApp blog, June 18, 2012.

14. Rowan, "The Inside Story."

15. 該文件日後在前文提到的 Six4Three 一案中，由英國國會釋出，內有 Onavo 追蹤 WhatsApp 活動的多次報告。

16. "Facebook," WhatsApp blog, February 19, 2014.

17. Oculus 最可靠的著作是：Blake Harris, *The History of the Future* (Dey Street, 2019). 該書特別珍貴的地方，在於提供大量原始文件與電子郵件。公司裡所有的關係人，以及與臉書有關的人，2017 年 1 月在德州出庭（*Zenimax v. Facebook et al*）。我引用相關法庭記錄與個人訪談

18. 臉書內外各方的電子郵件，在 Zenimax 訴訟案中公開，轉載在 Harris 的著作。

19. 祖克柏的 Zenimax 訴訟案證詞，2017 年 1 月 17 日。
20. Harris, *The History of the Future*, 328.

第 14 章

1. Dmitri Alperovitch, "Bears in the Midst: Intrusion into the National Democratic Committee," *From the Front Lines* (CrowdStrike blog), June 15, 2016. 此處取自 CrowdStrike 的一連串貼文，CrowdStrike 率先揭露俄國涉入 2016 年選舉。除了個人訪談外，其他資料來源包括：Michael Issikoff and David Corn, *Russian Roulette: The Inside Story of Putin's War on America and the Election of Donald Trump* (Twelve, 2018); and David E. Sanger, *The Perfect Weapon: War, Sabotage, and Fear in the Cyber Age* (Crown, 2018).

2. Nicholas Thompson and Fred Vogelstein, "Inside the Two Years That Shook Facebook—and the World," *Wired*, February 12, 2018.

3. 史塔莫斯的背景介紹，請見：Kurt Wagner, "Who Is Alex Stamos, the Man Hunting Down Political Ads on Facebook?" *Recode*, October 3, 2017; and Nicole Perlroth and Vindu Goel, "Defending Against Hackers Took a Back Seat at Yahoo, Insiders Say," *New York Times*, September 28, 2016.

4. Perlroth and Goel, "Defending Against Hackers."

5. 「華府解密」（DCLeaks）的來源與運作，最可靠的資料來源是穆勒的起訴書：*United States v. Viktor Borisovich Netyshom, et al.* Filed July 13, 2018.

6. Robert M. Bond, Christopher J. Fariss, Jason J. Jones, Adam D. I. Kramer, Cameron Marlow, Jaime E. Settle, and James H. Fowler, "A 61-MillionPerson Experiment in Social Influence and Political Mobilization," *Nature* 489, September 12, 2012, 295–98.

7. Dara Lind, "Facebook's 'I Voted' Sticker Was a Secret Experiment on Its Users," *Vox*, November 4, 2014.

8. 卡普蘭的背景介紹，請見："Joel D. Kaplan, White House Deputy Chief of Staf for Policy," White House Press Office, April 24, 2006.

9. Deepa Seetharaman, "Facebook Employees Pushed to Remove Trump's Posts as Hate Speech," *Wall Street Journal*, October 21, 2016.

10. Sheera Frenkel, Nicholas Confessore, Cecilia Kang, Matthew Rosenberg, and Jack Nicas, "Delay, Deny and Deflect: How Facebook's Leaders Fought through Crisis," *New York Times*, November 14, 2018. 此一爆炸性報導，揭露臉書的政策世界在 2016 年選舉前後的大量幕後計畫。

11. Seetharaman, "Facebook Employees Pushed to Remove Trump's Posts."

12. Michael Nunez, "Former Facebook Workers: We Routinely Suppressed Conservative News," *Gizmodo*, May 9, 2016. 「熱門話題」（Trending Topics）失敗的最佳報導，來自我的同事：Nicholas Thompson and Fred Vogelstein, "Inside the Two Years that Shook Facebook—and the World," *Wired*, February 12, 2019. 該報導深入提供臉書在 2016 年與 2017 年的整體情況。

13. Facebook General Counsel Colin Stretch wrote to Hon. John Thune, Chairman of the Committee on Commerce, Science, and Transportation, on May 23, 2016.

14. Heather Kelly, "Facebook Ditches Humans in Favor of Algorithms for Trending News," CNN, August 26, 2016.

15. Abby Ohlheiser, "Three Days after Removing Human Editors, Facebook Is Already Trending Fake News," *Washington Post*, August 29, 2016.

16. Jessica Guynn, "Zuckerberg Reprimands Facebook Staff Defacing 'Black Lives Matter,'" *USA Today*, February 26, 2016.

17. Thompson and Vogelstein, "Inside the Two Years"

18. "Facebook CEO Mark Zuckerberg: Philippines a Successful Test Bed for Internet. org Initiative with Globe Telecom Partnership," *Globe Telecom*, February 25, 2014.

19. 臉書、菲律賓與雷莎最可靠的報導，請見：Davey Alba, "How Duterte Used Facebook to Fuel the Philippine Drug War," *BuzzFeed*, September 4, 2018. 除了個人訪談，其他實用的資料來源包括：Dana Priest, "Seeded in Social Media: Jailed Philippine Journalist Says Facebook Is Personally Responsible for Her Predicament," *Washington Post*, February 25, 2018; and *Frontline*'s documentary, *The Facebook Dilemma*, which ran on PBS on October 29 and 30, 2018.

20. 前臉書高階主管 Antonio Garcia Martinez 在 2018 年的《連線》（*Wired*）報導中提到，相較於希拉蕊的選戰，川普的選戰自臉書獲得更多價值，請見："How Trump Conquered Facebook— Without Russian Ads," *Wired*, February 23, 2018. 臉書的博斯沃斯在 Twitter 上提出資料，似乎顯示川普陣營實際上付出更高的每百萬次觀看 CPM 費率。川普的數位總監駁斥這種說法，指出在某些時候，川普自每一 CPM 獲得的價值是數百倍。《石板》（*Slate*）雜誌的 Will Oremus（ "Did Facebook Really Charge Clinton More for Ads than Trump? " February 28, 2018）發現，或許嚴格來說博斯沃斯說得沒錯，但川普獲得較大的好處，因為希拉蕊陣營使用較無效的一般興趣廣告，川普的數位團隊則較為集中在「呼籲行動」（call to action）廣告，效果較為物超所值。關於兩分半鐘的廣告，我找不到那個例子，但依舊在此附上，因為資料來源是該事件的原始材料。臉書日後承認，資料顯示川普的選戰在這方面較為高超（Sarah Frier, "Trump's Campaign Says It Was Better at Facebook. Facebook Agrees," *Bloomberg Businessweek*, April 3, 2018）。

21. 帕斯凱爾選舉活動的實用資料來源，請見：Issie Lapowsky, "The Man Behind Trump's Bid to Finally Take Digital Seriously," *Wired*, August 19, 2016; Joshua Green and Sasha Issenberg, "Inside the Trump Bunker with Days to Go," *Bloomberg BusinessWeek*, October 27, 2016; Sue Halpern, "How He Used Facebook to Win," *New York Review of Books*, June 8, 2017; and Leslie Stahl (correspondent), "Brad Parscale," *60 Minutes*, October 18, 2017.

22. 帕斯凱爾如何利用臉書工具的詳細解釋，請見：Martinez, "How Trump Conquered Facebook."

23. 桑德伯格本人對此事的敘述，請見她與 Adam Grant 合著的：*Option B: Facing Adversity, Building Resilience, Finding Joy* (Knopf, 2017). 她也在訪談中談到失去丈夫與後續的結果：Belinda Luscombe, "Life After Grief," *Time*, April 13, 2017; Jessi Hempel, "Sheryl Sandberg's Accidental Revolution," *Backchannel*, April 24, 2017.

24. 此段敘述來自我訪談數位與桑德伯格共事過的員工。

25. 除了個人訪談，在臉書爆發問題後，開始有人書寫桑德伯格的形象維護，請見：Nick Bilton, " 'I Hope It Cracks Who She Is Wide Open': In Silicon Valley, Many Have Long Known Sheryl Sandberg Is Not a Saint," *Vanity Fair*, November 16, 2018. 前文提到的《紐約時報》報導請見："Delay, Deny and Deflect"。該文認為桑德伯格該為臉書選舉過後的歷程負起責任。總統選舉是媒體對於這位營運長的態度轉捩點。

26. Jodi Kantor, "A Titan's How-To on Breaking the Glass Ceiling," *New York Times*, February 21, 2015.

27. Maureen Dowd, "Pompom Girl for Feminism, *New York Times February 23, 2013*."

28. Eric Lubbers, "There Is No Such Thing As the Denver Guardian, Despite That Facebook Post You Saw," *Denver Post,* November 5, 2016.

29. Laura Sydell, "We Tracked Down a Fake-News Creator in the Suburbs. Here's What We Learned," NPR, November 23, 2016.

30. Craig Silverman and Lawrence Alexander, "How Teens in the Balkans Are Duping Trump Supporters with Fake News," BuzzFeed, November 3, 2016.

31. Samanth Subramanian, "Inside the Macedonian Fake-News Complex," *Wired*, February 15, 2017.

32. Craig Silverman, "This Analysis Shows How Viral Fake Election News Stories Outperformed Real News on Facebook," BuzzFeed, November 16, 2016.

33. 麥克納米將此信放入他反對臉書的論點：*Zucked: Waking Up to the Facebook Catastrophe* (Penguin, 2019).

34. Blake Harris, *The History of the Future* (Dey Street Books, 2019), 442.

35. Bobby Goodlatte posted on Facebook on November 9, 2016.

36. White House Press Office, "Remarks by the President at Hillary for America Rally," Ann Arbor, Michigan, November 7, 2016.

37. David Remnick, "Obama Reckons with a Trump Presidency," *The New Yorker*, November 18, 2016.

38. Gardiner Harris and Melissa Eddy, "Obama, with Angela Merkel in Berlin, Assails Spread of Fake News," *New York Times*, November 17, 2016.

39. Adam Entous, Elizabeth Dwoskin, and Craig Timberg, "Obama Tried to Give Zuckerberg a Wake-Up Call over Fake News on Facebook," *Washington Post,* September 24, 2017.

40. Jen Weedon, William Nuland, and Alex Stamos, "Information Operations and Facebook," April 27, 2017.

第 15 章

1. Cade Metz, "Facebook Moves into Its New Garden-Roofed Fantasyland," *Wired*, March 30, 2015.

2. 祖克柏在 2017 年 1 月 3 日在臉書上提到。

3. 林肯 1862 年 12 月 1 日在國會上最後提到的結論。

4. Massimo Calabresi, "Inside Russia's Social Media War on America," *Time*, May 18, 2017.

5. Tom LoBianco, "Hill Investigators, Trump Staff Look to Facebook for Critical Answers in Russia Probe," CNN, July 20, 2017.

6. Warner's interview with *Frontline*'s James Jacoby was posted on May 24, 2018.

7. LoBianco, "Hill Investigators."

8. Adrian Chen, "The Agency," *New York Times*, June 2, 2015.

9. 最詳盡的 IRA 評估報告請見："Tactics and Tropes of the Internet Research Agency," December 17, 2018, produced by New Knowledge on the request of the Senate Select Committee on Intelligence.

10. *United States of America v. Internet Research Agency, et al.* Filed February 16, 2018.

11. Alex Stamos, "An Update on Information operations on Facebook," *Facebook Newsroom*, September 6, 2017. 《紐約時報》（*New York Times*）的重大報導率先談到史塔莫斯的草稿，也挖出此一 2017 年臉書事件的其他細節，許多內容追蹤我當時也在做的研究，不過幾位臉書主管感到該報導並未反映出他們的動機。Sheera Frenkel, Nicholas Confessore, Cecilia Kang, Matthew Rosenberg, and Jack Nicas, "Delay, Deny and Deflect: How Facebook's Leaders Fought Through Crisis," *New York Times*, November 14, 2018.

12. 除了個人訪談，"Delay, Deny and Deflect" 提供臉書董事會得知俄國涉入一事的那兩日的背景資訊。

13. Justin Weir, "Zuckerberg Pays Surprise Visit to Falls Family," *Vindicator,* April 29, 2017.

14. Crystal Bui, "Mark Zuckerberg Meets Raimondo, Providence Students, Dines at Johnston Restaurant," NBC 10 News, May 22, 2017.

15. Joanna Pearlstein, "The Millions Silicon Valley Spends on Security for Execs," *Wired*, January 16, 2019.

16. Zuckerberg posted his speech, "Bringing the World Closer Together," on his Facebook page, June 22, 2017.

17. 哈里斯的最佳背景介紹，請見：Bianca Bosker, "The Binge Breaker," *The Atlantic*, November 2016.

18. Cates Holderness, "What Colors Are This Dress?" BuzzFeed, February 26, 2015.

19. 臉書將事實查核機構的授權，外包給波因特學院（Poynter Institute）。部分選擇引發爭議，因為也納入保守派刊物，例如另類右派的「每日傳訊」。

20. Benjamin Mullen and Deepa Seetharaman, "Publishing Executives Argue Facebook Is Overly Deferential to Conservatives," *Wall Street Journal*, July 17, 2018.

21. 祖克柏的紐瓦克市完整捐款記錄，請見：Dale Russakoff, *The Prize: Who's in Charge of America's Schools?* (Houghton Mifflin Harcourt, 2015).

22. Leanna Garfield, "Mark Zuckerberg Once Made a $100 Million Investment in a Major US City to Help Fix Its Schools—Now the Mayor Says the Effort 'Parachuted' in and Failed," *Business Insider*, May 12, 2018.

23. Jeremy Youde, "Here's What Is Promising, and Troubling, About Mark Zuckerberg and Priscilla Chan's Plan to 'Cure All Diseases,'" *Washington Post*, October 4, 2016.

24. Lauren Feiner, "San Francisco Official Proposes Stripping Mark Zuckerberg's Name from a Hospital," *CNBC*, November 29, 2018.

25. Vindu Goel, Austin Ramzy, and Paul Mozur, "Mark Zuckerberg, Speaking Mandarin, Tries to Win Over China for Facebook," *New York Times*, October 23, 2014.

26. Loulla-Mae Eleftheriou-Smith, "China's President Xi Jinping 'Turns Down Mark Zuckerberg's Request to Name His Unborn Child' at White House Dinner," *Independent*, October 4, 2015.

27. 祖克柏在 2016 年的臉書影片 "Happy New Year!" 上宣布此事。

28. 祖克柏在 2017 年 10 月 28 日在臉書上，提到他的中國北京清華大學之行。

29. 祖克柏在 2017 年 9 月 30 日在臉書上提到。

30. 祖克柏 2018 年 1 月 4 日在臉書上提到。

第 16 章

1. 雖然先前已經有過報導，2018 年 3 月 17 日的劍橋分析／臉書報導威力更大，《衛報》／《觀察家報》（Carole Cadwalladr and Emma Harrison, "Revealed: 50 Million Facebook Profiles Harvested for Cambridge Analytica in Major Data Breach"）與《紐約時報》（Matthew Rosenberg, Nicholas Confessore, and Carole Cadwalladr, "How Trump Consultants Exploited the Facebook Data of Millions"）同時刊出。

2. 該中心如何捲入劍橋事件醜聞的最佳介紹，請見：Issie Lapowsky, "The Man Who Saw the Dangers of Cambridge Analytica Years Ago," *Wired*, June 19, 2018.

3. 寇辛斯基與他涉入劍橋分析的部分背景，取自有先見之明的報導，請見：Hannes Grassegger and Mikael Krogerus, "The Data That Turned the World Upside Down," *Motherboard*, January 28, 2017. 最先在德國刊出：*Das Magazin* in December 2016.

4. Michal Kosinski, David Stillwell, and Thore Graepel, "Private Traits and Attributes Are Predictable from Digital Records of Human Behavior," *PNAS* 110, no. 15, April 9, 2013: 5805.

5. Wu Youyou, Michal Kosinski, and David Stillwell, "Computer-Based Personality Judgments Are More Accurate Than Those Made by Humans," *PNAS* 112, no. 4, January 27, 2015: 1037.

6. Facebook, Inc., Menlo Park, CA (US) got patent No. US 8,825,764 B2 with Michael Nowak, San Francisco, CA (US); Dean Eckles, Palo Alto, CA (US) as inventors. The date of patent is September 2, 2014. 雖不清楚此一技術的運用方式，臉書的資料探勘詳細討論，請見：Shoshana Zuboff, *The Age of Surveillance Capitalism: The Fight for a Human Future at the New Frontier of Power* (New York: Public Affairs, 2019).

7. 此事由曾經帶領臉書資料科學小組的馬洛提供給我。

8. Adam D. I. Kramer, Jamie E. Guillory, and Jeff T. Hancock, "Experimental Evidence of Massive Scale Emotional Contagion Through Social Networks," *PNAS* 111, no. 24, June 17: 8788–90.

9. Jillian D'Onfro, "Facebook Researcher Responds to Backlash Against 'Creepy' Mood Manipulation Study," *Business Insider*, June 29, 2014.

10. Reed Albergotti, "Furor Erupts Over Facebook's Experiment on Users," *Wall Street Journal*, June 30, 2014.

11. Katie Waldman, "Facebook's Unethical Experiment," *Slate*, June 28, 2014.

12. 該冊子是懷利交給英國國會的部分文件。懷利曾寫書解釋自己的背景以及涉入劍橋分析的情形：*Mindf*ck: Cambridge Analytica and the Plot to Break America* (Random House, 2019).

13. Carole Cadwalladr, " 'I Made Steve Bannon's Psychological Warfare Tool': Meet the Data War Whistleblower," *Guardian*, March 18, 2018.

14. Wylie testimony to House of Commons, Digital, Culture Media and Sport Committee, March 27, 2018.

15. 懷利的證詞。

16. Elizabeth Dwoskin and Tony Romm, "Facebook's Rules for Accessing User Data Lured More Than Just Cambridge Analytica," *Washington Post,* March 19, 2018.

17. 臉書在給眾議院的能源與商務委員會的信件上，解釋寇根的 app 如何在 2018 年 6 月 29 日利用公開圖譜，回答祖克柏該年稍早時作證所引發的疑問。

18. 懷利的解釋來自他作證後交給英國國會的文件："A Response to Misstatements in Relation to Cambridge Analytica Introductory Background to the Companies."

19. 寇根與 SCL 實驗的可靠時間線，請見 FTC 判決："In the Matter of Cambridge Analytica, LLC," released July 22, 2019.

20. Matthew Rosenberg et al., "How Trump Consultants Exploited the Facebook Data of Millions."

21. Dr. Alex Kogan spoke on "Big Data Social Sciencea How Big Data Is Revolutionizing Our Science" at a brown-bag lunch at the psychology department on December 2, 2014.

22. Brittany Kaiser, *Targeted: The Cambridge Analytica Whistleblower's Inside Story of How Big Data, Trump, and Facebook Broke Democracy and How It Can Happen Again* (HarperCollins, 2019), 147.

23. Kenneth Vogel and Tarini Parti, "Cruz Partners with Donor's 'Psychographic' Firm," *Politico*, July 7, 2015.

24. Harry Davies, "Ted Cruz Using Firm That Harvested Data on Millions of Unwitting Facebook Users," *Guardian*, December 11, 2015. 418

25. 《衛報》2015 年的報導刊出後，內部先前與緊接著報導之後的信件往來，在 2019 年的劍橋分析民事訴訟中被公布。

26. Kaiser, *Targeted*, 159.

27. 在「*District of Columbia v. Facebook*」一案的控告書，指出寇根與劍橋分析證實資料已刪除的日期。臉書 2019 年 7 月 8 日回應時，承認相關日期正確。臉書直接向我證實此事。

28. Matthew Rosenberg and Gabriel J. X. Dance, "'You Are the Product': Targeted by Cambridge Analytica on Facebook," *New York Times*, April 8, 2018.

29. *Frontline*'s *The Facebook Dilemma* web page has extended interviews with sources including Parscale.

30. Nicholas Confessore and Danny Hakim, "Data Firm Says 'Secret Sauce' Aided Trump; Many Scoff," *New York Times*, March 6, 2017.

31. Hannes Grassegger and Mikael Krogerus, "The Data That Turned the World Upside Down," *VICE*, January 28, 2017.

32. 臉書此時的聲明具有誤導性這點，詳見："Securities and Exchange Commission vs Facebook, Inc," July 24, 2019. 該文件提到另一條證實有過失的劍橋分析事件時間線。臉書以 1 億美元與 SEC 和解。

33. Mattathias Schwartz, "Facebook Failed to Protect 30 Million Users from Having Their Data Harvested by Trump Campaign Affiliate," *The Intercept,* March 30, 2017.

34. VP & Deputy General Counsel of Facebook Paul Grewal, "Suspending Cambridge Analytica and SCL Group from Facebook," *Facebook Newsroom*, March 16, 2018.

35. Nicholas Thompson, "Mark Zuckerberg Talks to WIRED About Facebook's Privacy Problem," *Wired*, March 21, 2018.

36. Vanessa Friedman, "Mark Zuckerberg's I'm Sorry Suit," *New York Times*, April 10, 2018.

37. 該聲明與祖克柏聽證會的完整記錄，請見："Transcript of Mark Zuckerberg's Senate Hearing," *Washington Post*, April 10, 2018.

38. Taylor Hatmaker, "Here Are Mark Zuckerberg's Notes from Today's Hearing," *TechCrunch*, April 10, 2018. 祖克柏離開座位，沒蓋住自己的筆記。美聯社 （AP）攝影師安德魯‧哈尼克（Andrew Harnick）抓住機會拍攝他的講稿。

39. Brian Barrett, "A Comprehensive List of Everything Mark Zuckerberg Will Follow Up On," *Wired*, April 11, 2018.

40. Tony Romm and Drew Harwell, "Facebook Suspends Tens of Thousands of Apps Following Data Investigation," *Washington Post*, September 20, 2019.

第 17 章

1. Charlotte Graham-McLay, Austin Ramzy, and Daniel Victor, "Christchurch Mosque Shootings Were Partly Streamed on Facebook," *New York Times*, March 14, 2019.

2. 阿拉伯之春的第一手社群媒體報導，請見：Wael Ghonim, *Revolution 2.0: A Memoir* (Houghton Mifflin Harcourt, 2012).

3. Tim Sparapani, "Frontline: The Facebook Dilemma," PBS, March 15, 2018.

4. Human Rights Council (UN), "Report of the Detailed Findings of the Independent International Fact-Finding Mission on Myanmar," September 10–28, 2018. This 444-page report is devastating.

5. 同前，170。

6. Timothy McLaughlin, "How Facebook's Rise Fueled Chaos and Confusion in Myanmar," *Wired*, July 6, 2018. 企業家 David Madden 提供第一手說法，他 曾試圖提醒臉書。未經編輯的訪談請見：*Frontline*'s *The Facebook Dilemma*, conducted on June 19, 2018.

7. "Removing Myanmar Military Officials from Facebook," *Facebook Newsroom*, August 28, 2018. 決定性細節請見：Paul Mozur, "A Genocide Incited on Facebook, with Posts from Myanmar's Military," *New York Times*, October 15, 2018.

8. BSR produced the report "Human Rights Impact Assessment: Facebook in Myanmar" in October 2018.

9. Tasneem Nashrulla, "We Blew Up a Watermelon and Everyone Lost Their Freaking Minds," BuzzFeed, April 8, 2016.

10. Jason Koebler and Joseph Cox, "The Impossible Job: Inside Facebook's Struggle to Moderate Two Billion People," *VICE*, August 23, 2018.

11. Natasha Singer, "In Screening for Suicide Risk, Facebook Takes on Tricky Public Health Role," *New York Times*, December 31, 2018.

12. Daniel Victor, "Man Inadvertently Broadcasts His Own Killing on Facebook Live," *New York Times*, June 17, 2016.

13. 博斯沃斯備忘錄的首次報導：Ryan Mac, Charlie Warzel, and Alex Kantrowitz, "Growth at Any Cost: Top Facebook Executive Defended Data Collection in 2016 Memo—and Warned That Facebook Could Get People Killed," BuzzFeed, March 29, 2018.

14. David Ingram, "Zuckerberg Disavows Memo Saying All User Growth Is Good," Reuters, March 29, 2018.

15. 2012 年的 Divorce-Online-UK 研究似乎是這種說法的源頭：*Divorce Magazine* (Daniel Matthews, "What You Need to Know About Facebook and Divorce," July

15, 2019), 一間叫 Lake Legal 的英國公司發現數字是三成。那篇 *Divorce* 報導引用某客戶眾多的律師估算為三到四成。

16. VP and Deputy General Counsel of Facebook Chris Sonderby posted "Update on New Zealand," *Facebook Newsroom*, March 18, 2019.

17. 學者提出過數篇臉書內容審核員與政策的深入研究，尤其請見：Sarah T. Roberts, *Behind the Screen: Content Moderation in the Shadows of Social Media* (Yale University Press, 2019); Tarleton Gillespie, *Custodians of the Internet: Platforms, Content Moderation, and the Hidden Decisions That Shape Social Media* (Yale University Press, 2018); and Kate Klonick, "The New Governors: The People, Rules, and Processes Governing Online Speech," *Harvard Law Review*, April 10, 2018.

18. 最早與最優秀的報導，請見：Koebler and Cox, "The Impossible Job." A deep look at setting policy for moderators came in "Post No Evil," *Radiolab*'s August 17, 2018, show.

19. 凱西·牛頓（Casey Newton）的報導，請見："The Trauma Floor," *The Verge,* February 25, 2019; and "Bodies in Seats," *The Verge*, June 19, 2019.

20. 臉書在 2019 年 5 月發布：*Community Standards Enforcement Report*，提供 2018 年 10 月至 2019 年 3 月的資料。依據 Facebook Transparency 的說法，有關於申訴與恢復內容，修正弄錯的判定，那是臉書第一次分享相關資料，也是臉書首度公開槍枝毒品等管制物品的標準。

21. Max Fisher, "Inside Facebook's Secret Rulebook for Global Political Speech," *New York Times,* December 27, 2018.

22. Koebler and Cox, "The Impossible Job."

23. 此事的深入討論，請見：Simon Van Zuylen-Wood, "'Men Are Scum': Inside Facebook's War on Hate Speech," *Vanity Fair,* February 26, 2019.

24. Casey Newton, "A Facebook Content Moderation Vendor Is Quitting the Business After Two Verge Investigations," *The Verge*, October 30, 2019.

25. "Welcome to the AI Conspiracy: The 'Canadian Mafia' Behind Tech's Latest Craze," *Recode*, July 15, 2015.

26. 我先前報導的臉書人工智慧研究，請見："Inside Facebook's AI Machine," *Backchannel*, February 23, 2017.

27. VP Integrity of Facebook Guy Rosen, "An Update on How We Are Doing at Enforcing Our Community Standards," *Facebook Newsroom,* May 23, 2019.

28. Jack Nicas, "Does Facebook Really Know How Many Fake Accounts It Has?," *New York Times*, January 30, 2019.

29. Viswanath Sivakumar, "Rosetta: Understanding Text Images and Videos with Machine Learning," *Facebook Engineering*, September 11, 2018.

30. 臉書的燒夷彈女孩事件詳細報導，請見：Gillespie, *Custodians of the Internet.*

31. James Vincent, "Facebook Removes Alex Jones Pages, Citing Repeated Hate Speech Violations," *The Verge*, August 6, 2018.

32. Casey Newton, "Facebook Bans Alex Jones and Laura Loomer for Violating Its Policies Against Dangerous Individuals," *The Verge*, May 2, 2019.

第 18 章

1. Ben Horowitz, *The Hard Thing About Hard Things: Building a Business When There Are No Easy Answers* (HarperCollins, 2014), 224–28.

2. Aisha Hassan, "These Brutal Reviews of Facebook's Portal Device Shows Why No One Wants It in Their Home," *Quartz*, November 9, 2018.

3. 依據"Note by Damian Collins MP, Chair of the DCMS Committee"的說法，臉書與部分公司談成白名單協議，臉出平台在 2014 年至 2015 年期間經過變動後，相關公司依舊可以完整存取朋友資料。不清楚是否取得任何相關的用戶同意，也不清楚臉書如何決定每間公司是否該列入白名單。

4. Julia Angwin, Madeline Varner, and Ariana Tobin, "Facebook Enabled Advertisers to Reach 'Jew Haters,'" *ProPublica*, September 14, 2017.

5. Sheera Frenkel, Nicholas Confessore, Cecilia Kang, Matthew Rosenberg, and Jack Nicas, "Delay, Deny and Deflect: How Facebook's Leaders Fought Through Crisis," *New York Times*, November 14, 2018.

6. Nicholas Thompson and Fred Vogelstein, "15 Months of Fresh Hell Inside Facebook," *Wired*, April 16, 2019.

7. Mike Isaac and Sheera Frenkel, "Facebook Security Breach Exposes Accounts of 50 Million Users," *New York Times*, September 28, 2018.

8. Mark Zuckerberg stated on a Facebook post on March 21, 2018.

9. Erin Durkin, "Michelle Obama on 'Leaning In': Sometimes That Shit Doesn't Work," *Guardian*, December 3, 2018.

10. Nicholas Fandos, "Alex Jones Takes His Show to the Capitol, Even Tussling with a Senator," *New York Times*, September 5, 2018.

11. Yamiche Alcindor, "Black Lawmakers Hold a Particular Grievance with Facebook: Racial Exploitation," *New York Times*, October 14, 2017.

12. Cade Metz and Mike Isaac, "Facebook's A.I. Whiz Now Faces the Task of Cleaning It Up. Sometimes That Brings Him to Tears," *New York Times*, May 17, 2019.

13. Deepa Seetharaman, "Facebook Morale Takes a Tumble Along with Stock Price," *Wall Street Journal*, November 14, 2018.

14. 祖克柏在 2017 年 5 月 15 日在臉書上分享他與團隊的照片。

15. Mike Allen, "Sean Parker Unloads on Facebook: 'God Only Knows What It's Doing to Our Children's Brains,'" *Axios*, November 9, 2017.

16. Paul Lewis, " 'Our Minds Can Be Hijacked': The Tech Insiders Who Fear a Smartphone Dystopia," *Guardian*, October 6, 2017.

17. James Vincent, "Former Facebook Exec Says Social Media Is Ripping Apart Society," *The Verge*, December 11, 2017.

18. 帕利哈皮提亞 2017 年 12 月 15 日在臉書上撤回說法。

19. 《華盛頓郵報》與 BBC 皆提到此事。Drew Harwell, "Facebook, Longtime Friend of Data Brokers, Becomes Their Stiffest Competition," *Washington Post*, March 29, 2018. Jane Wakefield, "Facebook Scandal: Who Is Selling Your Personal Data?," BBC, July 11, 2018.

20. 臉書在 2018 年 4 月後，不再與第三方數據提供者合作，直接在臉書提供瞄準人口分組。臉書在網頁上公布此一新資料政策："How does Facebook work with data providers?" under the "How Ads Work on Facebook" section in Facebook's help center.

21. "US Digital Ad Spending Will Surpass Traditional in 2019," *eMarketer*, February 19, 2019.
22. Anne Freier, "Google and Facebook to Reach 63.3% Digital Ad Market Share in 2019," *Business of Apps*, March 26, 2019.
23. Khalid Saleh, "Global Mobile Ad Spending—Statistics and Trends," *Invesp*, M March 31,2015.
24. "Facebook Q2 2018 Earnings," transcript on Facebook Investor Relations page.
25. Bill Murphy Jr., "Mark Zuckerberg Lost Almost $17 Billion in About an Hour. Here's What Happened," *Inc.*, July 26, 2018.
26. Laura Cox Kaplan 的 LinkedIn 帳號提供她在 PwC 的職位與在職日期。
27. The Electronic Privacy Information Center used a FOIA request to obtain PwC's "Independent Assessor's Report on Facebook's Privacy Program," April 12, 2017.
28. Federal Trade Commission, "FTC Imposes $5 Billion Penalty and Sweeping New Privacy Restrictions on Facebook," July 24, 2019.
29. Salvador Rodriguez, "Facebook Reports Better Than Expected Second-Quarter Results," CNBC, July 24, 2019.
30. Edward Docx, "Nick Clegg: The Facebook Fixer," *New Statesman America*, July 17, 2019.
31. 庫克的評論：MSNBC "Revolution" event in an interview with Kara Swisher and Chris Hayes, on April 6, 2018.
32. Matthew Panzarino, "Apple's Tim Cook Delivers Blistering Speech on Encryption, Privacy," *TechCrunch*, June 2, 2015.
33. Brian Fung, "Apple's Tim Cook May Have Taken a Subtle Dig at Facebook in His MIT Commencement Speech," *Washington Post*, June 9, 2017.
34. Peter Kafka, "Tim Cook Says Facebook Should Have Regulated Itself, but It's Too Late for That Now," Recode, March 28, 2018.
35. Ezra Klein, "Mark Zuckerberg on Facebook's Hardest Years, and What Comes Next," *Vox,* April 2, 2018.
36. Deepa Seetharaman, "Facebook Removed Data-Security App from Apple Store," *Wall Street Journal,* August 22, 2018.
37. Josh Constine, "Facebook Pays Teens to Install VPN that Spies on Them," *TechCrunch*, January 29, 2019. 該報導顯然促使蘋果採取行動。
38. Facebook Q4 2018 earnings call transcript, Facebook Investor Relations Page, January 30, 2019.

第 19 章

1. Mark Zuckerberg, "A Privacy-Focused Vision for Social Networking," March 6, 2019.
2. Arjun Kharpal, "Mark Zuckerberg Apologizes After Critics Slam His 'Magical' Virtual Reality Tour of Puerto Rico Devastation," CNBC, October 10, 2017.
3. 除了個人訪談，我參考的文件與報導主要取自：Blake Harris, *The History of the Future.*
4. Gideon Resnick, "The Facebook Billionaire Secretly Funding Trump's Meme Machine," *Daily Beast*, September 22, 2016.

5. Jeff Grubb, "Some VR developers Cut Ties with Oculus over Palmer Luckey Funding Pro-Trump Memes," *VentureBeat*, September 23, 2016.

6. Cory Doctorow, "VERIFIED Mark Zuckerberg Defends Facebook's Association with Peter Thiel," *BoingBoing*, October 19, 2016.

7. Josh Constine, "Facebook Is Building Brain-Computer Interfaces for Typing and Skin-Hearing," *TechCrunch*, April 19, 2017.

8. 除了個人訪談，Stories 的背景主要取自：Billy Gallagher, *How to Turn Down a Billion Dollars* (St. Martin's Press, 2018).

9. "Miranda Kerr 'Appalled' by Facebook 'Stealing Snapchat's Ideas,'" *Telegraph*, February 7, 2017.

10. "Setting the Record Straight," WhatsApp blog, March 17, 2004.

11. Parmy Olson, "Exclusive: WhatsApp Cofounder Brian Acton Gives the Inside Story on #DeleteFacebook and Why He Left $850 Million Behind," *Forbes*, September 18, 2018.

12. Mark Scott, "E.U. Fines Facebook $122 Million over Disclosures in WhatsApp Deal," *New York Times*, May 18, 2017.

13. Kirsten Grind and Deepa Seetharaman, "Behind the Messy, Expensive Split Between Facebook and WhatsApp's Founders," *Wall Street Journal*, June 5, 2018.

14. Jan Koum, Facebook post, April 30, 2018.

15. David Marcus, "The Other Side of the Story," Facebook post, September 26, 2018.

16. Jon Porter, "WhatsApp Found a Place to Show You Ads," *The Verge*, November 1, 2018.

17. Nicholas Thompson and Fred Vogelstein, "15 Months of Fresh Hell Inside Facebook," *Wired*, April 16, 2019.

18. Fidji Simo, "Facebook Watch: What We've Built and What's Ahead," *Facebook Newsroom*, December 13, 2018.

19. Kurt Wagner, "Facebook Is Making Its Biggest Executive Shuffle in Company History," *Recode*, May 8, 2018.

20. Nicole Perlroth and Sheera Frenkel, "The End for Facebook's Security Evangelist," *New York Times*, March 20, 2018.

21. Alex Davies, "What's Next for Instagram's Kevin Systrom? Flying Lessons," *Wired*, October 15, 2018.

22. Chris Hughes, "It's Time to Break Up Facebook," *New York Times*, May 9, 2019.

23. Astead W. Herndon, "Elizabeth Warren Proposes Breaking Up Tech Giants Like Amazon and Facebook," *New York Times,* March 8, 2019.

24. The Libra Association, "An Introduction to Libra: White Paper," June 18, 2019.

25. 我先前報導過 Libra 問世（與 Greg Barber），請見："The Ambitious Plan Behind Facebook's Cryptocurrency, Libra," *Wired*, June 18, 2019.

26. Daniel Uria, "Head of Facebook Libra Grilled by Skeptical U.S. Senators," UPI, July 16, 2019.

27. 我談過這個證詞，請見："Mark Zuckerberg Endures Another Grilling on Capitol Hill," *Wired*, October 23, 2019. 也可以上 YouTube 觀看部分影片。全程的影片請上「眾議院金融服務委員會」（House Committee on Financial Services）官網。

國家圖書館出版品預行編目（CIP）資料

後臉書時代 / 史蒂芬.李維(Steven Levy)著 ; 許恬寧譯譯. -- 第一版.
-- 臺北市：天下雜誌股份有限公司，2022.01
592面；14.5×23公分. -- （天下財經 ; 443）
譯自：Facebook : the inside story.
ISBN 978-986-398-713-0（平裝)）

1.電腦資訊業　2.網路社群　3.歷史

484.67   110013119

天下財經 443

後臉書時代
Facebook: The Inside Story

作　　者／史蒂芬・李維（Steven Levy）
譯　　者／許恬寧
封面設計／Javick工作室
內頁排版／邱介惠
責任編輯／許　湘

天下雜誌群創辦人／殷允芃
天下雜誌董事長／吳迎春
出版部總編輯／吳韻儀
出　版　者／天下雜誌股份有限公司
地　　　址／台北市 104 南京東路二段 139 號 11 樓
讀者服務／（02）2662-0332　傳真／(02）2662-6048
天下雜誌GROUP網址／ http://www.cw.com.tw
劃撥帳號／01895001天下雜誌股份有限公司
法律顧問／台英國際商務法律事務所・羅明通律師
印刷製版／中原造像股份有限公司
裝　訂　廠／中原造像股份有限公司
總　經　銷／大和圖書有限公司　電話／（02）8990-2588
出版日期／2022 年 1 月 3 日第一版第一次印行
定　　價／650 元

Facebook: The Inside Story
Copyright © 2020 by Steven Levy
Published by arrangement with Sterling Lord Literistic
through The Grayhawk Agency
Complex Chinese Translation copyright © 2022
by CommonWealth Magazine Co., Ltd.
ALL RIGHTS RESERVED

書號：BCCF0443P
ISBN：978-986-398-713-0（平裝）

直營門市書香花園 地址／台北市建國北路二段6巷11號 電話／（02）2506-1635
天下網路書店　shop.cwbook.com.tw
天下雜誌我讀網　http://books.cw.com.tw/
天下讀者俱樂部 Facebook　http://www.facebook.com/cwbookclub